高职高专"十二五"规划教材

化工单元操作及过程

彭德萍　陈忠林　主编
练学宁　　　主审

化学工业出版社

·北京·

本书主要内容包括化工单元操作的基本原理、工艺计算和各单元的实用操作技术。其特点是将各个单元操作中的相关知识点串联起来，并将理论与实训相结合；以项目为主线，每个项目下有若干任务作支撑，每个任务包括了任务引入、任务分解和练习题三个部分；学生可以通过不同的工作任务获得理论知识、实践操作技能。重点讨论了流体输送过程及应用技术、传热过程及应用技术、吸收过程及应用技术、精馏过程及应用技术、干燥过程及应用技术，同时介绍了蒸发、非均相物系分离、萃取、冷冻、膜分离、结晶等化工单元操作。

本书可作为应用化工技术、石油化工生产技术、高分子材料应用技术、精细化学品生产技术等专业的高职学生教材及化工企业高技能人才的培训教材，也可供从事化工生产和管理的工程技术人员参考。

图书在版编目（CIP）数据

化工单元操作及过程/彭德萍，陈忠林主编．—北京：化学工业出版社，2014.8（2023.2重印）

高职高专"十二五"规划教材

ISBN 978-7-122-21054-8

Ⅰ.①化… Ⅱ.①彭…②陈… Ⅲ.①化工单元操作-高等职业教育-教材 Ⅳ.①TQ02

中国版本图书馆 CIP 数据核字（2014）第 138607 号

责任编辑：窦　臻　　　　　　　　　文字编辑：丁建华
责任校对：蒋　宇　　　　　　　　　装帧设计：王晓宇

出版发行：化学工业出版社（北京市东城区青年湖南街 13 号　邮政编码 100011）
印　　装：北京捷迅佳彩印刷有限公司
787mm×1092mm　1/16　印张 19¼　字数 475 千字　2023 年 2 月北京第 1 版第 5 次印刷

购书咨询：010-64518888　　售后服务：010-64518899
网　　址：http://www.cip.com.cn
凡购买本书，如有缺损质量问题，本社销售中心负责调换。

定　　价：49.00 元

前 言
FOREWORD

　　化工单元操作及过程是化工及相关专业的一门专业基础课程，通过对该门课程的教学，使学生能够运用单元操作的原理和方法分析处理工程实际问题，进行装置安全操作。本教材详细完整地介绍了化工生产中常用单元操作的工作原理、典型设备的分类和结构、设备开停车操作方法（实训、仿真）等。

　　本教材在编写时进行了改革探索，与同类教材比较具有以下特点。

　　1. 教材分项目编写，每个项目由若干任务支撑，每个任务配有习题自测。

　　2. 每个项目由学习情景引入，举例生活化，易懂，易激发学生共鸣。

　　3. 实训任务都有考核评价，易于教师实施考核。

　　4. 依托常规实训装置或实训基地，使项目化教学便于组织实施。

　　本教材由重庆化工职业学院彭德萍、陈忠林主编，练学宁主审。参加编写的人员有彭德萍（绪论、项目一）、杨铀、揭芳芳（项目二）、马健（项目三）、陈忠林（项目四）、孙双凤（项目五）、李小庆（项目六），全书由彭德萍统稿。教材编写得到了重庆化工职业学院领导的关心和相关教研室老师的大力支持，主审练学宁在教材内容与工程实际联系上提供了有益的建议，在此表示衷心的感谢。

　　尽管在编写过程中得到了许多同志的支持和帮助，由于笔者业务知识有限，书中难免有疏漏和不妥之处，敬请读者批评指正。

编 者

2014 年 4 月

目 录
CONTENTS

绪　论

一、化学工业与化工过程

化学工业又称化学加工工业，是以天然资源或其他产品为原料，用物理和化学方法将其加工成产品的制造业。化工（生产）过程是指化学工业的一个个具体产品的加工生产过程。任一种产品都是由原料出发，经过几个、几十个加工过程得到的。除了关键性的化学反应过程以外，还包括物理加工过程。

化学工业产品种类繁多，每种产品的生产过程都有各自的工艺特点，加工过程形态各异。如何去认识与掌握化工生产的基本原理和操作规律呢？下面对化工生产过程做一简略的分析与归纳。

如二氧化碳与氨制尿素的生产过程，如图 0-1 所示。

图 0-1　制尿素的生产过程

由图 0-1 可以看出，化工生产中，反应是化工生产的核心，离开反应就不能生产化工产品。为了实现化工生产，在进行化学反应之前，须先对生产原料进行一系列的处理。为使化学反应过程得以经济有效地进行，反应器内必须保持某些适宜的或是较佳的条件，如适当的温度、压强及物料的组成等。原料必须经过一系列的预处理或称为原料的制备以达到必要的纯度、粒度、温度和压强，把反应之前对原料进行的一系列处理叫做原料预处理。例如，CO_2 和 NH_3 在进入反应器前要达到相应的压力才能更好地反应，则需要通过压缩机压缩。

一般情况下，化工生产过程大体上可分为三大基本组成部分，即原料的预处理、化学反应和产品分离与精制。

二、化工单元操作

生产过程中除化学反应过程外，原料和反应后产物的提纯、精制等前、后处理过程，多数为物理过程，都是化工生产所不可缺少的。在各种化工生产过程中，以物理为主的处理方法概括为具有共同物理变化特点的基本操作称为化工单元操作。

根据它们的操作原理，可以归纳为应用较广的若干个基本单元操作过程。单元操作可归纳为五类：

① 流体流动过程的操作，如流体的输送、搅拌、沉降、过滤等；
② 传热过程的操作，如热交换、蒸发和冷凝等；
③ 传质过程的操作，如蒸馏、吸收、干燥、膜分离、萃取、结晶等；
④ 热力过程的操作，如冷冻等；
⑤ 机械过程的操作，如固体输送和粉碎等。

三、化工过程中的基本概念

（一）物料衡算

物料衡算主要用来分析和计算化工过程中物料的进出量以及组成变化的定量关系，确定原料消耗量、产品的产量，核算设备的生产能力，确定设备的工艺尺寸，是化工设计的基础。

物料衡算的准则就是质量守恒定律，即"进入一个系统的全部物料必等于离开这个系统的全部物料再加上过程损失量和在系统中积累量"。依据质量守恒定律，对研究系统作物料衡算，可由下式表示：

$$\Sigma G_{进} = \Sigma G_{出} + \Sigma G_{积}$$

式中　$\Sigma G_{进}$——输入物料量总和；
　　　$\Sigma G_{出}$——输出物料量总和；
　　　$\Sigma G_{积}$——系统中的积累量。

（二）能量衡算

能量衡算的依据是能量守恒定律。根据此定律，即"进入一个系统的全部能量必等于离开这个系统的全部能量再加上过程损失量和在系统中积累量"。根据能量守恒定律，对研究系统作物料衡算，可由下式表示：

$$\Sigma Q_{进} = \Sigma Q_{出} + \Sigma Q_{积}$$

式中　$\Sigma Q_{进}$——输入能量总和；
　　　$\Sigma Q_{出}$——输出能量总和；
　　　$\Sigma Q_{积}$——系统中的积累量。

（三）平衡关系

任何一个物理或化学变化过程，在一定条件下必然沿着一定方向进行，直至达到动态平衡状态为止。例如，盐在水中溶解时，要一直进行到成为饱和溶液为止。这类平衡现象在自然界广泛存在，涉及化工操作的平衡关系很多，如汽-液平衡、气-固平衡、液-液平衡等。

平衡关系表示物理或化学变化过程的极限，属于过程的静力学研究范围，可以确定一个过程是否能够进行，以及可能达到的程度。

（四）过程速率

所谓的过程速率，就是单位时间内过程的变化率。例如单位时间传递的热量称为传递速率，单位时间通过分子扩散传递的物质的量称为扩散速率等等。任何化工过程在一定条件下都有一定的速率。过程速率的影响因素很多，目前多采用下式进行表达：

$$过程速率 = \frac{过程推动力}{过程阻力}$$

应用上式在传热项目中，传热速率与传热的推动力冷热流体温差成正比，与传热阻力热阻成反比。

（五）物理量的单位

任何物理量都是用数字和单位联合表达的。一般选择几个独立的物理量，如长度、时间等，并以使用方便为原则规定出它们的单位。但由于历史、地区及各个学科的不同要求，产生了不同的单位制。目前，国际上正逐渐统一采用国际单位制（SI 制），SI 制是以长度的米、质量的千克、时间的秒、电流的安〔培〕、热力学温度的开〔尔文〕、物质的量的摩〔尔〕、发光强度的坎〔德拉〕七个单位为基本单位，以平面角的弧度、立面角的球面度两个单位作为辅助单位的一种单位制。因此在进行计算时，应注意单位制的换算，详见表 0-1。

表 0-1　SI 制国际单位制基本单位

物理量名称	物理量符号	单位名称	单位符号
长度	l	米	m
质量	m	千克	kg
时间	t	秒	s
电流	I	安	A
热力学温度	T	开	K
物质的量	n	摩	mol
发光强度	I	坎	cd

化工单元操作及过程是高等数学、物理、物理化学等课程的后续课程，属于专业技术基础课，是一门化工类专业必修课。它主要研究各单元操作的基本原理、所用典型设备的结构和选型。通过本门课程的学习，培养学生分析和解决单元操作中各种问题的能力，掌握化工单元岗位的实际操作技能，树立安全生产意识。在科学研究和生产事件中对设备应具有操作管理、维护、判断、排除故障的本领。

项目一
流体输送过程及应用技术

项目概述

化工生产中所处理的物料，大多为流体（包括液体和气体）。制造产品时，往往按照生产工艺的要求把原料依次输送到各种设备内，进行化学反应或物理变化，制成的产品又常需要输送到储罐内储存，实现这一过程要借助管路和输送机械。流体输送机械是给流体增加机械能以完成输送任务的机械。管路在化工生产中就相当于人体的血管，流体输送机械相当于人的心脏，作用非常重要。因此，了解管路的构成，确定输送管路的直径，了解输送机械的工作原理，选择合理的输送机械，学会合理布置和安装管路，正确使用输送机械非常重要。

任务一
认识化工管路的组成与安装

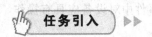

你在图 1-1 中看到了些什么？它们都有什么作用？你能说出它们的名字吗？

一、化工管路基本构件的选择

（一）管路标准化

为了使管子、管件连接的尺寸一致，管子的规格常用"ϕ 外径 mm × 壁厚 mm"来表示，如：无缝钢管也有以"内径 mm × 壁厚 mm"来表示的。

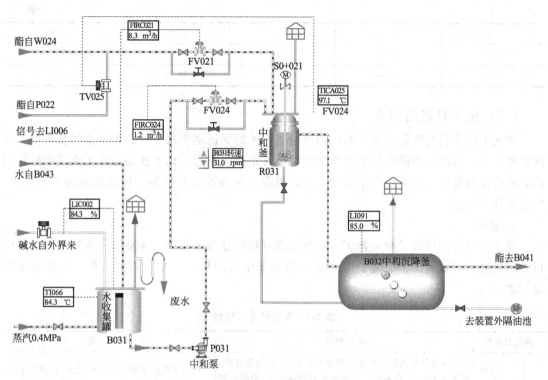

图 1-1　DOP 中和水洗工段流程示意图

1. 公称直径

公称直径，又称平均外径，指标准化以后的标准直径，以 DN 表示，单位 mm。公称直径是为了设计制造和维修的方便人为地规定的一种标准，也叫公称通径，是管子（或者管件）的规格名称，公称直径是接近于内径，但是又不等于内径的一种管子直径的规格名称，在设计图纸中所以要用公称直径，目的是为了根据公称直径可以确定管子、管件、阀门、法兰、垫片等结构尺寸与连接尺寸（见表 1-1）。

表 1-1　管子、管件的公称直径 DN　　　　　　　　　　　　单位：mm

1	4	8	20	40	80	150	225	350	500	1100	1400	1800	2400	3000	3600
2	5	10	25	50	100	175	250	400	600	1200	1500	2000	2600	3200	3800
3	6	12	32	65	125	200	300	450	700	1300	1600	2200	2800	3400	4000

2. 公称压力

公称压力是为了设计、制造和使用方便，而人为地规定的一种名义压力，以 PN 表示，这种名义上的压力的单位实际是压强，是管子或管件在 $0\sim20℃$ 常温条件下所允许的最大工作压力。通常公称压力大于或等于实际工作的最大压力。工作压力是为了保证管路正常工作而根据被输送介质的工作温度所规定的最大压力（见表 1-2）。

表 1-2　管子、管件的公称压力 PN　　　　　　　　　　　　单位：MPa

0.05	1.00	6.30	28.00	100.00
0.10	1.60	10.00	32.00	125.00
0.25	2.00	15.00	42.00	160.00

续表

0.4	2.50	16.00	50.00	200.00
0.6	4.00	20.00	63.00	250.00
0.8	5.00	25.00	80.00	335.00

（二）化工管路的构成

在化工厂中只有管路畅通，阀门调节适当，才能保证整个化工厂、各个车间及各个工段的正常生产。因此，管路在化工生产中起着极其重要的作用。化工管路是化工生产中所使用的各种管路的总称，其主要作用是按照工艺流程连接各设备和机器，构成完整的工艺系统，输送流体介质。

1. 管子

化工厂中所用的管子种类繁多，若依制作材料可分为金属管、非金属管和复合管，其中以金属管为主（见表1-3）。复合管是指金属和非金属两种材料复合得到的管子，最常见的是衬里。

表1-3　常见的化工管材

种类及名称		结构特点	用途
金属管	钢管 有缝钢管	有缝钢管是用低碳钢焊接而成的钢管，又称为焊接管。易于加工制造、价格低。主要有水管和煤气管，分镀锌管和黑铁管(不镀锌管)两种	目前主要用于输送水、蒸汽、煤气、腐蚀性低的液体和压缩空气等
	钢管 无缝钢管	无缝钢管是用棒料钢材经穿孔热轧或冷拔制成的，它没有接缝。可以是普通碳素钢、优质碳素钢、低合金钢和普通合金材质	无缝钢能用于在各种压力和温度下输送流体，广泛用于输送高压、有毒、易燃易爆和强腐蚀性流体等
	铸铁管	有普通铸铁管和硅铸铁管。铸铁管价廉而耐腐蚀，但强度低，气密性也差，不能用于输送有压力的蒸汽、爆炸性及有毒性气体等	一般作为埋在地下的给水总管、煤气管及污水管等，也可以用来输送碱液及浓硫酸等
	有色金属管 铜管与黄铜管	纯铜呈紫红色，硬度较低，导热性好，延展性好，易于弯曲成型。黄铜是铜和锌的合金，机械强度高，有较高的耐腐蚀性。青铜是铜和锡的合金，其强度、硬度及耐腐蚀性都比黄铜好	纯铜常用作空分设备管道、冷冻管道和仪表管道 黄铜、青铜常用作管子、管件和阀门
	有色金属管 铅管	铅管因抗腐蚀性好，能抗硫酸及10%以下的盐酸，其最高工作温度是413K。由于铅管机械强度差、性软而笨重、导热能力小，目前正被合金管及塑料管所取代	主要用于硫酸及稀盐酸的输送，但不适用于浓盐酸、硝酸和乙酸的输送
	有色金属管 铝管	铝管也有较好的耐酸性，其耐酸性主要由其纯度决定，但耐碱性差	铝管广泛用于输送浓硫酸、浓硝酸、甲酸和醋酸等。小直径铝管可以代替铜管来输送有压流体。当温度超过433K时，不宜在较高的压力下使用
非金属管		非金属管是用各种非金属材料制作而成的管子的总称，主要有陶瓷管、水泥管、玻璃管、塑料管和橡胶管等。塑料管的用途越来越广，很多原来用金属管的场合逐渐被塑料管所代替。塑料管的材质有酚醛树脂、聚氯乙烯、聚四氟乙烯等	

2. 管件

将管子连接成管路时，需要依靠各种构件，使管路能够连接、拐弯和分叉，这些构件通常称为管路附件，简称管件，如：异径管、三通管、弯头等（见表1-4）。

表 1-4　常用管件

管 件 作 用	管 件 名 称
改变管路方向	90°肘管或弯头、长颈肘管、45°肘管或弯头、回弯头
连接直径不同的管道	异径管
连接管路支管	双曲肘管、偏面四通管、四通管、三通管、Y形管
管路不用需要堵塞	管帽、管塞、丝堵
连接直径相同的两管	束节或内、外牙管

3. 阀门

阀门是流体管路的控制装置，其基本功能是接通或切断管路介质的流通，改变介质的流通，改变介质的流动方向，调节介质的压力和流量，保护管路的设备的正常运行。

阀门有多种分类，按用途可分为表 1-5 所列类型，各类阀门代号参见表 1-6。

表 1-5　阀门按用途分类

阀 门 作 用	阀 门 名 称
接通或切断管路介质	闸阀、截止阀、球阀、蝶阀
防止介质倒流	止回阀
调节介质的压力和流量	调节阀、减压阀
保证管路系统及设备安全	安全阀
其他	疏水阀、放空阀、排污阀

表 1-6　阀门类型及代号

阀门类型	代　号	阀门类型	代　号	阀门类型	代　号
闸阀	Z	柱塞阀	U	蝶阀	D
截止阀	J	球阀	Q	疏水阀	S
节流阀	L	旋塞阀	X	安全阀	A
隔膜阀	G	止回阀	H	减压阀	Y

以下重点介绍几个常用的阀门。

（1）闸阀　闸阀在管路中主要作切断用（见图 1-2）。闸阀是使用很广的一种阀门，一般口径 $DN \geqslant 50mm$ 的切断装置都选用它，有时口径多用于大直径管路上作启闭阀，在小直径管路中也有用作调节阀的。不宜用于含有固体颗粒或物料易于沉积的流体，以免引起密封面的磨损和影响闸板的闭合。

闸阀的流动阻力小，启闭合所需的外力小，物质的流向不受限制，不能用来较精准地控制流量。

（2）球阀　适用于低温高压及黏度大的介质，但不宜用于调节流量（见图 1-3）。阀芯呈球状，中间为一与管内径相近的连通孔，结构简单，启闭迅速，操作方便，体积小，重量轻，零部件少，流体阻力也小。

（3）蝶阀　适用于输送温度小于 80℃、压力小于 1MPa 的水、空气、煤气等介质的较大口径管路中，关断性要求不高的场合（见图 1-4）。

（4）截止阀　截止阀是关闭件（阀瓣）沿阀座中心线移动的阀门（见图 1-5）。主要部件为阀盘与阀座，流体自下而上通过阀座，其构造比较复杂，流体阻力较大，但密闭性与调节性能较好。不宜用于黏度大且含有易沉淀颗粒的介质。

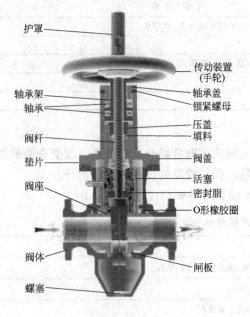

图 1-2 闸阀结构

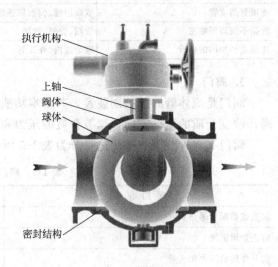

图 1-3 球阀结构

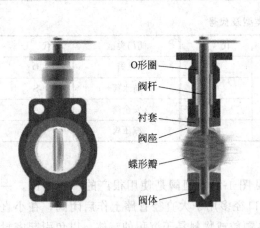

图 1-4 蝶阀结构

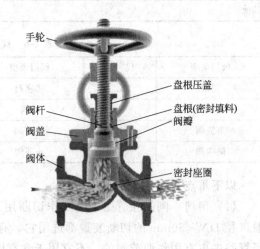

图 1-5 截止阀结构

（5）调节阀 按照驱动方式分为气动、电动和液压三种，其中气动的应用最为广泛。按照阀体结构分为调节闸阀、调节球阀、调节蝶阀、调节截止阀和调节针形阀等。调节阀的用途是根据在线检测仪表输出的信号，经过逻辑处理单元处理后提供执行信号，由其对工艺进行连续调整。

（6）止回阀 止回阀是一种根据阀前、后的压力差自动启闭的阀门，其作用是使介质只作一定方向的流动，它分为升降式和旋启式两种（见图 1-6、图 1-7）。升降式止回阀密封性较好，但流动阻力大，旋启式止回阀用摇板来启闭。安装时应注意介质的流向与安装方向。升降式的应该装在垂直管道上，旋启式的可装在水平、垂直或倾斜的管道上，如果装在垂直管道上，介质应由下向上。

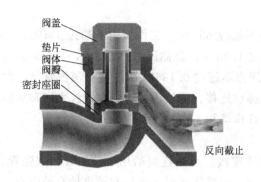

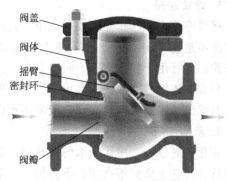

图 1-6　升降式止回阀结构　　　　　　　　图 1-7　旋启式止回阀结构

（7）安全阀　化工生产中，为了防止因火灾、操作失误或其他原因引起的系统压力超过容器和管道的设计压力而发生爆炸甚至更严重的事故而设置的。它能根据工作压力而自动启闭，从而将管道设备的压力控制在某一数值以下，从而保证其安全。所有的压力容器都需要设置泄压设施。一般将安全阀垂直安装在气相界面位置上。

二、管路的布置与安装

（一）管路的连接方式

1. 焊接连接

对于不需要拆卸的长管子和高压管路，管子与管子之间的连接一般采用焊接法连接。焊接连接较上述任何连接法都严密且经济方便。但是在经常拆卸时或不允许动火的车间，不宜采用焊接。

2. 法兰连接

当两根管子需要连接，但又要经常拆开时且管子较粗时，最常用的连接方法是法兰连接。钢管的法兰可用焊接法固定在钢管上，如图 1-8 所示为法兰管段。也可以用螺纹连接在钢管上，当然最方便是焊接法固定。在工程安装时，在两法兰间放置垫圈，起密封作用。垫圈的材料有石棉、橡胶、软金属等，如图 1-9 所示，随介质的温度压力而定。法兰连接的优点是强度高、密封性能好、适用范围广、拆卸、安装方便。法兰连接在石油、化工管路中应用极为广泛。

图 1-8　法兰管段　　　　　　　　　　图 1-9　法兰连接所需的垫片

3. 螺纹连接

螺纹连接也称丝扣连接，只适用于公称直径不超过 65mm、工作压力不超过 1MPa、介质温度不超过 373K 的热水管路和公称直径不超过 100mm、公称压力不超过 0.98MPa 的给水管路；也可用于公称直径不超过 50mm、工作压力不超过 0.196MPa 的饱和蒸汽管路；此外，只有在连接螺纹的阀件和设备时，才能采用螺纹连接。螺纹连接时，在螺纹之间常加麻丝、石棉线、铅油等填料。现一般采用聚四氟乙烯作填料，密封效果较好。

4. 承插连接

在化工管道中，用作输水的铸铁管多采用承插连接。承插连接适用于铸铁管、陶瓷管、塑料管等。它主要应用在压力不大的上、下水管路。承插连接时，插口和承口接头处留有一定的轴向间隙，在间隙里填充密封填料。对于铸铁管，先填 2/3 深度的油麻绳，然后填一定深度石棉水泥（石棉 30%，水泥 70%），在重要场合不填石棉水泥，而灌铅。最后一层沥青防腐层。陶瓷管在填塞油麻绳后，再填水泥砂浆即可，它一般应用于水管。

（二）管路布置原则（摘自《化工工艺设计手册》）

① 管道应该成列平行敷设，尽量走直线少拐弯，少交叉以减少管架的数量，节省管架材料并做到蒸汽美观便于施工。

② 设备间的管道连接，应尽可能的短而直，纵向与横向的标高应错开，一般情况下改变方向同时改变标高。

③ 当管道改变标高或走向时，尽量做到"步步高"或"步步低"，避免管道形成积聚气体的"气袋"或积聚液体的"液袋"和"盲肠"。

④ 不得在人行通道和机泵的上方设置法兰，以免法兰渗漏时介质落于人身而发生工伤事故。

⑤ 易燃易爆介质的管道，不得敷设在生活间、楼梯间和走廊等处。

⑥ 管道布置不应挡门、窗，应避免通过电动机、配电盘、仪表盘的上空，在有吊车的情况下，管道布置应不妨碍吊车工作。

⑦ 气体或蒸汽管道应从主管上部引出支管，以减少冷凝液的携带，管道要有坡向、以免管内或设备内积液。

（三）管道防腐

化工管路中所使用的管材大多是金属的，在各种外界环境因素的作用下，金属容易发生腐蚀，金属的腐蚀分为化学腐蚀和电化学腐蚀。

金属管道的防腐方法主要是在管道的表面涂上各种防腐材料，经过固化过程，结合在金属管道的表面。防腐涂料在化工防腐蚀中占有一定的地位。它可以防止工业大气、水、土壤和腐蚀性化学介质等对金属的腐蚀。

防腐涂料的选择应根据介质的性质、环境条件，并结合工程中使用部位的重要性等综合考虑而选定（见表 1-7）。

表 1-7　常用（常温）涂料的选择

腐蚀程度	涂料名称
强腐蚀	过氯乙烯涂料、聚氯乙烯涂料、氯磺化聚乙烯涂料、环氧树脂涂料
中等腐蚀	环氧树脂涂料、聚氯乙烯涂料、氯化橡胶涂料、沥青漆、酚醛树脂涂料
弱腐蚀	酚醛树脂涂料、醇酸树脂涂料、油基涂料

为了区别管道介质类别，需要对管道外表面的基本颜色做统一规定（见表1-8）。对不同类介质的不同瓶中除用基本颜色外，还应加色环和流向标志。色环不应过于复杂，只允许在重要的管道上加色环。

表1-8　管道基本颜色的规定

介 质 类 别	基 本 颜 色	介 质 类 别	基 本 颜 色
水	绿色	气体	黄褐色
蒸汽	红色	空气、氧气	浅蓝色
油类、易燃液体	棕色	酸、碱	紫色
其他液体	灰色	排污	黑色

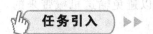 **练习题**

（一）选择题

1. 安全阀应铅直地安装在（　　）。

A. 容器的高压进口管道上　　　　　　B. 管道接头前

C. 容器与管道之间　　　　　　　　　D. 气相界面位置上

2. 下列四种阀门，通常情况下最适合流量调节的阀门是（　　）。

A. 截止阀　　　　B. 闸阀　　　　　C. 考克阀　　　　D. 蝶阀

3. 用"φ外径 mm×壁厚 mm"来表示规格的是（　　）。

A. 铸铁管　　　　B. 钢管　　　　　C. 铅管　　　　　D. 水泥管

4. 需注意安装方向的阀门是（　　）。

A. 截止阀　　　　B. 闸阀　　　　　C. 考克阀　　　　D. 蝶阀

5. 符合化工管路的布置原则的是（　　）。

A. 各种管线成列平行，尽量走直线　　B. 平行管路垂直排列时，冷的在上，热的在下

C. 并列管路上的管件和阀门应集中安装　D. 一般采用暗线安装

（二）判断题

1. 截止阀安装时应使管路流体由下而上流过阀座口。　　　　　　　　　　（　　）

2. 小管路除外，一般对于常拆管路应采用法兰连接。　　　　　　　　　　（　　）

3. 止回阀的安装有方向要求。　　　　　　　　　　　　　　　　　　　（　　）

4. 闸阀的特点是密封性能较好，流体阻力小，具有一定的调节流量性能，适用于控制清洁液体，安装时没有方向。　　　　　　　　　　　　　　　　　　　　（　　）

任务二
化工生产中常见的输送任务和完成方案

任务引入 ▶▶

如图1-10所示，火车站台上均设置有黄线，提示为安全距离，你知道为什么吗？
现在的城市高楼林立，你知道是如何实现高楼的供水的吗？

图 1-10　火车站台上的黄线

 任务分解 ▶▶

一、认识流体输送方式

（一）压力输送

压力输送也叫做压缩空气送料。送料时，空气的压力必须满足输送任务对扬程的要求。

压缩空气输送物料不能运用于易燃和可燃液体物料的压送，因为压缩空气在压送物料时可以与液体蒸气混合形成爆炸性混合系，同时又可能产生静电积累，很容易导致系统爆炸。

（二）真空输送

真空抽料是指通过真空系统的负压来实现流体从一个设备到另一个设备的操作。真空抽料是化工生产中常用的一种流体输送方法，结构简单，操作方便，没有动件，但流量调节不方便，需要真空系统，不适于输送易挥发的液体，主要用在间歇送料场合。在连续真空抽料时（例如多效并流蒸发中），下游设备的真空度必须满足输送任务的流量要求，还要符合工艺条件对压力的要求。

（三）高位槽输送

化工生产中，各容器、设备之间常常会存在一定的位差，当工艺要求将处在高位设备内的液体输送到低位设备内时，可以通过直接将两设备用管道连接的办法实现，这就是所谓的高位槽送液。另外，在要求特别稳定的场合，也常常设置高位槽，以避免输送机械带来的波动。

（四）流体机械输送

流体机械输送是指借助流体输送机械对流体做功，实现流体输送的操作。由于输送机械的类型多，压头及流量的可选范围广且易于调节，因此该方法是化工生产中最常见的流体输送方法。用流体输送机械送料时，流体输送机械的型号必须满足流体性质及输送任务的需要。

二、认识流体流动基本规律

（一）流体密度

单位体积流体的质量，称为流体的密度，其表达式为

$$\rho = \frac{m}{V} \tag{1-1}$$

式中　ρ——流体的密度，kg/m^3；

　　　m——流体的质量，kg；

　　　V——流体的体积，m^3。

液体的密度随压力的变化甚小（极高压力下除外），可忽略不计，故常称液体为不可压缩的流体，但其随温度稍有改变。气体的密度随压力和温度的变化较大，当压力不太高、温度不太低时，气体的密度可近似地按理想气体状态方程式计算，由

$$pV = \frac{m}{M}RT$$

得　　　　　　　　　　　　$$\rho = \frac{m}{V} = \frac{pM}{RT} \tag{1-2}$$

式中　p——气体的压力，kN/m^2 或 kPa；

　　　T——气体的热力学温度，K；

　　　M——气体的分子量，$kg/kmol$；

　　　R——通用气体常数，$8.314kJ/(kmol \cdot K)$。

气体密度也可按下式计算

$$\rho = \rho_0 \frac{T_0 p}{T p_0} \tag{1-3}$$

（二）流体的流量与流速

1. 流量与流速

（1）体积流量 q_V　单位时间内流经管道有效截面积的流体体积，m^3/s；流体包括气体和液体，液体是不可压缩性流体，气体是可压缩性流体，气体的体积会随压力和温度变化，因此应用气体体积流量时，要标注其状态。

$$q_V = uA = \frac{u\pi d^2}{4} \tag{1-4}$$

（2）质量流量 q_m　单位时间内流经管道的流体的质量。

$$q_m = q_V\rho = uA\rho \tag{1-5}$$

（3）流速 u　单位时间内流体在流动方向上流过的距离，m/s；实验表明，流体流经管道任一界面上的各点的流速沿管径而变化，在管道截面中心处最大，越靠近管壁的流速越小，在管壁处流速为零。

流量一般由生产任务来决定，关键在于选择合适的流速。若流速选得太小，操作费用可

以相应减少，但管径就得增大，管路的基建费用会随之增加，反之，若流速选得太大，管径虽然可以减小，但流体流过管道的阻力会增大，将消耗大量的动力，操作费用随之增大。因此，当流体在大流量长距离的管道中输送时，需要综合考虑操作费用与基建费用，来选择适宜的流速。某些流体在管道内流动的常用流速范围见表1-9。

表 1-9　某些流体在管道中的常用流速范围

流体的类别及情况	流速范围/(m/s)	流体的类别及情况	流速范围/(m/s)
水及低黏度液体(0.1～1.0MPa)	1.5～3.0	一般气体(常压)	10～20
工业供水(0.8MPa 以下)	1.5～3.0	离心泵排出管(水一类液体)	2.5～3.0
锅炉供水(0.8MPa 以下)	>3.0	液体自流速度(冷凝水等)	0.5
饱和蒸汽	20～40	真空操作下气体流速	<10

（4）质量流速 G　单位时间内流体流过管道截面积的质量，kg/(m² · s)。

$$G = u\rho \tag{1-6}$$

2. 稳定流动系统

根据流体在管路系统中流动时各种参数的变化情况，可以将流体的流动分为稳定流动和不稳定流动。若流动系统中各物理量的大小仅随位置变化、不随时间变化，则称为稳定流动。若流动系统中各物理量的大小不仅随位置变化、而且随时间变化，则称为不稳定流动。

工业生产中的连续操作过程，如生产条件控制正常，则流体流动多属于稳定流动。连续操作的开车、停车过程及间歇操作过程属于不稳定流动。本项目所讨论的流体流动为稳定流动过程。

3. 连续性方程

稳定流动系统如图 1-11 所示，流体充满管道，并连续不断地从截面 1-1 流入，从截面 2-2 流出。以管内壁、截面 1-1 与截面 2-2 为基准进行衡算，根据质量守恒定律，进入两个截面的流体质量流量应该是相等的。

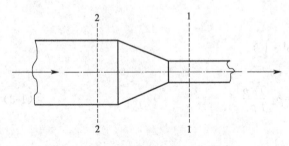

图 1-11　流体流动的连续性

$$q_{m1} = q_{m2}$$

$$q_m = u_1 A_1 \rho_1 = u_2 A_2 \rho_2 \tag{1-7}$$

若将上式推广到管路上任何一个截面，即

$$q_m = uA\rho = 常数$$

对于不可压缩流体不仅流经各截面的质量流量相等，而且它们的体积流量也应该相等。由此可得到结论：管道的截面积 A 与流体流速 u 成反比，截面积越小，流速越大。

若不可压缩流体在圆管内流动，因 $A = \dfrac{\pi}{4} d^2$，则

$$\frac{u_1}{u_2} = \frac{A_2}{A_1} = \left(\frac{d_2}{d_1}\right)^2 \tag{1-8}$$

上式说明不可压缩流体在管道内的流速 u 与管道内径的平方 d^2 成反比。

式(1-7) 和式(1-8) 称为流体在管道中作稳定流动的连续性方程。连续性方程反映了在稳定流动系统中，流量一定时管路各截面上流速的变化规律，而此规律与管路的安排以及管路上是否装有管件、阀门或输送设备等无关。

【例 1-1】　如图 1-11 所示的串联变径管路中，已知小管规格为 $\phi57mm\times3mm$，大管规格为 $\phi89mm\times3.5mm$，均为无缝钢管，水在小管内的平均流速为 2.5m/s，水的密度可取为 $1000kg/m^3$。试求：（1）水在大管中的流速；（2）管路中水的体积流量和质量流量。

解：（1）小管直径 $d_1=57-2\times3=51$（mm），$u_1=2.5m/s$

大管直径 $d_2=89-2\times3.5=82$（mm）

$$u_2=u_1\frac{A_1}{A_2}=u_1\left(\frac{d_1}{d_2}\right)^2=2.5\times\left(\frac{51}{82}\right)^2=0.967(m/s)$$

（2）$q_V=u_1A_1=u_1\frac{\pi}{4}d_1^2=2.5\times0.785\times(0.051)^2=0.0051(m^3/s)$

$$q_m=q_V\rho=0.0051\times1000=5.1(kg/s)$$

【例 1-2】　拟用一台水泵将水池中的水输送至一高位槽内，输送量为 4000kg/h，$\rho_{水}$ 为 $1000kg/m^3$。试确定输水管的规格。

解：水的质量流量为

$$q_m=4000/3600=1.11(kg/s)$$

据式(1-5)，可得：

$$q_V=q_m/\rho=1.11/1000=1.11\times10^{-3}(m^3/s)$$

根据表 1-9，选定 $u=2m/s$，将上面数据代入式(1-4)，有

$$d=\sqrt{\frac{q_V}{0.785u}}=\sqrt{\frac{1.11\times10^{-3}}{0.785\times2}}=0.027(m)=27(mm)$$

查附录中管子规格，选用内径为普通水煤气管 $\phi34mm\times3mm$，其内径为

$$d=34-3\times2=28(mm)$$

核算流速：$u'=\dfrac{q_V}{\dfrac{\pi}{4}d^2}=\dfrac{1.11\times10^{-3}}{0.785\times0.028^2}=1.66(m/s)$

经核算流速 u' 在水及低黏度流体流速选择范围内，符合选管。

（三）流体压强

以绝对真空为基准测得的压力称为绝对压力，是流体真实的压强。以大气压力为基准测得的压力称为表压力或真空度。如若系统压力高于大气压，则超出的部分称为表压力，所用的测压仪表称为压力表；如若系统压力低于大气压，则低于大气压的部分称为真空度，所用的测压仪表称为真空表。可以看出，相当于它们之间的关系为：

$$p_{表}=p_{绝}-p_{大} \tag{1-9}$$

$$p_{真}=p_{大}-p_{绝} \tag{1-10}$$

显然，真空度为表压的负值，并且设备内流体的真空度愈高，它的绝对压力就愈低。绝对压力、表压力与真空度之间的关系可用图 1-12 表示。

注意：①为了避免相互混淆，当压力以表压或真空度表示时，应用括号注明，如未注明，则视为绝对压力；②压力计算时基准要一致；③大气压力以当

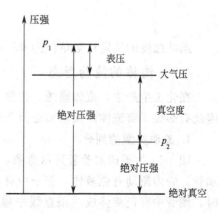

图 1-12　压强的表示方法

时、当地气压表的读数为准。

【例 1-3】 在兰州操作的苯乙烯真空蒸馏塔顶的真空表读数为 $80\times10^3\,Pa$。在天津操作时，若要求塔内维持相同的绝对压强，真空表的读数应为若干。兰州地区的平均大气压强为 $85.3\times10^3\,Pa$，天津地区的平均大气压强为 $101.33\times10^3\,Pa$。

解： 根据兰州地区的大气压强条件，可求得操作时塔顶的绝对压强为：

$$绝对压强＝大气压强－真空度＝85300－80000＝5300(Pa)$$

在天津操作时，要求塔内维持相同的绝对压强，由于大气压强与兰州的不同，则塔顶的真空度也不相同，其值为：

$$真空度＝大气压强－绝对压强＝101330－5300＝96030(Pa)$$

（四）压力单位换算

在法定单位制中，压强的单位是 Pa，称为帕斯卡，但习惯上还有其他单位。习惯上常采用标准大气压（atm）、工程大气压（at）、液柱高度（mmHg 或 mH₂O），因此有必要了解这几种压力表示方法之间的关系。

$$1atm=1.033kgf/cm^2=1.013\times10^5\,N/m^2=760mmHg=10.33mH_2O$$
$$1at=1kgf/cm^2=9.807\times10^4\,N/m^2=735.6mmHg=10mH_2O$$

三、认识流动阻力

（一）流体的黏性与黏度

黏度（μ）是表征流体黏性大小的物理量，是流体的重要物理性质之一，流体的黏性越大，μ 值越大。其值由实验测定。

流体的黏度随流体的种类及状态而变化，液体的黏度随温度升高而减小，气体的黏度随温度升高而增大。压力变化时，液体的黏度基本不变，气体的黏度随压力增加而增加得很少。常用流体的黏度，可以从本书附录查得。

黏度的法定计量单位是 Pa·s；但在工程手册中黏度的单位常用物理单位制，泊（P）或厘泊（cP）表示。它们之间的关系是

$$1Pa\cdot s=10P=1000cP$$

流体的黏性还可用黏度 μ 与密度 ρ 的比值来表示，称为运动黏度，以 ν 表示

$$\nu=\frac{\mu}{\rho}$$

运动黏度的法定计量单位为 m^2/s。

（二）流体的流动形态

在化工生产中，流体输送、传热、传质过程及操作等都与流体的流动状态有密切关系，因此有必要了解流体的流动形态及在圆管内的速度分布。

1. 流动类型的划分

图 1-13 为雷诺实验装置示意图，若水槽中的水液位是恒定的，水槽下插入一根水平玻璃管，管内流动有色液体，管子中有色液体的流速由阀门控制。实验中可看到，当水流不大时，细管中有色液体成一条直线平稳流过，说明有色液体质点沿着管子平行方向作直线运动。若将水流速加大，有色液体开始出现波浪形态，水的速度再加大，有色液体流出细管后

与水完全混合，与水呈均匀的颜色。

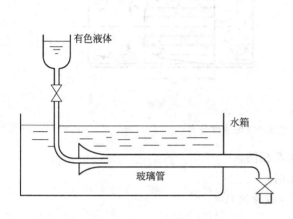

图 1-13　雷诺实验装置示意图

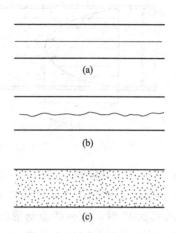

图 1-14　雷诺实验比较

　　这个实验显示出流体流动时，可以出现两种截然不同的流动形态，即层流和湍流。见表 1-10。

表 1-10　雷诺实验和两种流动形态

流动形态	实验现象	质点运动特点	速度分布	举例
层流	实验装置如图 1-13 所示，设储水槽中液位保持恒定，当管内水的流速较小时，着色水在管中沿轴线方向成一条清晰的细直线，如图 1-14(a)所示	流体质点沿管轴方向作直线运动，分层流动，又称滞流	层流时其速度分布曲线呈抛物线形。如图 1-15(a)所示。管壁处速度为零，管中心处速度最大。平均流速 $u = 0.5u_{max}$	管内流体的低速流动、高黏度液体的流动、毛细管和多孔介质中的流体流动等
过渡状态	开大调节阀，水流速度逐渐增至某一定值时，可以观察到着色细线开始呈现波浪形，但仍保持较清晰的轮廓，如图 1-14(b)所示	过渡状态不是一种独立的流动形态，介于层流与湍流之间。可以看成是不完全的湍流，或不稳定的层流，或者是两者交替出现，随外界条件而定，受流体流动干扰的控制		
湍流	再继续开大阀门，可以观察到着色细流与水流混合，当水的流速再增大到某值以后，着色水一进入玻璃管即与水完全混合，如图 1-14(c)所示	流体质点除沿轴线方向作主体流动外，还在各个方向有剧烈的随机运动，又称紊流	湍流时其速度分布曲线呈不严格抛物线形。管中心附近速度分布较均匀，如图 1-15(b)所示，平均流速 $u = 0.82u_{max}$	工程上遇到的管内流体的流动大多为湍流

2. 流体流动形态的判定

　　（1）雷诺数（Re）　为了确定流体的流动形态，雷诺通过改变实验介质、管材及管径、流速等实验条件，做了大量的实验，并对实验结果进行了归纳总结。流体的流动形态主要与流体的密度 ρ、黏度 μ、流速 u 和管内径 d 等因素有关，并可以用这些物理量组成一个数群，称为雷诺数（Re），用来判定流动形态。

$$Re = \frac{du\rho}{\mu}$$

　　雷诺数，无量纲。Re 大小反映了流体的湍动程度，Re 越大，流体流动湍动性越强。计

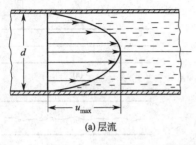 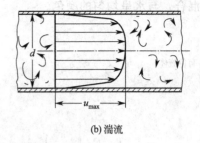

(a) 层流   (b) 湍流

图 1-15 流体在管内流动时的速度分布

算时只要采用同一单位制下的单位，计算结果都相同。

（2）判据 一般情况下，流体在管内流动时：

若 $Re \leqslant 2000$ 时，流体的流动形态为层流（或滞流）；

若 $Re \geqslant 4000$ 时，流动为湍流（或紊流）；

而 Re 在 $2000 \sim 4000$ 范围内，为一种过渡状态，可能是层流也可能是湍流，在过渡区域，流动形态受外界条件的干扰而变化，如管道形状的变化、外来的轻微振动等都易促成湍流的发生，在一般工程计算中，$Re > 2000$ 可作湍流处理。

【例 1-4】 在 20℃ 条件下，某种液体的密度为 $800 kg/m^3$，黏度为 5cP，在圆形直管内流动，其流量为 $10m^3/h$，管子规格为 $\phi 89mm \times 3.5mm$，试判断其流动形态。

解： 已知 $\rho = 800 kg/m^3$，$\mu = 5cP = 5 \times 10^{-3} Pa \cdot s$

$$d = 89 - 2 \times 3.5 = 82(mm) = 0.082(m)$$

则

$$u = \frac{q_V}{\frac{\pi}{4}d^2} = \frac{10/3600}{0.785 \times (0.082)^2} = 0.526(m/s)$$

$$Re = \frac{du\rho}{\mu} = \frac{0.082 \times 0.526 \times 800}{5 \times 10^{-3}} = 6901.1$$

经计算 $Re > 4000$，所以判断该流动形态为湍流。

3. 湍流流体中的层流内层

当管内流体做湍流流动时，管壁处的流速也为零，靠近管壁处的流体薄层速度很低，仍然保持层流流动，这个薄层称为层流内层。层流内层的厚度随雷诺准数 Re 的增大而减薄，但不会消失。层流内层的存在，对传热与传质过程都有很大的影响。

湍流时，自层流内层向管中心推移，速度渐增，存在一个流动形态即非层流亦非湍流区域，这个区域称为过渡层或缓冲层。再往管中心推移才是湍流主体。可见，流体在管内作湍流流动时，横截面上沿径向分为层流内层、过渡层和湍流主体三部分。

（三）伯努利方程及其应用

1. 理想流体机械能

在化工生产中，解决流体输送问题的基本依据是伯努利方程，因此伯努力方程及其应用极为重要。根据对稳定流动系统能量衡算，即可得到伯努利方程。

流动系统中涉及的能量有多种形式，包括内能、机械能、功、热、损失能量，若系统不涉及温度变化及热量交换，内能为常数，则系统中所涉及的能量只有机械能、功、损失能量。能量根据其属性分为流体自身所具有的能量及系统与外部交换的能量。

（1）位能 位能是流体处于重力场中而具有的能量。若质量为 $m(kg)$ 的流体与基准水

平面的垂直距离为 z(m)，则位能为 mgz(J)，单位质量流体的位能则为 gz(J/kg)。位能是相对值，计算须规定一个基准水平面。

（2）**动能**　动能是流体具有一定速度流动而具有的能量。m(kg) 流体，当其流速为 u(m/s) 时具有的动能为 $\frac{1}{2}mu^2$(J)，单位质量流体的动能为 $\frac{1}{2}u^2$(J/kg)。

（3）**静压能**　静压能是由于流体具有一定的压力而具有的能量。流体内部任一点都有一定的压力，如果在有液体流动的管壁上开一小孔并接上一个垂直的细玻璃管，如图 1-16 所示，液体就会在玻璃管内升起一定的高度，此液柱高度即表示管内流体在该截面处的静压力值。

管路系统中，某截面处流体压力为 p，流体要流过该截面，则必须克服此压力作功，于是流体带着与此功相当的能量进入系统，流体的这种能量称为静压能。质量为 m(kg) 的流体的静压能为 pV(J)，单位质量流体的静压能为 $\frac{p}{\rho}$(J/kg)。

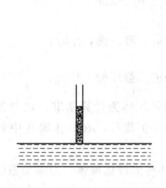

图 1-16　静压能示意图

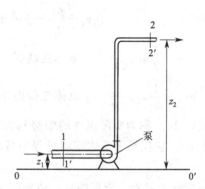

图 1-17　伯努利方程推导示意图

如图 1-17 所示，有 $m$kg 的质量流体从截面 1-1′ 经泵输送到截面 2-2′。根据稳定流动系统的能量守恒，输入系统的能量应等于输出系统的能量。

$m$kg 流体带入 1-1′ 截面的机械能为：$mgz_1 + p_1V_1 + \frac{1}{2}mu_1^2$

$m$kg 流体带入 2-2′ 截面的机械能为：$mgz_2 + p_2V_2 + \frac{1}{2}mu_2^2$

系统在稳定的状态下流动，所以 $m$kg 流体在 1-1′ 截面到 2-2′ 截面所具有的机械能应该守恒，即：

$$mgz_1 + p_1V_1 + \frac{1}{2}mu_1^2 = mgz_2 + p_2V_2 + \frac{1}{2}mu_2^2 \tag{1-11}$$

以上各项除以 m，即得到 1kg 流体在 1-1′ 截面到 2-2′ 截面所具有的能量恒算式：

$$gz_1 + \frac{p_1}{\rho_1} + \frac{1}{2}u_1^2 = gz_2 + \frac{p_2}{\rho_2} + \frac{1}{2}u_2^2 \tag{1-12}$$

2. 实际流体机械能

实际生产中的流动系统，系统与外界交换的能量主要有功和损失能量。

（1）**外加功**　当系统中安装有流体输送机械时，它将对系统作功，即将外部的能量转化为流体的机械能。单位质量流体从输送机械中所获得的能量称为外加功，用 W_e 表示，其单位为 J/kg。

外加功 W_e 是选择流体输送设备的重要数据，可用来确定输送设备的有效功率 N_e，即

$$N_e = W_e q_m \tag{1-13}$$

（2）损失能量 由于流体具有黏性，在流动过程中要克服各种阻力，所以流动中有能量损失。单位质量流体流动时为克服阻力而损失的能量，用 $\sum h_f$ 表示，其单位为 J/kg。

输入系统的能量包括由截面 1-1′ 进入系统时带入的自身能量，以及由输送机械中得到的能量。输出系统的能量包括由截面 2-2′ 离开系统时带出的自身能量，以及流体在系统中流动时因克服阻力而损失的能量。

若以 0-0′ 面为基准水平面，两个截面距基准水平面的垂直距离分别为 z_1、z_2，两截面处的流速分别为 u_1、u_2，两截面处的压力分别为 p_1、p_2，流体在两截面处的密度为 ρ，单位质量流体从泵所获得的外加功为 W_e，从截面 1-1′ 流到截面 2-2′ 的全部能量损失为 $\sum h_f$。

则根据能量守恒定律

$$gz_1 + \frac{p_1}{\rho} + \frac{1}{2}u_1^2 + W_e = gz_2 + \frac{p_2}{\rho} + \frac{1}{2}u_2^2 + \sum h_f \tag{1-14}$$

式中 gz_1、$\frac{1}{2}u_1^2$、$\frac{p_1}{\rho}$——流体在截面 1-1′ 上的位能、动能、静压能，J/kg；

gz_2、$\frac{1}{2}u_2^2$、$\frac{p_2}{\rho}$——流体在截面 2-2′ 上的位能、动能、静压能，J/kg。

式(1-14) 称为实际流体的伯努利方程，是以单位质量流体为计算基准，式中各项单位均为 J/kg。它反映了流体流动过程中各种能量的转化和守恒规律，在流体输送中具有重要意义。

通常将无黏性、无压缩性，流动时无流动阻力的流体称为理想流体。当流动系统中无外功加入时（即 $W_e = 0$），则

$$gz_1 + \frac{1}{2}u_1^2 + \frac{p_1}{\rho} = gz_2 + \frac{1}{2}u_2^2 + \frac{p_2}{\rho} \tag{1-15}$$

上式为理想流体的伯努利方程，说明理想流体稳定流动时，各截面上所具有的总机械能相等，总机械能为一常数，但每一种形式的机械能不一定相等，各种形式的机械能可以相互转换。

将单位质量流体为基准的伯努利方程中的各项除以 g，则可得

$$z_1 + \frac{p_1}{\rho g} + \frac{u_1^2}{2g} + \frac{W_e}{g} = z_2 + \frac{p_2}{\rho g} + \frac{u_2^2}{2g} + \frac{\sum h_f}{g}$$

令

$$H_e = \frac{W_e}{g}, \quad H_f = \frac{\sum h_f}{g}$$

则

$$z_1 + \frac{p_1}{\rho g} + \frac{u_1^2}{2g} + H_e = z_2 + \frac{p_2}{\rho g} + \frac{u_2^2}{2g} + H_f \tag{1-16}$$

式中 z、$\frac{u^2}{2g}$、$\frac{p}{\rho g}$——位压头、动压头、静压头，单位重量（1N）流体所具有的机械能，m；

H_e——有效压头，单位重量流体在截面 1-1′ 与截面 2-2′ 间所获得的外加功，m；

H_f——压头损失，单位重量流体从截面 1-1′ 流到截面 2-2′ 的能量损失，m。

上式为以单位重量流体为计算基准的伯努利方程，式中各项均表示单位重量流体所具有

的能量，单位为 J/N(m)。m 的物理意义是：单位重量流体所具有的机械能，把自身从基准水平面升举的高度。

【例 1-5】 如图 1-18 所示，有一用水吸收混合气中氨的常压逆流吸收塔，水由水池用离心泵送至塔顶经喷头喷出。泵入口管为 ϕ108mm×4mm 无缝钢管，管中流体的流量为 40m³/h，出口管为 ϕ89mm×3.5mm 的无缝钢管。池内水深为 2m，池底至塔顶喷头入口处的垂直距离为20m。管路的总阻力损失为 40J/kg，喷头入口处的压力为 120kPa（表压）。试求泵所需的有效功率为多少（kW）？

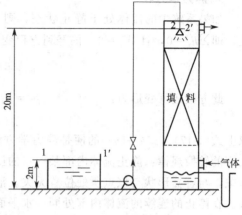

图 1-18　【例 1-5】附图

解： 取水池液面为截面 1-1′，喷头入口处为截面 2-2′，并取截面 1-1′ 为基准水平面。在截面1-1′ 和截面 2-2′ 间列伯努利方程，即

$$gz_1 + \frac{p_1}{\rho} + \frac{1}{2}u_1^2 + W_e = gz_2 + \frac{p_2}{\rho} + \frac{1}{2}u_2^2 + \sum h_f$$

其中　$z_1 = 0$；$z_2 = 20 - 2 = 18$（m）；$u_1 \approx 0$；$d_1 = 108 - 2 \times 4 = 100$（mm）；

　　　$d_2 = 89 - 2 \times 3.5 = 82$(mm)；$\sum h_f = 40\text{J/kg}$；$p_1 = 0$(表压)，$p_2 = 120\text{kPa}$(表压)；

$$u_2 = \frac{q_V}{\frac{\pi}{4}d_2^2} = \frac{40/3600}{0.785 \times (0.082)^2} = 2.11 \text{(m/s)}$$

代入伯努利方程得

$$W_e = g(z_2 - z_1) + \frac{p_2 - p_1}{\rho} + \frac{u_2^2 - u_1^2}{2} + \sum h_f$$

$$= 9.807 \times 18 + \frac{120 \times 10^3}{1000} + \frac{(2.11)^2}{2} + 40 = 338.75 \text{(J/kg)}$$

质量流量　$q_m = A_2 u_2 \rho = \frac{\pi}{4}d_2^2 u_2 \rho = 0.785 \times (0.082)^2 \times 2.11 \times 1000 = 11.14 \text{(kg/s)}$

有效功率　$N_e = W_e q_m = 3.3\text{kW}$

应用伯努利方程式解题时，需要注意下列事项：

① 选取截面　根据题意画出流动系统的示意图，并指明流体的流动方向，定出上下截面，以明确流动系统的衡标范围。选取截面时应考虑到伯努利方程式是流体输送系统在连续、稳定的范围内，对任意两截面列出的能量衡算式，所以首先要正确选定。需要说明的是，只要在连续稳定的范围内，任意两个截面均可选用。不过，为了计算方便，截面常取在输送系统的起点和终点的相应截面，因为起点和终点的已知条件多。另外，两截面均应与流动方向相垂直。

② 确定基准面　基准面是用以衡量位能大小的基准。为了简化计算，通常取相应于所选定的截面之中较低的一个水平面为基准，如【例 1-5】附图的 1-1′ 截面为基准面比较合适。这样，【例 1-5】中 z_1 为零，z_2 值等于两截面之间的垂直距离，若所选的 2-2′ 截面与基准水平面不平行，则 z_2 值应取 2-2′ 截面中心点到基准水平面之间的垂直距离。

③ 压力　压力的概念已在前面说明了。这里需要强调的是，伯努利方程式中的压力 p_1

与 p_2 只能同时使用表压或绝对压力，不能混合使用。

3. 静力学方程

如果系统中的流体处于静止状态，则 $u_1 = u_2 = 0$，因流体没有运动，故没有能量的损失，即 $\sum h_f = 0$，且 $W_e = 0$，伯努利方程变形为：

$$gz_1 + \frac{p_1}{\rho} = gz_2 + \frac{p_2}{\rho}$$

此方程还可变形为：

$$p_2 = p_1 + (z_2 - z_1)\rho g \tag{1-17}$$

$$p_2 = p_1 + h\rho g \tag{1-18}$$

以上式(1-17)、式(1-18) 的便是静力学方程。静力学方程反映了流体静止时位能和静压能之间的转换规律：静止流体内部某一点的压力 p 与液体本身的密度 ρ 及该点距离液面的深度有关，与容器形状与该点所处位置无关。液体的密度越大，距离液面越深，该点的压力则越大。在静止的连续的流体内部处同一水平面上的各点必定相等，这便是等压面的概念。

（四）流动阻力

流体在管路中流动时的阻力分为直管阻力和局部阻力两种。如图 1-19 所示。

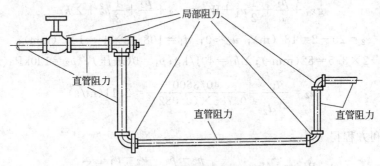

图 1-19 管路阻力的类型

直管阻力是流体流经一定管径的直管时，由于流体的内摩擦而产生的阻力。局部阻力是流体流经管路中的管件、阀门及截面的突然扩大和突然缩小等局部地方所引起的阻力。无论是直管阻力还是局部阻力，流动阻力均来自于流体本身所具有的黏性。

总阻力等于直管阻力和局部阻力的总和。

$$\sum h_f = h_f' + h_f \tag{1-19}$$

式中　h_f——直管阻力，J/kg；

　　　h_f'——局部阻力，J/kg。

1. 直管阻力

（1）范宁公式　直管阻力，也叫沿程阻力。直管阻力通常由范宁公式计算，其表达式为

$$h_f = \lambda \frac{l}{d} \times \frac{u^2}{2} \quad (\text{J/kg}) \tag{1-20}$$

式中　λ——摩擦系数，也称摩擦因数，无量纲；

　　　l——直管的长度，m；

　　　d——直管的内径，m；

　　　u——流体在管内的流速，m/s。

范宁公式中的摩擦因数是确定直管阻力损失的重要参数。λ 的值与反映流体湍动程度的 Re 及管内壁粗糙程度的 ε 大小有关。

范宁公式还可写为
$$\Delta p_f = \lambda \frac{l}{d} \times \frac{\rho u^2}{2}(\text{Pa}) \tag{1-21}$$

$$H_f = \lambda \frac{l}{d} \times \frac{u^2}{2g}(\text{m}) \tag{1-22}$$

式中 Δp_f——直管压力降，Pa；

H_f——直管损失压力，m。

（2）**管壁粗糙程度** 工业生产上所使用的管道，按其材料的性质和加工情况，大致可分为光滑管与粗糙管。通常把玻璃管、铜管和塑料管等列为光滑管，把钢管和铸铁管等列为粗糙管。实际上，即使是同一种材质的管子，由于使用时间的长短与腐蚀结垢的程度不同，管壁的粗糙度也会发生很大的变化。

管壁的粗糙度可用绝对粗糙度与相对粗糙度来表示。

① **绝对粗糙度** 绝对粗糙度是指管壁突出部分的平均高度，以 ε 表示，如图 1-20 所示。表 1-11 中列出了某些工业管道的绝对粗糙度数值。

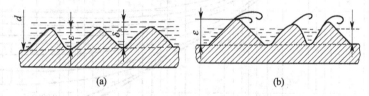

图 1-20 管壁粗糙程度对流体流动的影响

表 1-11 某些工业管道的绝对粗糙度

管道类别	绝对粗糙度 ε/mm	管道类别	绝对粗糙度 ε/mm
无缝黄铜管、铜管及铝管	0.01～0.05	具有重度腐蚀的无缝钢管	0.5 以上
新的无缝钢管或镀锌铁管	0.1～0.2	旧的铸铁管	0.85 以上
新的铸铁管	0.3	干净玻璃管	0.0015～0.01
具有轻度腐蚀的无缝钢管	0.2～0.3	很好整平的水泥管	0.33

② **相对粗糙度** 相对粗糙度是指绝对粗糙度与管道内径的比值，即 ε/d。管壁粗糙度对摩擦系数 λ 的影响程度与管径的大小有关，所以在流动阻力的计算中，要考虑相对粗糙度的大小。

（3）**摩擦系数**

① **层流时摩擦系数** 流体作层流流动时，管壁上凹凸不平的地方都被有规则的流体层所覆盖，λ 与 ε/d 无关，摩擦系数 λ 只是雷诺数的函数

$$\lambda = \frac{64}{Re} \tag{1-23}$$

将 $\lambda = \frac{64}{Re}$ 代入范宁公式 [式(1-20)]，则

$$h_f = 32 \frac{\mu u l}{\rho d^2} = \frac{32 \times 2}{\underset{\mu}{\underline{du\rho}}} \times \frac{l}{d} \times \frac{u^2}{2} = \frac{64}{Re} \times \frac{l}{d} \times \frac{u^2}{2} \tag{1-24}$$

上式为哈根-泊肃叶方程，是流体在圆直管内作层流流动时的阻力计算式。

② **湍流时摩擦系数** 由于湍流时流体质点运动情况比较复杂，目前还不能完全用理论分析方法求算湍流时摩擦系数 λ 的公式，而是通过实验测定，获得经验的计算式。各种经验公式，均有一定的适用范围，可参阅有关资料。

为了计算方便，通常将摩擦系数 λ 对 Re 与 ε/d 的关系曲线标绘在双对数坐标上，如图 1-21 所示，该图称为莫狄图。这样就可以方便地根据 Re 与 ε/d 值从图中查得各种情况下的 λ 值。

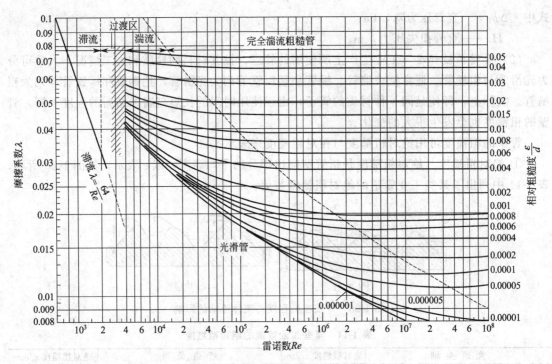

图 1-21　λ 与 Re、ε/d 的关系曲线

根据雷诺数的不同，可在图中分出四个不同的区域：

a. 层流区　当 $Re<2000$ 时，λ 与 Re 为一直线关系，与相对粗糙度无关。

b. 过渡区　当 $Re=2000\sim4000$ 时，管内流动类型随外界条件影响而变化，λ 也随之波动。工程上一般按湍流处理，λ 可从相应的湍流时的曲线延伸查取。

c. 湍流区　当 $Re>4000$ 且在图中虚线以下区域时，$\lambda=f(Re, \varepsilon/d)$。对于一定的 ε/d，λ 随 Re 数值的增大而减小。

d. 完全湍流区　即图中虚线以上的区域，λ 与 Re 的数值无关，只取决于 ε/d。λ-Re 曲线几乎成水平线，当管子的 ε/d 一定时，λ 为定值。在这个区域内，阻力损失与 u^2 成正比，故又称为阻力平方区。由图 1-19 可见，ε/d 值越大，达到阻力平方区的 Re 值越低。

【例 1-6】　20℃的水，以 1m/s 速度在钢管中流动，钢管规格为 $\phi60\text{mm}\times3.5\text{mm}$，试求水通过 100m 长的直管时，阻力损失为多少？

解： 从本书附录中查得水在 20℃时的 $\rho=998.2\text{kg/m}^3$，$\mu=1.005\times10^{-3}\text{Pa}\cdot\text{s}$

$$d=60-3.5\times2=53\text{mm}, l=100\text{m}, u=1\text{m/s}$$

$$Re=\frac{du\rho}{\mu}=\frac{0.053\times1\times998.2}{1.005\times10^{-3}}=5.26\times10^4$$

取钢管的管壁绝对粗糙度 $\varepsilon=0.2\text{mm}$，则 $\dfrac{\varepsilon}{d}=\dfrac{0.2}{53}=0.004$

据 Re 与 ε/d 值，可以从图 1-21 上查出摩擦系数 $\lambda=0.03$

则
$$h_f = \lambda \frac{l}{d} \times \frac{u^2}{2} = 0.03 \times \frac{100}{0.053} \times \frac{1^2}{2} = 28.3(\text{J/kg})$$

2. 局部阻力

局部阻力是流体流经管路中的管件、阀门及截面的突然扩大和突然缩小等局部地方所产生的阻力。

流体在管路的进口、出口、弯头、阀门、突然扩大、突然缩小或流量计等局部流过时，必然发生流体的流速和流动方向的突然变化，流动受到干扰、冲击，产生旋涡并加剧湍动，使流动阻力显著增加，如图 1-22 所示。局部阻力有两种计算方法，即当量长度法和阻力系数法。

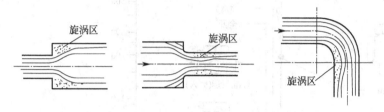

图 1-22　不同情况下的流动干扰

(1) 当量长度法　当量长度法是将流体通过局部障碍时的局部阻力计算转化为直管阻力损失的计算方法。所谓当量长度是与某局部障碍具有相同能量损失的同直径直管长度，用 l_e 表示，单位为 m，可按下式计算

$$h_f' = \lambda \frac{l_e}{d} \times \frac{u^2}{2} \tag{1-25}$$

式中　u——管内流体的平均流速，m/s；

　　　　l_e——当量长度，m。

当局部流通截面发生变化时，u 应该采用较小截面处的流体流速。l_e 数值由实验测定，在湍流情况下，某些管件与阀门的当量长度也可以从图 1-23 查得。

(2) 阻力系数法　将局部阻力表示为动能的一个倍数，则

$$h_f' = \xi \frac{u^2}{2} \tag{1-26}$$

式中　ξ——局部阻力系数，无单位，其值由实验测定。

常见的局部阻力系数见表 1-12。

3. 总阻力

(1) 当量长度法　当用当量长度法计算局部阻力时，其总阻力 $\sum h_f$ 计算式为

$$\sum h_f = \lambda \frac{l + \sum l_e}{d} \times \frac{u^2}{2} \tag{1-27}$$

式中　$\sum l_e$——管路全部管件与阀门等的当量长度之和，m。

(2) 阻力系数法　当用阻力系数法计算局部阻力时，其总阻力计算式为

$$\sum h_f = \left(\lambda \frac{l}{d} + \sum \xi \right) \frac{u^2}{2} \tag{1-28}$$

式中　$\sum \xi$——管路全部的局部阻力系数之和。

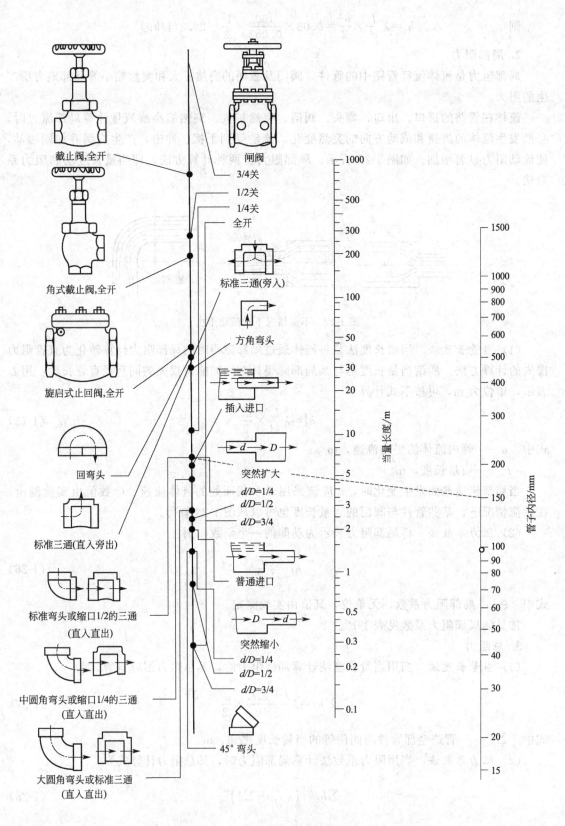

图1-23 管件与阀件的当量长度共线图

表 1-12　管件与阀门的局部阻力系数 ξ 值

管件和阀件名称	ξ 值						
标准弯头	$45°,\xi=0.35$				$90°,\xi=0.75$		
90°方形弯头	1.3						
180°回弯头	1.5						
活接管	0.4						

弯管	ϕ	30°	45°	60°	75°	90°	105°	120°
	R/d 1.5	0.08	0.11	0.14	0.16	0.175	0.19	0.20
	2.0	0.07	0.10	0.12	0.14	0.15	0.16	0.17

突然扩大	$\xi=(1-A_1/A_2)^2$　　$h_f=\xi u_1^2/2$										
	A_1/A_2 0	0.1	0.2	0.3	0.4	0.5	0.6	0.7	0.8	0.9	1.0
	ξ 1	0.81	0.64	0.49	0.36	0.25	0.16	0.09	0.04	0.01	0

突然缩小	$\xi=0.5(1-A_1/A_2)$　　$h_f=\xi u_2^2/2$										
	A_1/A_2 0	0.1	0.2	0.3	0.4	0.5	0.6	0.7	0.8	0.9	1.0
	ξ 0.5	0.45	0.4	0.35	0.3	0.25	0.2	0.15	0.1	0.05	0

流入大容器出口	$\xi=1.0$
入管口（容器→管子）	$\xi=0.5$

水泵　进口	没有底阀			$\xi=2\sim3$				
	有底阀 d/mm	40	50	75	100	150	200	250	300
	ξ	12	10	8.5	7.0	6.0	5.2	4.4	3.7

闸阀	全开	3/4开	1/2开	1/4开
	0.17	0.9	4.5	24

标准截止阀	全开　$\xi=6.4$			1/2开　$\xi=9.5$		

蝶阀	α	5°	10°	20°	30°	40°	45°	50°	60°	70°
	ξ	0.24	0.52	1.54	3.91	10.8	18.7	30.6	118	751

旋塞	α	5°	10°	20°	40°	60°
	ξ	0.05	0.29	1.56	17.3	206

角阀（90°）	5	
单向阀	摇板式 $\xi=2$	球形式 $\xi=70$
底阀	1.5	
滤水器	2	
水表（盘形）	7	

　　应当注意，当管路由若干直径不同的管段组成时，管路的总能量损失应分段计算，然后再求和。

　　总阻力的表示方法除了以能量形式表示外，还可以用压头损失 H_f（1N 流体的流动阻力，m）及压力降 Δp_f（1m³ 流体流动时的流动阻力，Pa）表示。它们之间的关系为

$$h_f=H_f g \tag{1-29}$$

$$\Delta p_f = \rho h_f = \rho H_f g \qquad (1\text{-}30)$$

【例 1-7】 20℃的水以 $16m^3/h$ 的流量流过某一管路，管子规格为 $\phi57mm \times 3.5mm$。管路上装有 90°的标准弯头两个、闸阀（1/2 开）一个，直管段长度为 30m。试计算流体流经该管路的总阻力损失。

解： 查得 20℃下水的密度为 $998.2kg/m^3$，黏度为 $1.005mPa \cdot s$。

管子内径为 $d = 57 - 2 \times 3.5 = 50(mm) = 0.05(m)$

水在管内的流速为

$$u = \frac{q_V}{A} = \frac{q_V}{0.785d^2} = \frac{16/3600}{0.785 \times (0.05)^2} = 2.26(m/s)$$

流体在管内流动时的雷诺数为 $\quad Re = \frac{du\rho}{\mu} = \frac{0.05 \times 2.26 \times 998.2}{1.005 \times 10^{-3}} = 1.12 \times 10^5$

查表取管壁的绝对粗糙度 $\varepsilon = 0.2mm$，则 $\varepsilon/d = 0.2/50 = 0.004$，由 Re 值及 ε/d 值查图得 $\lambda = 0.0285$。

（1）用阻力系数法计算　查表得：90°标准弯头，$\xi = 0.75$；闸阀（1/2 开度），$\xi = 4.5$。

所以

$$\sum h_f = \left(\lambda \frac{l}{d} + \sum \xi\right)\frac{u^2}{2} = \left[0.0285 \times \frac{30}{0.05} + (0.75 \times 2 + 4.5)\right] \times \frac{(2.26)^2}{2} = 59.0(J/kg)$$

（2）用当量长度法计算　查图 1-23：90°标准弯头，$l_e = 1.5m$；闸阀（1/2 开度），$l_e = 10m$。

$$\sum h_f = \lambda \frac{l + \sum l_e}{d} \times \frac{u^2}{2} = 0.0285 \times \frac{30 + 1.5 \times 2 + 10}{0.05} \times \frac{(2.26)^2}{2} = 61.49(J/kg)$$

从以上计算可以看出，用两种局部阻力计算方法的计算结果差别不大，在工程计算中是允许的。

由上述可知，流动阻力的大小与流体的性质、流速及管路等因素有关。流动阻力过大将造成系统压力的下降，严重时将影响工艺过程的正常进行。降低流动阻力的方法有：

① 在能满足生产任务的前提下，尽可能缩短管路的长度。

② 在管路长度基本确定的情况下，尽可能减少管件及阀门的数量，尽量减少管径的突变。

③ 在可能的前提下，适当放大管径。

四、压力与流量测量

（一）测压原理与测压仪表

流体的压力、流量在化工生产过程中是两个非常重要的参数，为了保证控制生产过程的稳定进行，就必须经常测定流体的压力、流量，并加以调节和控制。

1. 机械式测压仪表

化工厂使用最多的机械式测压仪表是弹簧管压力表（见图 1-24）。其工作原理和结构：弹簧管压力表是利用弹性敏感元件的变形来测量压力的，当被测介质的压力通过导管传入弹簧管，弹簧管产生形变，自由端位移通过拉杆、扇形齿轮和中心齿轮将此位移放大而指示出压力值。

(a) 压力表

(b) 真空表

(c) 压力真空表

图 1-24　弹簧管压力表类型

2. 液柱式测压仪表

（1）U 形管液柱压差计　U 形管液柱压差计的结构如图 1-25 所示，它是在一根 U 形玻璃管（称为 U 形管压差计）内装指示液。指示液必须与被测流体不互溶，不起化学作用，且其密度要大于被测流体的密度。指示液随被测液体的不同而不同。常用的指示液有汞、四氯化碳、水和液体石蜡等。将 U 形管的两端与管道中的两截面相连通，若作用于 U 形管两端的压力 p_1 和 p_2 不等（图中 $p_1 > p_2$），则指示液就在 U 形管两端出现高差 R。利用 R 的数值，再根据静力学基本方程式，就可算出液体两点间的压力差。

在图 1-25 中 U 形管下部的液体是密度为 ρ_0 的指示液，上部为被测流体，其密度为 ρ。图中 a、b 两的压力是相等的，因为这两点都在同一种静止液体（指示液）的同一水平面上。通过这个关系，便可求出 $p_1 - p_2$ 的值。

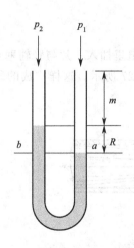
图 1-25　U 形管液
柱压差计

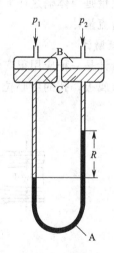
图 1-26　微差压差计

根据流体静力学基本方程式，从 U 形管右侧来计算，可得图 1-25 中 U 形管液柱压差计

$$p_a = p_1 + (m + R)\rho g \tag{1-31}$$

同理，从 U 形管的左侧计算，可得

$$p_b = p_2 + m\rho g + R\rho_0 g$$

因为 $\qquad\qquad p_a = p_b$

所以 $\qquad p_1 + (m+R)\rho g = p_2 + m\rho g + R\rho_0 g$

$$p_1 - p_2 = R(\rho_0 - \rho)g \qquad\qquad\qquad (1\text{-}32)$$

测量气体时，由于气体的 ρ 密度比指示液的密度 ρ_0 小得多，故 $\rho_0 - \rho \approx \rho_0$，式(1-32)可简化为

$$p_1 - p_2 = R\rho_0 g \qquad\qquad\qquad (1\text{-}33)$$

若测量某点的压力，则只要将 U 形管的一端通大气即可。

(2) **微差压差计** 如图 1-26 所示，当被测压强差很小时，为把读数 R 放大，除了在选用指示液时，尽可能地使其密度 ρ_A 与被测流体的密度 ρ_B 相接近外，还可采用微差压差计。其特点是：

① 压差计内装有两种密度相近且不互溶、不起化学作用的指示液 A 和 C，而指示液 C 与被测流体 B 亦不互溶。

② 为了读数方便，使 U 形管的两侧臂顶端各装有扩大室，俗称为"水库"。

扩大室的截面积要比 U 形管的截面积大得很多。

当 $p_1 \neq p_2$ 时，A 指示液的两液面出现高度差 R，扩大室中指示液 C 也出现高差 R'。此时压差和读数的关系为：

$$p_1 - p_2 = (\rho_A - \rho_C)Rg + (\rho_C - \rho_B)R'g \qquad\qquad (1\text{-}34)$$

若工作介质为气体，且 R' 甚小时，式(1-34)可简化为：

$$p_1 - p_2 = (\rho_A - \rho_C)Rg \qquad\qquad\qquad (1\text{-}35)$$

(二) 流量测量原理与流量测量仪表

流体的流量是液体输送任务的最基本参数，也是化工厂重要的测量和控制参数。测量流量的装置称为流量计。

1. 孔板流量计

孔板流量计是一种应用很广泛的节流式流量计。在管道里插入一片与管轴垂直并带有通常为圆孔的金属板，孔的中心位于管道中心线上，如图 1-27 所示。这样构成的装置，称为孔板流量计。

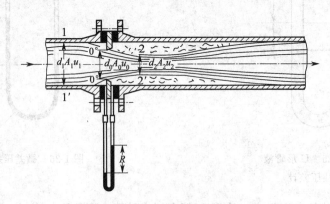

图 1-27 孔板流量计工作原理

当流体流过小孔以后，由于惯性作用，流动截面并不立即扩大到与管截面相等，而是继续收缩一定距离后才逐渐扩大到整个管截面。流动截面最小处称为缩脉。流体在缩脉处的流

速最高，即动能最大，而相应的静压强就最低。因此，当流体以一定的流量流经小孔时，就产生一定的压强差，流量越大，所产生的压强差也就越大。所以根据测量压强差的大小来度量流体流量。

2. 转子流量计

转子流量计的构造如图 1-28 所示，是在一根截面积自下而上逐渐扩大的垂直锥形玻璃管 1 内，装有一个能够旋转自如的由金属或其他材质制成的转子 2（或称浮子）。被测流体从玻璃管底部进入，从顶部流出。

当流体自下而上流过垂直的锥形玻璃管时，转子受到两个力的作用：一是垂直向上的推动力，它等于流体流经转子与锥管间的环形截面所产生的压力差；另一是垂直向下的净重力，它等于转子所受的重力减去流体对转子的浮力。当流量加大使压力差大于转子的净重力时，转子就上升。当压力差与转子的净重力相等时，转子处于平衡状态，即停留在一定位置上。在玻璃管外表面上刻有读数，根据转子的停留位置，即可读出被测流体的流量。

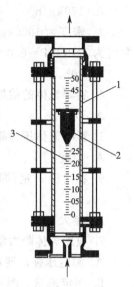

图 1-28 转子流量计
1—锥形玻璃管；
2—转子；3—刻度

转子流量计是变截面定压差流量计。作用在浮子上下游的压力差为定值，而浮子与锥管间环形截面积随流量而变。浮子在锥形管中的位置高低即反映流量的大小。

转子流量计必须垂直安装在管路上，而且必须下进上出，操作时应该缓慢启闭阀门，防止转子的突然升降而击碎玻璃管。

图 1-29 涡轮流量计

3. 涡轮流量计

采用涡轮进行测量的流量计。它先将流速转换为涡轮的转速，再将转速转换成与流量成正比的电信号。这种流量计用于检测瞬时流量和总的积算流量，其输出信号为频率，易于数字化。如图 1-29 所示。

它是采用涡轮进行测量的流量计。它先将流速转换为涡轮的转速，再将转速转换成与流量成正比的电信号。这种流量计用于检测瞬时流量和总的积算流量，其输出信号为频率，易于数字化。

练习题

(一) 填空题

1. 气体的黏度随温度升高而（　　）。

2. 流体在圆形直管中作滞流流动时，其速度分布是（　　）型曲线。其管中心最大流速为平均流速的（　　）倍，摩擦系数 λ 与 Re 关系为（　　）。

3. 局部阻力的计算方法有（　　）和（　　）。

(二) 选择题

1. 当地大气压为 745mmHg 测得一容器内的绝对压强为 350mmHg，则真空度为（　　）。

A. 350mmHg　　B. 395mmHg　　　C. 410mmHg

2. 密度为 850kg/m³ 的液体以 5m³/h 的流量流过输送管，其质量流量为（　　）。

A. 170kg/h B. 1700kg/h C. 425kg/h D. 4250kg/h

3. 密度为 1000kg/m³ 的流体,在 ϕ108mm×4mm 的管内流动,流速为 2m/s,流体的黏度为 1cP(1cP=0.001Pa·s),其 Re 为(　　)。

A. 10^5 B. $2×10^7$ C. $2×10^5$ D. $2×10^6$

4. 实际流体的伯努利方程不可以直接求取的项目是(　　)。

A. 动能差 B. 静压能差 C. 总阻力 D. 外加功

5. 影响流体压力降的主要因素是(　　)。

A. 温度 B. 压力 C. 密度 D. 流速

6. 在内径一定的圆管中稳定流动,若水的质量流量一定,当水温度升高时,Re 将(　　)。

A. 增大 B. 减小 C. 不变 D. 不确定

7. 应用流体静力学方程式可以(　　)。

A. 测定压强、测定液面

B. 测定流量、测定液面

C. 测定流速、确定液封高度

8. 以 2m/s 的流速从内径为 50mm 的管中稳定地流入内径为 100mm 的管中,水在 100mm 的管中的流速为(　　)m/s。

A. 4 B. 2 C. 1 D. 0.5

9. 在稳定流动系统中,液体流速与管径的关系(　　)。

A. 成正比 B. 与管径平方成正比

C. 无一定关系 D. 与管径平方成反比

10. 当圆形直管内流体的 Re 值为 45600 时,其流动形态属(　　)。

A. 层流 B. 湍流 C. 过渡状态 D. 无法判断

(三)判断题

1. 层流内层影响传热、传质,其厚度越大,传热、传质的阻力越大。　　　(　　)

2. 雷诺数 $Re≥4000$ 时,一定是层流流动。　　　(　　)

3. 连续性方程与管路上是否装有管件、阀门或输送设备等无关。　　　(　　)

4. 流体在水平管内作稳定连续流动时,当流经小直径处,流速会增大;其静压强也会升高。　　　(　　)

5. 流体的黏度是表示流体流动性能的一个物理量,黏度越大的流体,同样的流速下阻力损失越大。　　　(　　)

6. 流体在一管道中呈湍流流动,摩擦系数 λ 是雷诺数 Re 的函数,当 Re 增大时,λ 减小,故管路阻力损失也必然减小。　　　(　　)

7. 用孔板流量计测量液体流量时,被测介质的温度变化会影响测量精度。　　　(　　)

8. 用转子流量计测流体流量时,随流量增加转子两侧压差值将增加。　　　(　　)

9. 在同材质、同直径、同长度的水平和垂直直管内,若流过的液体量相同,则在垂直管内产生的阻力大于水平管内产生的阻力。　　　(　　)

10. 转子流量计也称等压降、等流速流量计。　　　(　　)

(四)计算题

1. 空气的摩尔质量为 29kg/kmol,求空气在 101.3kPa 和 25℃时的密度。

2. 某塔高为 30m，现进行水压试验，离塔底 10m 高处的压力表读数为 500kPa，当地大气压力为 101.3 kPa，，求塔底及塔顶处水的压力为多少？

3. 某水泵的进口管处真空表读数为 650mmHg，出口管处的压力表读数为 2.5kgf/cm²。试求泵进口和出口两处的压强差为多少千帕？多少米水柱？

4. 在稳定流动系统中，水连续从粗管流入细管。粗管内径 $d_1 = 10cm$，细管内径 $d_2 = 5cm$，当流量为 $4 \times 10^3 m^3/s$ 时，求粗管内和细管内水的流速？

5. 某生产厂输送温度为 293K 的乙酸，已知管子规格为 $\phi37mm \times 3.5mm$，流量为 3200kg/h，试判断其流动类型。

6. 用内径 27mm 的塑料管输送流体，设已知其流速为 0.874m/s，黏度 $\mu = 1499 \times 10^{-3}Pa \cdot s$，密度 $\rho = 1261kg/m^3$，试求流体流经 100m 长直管时的能量损失和压强降。

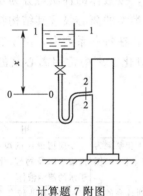

计算题 7 附图

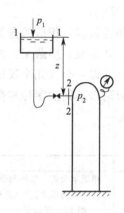

计算题 8 附图

7. 将高位槽内料液向塔内加料（见本题附图）。高位槽和塔内的压力均为大气压。要求料液在管内以 0.5m/s 的速度流动。设料液在管内压头损失为 1.2m（不包括出口压头损失），试求高位槽的液面应该比塔入口处高出多少米？

8. 料液自高位槽流入精馏塔，如本题附图所示。塔内压强为 $1.96 \times 10^4 Pa$（表压），输送管道为 $\phi36mm \times 2mm$ 无缝钢管，管长 8m。管路中装有 90°标准弯头两个，180°回弯头一个，球心阀（全开）一个。为使料液以 $3m^3/h$ 的流量流入塔中，问高位槽应安置多高（即位差 z 应为多少米）？料液在操作温度下的物性：密度 $\rho = 861kg/m^3$；黏度 $\mu = 0.643 \times 10^{-3}Pa \cdot s$。

任务三
流体输送机械的认识与操作

　▶▶

春耕时期，我们常用到一种机械来灌溉农田，是什么？你用过这种设备吗？使用的时候需要注意什么？

你知道哪些流体输送机械？

任务分解 ▶▶

一般来说流体输送机械可分为液体输送机械（通称为泵）和气体输送机械（如风机、压缩机、真空泵等）。按照工作原理不同又可分为离心式、往复式、旋转式和流体作用式。其中以离心式最为常见。

一、认识离心泵

（一）离心泵的类型

离心泵具有结构简单，性能稳定，检修方便，操作容易和适应性强等特点，在化工生产中应用十分广泛。

离心泵种类繁多，相应的分类方法也多种多样，例如，按液体的性质可分为水泵、耐腐蚀泵、油泵、杂质泵、屏蔽泵、液下泵和低温泵等。各种类型的离心泵按其结构特点各自成为一个系列，并以一个或几个汉语拼音字母作为系列代号，在每一系列中，由于有各种不同的规格，因而附以不同的字母和数字来区别。表1-13仅对化工厂中常用离心泵的类型作一简单说明。

表1-13　离心泵的类型

类　型		结　构　特　点	用　途
清水泵	IS 型	单级单吸式。泵体和泵盖都是用铸铁制成。特点是泵体和泵盖为后开门结构形式，优点是检修方便，不用拆卸泵体、管路和电机，如图1-30、图1-31所示	是应用最广的离心泵，用来输送清水以及物理、化学性质类似于水的清洁液体
	D 型	多级泵，是将多个叶轮安装在同一个泵轴构成的，可达到较高的压头，级数通常为2～9级	要求的压头较高而流量并不太大的场合
	SH 型	双吸式离心泵，叶轮有两个入口，故输送液体流量较大	输送液体的流量较大而所需的压头不高的场合
耐腐蚀泵（F 型）		特点是与液体接触的部件用耐腐蚀材料制成，密封要求高，常采用机械密封装置 FH型(灰口铸铁)；FG型(高硅铸铁)；FB型(铬镍合金钢)；FM型(铬镍钼钛合金)；FS型(聚三氟氯乙烯塑料)	输送酸、碱等腐蚀性液体
油泵（Y 型）		输送的液体易燃易爆，有良好的密封性能。热油泵的轴密封装置和轴承都装有冷却水夹套	输送石油产品
杂质泵（P 型）		叶轮流道宽，叶片数目少，常采用半敞式或敞式叶轮。有些泵壳内衬以耐磨的铸钢护板。不易堵塞，容易拆卸，耐磨 PW型(污水泵)；PS型(砂泵)；PN型(泥浆泵)	输送悬浮液及黏稠的浆液等
屏蔽泵		无泄漏泵，叶轮和电机联为一个整体并密封在同一泵壳内，不需要轴封装置。缺点是效率较低，约为26%～50%	常输送易燃、易爆、剧毒及具有放射性的液体
液下泵（EY 型）		液下泵经常安装在液体储槽内，对轴封要求不高，既节省了空间又改善了操作环境。其缺点是效率不高	适用于输送化工过程中各种腐蚀性液体和高凝固点液体

（二）离心泵的结构

（1）叶轮　叶轮的作用是将原动机的机械能直接传给液体，以增加液体的静压能和动能（主要增加静压能），如图1-32所示。

叶轮一般有6～12片后弯叶片。叶轮有开式、半开式（半闭式）和闭式三种，如图1-32所示。

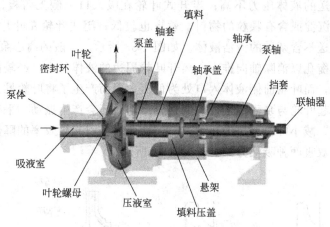

图 1-30　离心泵剖面图

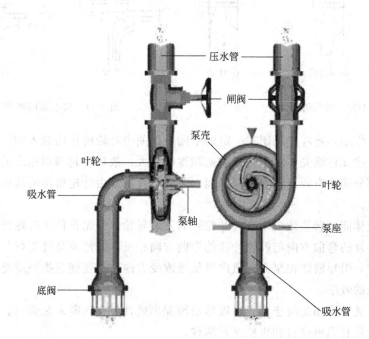

图 1-31　离心泵结构

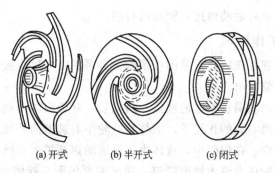

(a)开式　　(b)半开式　　(c)闭式

图 1-32　离心泵的叶轮

开式叶轮在叶片两侧无盖板，制造简单、清洗方便，适用于输送含有较大量悬浮物的物料，效率较低，输送的液体压力不高；半开式叶轮在吸入口一侧无盖板，而在另一侧有盖板，适用于输送易沉淀或含有颗粒的物料，效率也较低；闭式叶轮在叶片两侧有前后盖板，效率高，适用于输送不含杂质的清洁液体。如图1-33所示。一般的离心泵叶轮多为此类。

后盖板上的平衡孔以消除轴向推力。离开叶轮周边的液体压力已经较高，有一部分会渗到叶轮后盖板后侧，而叶轮前侧液体入口处为低压，因而产生了将叶轮推向泵入口一侧的轴向推力。这容易引起叶轮与泵壳接触处的磨损，严重时还会产生振动。平衡孔使一部分高压液体泄漏到低压区，减小叶轮前后的压力差。但由此也会引起泵效率的降低。

叶轮有单吸和双吸两种吸液方式。如图1-34所示。

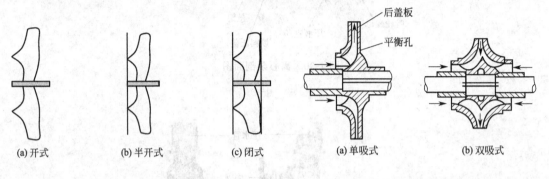

| (a) 开式 | (b) 半开式 | (c) 闭式 | (a) 单吸式 | (b) 双吸式 |

图1-33　叶轮的形式　　　　　　图1-34　离心泵的吸液方式

（2）泵壳　作用是将叶轮封闭在一定的空间，以便由叶轮的作用吸入和压出液体。泵壳多做成蜗壳形，故又称蜗壳。由于流道截面积逐渐扩大，故从叶轮四周甩出的高速液体逐渐降低流速，使部分动能有效地转换为静压能。泵壳不仅汇集由叶轮甩出的液体，同时又是一个能量转换装置。

为使泵内液体能量转换效率增高，叶轮外周安装导轮。导轮是位于叶轮外周固定的带叶片的环。这些叶片的弯曲方向与叶轮叶片的弯曲方向相反，其弯曲角度正好与液体从叶轮流出的方向相适应，引导液体在泵壳通道内平稳地改变方向，将使能量损耗减至最小，提高动能转换为静压能的效率。

（3）轴封装置　作用是防止泵壳内液体沿轴漏出或外界空气漏入泵壳内。

常用轴封装置有填料密封和机械密封两种。

填料一般用浸油或涂有石墨的石棉绳。机械密封主要的是靠装在轴上的动环与固定在泵壳上的静环之间端面作相对运动而达到密封的目的。

（三）离心泵的工作原理

离心泵的叶轮安装在泵壳内，并紧固在泵轴上，泵轴由电机直接带动。液体经底阀和吸入管进入泵内，由压出管排出。

在泵启动前，泵壳内灌满被输送的液体；启动后，叶轮由轴带动高速转动，叶片间的液体也必须随着转动。在离心力的作用下，液体从叶轮中心被抛向外缘并获得能量，以高速离开叶轮外缘进入蜗形泵壳。在蜗壳中，液体由于流道的逐渐扩大而减速，又将部分动能转变为静压能，最后以较高的压力流入排出管道，送至需要场所。液体由叶轮中心流向外缘时，在叶轮中心形成了一定的真空，由于储槽液面上方的压力大于泵入口处的压力，液体便被连续压入叶轮中。可见，只要叶轮不断地转动，液体便会不断地被吸入和排出。

在泵启动前，泵壳内必须灌满被输送的液体，否则会出现叶轮空转而不吸液的现象，这种现象叫做气缚。引起气缚现象的原因是由于泵内真空度不够，与外界大气所形成的压差不足，而空气的密度较之液体太小，不能形成较强的离心力，空气在泵内随叶轮旋转而占据着空间，液体就无法吸入泵内，自然就无法完成排液的工作。处理气缚现象的方法是进行排气操作，重新灌泵。

（四）离心泵的性能

1. 离心泵的主要性能参数

离心泵的性能参数是用以描述离心泵性能的物理量。

（1）流量　离心泵的流量是指单位时间内排到管路系统的液体体积，一般用 Q 表现，常用单位为 L/s、m^3/s 或 m^3/h 等。离心泵的流量与泵的结构、尺寸和转速有关。

（2）压头（扬程）　离心泵的压头是指离心泵对单位重量（1N）液体所供给的有效能量，一般用 H 表示，单位为 J/N 或 m。离心泵的扬程与泵的结构、尺寸、转速有关。特别需要注意扬程不等于升扬高度，应该大于升扬高度。

（3）效率　离心泵在实际运转中，由于存在各种能量损失，致使泵的实际（有效）压头和流量均低于理论值，而输进泵的功率比理论值为高。反应能量损失大小的参数称为效率。效率用 η 表示。离心泵的能量损失包含以下三项，即：

① 容积损失　即泄漏造成的损失，无容积损失时泵的功率与有容积损失时泵的功率之比称为容积效率。闭式叶轮的容积效率值在 0.85～0.95。

② 水力损失　由于液体流经叶片、蜗壳的沿程阻力，流道面积和方向变更的局部阻力，以及叶轮通道中的环流和旋涡等因素造成的能量损失。这种损失可用水力效率来反应。额定流量下，液体的运动方向恰与叶片的进口角相一致，这时损失最小，水力效率最高，其值在 0.8～0.9 的范畴。

③ 机械损失　由于高速旋转的叶轮表面与液体之间摩擦，泵轴在轴承、轴封等处的机械摩擦造成的能量损失。机械损失可用机械效率来反应，其值在 0.96～0.99 之间。

离心泵的效率与泵的类型、尺寸、加工精度、液体流量和性质等因素有关。通常，小泵效率为 50%～70%，而大型泵可达 90%。

（4）轴功率 N　由电机输进泵轴的功率称为泵的轴功率，单位为 W 或 kW。

（5）有效功率　离心泵的有效功率是指液体在单位时间内从叶轮获得的能量，则有

$$N_e = HgQ\rho \tag{1-36}$$

式中　N_e——离心泵的有效功率，W；

　　　Q——离心泵的实际流量，m^3/s；

　　　H——离心泵的有效压头，m。

由于泵内存在上述的三项能量丧失，轴功率必大于有效功率，即

$$N = \frac{N_e}{\eta} \tag{1-37}$$

式中　η——离心泵的效率。

2. 离心泵的特性曲线

理论及实验均表明，离心泵的扬程、功率及效率等主要性能均与流量有关。为了便于使用者更好地了解和利用离心泵的性能，常把它们与流量之间的关系用图表示出来，就是离心

泵的特性曲线。

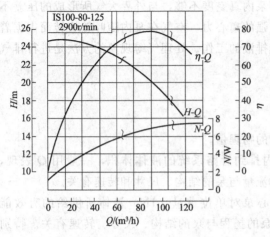

图 1-35　离心泵性能曲线示意图

离心泵的特性曲线一般由离心泵的生产厂家提供，标绘于泵的产品说明书中，一般是 20℃时采用清水做介质，在恒定的转速下测得。典型的离心泵性能曲线如图 1-35 所示。

（1）H-Q 曲线　表示泵的扬程与流量的关系。离心泵的扬程随流量的增大而下降（在流量极小时有例外）。

（2）N-Q 曲线　表示泵的轴功率与流量的关系。离心泵的轴功率随流量的增大而上升，流量为零时轴功率最小。故离心泵启动时，应关闭泵的出口阀门，使电机的启动电流减少，以保护电机。

（3）η-Q 曲线　表示泵的效率与流量的关系。当 $Q=0$ 时 $\eta=0$；随着流量的增大，效率随之而上升达到一个最大值；而后随流量再增大时效率便下降。说明离心泵在一定转速下有一最高效率点，称为设计点。泵在与最高效率相对应的流量及扬程下工作最为经济，所以与最高效率点对应的 Q、H、N 值称为最佳工况参数。

离心泵的铭牌上标出的性能参数就是指该泵在最高效率点运行时的工况参数。根据输送条件的要求，离心泵往往不可能正好在最佳工况下运转，因此一般只能规定一个工作范围，称为泵的高效率区，通常为最高效率的 92％左右。选用离心泵时，应尽可能使泵在此范围内工作。

3. 影响离心泵性能的主要参数

离心泵样本中提供的性能是以水作为介质，在一定的条件下测定的。当被输送液体的种类、转速和叶轮直径改变时，离心泵的性能将随之改变。

（1）密度　密度对流量、扬程和效率没有影响，但是泵的轴功率是正比于液体的密度的。当泵输送密度不同于水时，原生产部门提供的 N-Q 曲线不再适用，要重新核算。

（2）黏度　泵在输送比水黏度大的液体时，泵内的损失加大，一般的倾向是，黏度越大，在最高效率点的流量和扬程就越小，轴功率就越大。因而，泵的效率也随之下降。一般来说，当液体的运动黏度 $\nu<20\times10^{-6}\,\mathrm{m^2/s}$ 时，泵的特性曲线不用换算。如果 $\nu>20\times10^{-6}\,\mathrm{m^2/s}$ 时，则要重新换算。

（3）转速与叶轮直径　离心泵的性能曲线是在一定的转速下和一定的叶轮直径下，由实验测得的。因此，当叶轮尺寸改变和转速发生变化时，泵的特性曲线也随之变化。

4. 离心泵的流量调节

在泵的叶轮转速一定时，一台泵在具体操作条件下所提供的液体流量和扬程可用 H-Q 特性曲线上的一点来表示。至于这一点的具体位置，应视泵前后的管路情况而定。讨论泵的工作情况，不应脱离管路的具体情况。泵的工作特性由泵本身的特性和管路的特性共同决定。

（1）管路特性曲线　由伯努利方程导出外加压头计算式

$$H_e = \Delta z + \frac{\Delta p}{\rho g} + \frac{\Delta u^2}{2g} + \sum H_f \qquad (1\text{-}38)$$

Q 越大，则 $\sum H_f$ 越大，则流动系统所需要的外加压头 H_e 越大。将通过某一特定管路的流量与其所需外加压头之间的关系，称为管路的特性。

上式中的压头损失：

$$\sum H_f = \lambda \left(\frac{l+l_e}{d} \right) \frac{u^2}{2g} = \frac{8\lambda}{\pi^2 g} \left(\frac{l+l_e}{d^5} \right) Q^2$$

若忽略上、下游截面的动压头差，则

$$H_e = \Delta z + \frac{\Delta p}{\rho g} + \frac{8\lambda}{\pi^2 g} \left(\frac{l+l_e}{d^5} \right) Q^2 \qquad (1\text{-}39)$$

令 $A = \Delta z + \frac{\Delta p}{\rho g}$，若把 λ 看成常数，则

$$H_e = A + BQ^2 \qquad (1\text{-}40)$$

上式称为管路的特性方程，表达了管路所需要的外加压头与管路流量之间的关系。在 $H\text{-}Q$ 坐标中对应的曲线称为管路特性曲线，如图 1-36 所示。

管路特性曲线反映了特定管路在给定操作条件下流量与压头的关系。此曲线的形状只与管路的铺设情况及操作条件有关，而与泵的特性无关。

（2）**离心泵的工作点**　将泵的 $H\text{-}Q$ 曲线与管路的 $H\text{-}Q$ 曲线绘在同一坐标系中，两曲线的交点 M 点称为泵的工作点。如图 1-37 所示。

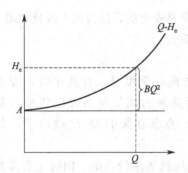

图 1-36　管路特性曲线

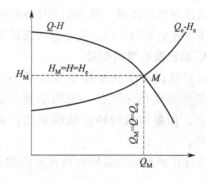

图 1-37　离心泵的工作点

① 泵的工作点由泵的特性和管路的特性共同决定，可通过联立求解泵的特性方程和管路的特性方程得到；

② 安装在管路中的泵，其输液量即为管路的流量；在该流量下泵提供的扬程也就是管路所需要的外加压头，因此，泵的工作点对应的泵压头既是泵提供的，也是管路需要的；

③ 指定泵安装在特定管路中，只能有一个稳定的工作点 M。

（3）**离心泵的流量调节方法**　由于生产任务的变化，管路需要的流量有时是需要改变的，这实际上就是要改变泵的工作点。由于泵的工作点由管路特性和泵的特性共同决定，因此改变泵的特性和管路特性均能改变工作点，从而达到调节流量的目的。

① **改变出口阀的开度**　由式(1-40)可知，改变管路系统中的阀门开度可以改变 B 值，从而改变管路特性曲线的位置，使工作点也随之改变，如图 1-38 所示。生产中主要采取改变泵出口阀门的开度的调节方法。

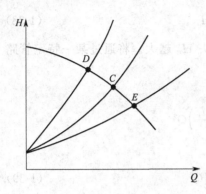

图1-38　离心泵的管路特性曲线

由于用阀门调节简单方便，且流量可连续变化，因此工业生产中主要采用此方法。

② 改变泵转速　叶轮转速增加，流量和压头均能增加。这种调节流量的方法合理、经济。较多见的是通过变频装置改变离心泵的转速。该种调节方法能够使泵在高效区工作，这对大型泵的节能尤为重要。

③ 车削叶轮直径　这种调节方法实施起来不方便，且调节范围也不大。

④ 旁路控制流量　通过改变旁路来调节流量，通常旁路流量要比排出量要小，所以采取该方案时调节阀尺寸较小，但旁路流量重新返回泵的入口，泵的总机械效率特性较差。

（五）离心泵的选择

离心泵的选用，通常可按下列原则进行。

1. 确定离心泵的类型

根据被输送液体的性质和操作条件确定离心泵的类型，如液体的温度、压力，黏度、腐蚀性、固体粒子含量以及是否易燃易爆等都是选用离心泵类型的重要依据。

2. 确定输送系统的流量和扬程

输送液体的流量一般为生产任务所规定，如果流量是变化的，应按最大流量考虑。根据管路条件及伯努利方程，确定最大流量下所需要的压头。

3. 确定离心泵的型号

根据管路要求的流量 Q 和扬程 H 来选定合适的离心泵型号。在选用时，应考虑到操作条件的变化并留有一定的余量。选用时要使所选泵的流量与扬程比任务需要的稍大一些。如果用系列特性曲线来选，要使（Q，H）点落在泵的 Q-H 线以下，并处在高效区。

若有几种型号的泵同时满足管路的具体要求，则应选效率较高的，同时也要考虑泵的价格。

4. 校核轴功率

当液体密度大于水的密度时，必须校核轴功率。

5. 列出泵在设计点处的性能

供使用时参考。

（六）离心泵的安装高度确定

1. 离心泵的汽蚀现象

离心泵的吸液是靠吸入液面与吸入口间的压差完成的。吸入管路越高，吸上高度越大，则吸入口处的压力将越小。当吸入口处压力小于操作条件下被输送液体的饱和蒸气压时，液体将会汽化产生气泡，含有气泡的液体进入泵体后，在旋转叶轮的作用下，进入高压区，气泡在高压的作用下，又会凝结为液体，由于原气泡位置的空出造成局部真空，使周围液体在高压的作用下迅速填补原气泡所占空间。这种高速冲击频率很高，可以达到每秒几千次，冲击压强可以达到数百个大气压甚至更高，这种高强度、高频率的冲击，轻的能造成叶轮的疲劳，重的则可以将叶轮与泵壳破坏，甚至能把叶轮打成蜂窝状。这种由于被输送液体在泵体内汽化再凝结对叶轮产生剥蚀的现象叫离心泵的汽蚀现象。

2. 汽蚀的危害

汽蚀现象发生时，会产生噪声和引起振动，流量、扬程及效率均会迅速下降，严重时不能吸液。工程上规定，当泵的扬程下降3％时，进入了汽蚀状态。

工程上从根本上避免汽蚀现象的方法是限制泵的安装高度。避免离心泵汽蚀现象发生的最大安装高度，称为离心泵的允许安装高度，也叫允许吸上高度。是指泵的吸入口1-1′与吸入贮槽液面0-0′间可允许达到的最大垂直距离，以符号H_g表示，如图1-39所示。假定泵在可允许的最高位置上操作，以液面为基准面，列储槽液面0-0′与泵的吸入口1-1′两截面间的伯努利方程式，可得

$$H_g = \frac{p_0 - p_1}{\rho g} - \frac{u_1^2}{2g} - \sum h_{f,0\text{-}1} \qquad (1\text{-}41)$$

式中　H_g——允许安装高度，m；

　　　p_0——吸入液面压力，Pa；

　　　p_1——吸入口允许的最低压力，Pa；

　　　u_1——吸入口处的流速，m/s；

　　　ρ——被输送液体的密度，kg/m³；

$\sum h_{f,0\text{-}1}$——流体流经吸入管的阻力，m。

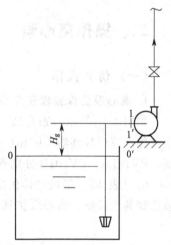

图1-39　离心泵的允许安装高度

3. 离心泵的安装高度计算

工业生产中，计算离心泵的允许安装高度常用允许汽蚀余量法。离心泵的抗汽蚀性能参数也用允许汽蚀余量来表示。允许汽蚀余量是指离心泵在保证不发生汽蚀的前提下，泵吸入口处动压头$\dfrac{u_1^2}{2g}$与静压头$\dfrac{p_1}{\rho g}$之和比被输送液体的饱和蒸气压头$\dfrac{p_v}{\rho g}$高出的最小值，用Δh表示，即

$$\Delta h = \frac{p_1}{\rho g} + \frac{u_1^2}{2g} - \frac{p_v}{\rho g} \qquad (1\text{-}42)$$

将式(1-42)代入式(1-41)得

$$H_g = \frac{p_0}{\rho g} - \frac{p_v}{\rho g} - \Delta h - \sum h_{f,0\text{-}1} \qquad (1\text{-}43)$$

式中　Δh——允许汽蚀余量，m，由泵的性能表查得；

　　　p_v——操作温度下液体的饱和蒸气压，Pa。

Δh随流量增大而增大，因此，在确定允许安装高度时应取最大流量下的Δh。

当允许安装高度为负值时，离心泵的吸入口低于储槽液面。

为安全起见，泵的实际安装高度通常应该比允许安装高度低（0.5～1)m。

当液体的输送温度较高或沸点较低时，由于液体的饱和蒸气压较高，就要特别注意泵的安装高度。若泵的允许安装高度较低，采用以下措施。

① 尽量减小吸入管路的压头损失，可采用较大的吸入管路，缩短吸入管的长度，减少弯头弯管的使用，并省去不必要的管件和阀门。

② 将泵安装在储罐液面以下。

【例 1-8】 型号为 IS65-40-200 的离心泵，转速为 2900r/min，流量为 25m³/h，扬程为 50m，Δh 为 2.0m，此泵用来将敞口水池中 50℃的水送出。已知吸入管路的总阻力损失为 2m 水柱，当地大气压强为 100kPa，求泵的安装高度。

解：查附录得 50℃水的饱和蒸气压为 12.34kPa，水的密度为 998.1kg/m³，已知 $p_0 = 100\text{kPa}$，$\Delta h = 2.0\text{m}$，$\sum h_{f,1-2} = 2\text{m}$

$$H_g = \frac{p_0}{\rho g} - \frac{p_v}{\rho g} - \Delta h - \sum h_{f,0-1} = \frac{100 \times 1000 - 12.34 \times 1000}{988.1 \times 9.81} - 2.0 - 2 = 5.04(\text{m})$$

因此，泵的安装高度不应高于 5.04m。

二、操作离心泵

(一) 仿真操作

1. 离心泵仿真流程任务简述

如图 1-40 所示，来自某一设备约 40℃的带压液体经调节阀 LV101 进入带压罐 V101，罐液位由液位控制器 LIC101 通过调节 V101 的进料量来控制；罐内压力由 PIC101 分程控制，PV101A、PV101B 分别调节进入 V101 和出 V101 的氮气量，从而保持罐压恒定在 5.0atm（表压）。罐内液体由泵 P101A/B 抽出，泵出口物料在流量调节器 FIC101 的控制下输送到其他设备。离心泵仿真界面如图 1-41 所示。

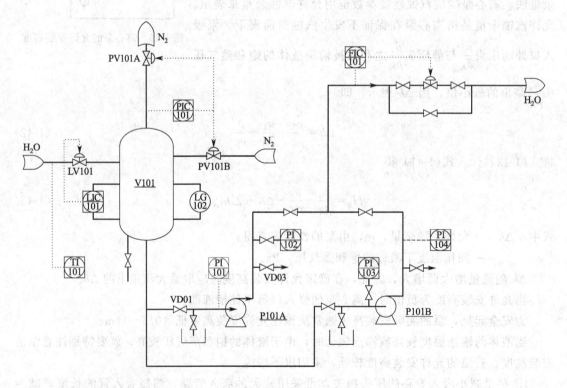

图 1-40 离心泵仿真流程

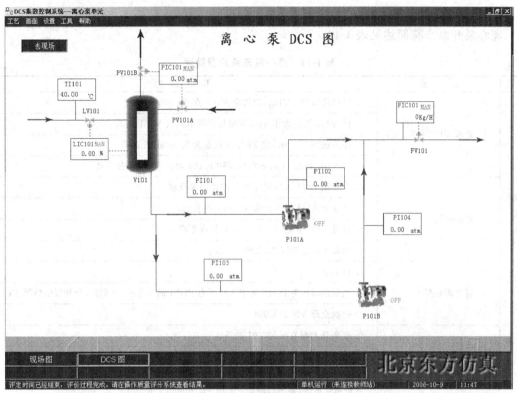

(a) 集散控制系统 (DCS) 图

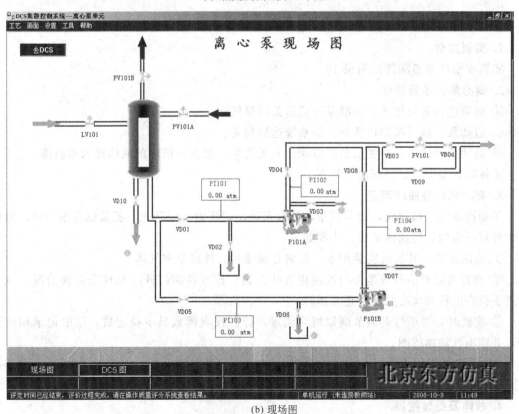

(b) 现场图

图 1-41　离心泵仿真界面

2. 离心泵操作步骤简述

离心泵开泵步骤简述见表 1-14。

表 1-14 离心泵开泵步骤简述

项目	步骤	步骤详述
离心泵的开车	1. 储罐 V101 充压、充液	1. 打开调节阀 LV101,向贮罐 V101 充液
		2. 待 V101 液位大于 5%,缓慢打开调节阀向 V101 充压
		3. 压力达到 5.0atm,将 PIC101 设定为 5.0atm,投自动
		4. 待 V101 液位达 50%左右,将 LIC101 设定为 50%,投自动
	2. 灌泵排气	1. 全开泵 P101 入口阀 VD01,向离心泵充液
		2. 待泵 P101 入口压力为 5.0atm,投自动
		3. 打开 P101 泵后排空阀 VD03,排放不凝气
		4. 当显示标志为绿色,关闭 VD03
	3. 启动离心泵	1. 启动泵
		2. 当泵出口压力 PI102 大于入口压力 PI101 的 1.5~2.0 倍后,全开泵出口阀 VD04
		3. 依次全开 VB03、VB04
	4. 调整	1. 逐渐开大调节阀 FV101 的开度
		2. 微调调节阀 FV101,稳定将 FIC101 设定为正常值,投自动
	5. 操作质量	质量指标描述:储罐 V101 压力 PIC101 为 5.0atm
		质量指标描述:泵出口流量 FIC101 为 20000kg/h

(二) 实训操作

1. 实训安全

实训安全注意事项详见附录 19。

2. 离心泵的单泵操作

① 对泵进行灌泵排气,当灌泵完成后关闭排气阀。

② 启动泵,调节泵出口流量,待系统达到稳定。

③ 启动泵完成后,先关闭泵出口阀,并关闭泵,把高位槽内的液体排入原料槽。

流体输送实训装置流程简图见图 1-42。

3. 离心泵特性曲线测定

手动控制泵出口闸阀,调节流量,读取泵进出口压力、泵转速、流量以及泵功率。做的是 2 号离心泵的特性曲线实验,步骤如下:

① 清洗水箱,并加装实验用水。给离心泵灌水,排出泵内气体。

② 检查电源和信号线是否与控制柜连接正确,检查各阀门开度和仪表自检情况,试开状态下检查电机和离心泵是否正常运转。

③ 实验时,逐渐打开调节阀以增大流量,待各仪表读数显示稳定后,读取记录相应数据,并作出性能曲线图。

主要获取实验参数为:流量 Q、泵进口压力 p_1、泵出口压力 p_2、电机功率 N_e、泵转速 n 及流体温度 t 和两测压点间高度差 H_0。

4. 故障及处理措施

离心泵设备故障及处理措施见表 1-15。

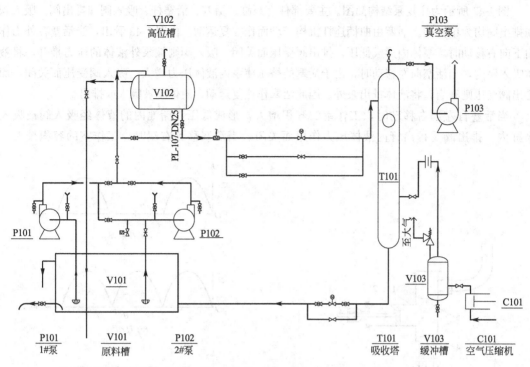

图 1-42 流体输送实训装置流程简图

表 1-15 离心泵设备故障及处理措施

设 备 故 障	原 因 分 析	处 理 措 施
打坏叶轮	1. 离心泵在运转中产生汽蚀现象,液体剧烈地冲击叶片和转轴,造成整个泵体颤动,毁坏叶轮 2. 检修后没有很好地清理现场,致使杂物进入泵体,启动后打坏叶轮片	1. 修改吸入管路的尺寸,使安装高度等合理,泵入口处有足够的有效汽蚀余量 2. 严格管理制度,保证检修后清理工作的质量,必要时在入口阀前加装过滤器
烧坏电机	1. 泵壳与叶轮之间间隙过小并有异物 2. 填料压得太紧,开泵前未进行盘车	1. 调整间隙,清除异物 2. 调整填料松紧度,盘车检查 3. 电机线路安装熔断器,保护电机
进出口阀门芯子脱落	1. 阀门的制造质量问题 2. 操作不当,用力过猛	1. 更新新阀门 2. 更换新阀门
烧坏填料函或机械密封动环	1. 填料函压得过紧,致使摩擦生热而烧坏填料,造成泄露 2. 机械密封的动、静环接触面过紧,不平行	1. 更换新填料,并调节至合适的松紧度 2. 更换动环,调节接触面找正找平 3. 调节好密封液
转轴颤动	1. 安装时不对中,找平未达标 2. 润滑状况不好,造成转轴磨损	1. 重新安装,严格检查对中及找平 2. 补充油脂或更换新油脂

三、认识其他类型泵

(一) 往复泵

往复泵是容积式泵的一种,是通过活塞或柱塞在缸体内的往复运动来改变工作容积,进而使液体的能量增加,以完成液体输送任务。往复泵输送流体的流量只与活塞的位移有关,而与管路情况无关;但往复泵的压头只与管路情况有关。这种特性称为正位移特性,具有这种特性的泵称为正位移泵。

图 1-43 所示为往复泵结构简图。主要部件有泵缸、活塞、活塞杆、吸入阀和排出阀。吸入阀和排出阀均为单向阀。活塞由曲柄连杆机构带动而作往复运动。由图 1-43 看出，当活塞在外力作用下向右移动时，泵体内形成低压，排出阀受压而关闭，吸入阀则被泵外液体的压力推开，将液体吸入泵内，当活塞向左移动时，由于活塞的挤压使泵内液体压力增大，吸入阀受压而关闭，而排出阀受压则开启，将液体排出泵外。因此活塞作往复运动，液体就被吸入或排出。

当活塞自左向右移动时，工作室的容积增大，形成低压，储池内的液体经吸入阀被吸入泵缸内，排出阀受排出管内液体压力作用而关闭。当活塞移到右端时，工作室的容积最大。

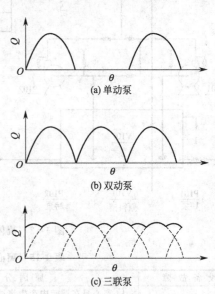

(a) 单动泵

(b) 双动泵

(c) 三联泵

图 1-44　往复泵流量示意图

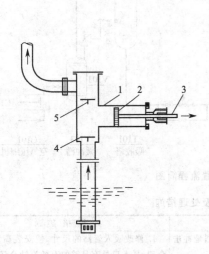

图 1-43　往复泵结构简图
1—泵缸；2—活塞；3—活塞杆；
4—吸入阀；5—排出阀

活塞由右向左移动时，泵缸内液体受挤压，压强增大，使吸入阀关闭而推开排出阀将液体排出，活塞移到左端时，排液完毕，完成了一个工作循环，此后开始另一个循环。

活塞从左端点到右端点的距离叫行程或冲程。活塞在往复一次中，只吸入和排出液体各一次的泵，称为单动泵。由于单动泵的吸入阀和排出阀均装在活塞的一侧，吸液时不能排液，因此排液不是连续的。

为了改善单动泵流量的不均匀性，多采用双动泵或三联泵，与离心泵一样，往复泵也是借助泵缸内减压而吸入液体，所以吸入高度也有一定的限制。往复泵的低压是靠泵缸内活塞移动使空间扩大而形成的。往复泵在开动之前，没有充满液体也能吸液，因此往复泵具有自吸能力。

往复泵的流量是不均匀的，如图 1-44 所示。但双动泵要比单动泵均匀，而三联泵又比双动泵均匀。由于其流量的这一特点限制了往复泵的使用。

（二）齿轮泵

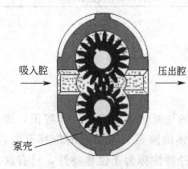

吸入腔　　　　　压出腔

泵壳

图 1-45　齿轮泵工作原理

如图 1-45 所示，齿轮泵主要是由椭圆形开泵壳和两个齿轮组成。其中一个齿轮为主动齿轮，由传动机构带动，另一个为从动齿轮，与主动齿轮相啮合而随之作反方向旋转。当齿轮转动时，因两齿轮的齿相互分开，而形成低压将液体吸入，并沿壳壁推送至排出腔。在排出腔内，两齿轮的齿互相合拢而形成高压将液体排出。如此连续进行以完成液体输送任务。

齿轮泵流量较小，产生压头很高，适于输送黏度大的液体，如甘油等。

（三）螺杆泵

螺杆泵主要由泵壳与一个或一个以上的螺杆所构成。图 1-46 所示为一单螺杆泵。此泵的工作原理是靠螺杆在具有内螺旋的泵壳中转动，将液体沿轴向推进，最后挤压至排出口而排出。图 1-47 所示为一双螺杆泵，它与齿轮泵十分相像，它利用两根相互啮合的螺杆来排送液体。当所需的压力很高时，可采用多螺杆泵。

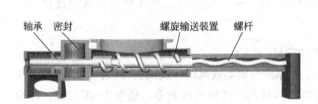

轴承　密封　　　　　螺旋输送装置　螺杆

图 1-46　单螺杆泵

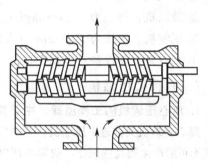

图 1-47　双螺杆泵剖面图

螺杆泵的转速在 3000r/min 以下，最大出口压力可达 $1.72×10^7$ Pa。流量范围为 1.5～500m³/h。若在单螺杆泵的壳内衬上硬橡胶，还可用于输送带颗粒的悬浮液。螺杆泵的效率较齿轮泵高。运转时无噪声、无振动、流量均匀。可在高压下输送黏稠液体。

（四）旋涡泵

旋涡泵是一种特殊类型的离心泵，如图 1-48 所示。泵壳呈正圆形，吸入口和排出口均在泵壳的顶部。至于泵体内部的结构与离心泵并不相同。叶轮是一个圆盘，四周铣有凹槽，成辐射状排列，构成叶片。叶轮和泵壳之间有一定空隙，形成了流道。吸入管接头和排出管接头之间有隔板隔开。

泵体内充满液体后，当叶轮旋转时，由于离心力作用，将叶片凹槽中的液体以一定的速度甩向流道，在截面积较宽的流道内，液体流速减慢，一部分动能变为静压能。与此同时，叶片凹槽内侧因液体被甩出而形成低压，因而流道内压力较高的液体又可重新进入叶片凹槽再度受离心力的作用继续增大压力，这样，液体由吸入口吸入，多次通过叶片凹槽和流道间的反复旋涡形运动，而达到出口时，可获得较高的压头。

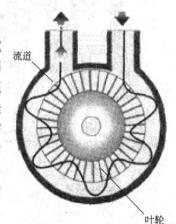

流道

叶轮

旋涡泵在开动前也要灌水。旋涡泵在流量减小时压头增加，功率也增加，所以旋涡泵在开动前不要将出口阀关闭，采用旁路回流调节流量。

旋涡泵的流量小、压头高、体积小、结构简单。它在化工生

图 1-48　漩涡泵

产中应用十分广泛，适宜于流量小、压头高及黏度不高的液体。旋涡泵的效率一般不超过40%。

四、认识气体输送机械

(一) 气体输送机械分类

气体输送机械与液体输送机械大体相同，但气体具有压缩性，在输送过程中，当压力发生变化时其体积和温度也将随之发生变化。气体压力变化程度，常用压缩比来表示。压缩比为气体排出与吸入压力的比值。各种化工生产过程对气体压缩比的要求很不一致。气体输送机械可按其终压（出口压力）或压缩比大小分为四类：

① 通风机：终压不大于1500mmH_2O（表压），压缩比为1～1.15。

② 鼓风机：终压为0.15～3kgf/cm^2（表压），压缩比小于4。

③ 压缩机：终压为3kgf/cm^2（表压）以上，压缩比大于4。

④ 真空泵：使设备产生真空，出口压力为1kgf/cm^2（表压），其压缩比由真空度决定。

(二) 离心压缩机

1. 离心压缩机的工作原理、主要构造和型号

离心压缩机又称透平压缩机，其结构、工作原理与离心通风机、鼓风机相似，但由于单级压缩机不可能产生很高的风压，故离心压缩机都是多级的，叶轮的级数多，通常10级以上。叶轮转速高，一般在5000r/min以上。因此可以产生很高的出口压强。由于气体的体积变化较大，温度升高也较显著，故离心压缩机常分成几段，每段包括若干级，叶轮直径逐段缩小，叶轮宽度也逐级有所缩小。段与段间设有中间冷却器将气体冷却，避免气体终温过高。如图1-49所示。

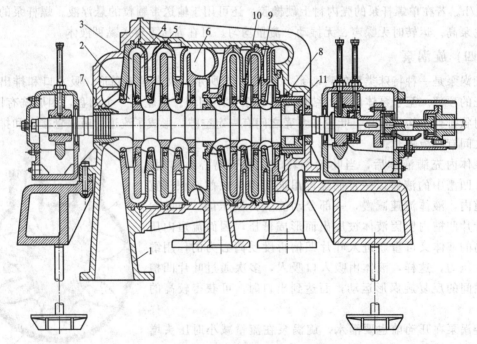

图1-49　离心压缩机典型结构

1—吸入室；2—叶轮；3—扩压器；4—弯道；5—回流器；6—蜗室；

7，8—轴端密封；9—隔板密封；10—轮改密封；11—平衡盘

离心压缩机的主要优点：体积小，重量轻，运转平稳，排气量大而均匀，占地面积小，操作可靠，调节性能好，备件需要量少，维修方便，压缩绝对无油，非常适宜处理那些不宜与油接触的气体。

主要缺点：当实际流量偏离设计点时效率下降，制造精度要求高，不易加工。

近年来在化工生产中，除了要求终压特别高的情况外，离心压缩机的应用已日趋广泛。

国产离心压缩机的型号代号的编制方法有许多种。有一种与离心鼓风机型号的编制方法相似，例如，DA35-61 型离心压缩机为单侧吸入，流量为 $350 m^3/min$，有 6 级叶轮，第 1 次设计的产品。另一种型号代号编制法，以所压缩的气体名称的头一个拼音字母来命名。例如，LT185-13-1，为石油裂解气离心压缩机。流量为 $185 m^3/min$，有 13 级叶轮，第 1 次设计的产品。离心压缩机作为冷冻机使用时，型号代号表示出其冷冻能力。

2. 离心压缩机的性能曲线与调节

离心压缩机的性能曲线与离心泵的特性曲线相似，是由实验测得。图 1-50 所示为典型的离心压缩机性能曲线，它与离心泵的特性曲线很相像，但其最小流量 Q 不等于零，而等于某一定值。离心压缩机也有一个设计点，实际流量等于设计流量时，效率 η 最高；流量与设计流量偏离越大，则效率越低；一般流量越大，压缩比 ε 越小，即进气压强一定时流量越大出口压强越小。

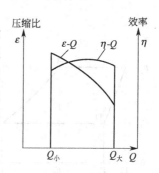

图 1-50　典型的离心压缩机性能曲线

当实际流量小于性能曲线所表明的最小流量时，离心压缩机就会出现一种不稳定工作状态，称为喘振。喘振现象开始时，由于压缩机的出口压强突然下降，不能送气，出口管内压强较高的气体就会倒流入压缩机。发生气体倒流后，使压缩机内的气量增大，至气量超过最小流量时，压缩机又按性能曲线所示的规律正常工作，重新把倒流进来的气体压送出去。压缩机恢复送气后，机内气量减少，至气量小于最小流量时，压强又突然下降，压缩机出口处压强较高的气体又重新倒流入压缩机内，重复出现上述的现象。这样，周而复始地进行气体的倒流与排出。在这个过程中，压缩机和排气管系统产生一种低频率高振幅的压强脉动，使叶轮的应力增加，噪声加重，整个机器强烈振动，无法工作。由于离心压缩机有可能发生喘振现象，它的流量操作范围受到相当严格的限制，不能小于稳定工作范围的最小流量。喘振的解决方法为适当减小压缩机的负荷，降低转速，或打开压缩机的防喘振阀。一般最小流量为设计流量的 $70\%\sim85\%$。

3. 离心压缩机的调节方法

① 调整出口阀的开度。方法很简便，但使压缩比增大，消耗较多的额外功率，不经济。

② 调整入口阀的开度。方法很简便，实质上是保持压缩比降低出口压强，消耗额外功率较上述方法少，使最小流量降低，稳定工作范围增大。这是常用的调节方法。

③ 改变叶轮的转速。是最经济的方法，有调速装置或用蒸汽机为动力时应用方便。

（三）往复式压缩机

往复式压缩机又称活塞式压缩机，是容积型压缩机的一种。它是依靠气缸内活塞的往复运动来压缩缸内气体，从而提高气体压力，达到工艺要求。往复式压缩机属于容积式压缩机，是使一定容积的气体顺序地吸入和排出封闭空间提高静压力的压缩机。

当曲轴旋转时，通过连杆的传动，驱动活塞便做往复运动，由气缸内壁、气缸盖和活塞顶面所构成的工作容积则会发生周期性变化。曲轴旋转一周，活塞往复一次，气缸内相继实现进气、压缩、排气的过程，即完成一个工作循环，这是往复式压缩机的理想工作循环（见图1-51）。

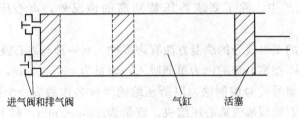

进气阀和排气阀　　　　　　　气缸　　活塞

图1-51　往复式压缩机理想工作循环

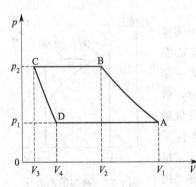

图1-52　往复式压缩机实际工作循环

由于余隙容积的存在，实际工作循环由膨胀、吸气、压缩、排气四个过程组成，活塞从最右侧向左运动，完成了压缩阶段及排气阶段后，达到气缸最左端，当活塞从左向右运动时，因有余隙存在，进行的不再是吸气阶段，而是膨胀阶段，即余隙内压力为 p_2 的高压气体因体积增加而压力下降，如图1-52中曲线 $C\text{-}D$ 所示，直至其压力降至吸入气压 p_1（图中点 D），吸入阀打开，在恒定的压力下进行吸气过程，当活塞回复到气缸的最右端截面（图1-50中点 A 时），完成一个工作循环。在每一循环中，活塞在气缸内扫过的体积为（$V_1 - V_3$），所能吸入的气体体积为（$V_1 - V_4$）。同理想循环相比，由于余隙的存在，实际吸气量减少了，而且功耗也增加了。

（四）真空泵

从设备或系统中抽出气体使其中的绝对压力低于大气压，此种抽气机械称为真空泵。从原则上讲，真空泵就是在负压下吸气，一般是大气压下排气的输送机械。在真空技术中，通常把真空状态按绝对压力高低划分为低真空（$10^5 \sim 10^3$ Pa）、中真空（$10^3 \sim 10^{-1}$ Pa）、高真空（$10^{-1} \sim 10^{-6}$ Pa）、超高真空（$10^{-6} \sim 10^{-10}$ Pa）及极高真空（$< 10^{-10}$ Pa）五个真空区域。为了产生和维持不同真空区域强度的需要，设计出多种类型的真空泵。

常见的真空泵有：往复真空泵、液环真空泵、喷射泵。

1. 往复真空泵

往复真空泵的构造和工作原理与往复式压缩机基本相同。但是，由于真空泵所抽吸气体的压力很小，且其压缩比又很高（通常大于20），因而真空泵吸入和排出阀门必须更加轻巧灵活、余隙容积必须更小。为了减小余隙的不利影响，真空泵气缸设有连通活塞左右两侧的平衡气道。若气体具有腐蚀性，可采用隔膜真空泵。

2. 液环真空泵

用液体工作介质的粗抽泵称作液环泵。其中，用水做工作介质的叫水环真空泵，其他还可用油、硫酸及醋酸等做工作介质。工业上水环真空泵应用居多。

水环真空泵内装有带固定叶片的偏心转子，将水（液体）抛向定子壁，水（液体）形成与定子同心的液环，液环与转子叶片一起构成可变容积的一种旋转变容积真空泵（见图

1-53）。

3. 喷射泵

喷射泵是利用流动时静压能转换为动能而造成的真空来抽送流体的。它既可用来抽送气体，也可用来抽送液体。在化工生产中，喷射泵常用于抽真空，故它又称为喷射真空泵。

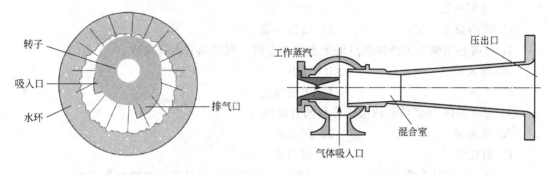

图 1-53 水环真空泵 　　　　　　　　图 1-54 单级蒸汽喷射泵

喷射泵的工作流体可以是蒸汽，也可以是液体。图 1-54 所示的是单级蒸汽喷射泵。工作蒸汽以很高的速度从喷嘴喷出，在喷射过程中，蒸汽的静压能转变为动能，产生低压，而将气体吸入。吸入的气体与蒸汽混合后进入扩散管，使部分动能转变为静压能，而后从压出口排出。单级蒸汽喷射泵可达到 99% 的真空度，若要获得更高的真空度，可以采用多级蒸汽喷射泵。

 练习题

（一）填空题

1. 离心泵的主要结构包括（　　）、（　　）、（　　）。

2. 离心泵是属于（　　）泵，往复泵属于（　　）泵。

3. 离心泵的工作性能曲线指（　　）曲线、（　　）曲线和（　　）曲线。

（二）选择题

1. 化工过程中常用到下列类型泵：a. 离心泵，b. 往复泵，c. 齿轮泵，d. 螺杆泵。其中属于正位移泵的是（　　）。

A. a，b，c　　　　B. b，c，d　　　　C. a，d　　　　D. a

2. 离心泵的扬程是（　　）。

A. 液体的升扬高度　　　　　　B. 1kg 液体经泵后获得的能量

C. 从泵出口到管路出口间的垂直高度，即压出高度

D. 1N 液体经泵后获得的能量

3. 离心泵效率随流量的变化情况是（　　）。

A. Q 增大，η 增大　　　　　　B. Q 增大，η 先增大后减小

C. Q 增大，η 减小　　　　　　D. Q 增大，η 先减小后增大

4. 在①离心泵、②往复泵、③旋涡泵、④齿轮泵中，能用调节出口阀开度的方法来调节流量的有（　　）。

A. ①②　　　　　　　　　　　B. ①③

C. ①　　　　　　　　　　　　D. ②④

5. 离心泵铭牌上标明的扬程是（　　）。

A. 功率最大时的扬程　　　　B. 最大流量时的扬程

C. 效率最高时的扬程　　　　D. 泵的最大量程

6. 离心泵性能曲线中的扬程流量线是在（　　）一定的情况下测定的。

A. 效率一定　　　　　　　　B. 功率一定

C. 管路布置一定　　　　　　D. 转速一定

7. 当离心泵输送的液体沸点低于水的沸点时，则泵的安装高度应（　　）。

A. 加大　　　　　　　　　　B. 减小

C. 不变　　　　　　　　　　D. 无法确定

8. 将含晶体 10% 的悬浊液送往料槽宜选用（　　）。

A. 往复泵　　　　　　　　　B. 离心泵

C. 齿轮泵　　　　　　　　　D. 喷射泵

9. 离心泵的实际安装高度（　　）允许安装高度，就可防止汽蚀现象发生。

A. 小于　　　　　　　　　　B. 大于

C. 等于　　　　　　　　　　D. 近似于

10. 在一输送系统中，改变离心泵的出口阀门开度，不会影响（　　）。

A. 管路特性曲线　　　　　　B. 管路所需压头

C. 泵的特性曲线　　　　　　D. 泵的工作点

（三）判断题

1. 离心泵的泵内有空气是引起离心泵气缚现象的原因。　　　　　　　　　（　　）

2. 离心泵的扬程和升扬高度相同，都是将液体送到高处的距离。　　　　　（　　）

3. 离心泵流量调节阀门安装在出口的主要目的是为了防止汽蚀。　　　　　（　　）

4. 输送液体的密度越大，泵的扬程越小。　　　　　　　　　　　　　　　（　　）

5. 离心泵在调节流量时是用回路来调节的。　　　　　　　　　　　　　　（　　）

6. 往复泵有自吸作用，安装高度没有限制。　　　　　　　　　　　　　　（　　）

7. 离心泵停车时，单级泵应先停电，多级泵应先关出口阀。　　　　　　　（　　）

8. 离心泵的泵内有空气是引起离心泵气缚现象的原因。　　　　　　　　　（　　）

9. 离心压缩机的"喘振"现象是由于进气量超过上限所引起的。　　　　　（　　）

10. 水环真空泵是属于液体输送机械。　　　　　　　　　　　　　　　　　（　　）

（四）技能考核

离心泵操作考核评价表见表 1-16。

表 1-16　离心泵操作考核评价表

操作阶段/ 规定时间	考核 内容	操作要求	标准 分值	评分标准与说明	得分
设备功能物料 流程说明	装置构成与功 能说明	各设备的名称及原料在设备中 的走向	5	每小组由 3～6 名同学组成,任 选一位同学回答作为小组成绩	
泵的切换	开泵步骤与流 量调节	1. 检查阀门,灌泵 2. 开启 A 泵,开启前阀、A 泵, 再缓慢打开后阀,并调节好流量 3. 开启 B 泵的同时关闭 A 泵并 要求流量稳定 4. 按正常停车顺序操作	30	1. 10 分。若未进行灌泵操作该 项目不得分 2. 10 分 3. 5 分 4. 5 分	

续表

操作阶段/规定时间	考核内容	操作要求	标准分值	评分标准与说明	得分
泵的串联	开泵步骤与串联操作	1. 检查阀门，灌泵 2. 开 A、B 泵，按正常开车顺序操作，并调节好流量 3. 按操作顺序停车操作	25	1. 10 分。若未进行灌泵操作该项目不得分 2. 10 分 3. 5 分	
泵的并联	开泵步骤与并联操作	1. 检查阀门，灌泵 2. 开 A、B 泵，按正常开车顺序操作，并调节好流量 3. 按操作顺序停车操作，泄液	30	1. 10 分。若未进行灌泵操作该项目不得分 2. 10 分 3. 10 分	
安全文明操作	安全、文明、礼貌	1. 着装符合职业要求 2. 正确操作设备、使用工具 3. 操作环境整洁、有序 4. 文明礼貌	10	1. 着装符合职业要求，穿工作服，佩戴安全帽。3 分 2. 正确操作设备、使用工具。1 分 3. 操作环境整洁、有序。1 分 4. 团结合作。5 分	

项目二
传热过程及应用技术

项目概述

　　物体与环境之间由于温度差而转移的能量称为热量，热量的转移过程又称为热传递过程。所以传热本质上来说就是一种能量传递现象，其广泛存在于自然界和工程技术领域。例如，在能源、宇航、化工、动力、冶金、机械、建筑、农业等部门都涉及许许多多的传热问题。

　　传热与化工行业的关系更是密不可分。首先，化工生产的单元反应绝大部分都是需要在一定的温度条件下进行的，因此为了维持反应体系的温度，就需要向反应器输入热量或者从反应器取走热量。例如氮肥生产中，氮气与氢气的混合气体要在一定压力和 500℃ 左右的高温才能在催化剂的作用下合成氨。其次，化工生产的很多单元操作也需要加热或者冷却。例如，产品的蒸发、蒸馏、干燥、结晶等都需要向设备输入或者移除热量。再者，化工设备的保温节能、生产过程中的热能合理利用和废热回收都涉及传热的问题。可以看出，传热普遍存在于化工生产过程中，是化工生产中极其重要的环节。实现传热过程所需的设备称为换热器，换热器是化工生产中应用最为广泛的设备之一。掌握不同换热器的性能和特点，做好传热的操作控制，对化工生产过程具有非常重要的意义。

　　化工生产过程中对传热的要求可分为两种情况：一类是强化传热，要求传热速率高，这样可使完成某一换热任务时所需的设备紧凑，从而降低设备费用；另一类是削弱传热，要求传热速率越低越好，如高温设备及管道的保温、低温设备及管道的隔热等，这样就可以节约能源从而节约操作费用。

　　本项目将重点讨论传热的基本原理和换热器在化工生产中的应用。

任务一
认识传热及其在化工生产中的应用

 任务引入 ▶▶

　　仔细观察图 2-1，由生活经验可以知道，三种方式都可以感受到由燃烧着的木材传递来

的热量。尽管结果都是接收到了热量，但这三种热量传递的方式一样吗？它们各自有什么样的特点？

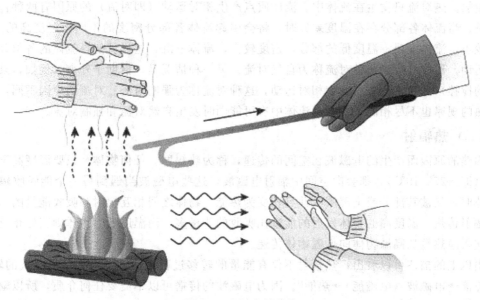

图 2-1　生活中的传热

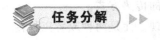

一、传热的基本方式

　　根据传热机理的不同，热量传递分为三种基本的方式：热传导、热对流和热辐射。热量传递可以依靠其中一种或者几种方式进行。无论以哪种方式的热量传递，净热量总是由温度高的地方向温度低的地方传递。不同的传热方式，其热量传递遵循着不同的规律，外界条件对不同的传热方式的影响程度也不同。因此了解热量传递的基本方式是研究和掌握传热规律的第一步，具有重要的意义。

（一）热传导

　　热传导又称为导热，在这种传热方式中，物体各部分不发生相对位移，仅借助物质的分子、原子或自由电子等微观粒子的热运动来传递热量。在物体内部或者是紧密接触的两个物体，只要存在着温度差，就会发生热传导，热量会自发地从物体的高温部分传向低温部分，或者由高温物体向与其接触的低温物体传递，直到整个物体各个部分的温度相等为止。

　　固体中的热量传递是典型的热传导方式。对于金属固体，热传导主要是依靠金属中自由电子的运动；而对于非金属固体，热传导则主要是通过固体中的分子、原子在平衡位置附近的振动来完成的。此外，热传导不仅可以发生在固体内部，在静止的流体（液体、气体）或作层流流动的流体内部也可以发生，这时热传导主要是依靠分子的热运动来实现。

　　由以上对热传导概念的描述中可以看出，其热量传递过程中最大的特点是没有宏观物质的位移，是静止物质内部的一种传热方式。

（二）热对流

在流体内部由于质点的相对运动而实现热量传递的方式称为热对流，又常被称为对流传热或给热。热对流只发生在流体中。流体质点产生相对运动（即对流）的原因有两种：一种情况是，当流体各部分存在温度差异时，将会引起流体各部分密度的不同，温度高的部分，密度较小，流体上浮，温度低的部分，密度较大，流体下沉，这样就使得流体的各部分发生相对运动，形成对流，这种对流称为自然对流；另一种情况是，借助于外力（例如，泵或风机等的搅拌）强制流体质点发生相对运动，这种对流称为强制对流。对流的原因不同，其对流传热的规律也不尽相同，在同一流体中有可能同时发生自然对流和强制对流。

（三）热辐射

因热的原因而产生的电磁波在空间的传递，称为热辐射。任何物体，只要温度高于绝对零度（即-273.15℃），都会向空间中辐射电磁波，这些电磁波当遇到另一个能吸收辐射能的物体时，又被其部分或全部吸收并且转变为热能。物体之间相互辐射和吸收能量的总结果称为辐射传热。温度高的物体发射的能量比吸收的能量多，而温度低的物体则正好相反，这样就使得净热量从高温物体向低温物体传递。

由以上的描述可以看出，热辐射不仅有能量的转移过程，而且还伴有能量形式的转换，即"热能→电磁波（电磁能）→热能"。因为电磁波的传播可以不需要任何介质，所以辐射传热也就可以在真空中进行。另外需要说明的是，尽管任何物体只要在绝对零度以上都会发生热辐射，但是只有在物体温度较高的时候，热辐射才能成为其主要的传热方式。

在实际生产生活中，传热过程往往不是以某种传热方式单独出现，而是两种或者三种传热方式的组合。例如，在工业换热中普遍使用的间壁式换热器中，传热过程就主要是对流传热和热传导两种传热方式的组合。

二、化工生产中的常用换热方式

在实际生产过程中，用于实现热量传递的设备称为换热器。在化工生产中热量的交换通常发生在两流体之间。在换热过程中，温度较高的热流体放出热量，温度较低的冷流体吸收热量。因冷热流体换热方法的不同，所采用的设备也不相同，通常有以下几种类型。

（一）间壁式换热与间壁式换热器

在化工生产中往往需要换热的冷、热流体在工艺上不能接触混合，因此在换热过程中冷、热流体需要用一固体壁面隔开，这样热流体放出的热量通过壁面传递给冷流体。这种换热方式称为间壁式换热，实现间壁式换热的设备即间壁式换热器。间壁式换热器形式多样，应用最广。各种管式、板式换热器属于这类换热器，图 2-2 所示为两种典型的间壁式换热器。

如图 2-3 所示在间壁式换热过程中，热、冷流体通过间壁两侧传热过程包括以下三个步骤：

① 热量由热流体传至左侧壁面（对流传热）；

② 热量由壁面左侧传导至壁面右侧（热传导）；

③ 热量由右侧壁面传至冷流体（对流传热）。

由此可见间壁式传热主要是对流传热和热传导两种基本传热方式的组合。

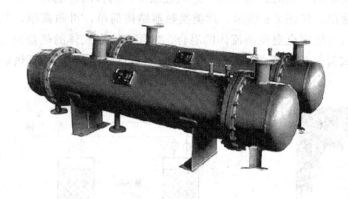

(a) 管壳式换热器　　　　　　　　　　　　(b) 平板式换热器

图 2-2　典型的间壁式换热器

（二）混合式换热与混合式换热器

　　将冷热流体直接混合，使得热流体的热量直接传递给冷流体的换热方式称为混合式换热，各种混合式换热器就是实现这种换热方式的设备。该类型换热器结构简单，传热效率高，适用于允许两流体混合的场合。常见的凉水塔、洗涤塔、喷射冷凝器等属于这类换热器。图 2-4 所示为抽风逆流式凉水塔实物图和内部构造示意图。

（三）蓄热式换热与蓄热式换热器

　　这种换热方式需要一个蓄积热量的中间介质，称为蓄热体，通常由热容量较大的固体物质充当，如图 2-5 所示为能耐高温的蜂窝陶瓷蓄热体。热流体流经换热器时将热量储存在蓄热体中，然后由

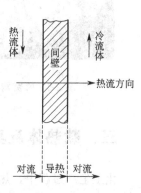

图 2-3　间壁两侧流体间的传热

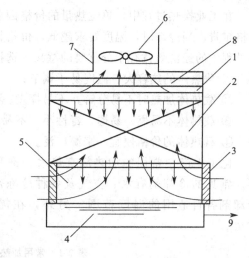

图 2-4　抽风逆流式凉水塔

1—配水系统；2—淋水系统；3—百叶窗；4—集水池；5—空气分配区；6—风机；7—风筒；8—热空气和水；9—冷水

流经换热器的冷流体取走，从而达到换热的目的。为了达到连续生产的目的，通常在生产中采用两个并联的蓄热体交替地使用，如图2-6所示。此类换热器结构简单，可耐高温，其缺点是设备体积庞大，效率低，且不能完全避免两流体的混合，常用于高温气体的热量回收或冷却。小型石油化工厂的蓄热式裂解炉、炼焦炉的蓄热室、合成氨造气中的燃烧-蓄热炉等属于这类换热器。

图2-5 蜂窝陶瓷蓄热体

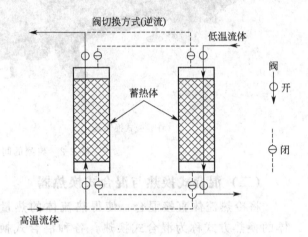

图2-6 蓄热式换热器

三、载热体及其选择

化工生产过程中，热量的传递通常需要依靠一种流体作为中间媒介，作为媒介的流体从高温处获得热量，然后将热量运载到需要加热的地方，将热量传递出去；或者进行相反的过程，即从需要冷却的地方取走热量。这种作为热量传递的中间媒介的流体称为载热体。如果载热体起到加热的作用就称为加热剂（或加热介质）；起冷却（或冷凝）作用的载热体称为冷却剂（或冷却介质）。

在工业换热过程中，单位热量的价格因载热体而异。例如，当加热时，温度要求越高，价格越贵；当冷却时，温度要求越低，价格越贵。因此选择适当的载热体，对于提高化工传热过程中的经济效益有十分重要的意义。选择载热体主要考虑以下因素：

① 载热体的热容大，温度易于调节；
② 载热体加热时不易分解，不易挥发；
③ 载热体不易燃、易爆，毒性小，不易腐蚀设备；
④ 载热体的价格便宜，来源广泛。

化工生产中常用的加热剂有热水、饱和蒸汽、矿物油、联苯混合物、熔盐和烟道气等。常见的冷却剂有水、空气及各种冷冻剂。表2-1和表2-2中给出了常用的加热剂和冷却剂各自适用的温度范围。另外，在需要很高温度的时候，还可以采用电加热的方法。

表2-1 常用加热剂及其适用温度范围

加热剂	热水	饱和蒸汽	矿物油	联苯混合物	熔盐	烟道气
适用温度/℃	40～100	100～180	180～250	255～380	142～530	>1000

表 2-2 常用冷却剂及其适用温度范围

冷却剂	水	空气	盐水	氨蒸气
适用温度/℃	0~80	>30	0~-15	<-15~-30

四、稳定传热与不稳定传热

在传热过程中，如果传热系统（例如换热器）不积累能量（即输入的能量等于输出的能量），则传热系统各点温度将不随时间变化，而只随各点位置改变，这种传热称为稳定传热。稳定传热状态下，其单位时间内传递的热量（即传热速率）为常量。连续生产过程中的传热多为稳定传热。如果传热系统要积累能量，则系统中的各点温度就既要随位置变化又要随时间变化，这样的传热称为不稳定传热，其传热速率也不为常量。工业生产上间歇操作的换热设备和连续生产时的开停车阶段都属于非稳定传热。

由于化工生产过程中遇到的大多数是稳定传热，因此本项目着重讨论稳态传热。

五、传热速率和热通量

为了定量地表示热量传递的快慢，工程上采用传热速率来描述。传热速率是指单位时间内通过传热面的热量，用 Q 来表示，在 SI 单位制下，传热速率的单位为 W（即 J/s）。另外，为了衡量一定换热面积的换热器换热效率的高低，还引入了热通量的概念，即单位传热面积下的传热速率，用 q 表示，单位为 W/m^2。由传热速率和热通量的定义可知，二者间的关系为：

$$q=\frac{dQ}{dS} \tag{2-1}$$

式中 S——传热面积，m^2。

需要注意的是，由于换热器往往是圆筒状，其内表面积 S_i、外表面积 S_o 及平均表面积 S_m 都不相同，在列写热通量计算式时应标明选择的基准面是哪一个。

在绪论中知道了传热过程本质上来说是一种传递过程。而研究表明，自然界中传递过程的普遍规律为：传递过程的速率与过程的推动力成正比，与过程的阻力成反比。不同的传递过程其推动力、阻力各不相同，例如在质量传递中推动力为物质的浓度差。那么在传热中，其推动力为物质之间的温度差，因此传热速率可表示为

$$传热速率=\frac{传热推动力（温度差）}{传热阻力（热阻）}$$

若以 Δt 表示温差，单位为℃或 K；以 R 或 R' 表示热阻，则传热速率和热通量为

$$Q=\frac{\Delta t}{R} \tag{2-2}$$

$$q=\frac{\Delta t}{R'} \tag{2-3}$$

式中 R——整个传热面的热阻，℃/W；

　　　R'——单位传热面积的热阻，$m^2 \cdot ℃/W$。

对于不同的传热情况，热阻影响因素不同，表达式也就不同。要提高传热速率或热通

量，关键是要减小传热过程中的热阻。传热速率和热通量是评价换热器性能好坏的重要指标。

练习题

（一）填空题

1. 热量传递的三种基本方式分别是（　　）、（　　）和（　　）。

2. 对流传热按照对流产生的原因不同可分为（　　）和（　　）。

3. 辐射传热与另外两种基本传热方式相比，其特点是既有能量的转移又有（　　）。

4. 工业换热的常见方式有（　　）、（　　）和（　　）。

5. 在化工传热过程中，物料在换热器内被加热或冷却时，用于供给或者取走热量的流体叫做（　　）。

（二）选择题

1. 以下哪种类型的换热器适合于高温气体的换热（　　）。

A. 直接混合式 　　　　 B. 间壁式 　　　　 C. 蓄热式 　　　　 D. 列管式

2. 关于稳定传热的叙述正确的是（　　）。

A. 传热系统中各点温度随时间和位置的改变而改变

B. 单位时间内输入系统的热量等于系统单位时间内输出的热量

C. 传热系统内部的热量随着时间的增加而增加

D. 系统的传热速率为时间的变量

3. 在工业换热过程中，如果需要将对象加热到 200℃，可以选用以下哪种载热体（　　）

A. 饱和蒸汽 　　　　 B. 矿物油 　　　　 C. 联苯混合物 　　　 D. 烟道气

4. 某换热器的传热面积为 15m²，3min 内通过传热面的热量为 2100kJ，则该换热器的热通量为（　　）W/m²。

A. 777.8 　　　　 B. 46666.7 　　　　 C. 46.7 　　　　 D. 11666

5. 以下哪种属于采用间壁式换热方式的设备（　　）。

A. 凉水塔 　　　　 B. 喷射冷凝器 　　　　 C. 气体洗涤器 　　　 D. 列管式换热器

任务二
认识传热原理与传热基本计算

任务引入 ▶▶

由任务一知道了传热有三种基本方式——热传导、热对流和热辐射，这三种基本传热方式的机理各不相同，因此可以推测三种传热方式影响因素也将各不相同，或者同一个影响因素对三种传热方式的影响大小将会有所不同。那么这三种传热方式究竟在传热过程中遵循什么样的规律？哪些因素对其影响较大？有没有能够定量或半定量地描述这些传热过程的方法呢？这些将是在任务二中所要解决的问题。

一、传导传热

（一）傅里叶定律

傅里叶定律是热传导的基本定律，该定律指明对于一维稳定热传导，单位时间内传导的热量（即热传导速率）与垂直于热传导方向上的温度变化率（即温度梯度）和垂直于热传导方向的传热面积成正比，数学表达式为

$$Q = -\lambda S \frac{\mathrm{d}t}{\mathrm{d}x} \tag{2-4}$$

式中　Q——导热速率，W 或 J / s；

　　　λ——热导率，W/(m·℃)；

　　　S——与热传导方向垂直的传热面积，m^2；

　　$\mathrm{d}t/\mathrm{d}x$——温度梯度，热传导方向上的温度变化率。

式中的负号表示热流方向总是和温度梯度的方向相反。

（二）热导率

在傅里叶定律中出现的热导率（导热系数）有什么样的物理意义呢？将式(2-4)改写为

$$\lambda = \frac{-Q}{S \frac{\mathrm{d}t}{\mathrm{d}x}}$$

可以看出热导率在数值上等于单位温度梯度下的热通量。因此，热导率可以用来表征物质导热能力的大小。与物质的黏度、密度等一样，热导率也是物质的物理性质之一。热导率 λ 越大，物质的导热能力越好，相同的传热面积、相同的温度梯度下传导的热量越多。热导率的数值与物质的结构、密度、温度、组成及压强都有关系。

各种物质的热导率通常由实验方法测定。不同的物质，其热导率数值变化范围很大。一般来说，金属材料的热导率最大，非金属固体次之，液体较小，而气体最小。工程计算中常见物质的热导率可从有关手册中获得，本书附录中也给出了一些物质的热导率。一般情况下各类物质的热导率大致范围见表 2-3。从表中可以看出气体、液体和固体三种状态的物质热导率的数量级范围。

表 2-3　物质热导率的大致范围

物质种类	气体	液体	固体(绝缘体)	金属	绝热材料
$\lambda/[\text{W}/(\text{m·℃})]$	0.006～0.6	0.07～0.7	0.2～3.0	15～420	<0.25

1. 固体的热导率

在所有固体材料中，金属的导热能力最强。一般纯金属的热导率随温度的升高而降低。金属的纯度对金属的导热能力也有较大的影响，通常金属纯度越高，其导热能力也越强。因此，合金的热导率一般比纯金属要低。非金属固体材料的热导率与其温度、组成、结构和结构的紧密程度有关，一般非金属固体材料的热导率随密度的增加而增大，也随温度的升高而增大。

在导热过程中，沿热量传递的方向温度将发生变化，其热导率也跟着发生变化，而对于大多数均匀的固体物质，其热导率与温度大致呈线性关系，因此在工程计算中，为了简便起见通常取壁面两侧温度下热导率的平均值或平均温度下的热导率。常见固体的热导率见表2-4。

表 2-4 常见固体的热导率

固 体 物 质	温度/℃	热导率/[W/(m·℃)]	固 体 物 质	温度/℃	热导率/[W/(m·℃)]
铝	300	230	石棉	100	0.19
铬	18	94	石棉	200	0.21
铜	100	377	高铝砖	430	3.10
熟铁	18	61	建筑砖	20	0.69
铸铁	53	48	镁砂	200	3.80
铅	100	33	棉毛	30	0.050
镍	100	57	玻璃	30	1.09
银	100	412	云母	50	0.43
钢(1% C)	18	45	硬橡皮	0	0.15
船舶用金属	30	113	锯屑	20	0.052
青铜		189	软木	30	0.043
不锈钢	20	16	玻璃棉	—	0.041
石棉板	50	0.17	85%氧化镁	—	0.070
石棉	0	0.16	石墨	0	151

2. 液体的热导率

液体可分为金属液体和非金属液体。一般来说金属液体的热导率要比非金属液体高（见表2-5）。大多数液体金属的热导率随温度的升高而减小。在常见的非金属液体中，水的热导率是最大的。除了甘油和水，大多数的非金属液体的热导率也随温度的升高而降低。压力对液体热导率的影响基本上可以忽略不计。

表 2-5 常见液体的热导率

液体物质	温度/℃	热导率/[W/(m·℃)]	液体物质	温度/℃	热导率/[W/(m·℃)]
醋酸50%	20	0.35	硫酸90%	30	0.36
丙酮	30	0.17	硫酸60%	30	0.43
苯胺	0~20	0.17	水	30	0.62
苯	30	0.16	甲苯	20	0.139
氯化钙盐水30%	30	0.55	硝基苯	20	0.151
乙醇80%	20	0.24	甲醇	20	0.212
甘油60%	20	0.38	煤油	20	0.151
甘油40%	20	0.45	汽油	30	0.196
正庚烷	30	0.14	水银	28	8.36

3. 气体的热导率

气体的热导率与固体和液体相比小很多，对导热而言十分不利，但是却有利于保温和绝热（见表2-6）。工业上的保温材料往往其内部都有大量的空隙（如聚酯泡沫等），就是利用了空隙间的气体热导率低的特点来实现保温隔热的。

温度升高时气体的热导率也随之增大。在很大的压力范围内，气体的热导率随压力的变化很小，可以忽略不计。只有当压力很高（高于200MPa）或者压力很低（低于3kPa）时，才应该考虑压力对热导率的影响，此时热导率随压力的升高而增大。

常压下的混合气体的热导率可以由以下经验公式估算

$$\lambda_m = \frac{\sum \lambda_i y_i M_i^{1/3}}{\sum y_i M_i^{1/3}} \tag{2-5}$$

式中 y_i——混合气体中第 i 种组分的摩尔分数；

M_i——混合气体中第 i 种组分的摩尔质量，kg/kmol。

表 2-6 常见气体的热导率

气体物质	温度/℃	热导率/[W/(m·℃)]	气体物质	温度/℃	热导率/[W/(m·℃)]
氢	0	0.17	水蒸气	100	0.025
二氧化碳	0	0.015	氮	0	0.024
空气	0	0.024	乙烯	0	0.017
空气	100	0.031	氧	0	0.024
甲烷	0	0.029	乙烷	0	0.018

（三）平壁导热

1. 单层平壁的导热

如图 2-7 所示，如果假设平壁的材质均匀，热导率 λ 不随温度变化或者可以取平均热导率。在平壁内的温度仅沿垂直于壁面的 x 方向发生变化，因此等温面是垂直于 x 的平面。若平壁的面积 S 与平壁厚度 b 相比很大，则从平壁的边沿处损失的热量可以忽略不计。此种稳定平壁传热的导热速率 Q 和传热面积 S 都为常量。

当 $x=0$ 时，$t=t_1$；$x=b$ 时，$t=t_2$，对傅里叶定律积分得

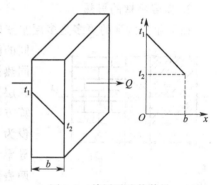

图 2-7 单层平壁热传导

$$Q = \frac{\lambda}{b} S (t_1 - t_2) \tag{2-6}$$

或

$$Q = \frac{t_1 - t_2}{\dfrac{b}{\lambda S}} = \frac{\Delta t}{R} \tag{2-7}$$

$$q = \frac{Q}{S} = \frac{t_1 - t_2}{\dfrac{b}{\lambda}} = \frac{\Delta t}{R'} \tag{2-8}$$

式中 Δt——温度差，传热推动力，℃；

b——平壁的厚度，m；

$R = \dfrac{b}{\lambda S}$——整个传热面的导热热阻，℃/W；

$R' = \dfrac{b}{\lambda}$——单位传热面积的导热热阻，$m^2·℃/W$。

由式（2-7）可以看出导热速率与导热推动力（即温度差）呈正比，与导热热阻成反比。因此，在温度差一定时，提高传热速率的关键就在于减小导热热阻。而平壁的壁厚越大，导热的面积越小、热导率越小（即平壁材料的导热能力越差），其热阻就越大；反之，平壁热阻则越小。

式（2-7）和式（2-8）可以用来计算导热速率、估算壁面温度即平壁厚度。

【**例 2-1**】 某平壁厚度为 0.7m，其内表面温度为 1650℃，外表面温度为 300℃，已知平壁的平均热导率为 1.5W/(m・℃)。试求：（1）通过平壁的热通量；（2）距离平壁内侧 0.4m 处的温度。

解：（1）由式（2-8）得

$$q = \frac{t_1 - t_2}{\frac{b}{\lambda}} = \frac{1650 - 300}{\frac{0.7}{1.5}} = 2893 (\text{W/m}^2)$$

（2）因为

$$q = \frac{t_1 - t_2}{\frac{b}{\lambda}}$$

所以

$$t_2 = t_1 - q \frac{b}{\lambda} = 1650 - 2893 \times \frac{0.4}{1.5} = 879 (℃)$$

2. 多层平壁的导热

在工业上碰到的更多是多层平壁的热传导，例如工业中的燃烧窑炉，其通常由热导率不

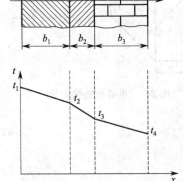

图 2-8 多层平壁热传导

同的耐火砖、保温砖和普通建筑砖构成，热量通过这样不同热导率的平壁材料的传递称为多层平壁的导热。下面以三层平壁的导热为例（见图 2-8），讨论多层平壁导热的计算方法。由于是平壁，因此各层平壁的传热面积都相等，设为 S。若各层平壁的厚度分别为 b_1、b_2、b_3，其对应的热导率为 λ_1、λ_2、λ_3。假设各层之间接触良好，即相互接触的两表面温度相同。各表面处的温度为 t_1、t_2、t_3 和 t_4，并且 $t_1 > t_2 > t_3 > t_4$。

在稳定传热过程中，通过各层平壁的导热速率必定相等，即 $Q = Q_1 = Q_2 = Q_3$，或

$$Q = \frac{\Delta t_1}{R_1} = \frac{\Delta t_2}{R_2} = \frac{\Delta t_3}{R_3} = \frac{\Delta t_1 + \Delta t_2 + \Delta t_3}{R_1 + R_2 + R_3}$$

因为 $\Delta t_1 = t_1 - t_2, \Delta t_2 = t_2 - t_3, \Delta t_3 = t_3 - t_4$

所以 $\Delta t_1 + \Delta t_2 + \Delta t_3 = t_1 - t_2 + t_2 - t_3 + t_3 - t_4 = t_1 - t_4$

又因为

$$R_1 = \frac{b_1}{\lambda_1 S}, R_2 = \frac{b_2}{\lambda_2 S}, R_3 = \frac{b_3}{\lambda_3 S}$$

所以

$$Q = \frac{t_1 - t_4}{\frac{b_1}{\lambda_1 S} + \frac{b_2}{\lambda_2 S} + \frac{b_3}{\lambda_3 S}} \tag{2-9}$$

式（2-9）即为三层平壁的热传导速率方程式。

对于 n 层平壁，传热速率方程式为

$$Q = \frac{t_1 - t_{n+1}}{\sum_{i=1}^{n} \frac{b_i}{\lambda_i S}} = \frac{\sum \Delta t}{\sum R} \tag{2-10}$$

式中下标 i 表示第 i 层平壁。由式（2-10）可以看出，多层平壁热传导的总推动力为各层平壁温度差之和，即总温差，总热阻为各层热阻之和。

需要注意的是，在以上的多层平壁的计算中，前提是层与层之间接触良好，这时两个接触表面具有相同的温度。而在实际情况中，不同材料构成的界面间可能出现明显的温度降低，这是由于两平面表面由于不平而无法完全贴合而形成了接触热阻的缘故。在两接触面间有空隙，空隙中充满了气体，因此，传热过程的实际热阻应该包括由于空隙中的气体形成的热阻。一般来说，气体的热导率都很小，因此形成的热阻很大。接触热阻与接触面材料、表面粗糙度及接触面上的压力等因素有关，其值主要依靠实验测定。

【例 2-2】 某平壁燃烧炉内层为厚 0.1m 的耐火砖，外层为厚 0.08m 的普通砖，内、外层的热导率分别为 1.0W/(m·℃) 和 0.8W/(m·℃)。操作稳定后，测得炉内壁温度为 700℃，外表面温度为 100℃。为了减少热损失，在普通砖的外表面增加一层厚 0.03m，热导率为 0.03W/(m·℃) 的隔热材料。待操作稳定后，又测得炉内壁温度为 800℃，外表面温度为 70℃。假设原有两层材料的热导率不变。试求：(1) 加保温层前后单位面积的热损失；(2) 加保温层后各层交界面的温度。

解：(1) 加保温层前，燃烧炉为双层平壁，单位面积的热损失为

$$q=\frac{Q}{S}=\frac{t_1-t_3}{\frac{b_1}{\lambda_1}+\frac{b_2}{\lambda_2}}=\frac{700-100}{\frac{0.10}{1.0}+\frac{0.08}{0.8}}=3000(\text{W/m}^2)$$

加保温层后，燃烧炉为三层平壁，单位面积的热损失为

$$q=\frac{Q}{S}=\frac{t_1-t_4}{\frac{b_1}{\lambda_1}+\frac{b_2}{\lambda_2}+\frac{b_3}{\lambda_3}}=\frac{800-70}{\frac{0.10}{1.0}+\frac{0.08}{0.8}+\frac{0.03}{0.03}}=608(\text{W/m}^2)$$

(2) 加保温层后各层交界面的温度
耐火砖与普通交界面的温度 t_2：
对耐火砖层

$$q_1=q=\frac{Q}{S}=\frac{t_1-t_2}{\frac{b_1}{\lambda_1}}=\frac{800-t_2}{\frac{0.10}{1.0}}=608(\text{W/m}^2)$$

解得 $t_2=739℃$。

普通砖与隔热材料交界面的温度 t_3：
对隔热材料层

$$q_3=q=\frac{Q}{S}=\frac{t_3-t_4}{\frac{b_3}{\lambda_3}}=\frac{t_3-70}{\frac{0.03}{0.03}}=608(\text{W/m}^2)$$

解得 $t_3=678℃$

(四) 圆筒壁导热

1. 单层圆筒壁的导热

化工生产中所用的设备、管道及换热器管子多为圆筒形，所以通过圆筒壁的热传导应用非常普遍。在圆筒壁的热传导过程中，如图 2-9 所示，设圆筒壁的内、外半径分别为 r_1 和 r_2，长度为 L，可以看出与平壁传热不同的是不仅其温度随半径而变化，圆筒壁的传热面积也随半径而变。

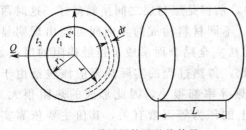

图 2-9 单层圆筒壁的热传导

假设圆筒壁内、外表面温度分别为 t_1 和 t_2，且 $t_1 > t_2$。若在圆筒壁半径 r 处沿半径方向取微分厚度 dr 的薄层圆筒，其传热面积可视为常量，等于 $2\pi rL$；同时通过该薄层的温度变化为 dt，则根据傅里叶定律通过该薄层的导热速率可表示为

$$Q = -\lambda S \frac{dt}{dr} = -\lambda(2\pi rL)\frac{dt}{dr}$$

对于一维稳定传热，Q 为常量，则将上式分离积分变量积分得

$$Q = \frac{2\pi\lambda L(t_1 - t_2)}{\ln\dfrac{r_2}{r_1}} \tag{2-11}$$

式(2-11) 即为单层圆筒壁的传热速率公式。经过一定的数学变形，该式也可以改写成传热推动力除以热阻的形式。

对于内、外半径分别为 r_2、r_1，长为 L 圆筒壁来说，其对数平均半径为

$$r_m = \frac{r_2 - r_1}{\ln\dfrac{r_2}{r_1}} \tag{2-12}$$

则内外表面的对数平均传热面积为

$$S_m = 2\pi r_m L = \frac{2\pi L(r_2 - r_1)}{\ln\dfrac{r_2}{r_1}} \tag{2-13}$$

则

$$\frac{2\pi L}{\ln\dfrac{r_2}{r_1}} = \frac{S_m}{r_2 - r_1} \tag{2-14}$$

将式(2-14) 带入式(2-11) 中得

$$Q = \frac{t_1 - t_2}{\dfrac{r_2 - r_1}{S_m\lambda}} = \frac{t_1 - t_2}{\dfrac{b}{S_m\lambda}} = \frac{t_1 - t_2}{R} \tag{2-15}$$

式中　　$R = \dfrac{b}{S_m\lambda}$——单层圆筒壁热阻，℃/W；

$b = r_2 - r_1$——圆筒壁厚度，m；

$S_m = \dfrac{2\pi L(r_2 - r_1)}{\ln\dfrac{r_2}{r_1}}$——圆筒壁对数平均传热面积，$m^2$。

在化工计算中经常采用两个量的对数平均值。当两个量的比值（大的比小的）小于 2 时，可以用其算术平均值近似代替其对数平均值，计算的误差不超过 4%，这在工程计算中是允许的。例如在式(2-12) 中，如果 $r_2/r_1 \leq 2$，则 $r_m \approx (r_2 + r_1)/2$。

2. 多层圆筒壁的导热

在工程上，多层圆筒壁的导热情况也比较常见，例如在高温或低温管道的外部包上一层乃至多层保温材料，以减少热量损失（或冷量损失）；在反应器或其他容器内衬以工程塑料或其他材料以减小腐蚀；在换热器内换热管的内、外表面形成污垢等等。下面将以三层圆筒

壁为例，对于稳定传热，根据串联热阻叠加原理可导出多层圆筒壁的热传导速率方程式。

如图 2-10 所示，假设各层间接触良好，各层热导率分别为 λ_1、λ_2、λ_3，厚度分别为 $b_1=(r_2-r_1)$、$b_2=(r_3-r_2)$、$b_3=(r_4-r_3)$。若将串联热阻的概念应用于多层圆筒壁，则三层圆筒壁的导热速率方程式为

$$Q=\frac{\Delta t_1+\Delta t_2+\Delta t_3}{\dfrac{b_1}{\lambda_1 S_{m1}}+\dfrac{b_2}{\lambda_2 S_{m2}}+\dfrac{b_3}{\lambda_3 S_{m3}}}=\frac{t_1-t_4}{R_1+R_2+R_3} \tag{2-16}$$

式中 $S_{m1}=\dfrac{2\pi L(r_2-r_1)}{\ln\dfrac{r_2}{r_1}}$，$S_{m2}=\dfrac{2\pi L(r_3-r_2)}{\ln\dfrac{r_3}{r_2}}$，$S_{m3}=\dfrac{2\pi L(r_4-r_3)}{\ln\dfrac{r_4}{r_3}}$

带入对数平均传热面积 S_{m1}、S_{m2}、S_{m3} 到式(2-16) 中可得

$$Q=\frac{2\pi L(t_1-t_4)}{\dfrac{1}{\lambda_1}\ln\dfrac{r_2}{r_1}+\dfrac{1}{\lambda_2}\ln\dfrac{r_3}{r_2}+\dfrac{1}{\lambda_3}\ln\dfrac{r_4}{r_3}} \tag{2-17}$$

对于 n 层圆筒壁，其传热速率方程式可表示为

$$Q=\frac{t_1-t_{n+1}}{\displaystyle\sum_{i=1}^{n}\dfrac{b_i}{\lambda_i S_{mi}}}$$

或

$$Q=\frac{t_1-t_{n+1}}{\displaystyle\sum_{i=1}^{n}\dfrac{1}{2\pi L\lambda_i}\ln\dfrac{r_{i+1}}{r_i}} \tag{2-18}$$

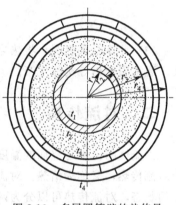

图 2-10　多层圆筒壁的热传导

式中，下标 i 表示第 i 层圆筒壁。

【例 2-3】　在 $\phi76mm\times3mm$ 的钢管外包一层 30mm 厚的软木后，又包一层 30mm 厚的石棉。软木和石棉的热导率分别为 0.04W/(m·℃) 和 0.16W/(m·℃)，钢管的热导率为45W/(m·℃)。已知管内壁的温度为 −110℃，最外侧的温度为 10℃，试求：(1) 每米管道损失的冷量；(2) 在其他条件不变的情况下，将两种保温材料交换位置后每米管道损失的冷量；(3) 说明何种材料放在内层保温效果更好。

解：(1) 每米管道损失的冷量

已知：$r_1=35mm$　　　　　$\lambda_1=45W/(m·℃)$
　　　$r_2=38mm$　　　　　$\lambda_2=0.04W/(m·℃)$
　　　$r_3=68mm$　　　　　$\lambda_3=0.16W/(m·℃)$
　　　$r_4=98mm$　　　　　$L=1m$

根据三层圆筒壁的热传导速率方程式计算每米管道损失的冷量：

$$\begin{aligned}Q&=\frac{2\pi L(t_1-t_4)}{\dfrac{1}{\lambda_1}\ln\dfrac{r_2}{r_1}+\dfrac{1}{\lambda_2}\ln\dfrac{r_3}{r_2}+\dfrac{1}{\lambda_3}\ln\dfrac{r_4}{r_3}}\\[2mm]&=\frac{2\times3.14\times1\times(-110-10)}{\dfrac{1}{45}\ln\dfrac{38}{35}+\dfrac{1}{0.04}\ln\dfrac{68}{38}+\dfrac{1}{0.16}\ln\dfrac{98}{68}}\\[2mm]&=-45(W)\end{aligned}$$

（2）在其他条件不变的情况下，将两种保温材料交换位置后，每米管道损失的冷量将发生相应的变化。

已知：$r_1 = 35\text{mm}$　　　　　$\lambda_1 = 45\text{W/(m} \cdot \text{℃)}$
　　　$r_2 = 38\text{mm}$　　　　　$\lambda_2 = 0.16\text{W/(m} \cdot \text{℃)}$
　　　$r_3 = 68\text{mm}$　　　　　$\lambda_3 = 0.04\text{W/(m} \cdot \text{℃)}$
　　　$r_4 = 98\text{mm}$　　　　　$L = 1\text{m}$

$$Q = \frac{2\pi L(t_1 - t_4)}{\dfrac{1}{\lambda_1}\ln\dfrac{r_2}{r_1} + \dfrac{1}{\lambda_2}\ln\dfrac{r_3}{r_2} + \dfrac{1}{\lambda_3}\ln\dfrac{r_4}{r_3}}$$

$$= \frac{2 \times 3.14 \times 1 \times (-110 - 10)}{\dfrac{1}{45}\ln\dfrac{38}{35} + \dfrac{1}{0.16}\ln\dfrac{68}{38} + \dfrac{1}{0.04}\ln\dfrac{98}{68}}$$

$$= -59(\text{W})$$

（3）计算结果表明：将热导率较小的材料放在内层保温效果更好。此结论具有普遍意义，通常用于指导实际生产。

二、对流传热

当流体的温度与壁面的温度不同时，流体流过固体壁面会发生传热，这种传热过程就称为对流传热，又称为给热。对流传热在化工传热过程中占有重要地位。根据流体在传热过程中的状态，对流传热可以分为两种类型：流体无相变的对流传热和流体有相变的对流传热。不同的传热类型，其传热机理不尽相同，影响对流传热速率的因素也有区别。

（一）对流传热过程分析

对流传热是指流体与固体壁面间的传热过程，即由流体将热传给壁面，或由壁面将热传给流体的过程，主要依靠流体质点的移动和混合来完成，故对流传热与流体的流动状况密切相关。

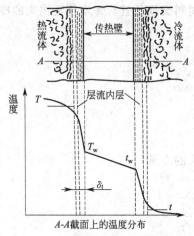

图 2-11　对流传热温度分布情况

流体流经固体壁面时形成流动边界层，边界层内存在速度梯度；当流体呈湍流时（形成湍流边界层），靠近壁面处总有一层层流内层存在，流体在此薄层内呈层流流动，如图 2-11 所示。因此在层流内层中，沿壁面的法线方向上没有对流传热，该方向上热的传递仅为流体的热传导。由于流体的热导率较低，使层流内层中的导热热阻就很大，因此该层中温度差也较大，即温度梯度较大。在湍流主体中，由于流体质点剧烈混合并充满了旋涡，因此湍流主体中的温度差（温度梯度）极小，各处的温度基本上相同。在湍流主体和层流内层之间的缓冲层内，热传导和对流传热均起作用，在该层内温度发生缓慢的变化。

由以上分析可知，对流传热的热阻主要集中在层流内层中，因此减薄层流内层的厚度是强化对流传热的重要途径。

（二）对流传热速率方程——牛顿冷却定律

根据传递过程的普遍关系，壁面与流体之间的对流传热速率，也可以表示成推动力（壁面与流体间的温差）与阻力之比的形式

$$对流传热速率 = \frac{对流传热推动力}{对流传热阻力} = 系数 \times 推动力$$

影响对流传热阻力的因素很多，但是有一点是确定的，对流传热热阻必定与壁表面积成反比，即对流传热热阻 $\propto 1/S$。除此之外，流体的物理性质，流体的流动状态等因素也都对对流传热热阻有影响。

对流传热速率可用牛顿冷却定律表示

$$Q = \alpha S \Delta t = \frac{\Delta t}{1/(\alpha S)} \tag{2-19}$$

式中　α——平均对流传热系数，$W/(m^2 \cdot \text{℃})$；

$\quad\quad S$——总传热面积，m^2；

$\quad\quad \Delta t$——流体与壁面间温度差的平均值，℃；

$\quad 1/(\alpha S)$——对流传热热阻，$\text{℃}/W$。

公式（2-19）又称为牛顿冷却定律，该公式将复杂的对流传热问题用一简单的关系式来表达，实质上是将矛盾集中在对流传热系数 α 上，因此，研究 α 的影响因素及其求取方法，便成为解决对流传热问题的关键。

（三）对流传热膜系数

对流传热膜系数 α 反映了对流传热的强度，α 越大，说明对流强度越大，对流传热热阻越小。通常气体的 α 值最小，载热体发生相变时的 α 值最大，且比气体的 α 值大得多。影响对流传热膜系数的因素极其复杂，要找出这些复杂因素之间的定量关系相当困难。目前工程上计算对流传热膜系数的方法通常采用一些经验公式，在换热器的设计时亦可参考经验数据取值。

1. 影响对流传热膜系数的因素

由前面的对流传热机理的分析可知，对流传热系数与流体的物性、温度、流动状况和壁面的状况等很多因素有关。

（1）流体的物性　对 α 影响较大的流体物理性质有热导率、黏度、比热容及密度等。对于同一种流体，这些物性又是温度的函数，并且某些物性还受到压强的影响。

① 热导率　因为即使流体呈湍流流动，其流体紧靠管壁的一层仍然呈层流流动状态，此时对流传热主要受层流内层热阻控制。当层流内层温度梯度一定时，流体的热导率越大，对流传热膜系数也越大。

② 黏度　由流体流动的规律可知，当流体在管内流动时，若管径和流速一定，流体的黏度越小，其雷诺数值越大，即湍流程度越高，因此流体在管壁的层流内层也越薄，对流传热系数越大。

③ 比热容和密度　流体的密度 ρ 与比热容 c_p 的乘积 ρc_p 代表单位体积的流体所具有的热容量，ρc_p 越大表示单位体积的流体携带热量的能力越强，因而对流传热的强度越强。

（2）流体的相变情况　流体的相变主要有蒸汽冷凝和液体沸腾。发生相变时，由于汽化或冷凝的潜热远大于温度变化的显热。一般情况下，有相变化时对流给热系数 α 较大。

（3）流体的流动状态　层流时流体分子在垂直于流动方向上没有相对运动，而湍流时流

体分子则既在流动方向上有运动，而且还有径向的运动。因此层流和湍流的传热机理有本质的区别。在层流时，由于流体在径向上没有混杂运动，传热基本上依靠分子的扩散作用的热传导来进行。当流体呈湍流状态时，湍流主体的传热主要是涡流作用引起的热对流，其对流传热膜系数远远大于层流时的对流传热膜系数。

（4）对流形成的原因　自然对流与强制对流的流动原因不同，因而具有不同的流动规律。一般强制对流传热时 α 的值较自然对流传热时的大。

（5）传热面的形状、位置和大小　形状（比如管、板、管束等）、大小（比如管径和管长等）、位置（比如管子的排列方式）以及管或板是垂直放置还是水平放置。这些因素将影响流体流动类型；会造成边界层分离，产生旋涡，增加湍动程度，使 α 增大。对于一种类型的传热面常用一个对对流给热系数有决定性影响的特性尺寸 L 来表示其大小。这些因素比较复杂，但都将反映在 α 的计算中。

2. 对流传热系数的关联式

由于对流传热系数 α 的影响因素太多，因此要建立一个通式来计算各种情况下的 α 是非常困难的。工程上常用的是量纲分析法，它是通过实验方法确定对流传热膜系数的经验公式，实验前利用量纲分析法，将影响对流传热膜系数的因素组成无量纲数群（特征数，或称准数），再借助实验方法来确定这些无量纲数在不同情况下的关系，可得到不同情况下对流传热膜系数的关联式，表 2-7 所列为关联 α 的几个无量纲数。

表 2-7　关联 α 的几个无量纲数

无量纲数名称	符号	无量纲数表达式	意　义
努塞特数	Nu	$Nu = \dfrac{\alpha l}{\lambda}$	待确定的无量纲数
雷诺数	Re	$Re = \dfrac{lu\rho}{\mu}$	反映流体的流动形态的无量纲数
普朗特数	Pr	$Pr = \dfrac{c_p \mu}{\lambda}$	反映物性影响的无量纲数
格拉斯霍夫数	Gr	$Gr = \dfrac{\beta g \Delta t l^3 \rho^2}{\mu^2}$	反映自然对流影响的无量纲数

注：ρ——流体的密度，kg/m^3；

λ——流体的热导率，$W/(m \cdot ℃)$；

μ——流体的黏度，$Pa \cdot s$；

c_p——流体的比热容，$J/(kg \cdot ℃)$；

l——传热面的特性尺寸，可以是管内径、外径、板高等，m；

Δt——流体与传热壁面之间的温度差，$℃$；

β——流体的体积膨胀系数，$1/℃$；

g——重力加速度，m/s^2。

在使用 α 关联式时应注意以下几个方面：

应用范围：关联式中 Re、Pr、Gr 等特征数的数值范围。

特征尺寸：Nu、Re 等特征数中 l 应如何取定。

定性温度：确定各特征数中流体的物性参数所依据的温度。

随不同的条件，α 的关联式有多种。每一个 α 关联式对上述三个方面都有明确的规定和说明。

3. 无相变传热对流传热膜系数的关联式

流体在圆形直管内强制湍流的传热膜系数经验关联式

（1）低黏度流体（小于 2 倍常温水的黏度）

$$Nu=0.023\,Re^{0.8}Pr^n \tag{2-20}$$

或

$$\alpha=0.023\,\frac{\lambda}{d_i}\left(\frac{d_i u\rho}{\mu}\right)^{0.8}\left(\frac{c_p\mu}{\lambda}\right)^n \tag{2-21}$$

式中，n 的取值方法是：当流体被加热时，$n=0.4$；当流体被冷却时，$n=0.3$。

应用范围：$Re>10000$，$0.7<Pr<120$；管长与管径之比 $l/d_i\geq60$。若 $l/d_i<60$，将由式(2-21)算得的 α 乘以 $[1+(d_i/l)^{0.7}]$ 加以修正。

特征尺寸 l：取管内径 d_i。

定性温度：取流体进、出口温度的算术平均值。

（2）高黏度液体

$$Nu=0.027\,Re^{0.8}Pr^{0.33}\varphi_W \tag{2-22}$$

应用范围和特征尺寸与式(2-21)相同。

定性温度：取流体进、出口温度的算术平均值。

φ_W 为黏度校正系数，当液体被加热时，$\varphi_W=1.05$；当流体被冷却时，$\varphi_W=0.95$。

4. 流体有相变化时的对流传热

流体相变传热有两种情况：一种是蒸汽的冷凝，一种是液体的沸腾。化工生产中，流体在换热过程中发生相变的情况很多，例如，在蒸发过程中，作为加热剂的蒸汽会冷凝成液体，被加热的物料则会沸腾汽化。由于流体在对流传热过程中伴随有相态变化，因此有相变比无相变时的对流传热过程更为复杂。

（1）蒸汽冷凝　如果蒸汽处于比其饱和温度低的环境中，将出现冷凝现象。在换热器内，当饱和蒸汽与温度较低的壁面接触时，蒸汽将释放出潜热，并在壁面上冷凝成液体，发生在蒸汽冷凝和壁面之间的传热称为冷凝对流传热，简称冷凝传热。冷凝传热速率与蒸汽的冷凝方式密切相关。蒸汽冷凝主要有两种方式：膜状冷凝和滴状冷凝。如果冷凝液能够润湿壁面，则会在壁面上形成一层液膜，称为膜状冷凝；如果冷凝液不能润湿壁面，则会在壁面上杂乱无章地形成许多小液滴，称为滴状冷凝。

在膜状冷凝过程中，壁面被液膜所覆盖，此时蒸汽的冷凝只能在液膜的表面进行，即蒸汽冷凝放出的潜热必须通过液膜后才能传给壁面。因此冷凝液膜往往成为膜状冷凝的主要热阻。冷凝液膜在重力作用下沿壁面向下流动时，其厚度不断增加，所以壁面越高或水平放置的管子管径越大，则整个壁面的平均 α 也就越小。

在滴状冷凝过程中，壁面的大部分直接暴露在蒸汽中，由于在这些部位没有液膜阻碍热流，故其 α 很大，是膜状冷凝的十倍左右。

尽管如此，但是要保持滴状冷凝是很困难的。即使在开始阶段为滴状冷凝，但经过一段时间后，由于液珠的聚集，大部分都要变成膜状冷凝，为了保持滴状冷凝，可采用各种不同的壁面涂层和蒸汽添加剂，但这些方法还处于研究和实验中。故在进行冷凝计算时，为安全起见一般按膜状冷凝来处理。

（2）液体沸腾　将液体加热到操作条件下的饱和温度时，整个液体内部，都将会有气泡产生，这种现象称为液体沸腾。发生在沸腾液体与固体壁面之间的传热称为沸腾对流传热，简称为沸腾传热。工业上液体沸腾的方法主要有两种：一种是将加热壁面浸没在液体中，液体在壁面处受热沸腾，称为池内沸腾；另一种是液体在管内流动时受热沸腾，称为管内沸

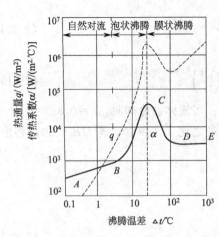

图 2-12 水的池内沸腾曲线

腾。后者机理更为复杂。

实验研究表明，池内沸腾的情况随温度差 Δt（即加热壁与液体温度差）的变化，出现不同的沸腾状态。图 2-12 所为常压下水的池内沸腾曲线，图中显示了沸腾温度差 Δt 对沸腾传热系数 α 和热通量 q 的影响。从图中可以看出，当温度差 $\Delta t \leqslant 5{}^{\circ}\!C$ 时，加热表面上的液体轻微过热，使液体内部产生自然对流，但没有气泡从液体中逸出液面，仅在液体表面发生蒸发，此阶段为自然对流阶段，α 和 q 都较低，如图 2-12 中 AB 段所示。

当 Δt 逐渐升高（$\Delta t = 5\sim 25{}^{\circ}\!C$）时，在表面的局部位置上产生气泡，该局部位置成为汽化核心。由于气泡的生成、脱离和上升，使得液体受到剧烈的扰动，因此 α 和 q 都急剧增加，如图 2-12 中的 BC 段，这种沸腾状态称为泡核沸腾或泡状沸腾。

当 Δt 进一步增加（$\Delta t > 25{}^{\circ}\!C$）时，加热面上产生的气泡将大大增多，导致气泡产生的速度大于其脱离表面的速度。气泡在脱离表面前连接起来，形成一层不稳定的蒸汽膜，使得液体不能和加热表面直接接触。由于蒸汽的导热性能差，气膜的附加热阻使得 α 和 q 都急剧下降。如图 2-12 中 CDE 段所示，一般将这种沸腾状态称为膜状沸腾。由于泡核沸腾传热系数较膜状沸腾的大，工业上一般总是设法控制在泡核沸腾下操作。

目前，对有相变时的对流传热的研究还不是很充分，尽管迄今已有一些对流传热系数的经验公式可供使用，但其可靠程度并不很高。

5. 提高对流传热系数的方法

提高对流传热系数 α，即可减小对流传热热阻，是强化对流传热的关键。

由式（2-21）可知，在确定的流体、温度情况下，流体的物性均为定值，则式（2-21）可以化简为

$$\alpha = B\frac{u^{0.8}}{d^{0.2}} \tag{2-23}$$

式中，B 为一常数。式（2-23）表明，α 与流体流速的 0.8 次方成正比，与管子直径的 0.2 次方成反比。因此，增大流速或减小管径都可以使 α 增加，但是增大流速更有效。并且在实际生产中一般管径是固定的，不能随意改变，而流速则可以调节。所以改变流速来提高 α 更常用。另外，也可以不断改变流体的流动方向，来提高 α 的值。

在列管式换热器中，一般采用以下方法来提高 α 的值，强化传热。

（1）无相变时对流传热　列管式换热器如果采用多管程结构，可以使流速成倍增加，流动方向也不断改变，这样就能够大大提高对流传热系数，但是多管程带来了流动阻力大的缺点，因此在实际情况中要加以权衡。同样，列管式换热器也可以采用多壳程的结构，但由于多壳程的制造和安装比较困难，因此工程上一般采用折流挡板，这样不仅可以提高流体在壳程内的流速，而且还迫使流体多次改变方向，从而达到强化对流传热的目的。

（2）有相变时的对流传热　对于冷凝传热，首先是要及时排除不凝性气体；其次为了防止冷凝液在管壁上形成液膜，可以采取在管壁上开一些纵向的沟槽或装上金属网等措施。对

于沸腾传热，设法使传热管壁传热表面粗糙化或在液体中加入乙醇、丙酮等添加剂，均能提高对流传热系数。

三、间壁式换热的传热计算

(一) 传热总速率方程式

热传导速率方程和对流传热速率方程是进行传热过程计算的基础方程。但是如果在间壁式换热中利用上述方程计算传热速率时，必须要知道管壁的温度，而壁温一般是未知的。因此为了避开壁温，而直接采用已知的冷、热流体的温度来计算，就需要导出以冷、热流体温度差为推动力的传热速率方程式，即传热总速率方程式。

研究表明，间壁式换热器的传热速率与换热器的传热速率及传热平均推动力成正比，即

$$Q \propto S \Delta t_m$$

若引入比例系数 K 写成等式形式，即

$$Q = KS\Delta t_m = \frac{\Delta t_m}{\frac{1}{KS}} = \frac{\Delta t_m}{R} \tag{2-24}$$

式中　　Q——冷、热流体在单位时间内所能交换的热量，即传热速率，W；

　　　　K——总传热系数，W/(m^2·K)；

　　　　S——传热面积，m^2；

　　　　Δt_m——传热平均温度差，℃；

$R=1/(KS)$——换热器的总热阻，℃/W。

总传热系数 K 是评价换热器性能的一个重要参数，也是换热器的传热计算中所需要的基本数据。K 是描述传热过程强弱的物理量，K 值越大，总热阻越小，传热效果越好。影响 K 的主要因素有换热器类型、流体的种类和性质以及操作条件等。

化工过程的传热计算可以分为两类：一类是设计型计算，这类计算是根据生产要求，选定或设计换热器；另一类是操作型计算，这类情况是对于给定的换热器，计算其传热量、流体的流量或温度等。本课程主要是以设计型计算为例分析解决传热问题中设计的内容。

对于一定的传热任务，确定换热器所需传热面积是选择换热器型号的核心。传热面积由传热基本方程计算确定。由式(2-24) 得

$$S = \frac{Q}{K\Delta t_m}$$

由上式可知，要计算传热面积，必须先求得传热速率 Q、传热平均温度差 Δt_m 以及传热系数 K，下面将逐一进行介绍

(二) 热负荷

1. 传热速率与热负荷的概念

生产上每一台换热器内，冷热流体间在单位时间内所交换的热量是根据生产所需的换热任务确定的。为了达到一定的换热目的，要求换热器在单位时间内传递的热量称为换热器的热负荷，是换热器的生产任务；而传热速率是换热器单位时间能够传递的热量，是换热器的生产能力，由换热器自身的性能决定。因此为确保换热器能完成传热任务，换热器的传热速率须大于或至少等于其热负荷。

在换热器的选型过程中，可用热负荷代替传热速率，求得传热面积后再考虑一定的安全裕量，然后进行选型或设计。

2. 热负荷的计算

在单位时间内，间壁式换热器中热流体放出的热量等于冷流体吸收的热量和损失的热量，即

$$Q_h = Q_c + Q_L \qquad (2\text{-}25)$$

式中　Q_h——热流体放出的热量，W；

　　　Q_c——冷流体吸收的热量，W；

　　　Q_L——热量损失，W。

当换热器保温性能良好时，其热损失可以忽略，则

$$Q_h = Q_c \qquad (2\text{-}26)$$

这时热负荷取热流体放出的热量 Q_h 或者冷流体吸收的热量 Q_c 都可以。当换热器的热损失不能忽略时（$Q_h \neq Q_c$），此时取 Q_h 还是 Q_c 需要根据具体情况而定。

因为热负荷是要求换热器通过传热面的传热量。因此，以列管式换热器为例，如果热流体走管程，冷流体走壳程，此时经过传热面的热量为热流体放出的热量，则热负荷应该取 Q_h；如果冷流体走管程，热流体走壳程，此时经过传热面的热量为冷流体吸收的热量，则热负荷应该取 Q_c。由以上分析可知，应该选择在列管式换热器中走管程的那种流体的传热量作为热负荷。

3. 传热量的计算

换热器中换热过程的具体形式有加热、冷却、汽化和冷凝。在加热或冷却过程中，物料的温度发生变化，而相态未变；在汽化或冷凝过程中物料的相态发生了变化。下面分别介绍传热速率的计算方法。

（1）无相变化时热负荷计算——显热法　当物质与外界交换热量时，物质不发生相变化而只有温度变化，这种热量称为显热。无相变化时热负荷按比热容法计算。

$$Q_h = q_{mh} c_{ph} (t_{h1} - t_{h2}) \qquad (2\text{-}27)$$

$$Q_c = q_{mc} c_{pc} (t_{c2} - t_{c1}) \qquad (2\text{-}28)$$

式中　Q_h、Q_c——热、冷流体放出和吸收的热量，W；

　　　q_{mh}、q_{mc}——热、冷流体的质量流量，kg/s；

　　　t_{h1}、t_{h2}——热流体的初始温度、终了温度，℃；

　　　t_{c2}、t_{c1}——冷流体的初始温度、终了温度，℃；

　　　c_{ph}、c_{pc}——热、冷流体的定压比热容，表示在恒压条件下，单位质量的物质升高 1℃ 所需的热量 J/(kg·K)。

注意 c_p 的求取：一般由流体换热前后的平均温度（即流体进出换热器的平均温度）$(T_1 + T_2)/2$ 或 $(t_2 + t_1)/2$ 查得。本书附录中列有关于比热容的图（表），供读者使用。

必须指出，在 SI 单位制中，温度的单位是 K，但就温度差而言，其单位用 K 或℃是等效的，两者均可使用。

（2）有相变化时热负荷计算——潜热法　当流体与外界交换热量过程中发生相变化时，其热负荷用潜热法计算。例如，饱和蒸气冷凝为同温度下的液体时放出的热量，或液体沸腾汽化为同温度下的饱和蒸气时吸收的热量，有相变化时热负荷按潜热法计算：

$$Q_h = q_{mh} r_h \qquad (2\text{-}29)$$

$$Q_c = q_{mc}r_c \tag{2-30}$$

式中 r_h、r_c——热、冷流体的汽化（或冷凝）潜热，J/kg。

（3）焓差法 由于工业换热器中流体的进、出口压力差不大，故可近似为恒压过程。根据热力学定律，恒压过程热等于物系的焓差，则有

$$Q_h = q_{mh}(H_1 - H_2) \tag{2-31}$$

$$Q_c = q_{mc}(h_2 - h_1) \tag{2-32}$$

式中 q_{mh}、q_{mc}——热、冷流体的质量流量，kg/s；

H_1、H_2——热流体的进、出口焓，J/kg；

h_2、h_1——冷流体的进、出口焓，J/kg。

焓差法较为简单，但仅适用于流体的焓可查取的情况，本书附录中列出了空气、水及水蒸气的焓，可供读者参考。

【例 2-4】 试计算压力为 140kPa，流量为 1500kg/h 的饱和水蒸气冷凝后并降温至 50℃ 时所放出的热量。

解：可分两步计算：一是饱和水蒸气冷凝成水，放出潜热；二是水温降至 50℃ 时所放出的显热。

设蒸汽冷凝成水所放出的潜热为 Q_1。

查水蒸气表得：$p = 140$kPa 下的水的饱和温度 $t_S = 109.2$℃；汽化潜热 $r = 2234.4$kJ/kg。

$$Q_1 = q_m r = (1500/3600) \times 2234.4 = 931(\text{kW})$$

水由 109.2℃ 降温至 50℃ 放出的显热为 Q_2。

查得平均温度 79.6℃ 水的比热容 $c_p = 4.192$kJ/(kg·℃)。

$$Q_2 = q_m c_p(T_1 - T_2) = (1500/3600) \times 4.192 \times (109.2 - 50) = 103.4(\text{kW})$$

该过程所放出的总热量 $Q = Q_1 + Q_2 = 931 + 103.4 = 1034.4(\text{kW})$

【例 2-5】 某换热器中用 110kPa 的饱和水蒸气加热苯，苯的流量为 10m³/h，293K 加热到 343K。若设备的热损失估计为 Q_c 的 8%，试求热负荷及蒸汽用量。

解：在实际加热过程中存在一定的热损失 Q_L，如果热损失较大便不可忽略，这时的热量衡算式应为

$$Q_h = Q_c + Q_L$$

查得平均温度 318K 苯的定压比热容 $c_p = 1.756$kJ/(kg·℃)。苯的密度 $\rho = 840$kg/m³。110kPa 的饱和水蒸气的冷凝潜热 $r = 2251$kJ/kg。

吸收的热量 $Q_c = q_{mc}c_{pc}(t_{c2} - t_{c1}) = (10/3600) \times 840 \times 1.756 \times (343 - 293) = 204.9(\text{kW})$

热损失 $Q_L = 8\% \times 204.9 = 16.4(\text{kW})$

热负荷 $Q_h = Q_c + Q_L = 204.9 + 16.4 = 221.3(\text{kW})$

水蒸气用量 $q_h = Q_h/r = 221.3/2251 = 0.0983(\text{kg/s})$

（三）传热温差

在多数情况下，换热器内冷、热流体由于热量的交换，使得其沿着流动方向上温度发生着变化，因此在传热过程中，沿着流动方向各个截面的传热温度差也不同。所以在传热基本方程中，Δt_m 应该取换热器的传热平均温度差，随着冷、热两流体在传热过程中的温度变化情况不同，传热平均温度差的大小及计算也不同，就换热器中冷、热流体温度变化情况而言，有恒温传热与变温传热两种，现分别予以讨论。

1. 恒温传热的平均温度差

两流体进行热量交换时，任何时间沿壁面的不同位置上，两流体的温度皆不发生变化，这种传热称为稳定的恒温传热。例如，两种流体在传热过程中同时发生了相态的变化，而温度未变，流体之间传递的只有潜热。这种情况的平均温度差可表示为

$$\Delta t_m = t_h - t_c \tag{2-33}$$

式中　t_h——热流体的温度，℃；

　　　t_c——冷流体的温度，℃。

【例 2-6】 在蒸发器中，用 450kPa 的蒸汽加热浓缩氢氧化钠水溶液，已知溶液的沸点为 115℃，求平均温度差。

解: 此过程一边是蒸汽的冷凝，一边是液体的沸腾，属于恒温传热。

平均温度差 $\Delta t_m = t_h - t_c$。查得 450kPa 蒸汽的温度 $t_h = 147.7$℃。

$$\Delta t_m = t_h - t_c = 147.7 - 115 = 32.7(℃)$$

2. 变温传热

当换热器的间壁一侧或两侧流体的温度沿换热器管长而变化时，此类传热则称为变温传热。

(1) 单侧流体变温传热　当两流体在换热过程中只有一侧发生了相变，另一侧发生了温度变化，称为单侧恒温传热。例如，用饱和蒸汽加热冷流体，蒸汽冷凝温度不变，而冷流体的温度不断上升，如图 2-13(a) 所示；用烟道气加热沸腾的液体，烟道气温度不断下降，而沸腾的液体温度始终保持在沸点不变，如图 2-13(b) 所示。

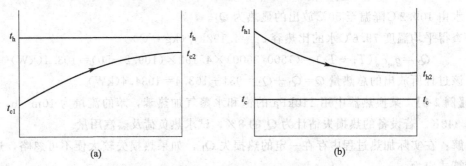

图 2-13　单侧流体变温传热时的温度差变化

(2) 两侧流体变温传热　冷、热流体的温度均沿着传热面发生变化，即两流体在传热过程中均不发生相变，其传热温度差显然也是变化的，并且流动方向不同，传热平均温度差也不同，即平均温度差的大小与两流体间的相对流动方向有关，如图 2-14 所示。

在间壁式换热器中，两流体间可以有四种不同的流动方式。若两流体的流动方向相同，称为并流；若两流体的流动方向相反，称为逆流；若两流体的流动方向垂直交叉，称为错流；若一流体沿一方向流动，另一流体反复折流，称为简单折流；若两流体均作折流，或既有折流，又有错流，称为复杂折流。

套管换热器中可实现完全的并流或逆流。

(3) 并、逆流时的传热平均温度差　由热量衡算和传热基本方程联立即可导出传热平均温度差计算式如下

$$\Delta t_m = \frac{\Delta t_1 - \Delta t_2}{\ln \dfrac{\Delta t_1}{\Delta t_2}} \tag{2-34}$$

式中　Δt_m——对数平均温度差，℃；

　　Δt_1、Δt_2——换热器两端冷热两流体的温差，℃。

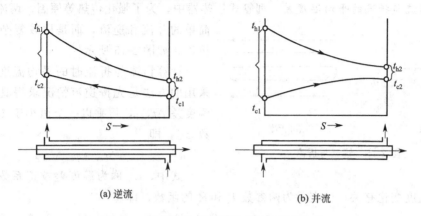

(a) 逆流　　　　　　　　　　　(b) 并流

图 2-14　两侧流体变温传热时的温度差变化

式（2-34）是并流和逆流时传热平均温度差的计算通式，对于各种变温传热都适用。当只有一侧变温时，不论逆流或并流，平均温度差相等；当两侧变温传热时，并流和逆流平均温度差不同。在计算时注意，一般取换热器两端 Δt 中数值较大者为 Δt_1，较小者为 Δt_2。

此外，当 $\Delta t_1/\Delta t_2 \leqslant 2$ 时，可近似用算术平均值代替对数平均值，即

$$\Delta t_m = \frac{\Delta t_1 + \Delta t_2}{2}$$

【例 2-7】　在套管换热器内，热流体温度由 180℃冷却到 140℃，冷流体温度由 60℃上升到 120℃。试分别计算：（1）两流体作逆流和并流时的平均温度差；（2）若操作条件下，换热器的热负荷为 585kW，其传热系数 K 为 300W/(m² · K)，两流体作逆流和并流时的所需的换热器的传热面积。

解：（1）传热平均推动力

逆流时　热流体温度　　180℃→140℃

　　　　冷流体温度　　120℃←60℃

　　　　两端温度差　　60℃　　80℃

所以

$$\Delta t_m = \frac{\Delta t_1 - \Delta t_2}{\ln \dfrac{\Delta t_1}{\Delta t_2}} = \frac{80-60}{\ln \dfrac{80}{60}} = 69.5(℃)$$

并流时　热流体温度　　180℃→140℃

　　　　冷流体温度　　60℃→120℃

　　　　两端温度差　　120℃　　20℃

所以

$$\Delta t_m = \frac{\Delta t_1 - \Delta t_2}{\ln \dfrac{\Delta t_1}{\Delta t_2}} = \frac{120-20}{\ln \dfrac{120}{20}} = 55.8(℃)$$

（2）**所需传热面积**

逆流时　　　　　　$$S = \frac{Q}{K \Delta t_m} = \frac{585 \times 10^3}{300 \times 69.5} = 28.06(m^2)$$

并流时
$$S=\frac{Q}{K\Delta t_{m}}=\frac{585\times10^{3}}{300\times55.8}=34.95(m^{2})$$

（4）**错流与折流的平均温度差** 列管式换热器中，为了强化传热等原因，两流体并非作简单的并流和逆流，而是比较复杂的错流或折流，如图 2-15 所示。

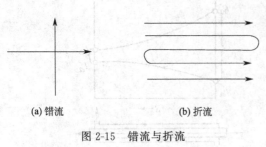

(a) 错流　　　　(b) 折流

图 2-15　错流与折流

计算错流与折流时的平均温度差，通常采用的方法是先按逆流情况求得其对数平均温度差 $\Delta t_{m逆}$，再乘以一个恒小于 1 的校正系数 $\varphi_{\Delta t}$，即

$$\Delta t_{m}=\varphi_{\Delta t}\Delta t_{m逆} \qquad (2-35)$$

式中，$\varphi_{\Delta t}$ 称为温度差校正系数，其大小与流体的温度变化有关，可表示为两参数 P 和 R 的函数，即

$$\varphi_{\Delta t}=f(P,R)$$

$$P=\frac{t_{c2}-t_{c1}}{t_{h1}-t_{c1}}=\frac{冷流体的温升}{两流体的最初温度差} \qquad (2-36)$$

$$R=\frac{t_{h1}-t_{h2}}{t_{c2}-t_{c1}}=\frac{热流体的温降}{冷流体的温升} \qquad (2-37)$$

$\varphi_{\Delta t}$ 可根据 P 和 R 两参数由图 2-16 和图 2-17 查取。图 2-16 中（a）、（b）、（c）、（d）所示为折流过程的 $\varphi_{\Delta t}$ 图，分别为 1、2、3、4 壳程，每个壳程内的管程可以是 2、4、6、8 程；图 2-17 所示为错流过程的 $\varphi_{\Delta t}$ 图。

由图 2-16 和图 2-17 可见，$\varphi_{\Delta t}$ 恒小于 1，说明错流和折流时的平均温度差总小于逆流传热的平均温度差。实际生产中要求 $\varphi_{\Delta t}$ 不宜小于 0.8，否则会影响操作的稳定性。

【例 2-8】 用油将水从 288K 加热到 305K。两流体在单壳程、多管程的列管式换热器中进行换热。油进入换热器的温度为 393K，出口温度为 313K。计算传热平均温度差。

解：第一步计算逆流传热平均温度差 $\Delta t_{m逆}$

$$393K\rightarrow313K \qquad \Delta t_{1}=393-305=88(K)$$
$$305K\leftarrow288K \qquad \Delta t_{2}=313-288=25(K)$$

$$\Delta t_{m,逆}=\frac{\Delta t_{1}-\Delta t_{2}}{\ln\dfrac{\Delta t_{1}}{\Delta t_{2}}}=\frac{88-25}{\ln\dfrac{88}{25}}=50(K)$$

第二步确定校正系数 $\varphi_{\Delta t}$，计算出传热平均温度差 Δt_{m}

$$R=\frac{热流体的温降}{冷流体的温升}=\frac{393-313}{305-288}=4.70$$

$$P=\frac{冷流体的温升}{两流体的初温差}=\frac{305-288}{393-288}=0.16$$

由图 2-16(a) 得 $\varphi_{\Delta t}=0.88$

$$\Delta t_{m}=\varphi_{\Delta t}\Delta t_{m逆}=50\times0.89=44(K)$$

（5）**流体流动方向的选择** 间壁两侧流体皆为恒温或一侧流体恒温另一侧流体变温时，并流或逆流操作时的平均温度差相同，载热体的用量也相同。这时流体流动方向的选择，主要应考虑换热器的构造及操作上的方便。若冷热流体的温度均发生变化，则流体的流动方向将影响传热过程的经济效率。在间壁式换热器中，如何确定传热壁面两侧流体的流动方向，可从以下两方面考虑。

① 从平均温度差考虑 当间壁两侧流体皆变温，且规定了两种流体的进、出口温度时，由于逆流操作的平均温度差比并流时大，在传递相同热量的条件下，逆流所需的传热面积较小。

② 从载热体用量考虑 载热体用量可由热量衡算式计算。在忽略热损失时，$Q_h = Q_c$，即

$$q_{mh}c_{ph}(t_{h1} - t_{h2}) = q_{mc}c_{pc}(t_{c2} - t_{c1})$$

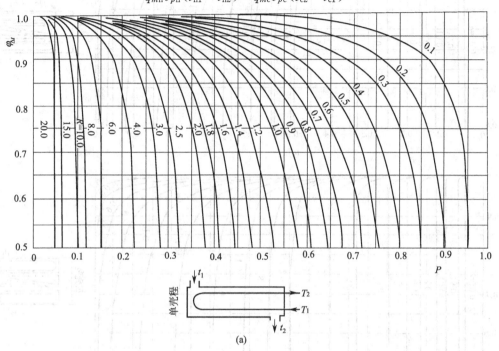

(a)

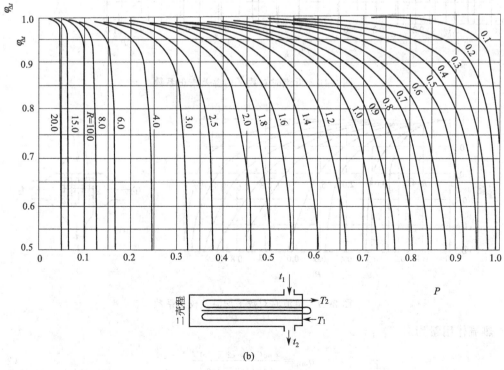

(b)

图 2-16

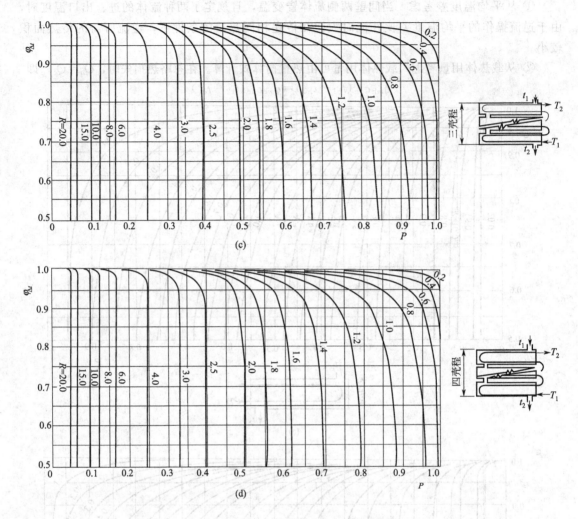

图 2-16 折流时对数平均温差校正系数

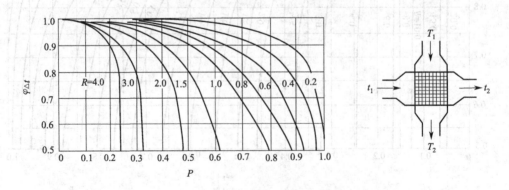

图 2-17 错流时对数平均温差校正系数

热流体用量为

$$q_{mh} = \frac{q_{mc} c_{pc} (t_{c2} - t_{c1})}{c_{ph} (t_{h1} - t_{h2})} \tag{2-38}$$

冷流体用量为

$$q_{mc} = \frac{q_{mh} c_{ph} (t_{h1} - t_{h2})}{c_{pc} (t_{c2} - t_{c1})} \tag{2-39}$$

如换热目的是加热冷流体，则冷流体的流量、进出口温度以及热流体的初温一定，热流体的用量由其最终温度 t_{h2} 决定。间壁两侧流体皆变温的传热，流体的流动方向对流体最终温度的影响极大，由图 2-14 可以看出，并流时 t_{h2} 永远大于 t_{c2}，逆流时 t_{h2} 可能小于 t_{c2}，t_{c1} 为其最小值。可见加热冷流体时，逆流时的载热体用量可能比并流时少。同理可知：冷却热流体时，逆流时的载冷体用量可以比并流时少。

实际生产中选择适宜流动方向应遵循以下原则：

尽可能采用逆流传热。逆流传热的经济效益优于并流。此外，逆流操作具有冷、热流体之间的温度差比较均匀的优点。

某些特定情况下采用并流传热。并流操作的优点是较易控制温度，故对某些热敏性物料的加热，并流操作可严格控制其出口温度，以避免出口温度过高而影响产品质量。此外，还应考虑物料的性质，如加热黏性物料时，若采用并流操作，可使物料迅速升温，降低黏度，提高总传热系数。

常常采用错流或折流传热。为使设备布置紧凑、合理，生产中一般不可能采用严格的并流或逆流传热，常常采用介于并流或逆流之间的错流或折流操作。

（四）传热系数的计算

传热基本方程式中，热负荷 Q 由生产任务所规定，传热平均温度差 Δt_m 由工艺条件决定。传热面积 S 与传热系数 K 值关系密切，如何合理地确定 K 值是换热器设计中的一个重要问题。同时，换热器的 K 值是反映其性能的重要参数。

传热系数 K 值主要有两个来源：一是实验测定值，二是用串联热阻计算值。

1. 实验测定 K 值

生产上运行的换热器，其传热系数 K 可通过现场测定而获得。测得的 K 值可作为其他生产中使用同类型换热器的设计参考，也可用来鉴别现场传热过程的好坏，以求对换热器进行改进和强化。

根据传热方程式可知：$K = Q/(S\Delta t_m)$，只需从现场测得换热器的传热面积 S、平均温度差 Δt_m 及热负荷 Q，便可计算出传热系数 K 值。其中传热面积 S 可由设备结构尺寸算出，Δt_m 可根据两股流体的流动方式、进出口温度求取，热负荷 Q 可由现场测得的流体流量及流体在换热器进出口的状态变化而求得。

新型换热器也需通过实验测定其 K 值来检验其传热性能。工业生产上常用换热器中的传热系数 K 值的大致范围可参见表 2-8。

表 2-8　列管式换热器中 K 值的大致范围

热流体	冷流体	传热系数 K /[$W/(m^2 \cdot K)$]	热流体	冷流体	传热系数 K /[$W/(m^2 \cdot K)$]
水	水	850～1700	水蒸气冷凝	水沸腾	2000～4250
轻油	水	340～910	水蒸气冷凝	轻油沸腾	455～1020
重油	水	60～280	水蒸气冷凝	重油沸腾	140～425
气体	水	17～280	低沸点烃类蒸气冷凝(常压)	水	455～1140
水蒸气冷凝	水	1420～4250	高沸点烃类蒸气冷凝(常压)	水	60～170
水蒸气冷凝	气体	30～300			

【例 2-9】 某热交换器厂试制一台新型热交换器，制成后对其传热性能进行实验。为了测定该换热器的传热系数 K，用热水与冷水进行热交换。现场测得：热水流量 5kg/s，热水进口温度 336K，出口温度 323K；冷水进口温度 292K，出口温度 303K；传热面积 $4.2m^2$，逆流传热。

解： 由传热方程式 $Q = KA\Delta t_m$，得 $K = Q/S\Delta t_m$

$$Q = q_m c_p (t_{h1} - t_{h2}) = 5 \times 4.18 \times 10^3 \times (336 - 323) = 271700 (W)$$

$$336K \rightarrow 323K \qquad \Delta t_1 = 336 - 303 = 33 (K)$$

$$303K \leftarrow 292K \qquad \Delta t_2 = 323 - 292 = 31 (K)$$

$\Delta t_1 / \Delta t_2 \leqslant 2$，可近似用算术平均值代替对数平均值。

$$\Delta t_{m,逆} = \frac{\Delta t_1 + \Delta t_2}{2} = \frac{33 + 31}{2} = 32 (K)$$

$$K = \frac{Q}{S\Delta t_m} = \frac{271700}{4.2 \times 32} = 2022 [W/(m^2 \cdot K)]$$

2. 用串联热阻计算 K 值

前述确定 K 值的方法比较简单，但影响传热系数 K 值的因素很复杂，如换热器的结构（类型），流体的性质、流速，换热过程有无相变化以及相变的种类等等。在很多时候会因为具体条件不完全符合所设计的情况，无法得到可靠的 K 值，通过对传热过程的理论分析，建立计算 K 值的定量式是十分必要的。这样可将理论计算值与生产过程的经验值、现场测定值相互核对、相互补充，得出一个比较符合客观实际的 K 值。以列管式换热器为例，两流体通过传热壁的传热包括以下过程：

① 热量以对流的方式从热流体传递到管壁一侧；

② 热量以传导的方式从管壁一侧传递到另一侧；

③ 热量以对流的方式从管壁另一侧传递给冷流体。

上述三个过程的传热速率分别表示为：

$$Q_1 = \alpha_i S_i (T - T_w) = \frac{\Delta t_1}{\dfrac{1}{\alpha_i S_i}} \tag{2-40}$$

$$Q_2 = \frac{\lambda S_m}{\delta} (T_w - t_w) = \frac{\Delta t_2}{\dfrac{\delta}{\lambda S_m}} \tag{2-41}$$

$$Q_3 = \alpha_o S_o (t_w - t) = \frac{\Delta t_3}{\dfrac{1}{\alpha_o S_o}} \tag{2-42}$$

对于稳定传热过程 $Q_1 = Q_2 = Q_3 = Q$

上述三式(2-39)~式(2-41) 相加可得：

$$Q = \frac{T - t}{\dfrac{1}{\alpha_i S_i} + \dfrac{\delta}{\lambda S_m} + \dfrac{1}{\alpha_o S_o}} = \frac{总推动力}{总热阻} \tag{2-43}$$

由于 $Q = KS\Delta t_m = \dfrac{\Delta t_m}{\dfrac{1}{KS}} = \dfrac{总推动力}{总热阻}$

则

$$\frac{1}{KS} = \frac{1}{\alpha_i S_i} + \frac{\delta}{\lambda S_m} + \frac{1}{\alpha_o S_o} \tag{2-44}$$

当传热壁面为圆筒壁时，$S_1 \neq S_2 \neq S_m$，等式左边的传热面积 S 可分别选择传热面（管壁面）的外表面积 S_o 或内表面积 S_i 或平均表面积 S_m，但传热系数 K 必须与所选传热面积相对应。以不同的传热面为计算基准，同时考虑换热器操作一段时间后的污垢热阻，可得：

以内表面为计算基准，即 S 取 S_i，则：

$$K_i = \frac{1}{\dfrac{1}{\alpha_i} + R_{s1} + \dfrac{\delta d_i}{\lambda d_m} + R_{s2} + \dfrac{d_i}{\alpha_o d_o}} \tag{2-45}$$

式中　d_i，d_o，d_m——传热管的内直径、外直径、平均直径，m；

　　　　α_i——管内流体的对流传热膜系数，$W/(m^2 \cdot K)$；

　　　　α_o——管外流体的对流传热膜系数，$W/(m^2 \cdot K)$；

　　　　R_{s1}——管内污垢的热阻，$(m^2 \cdot K)/W$；

　　　　R_{s2}——管外污垢的热阻，$(m^2 \cdot K)/W$；

　　　　δ——传热管的壁厚，m；

　　　　λ——传热管的热导率，$W/(m \cdot K)$。

以外表面为计算基准，S 取 S_o，则：

$$K_o = \frac{1}{\dfrac{d_o}{\alpha_i d_i} + R_{s1} + \dfrac{\delta d_o}{\lambda d_m} + R_{s2} + \dfrac{1}{\alpha_o}} \tag{2-46}$$

以平均表面为计算基准 K 值计算式

$$K_m = \frac{1}{\dfrac{d_m}{\alpha_i d_i} + R_{s1} + \dfrac{\delta}{\lambda} + R_{s2} + \dfrac{d_m}{\alpha_o d_o}} \tag{2-47}$$

应予指出，在传热计算中，选择何种面积作为计算基准，结果完全相同。但工程上，大多以外表面积为基准，除特别说明外，手册中所列 K 值都是基于外表面积的传热系数，换热器标准系列中的传热面积也是指外表面积。因此，传热系数 K 的通用计算式为式(2-46)，此时，传热基本方程式的形式为：

$$Q = K_o S_o \Delta t_m$$

若传热壁面为平壁或薄管壁时，S_o、S_i、S_m 相等或近似相等，则式(2-47)可简化为：

$$K = \frac{1}{\dfrac{1}{\alpha_i} + R_{s1} + \dfrac{\delta}{\lambda} + R_{s2} + \dfrac{1}{\alpha_o}} \tag{2-48}$$

【例 2-10】 有一用 $\phi25mm \times 2.5mm$ 无缝钢管制成的列管式换热器，$\lambda=45W/(m \cdot K)$，管内通以冷却水，$\alpha_i=1000W/(m^2 \cdot K)$，管外为饱和水蒸气冷凝，$\alpha_o=10000W/(m^2 \cdot K)$，污垢热阻可以忽略。试计算：(1) 传热系数 K；(2) 将 α_i 提高一倍，其他条件不变，求 K 值；(3) 将 α_o 提高一倍，其他条件不变，求 K 值。

解：(1) $K=\dfrac{1}{\dfrac{S_o}{\alpha_i S_i}+\dfrac{\delta S_o}{\lambda S_m}+\dfrac{1}{\alpha_o}}$

$$=\frac{1}{\dfrac{0.025}{1000 \times 0.02}+\dfrac{0.0025 \times 0.025}{45 \times 0.0225}+\dfrac{1}{10000}}=708.4[W/(m^2 \cdot K)]$$

(2) 将 α_i 提高一倍，即 $\alpha_i'=2000W/(m^2 \cdot K)$

$$K'=\frac{1}{\dfrac{0.025}{2000 \times 0.02}+\dfrac{0.0025 \times 0.025}{45 \times 0.0225}+\dfrac{1}{10000}}=1271.1[W/(m^2 \cdot K)]$$

增幅：$\dfrac{1271.1-708.4}{708.4} \times 100\%=79.4\%$

(3) 将 α_o 提高一倍，即 $\alpha_o'=20000W/(m^2 \cdot K)$

$$K''=\frac{1}{\dfrac{0.025}{1000 \times 0.02}+\dfrac{0.0025 \times 0.025}{45 \times 0.0225}+\dfrac{1}{20000}}=734.4[W/(m^2 \cdot K)]$$

增幅：$\dfrac{734.4-708.4}{708.4} \times 100\%=3.67\%$

3. 污垢热阻

换热器运行一段时间后，其传热表面常有污垢积存，对传热形成了附加热阻。污垢层很薄，但热阻很大，在计算总传热系数时一般不可忽略。工程计算时，通常根据经验选用污垢热阻的数据，参见表 2-9。表 2-9 介绍了污垢热阻的大致范围，对易结垢的流体，或换热器使用时间过长，生成的污垢很厚时，污垢热阻超过表 2-9 中的值，结果导致传热速率严重下降，影响换热器的运行，在生产上应尽量防止和减少污垢的形成。

表 2-9 常见流体的污垢热阻

流体	污垢热阻/[(m²·K)/kW]	流体	污垢热阻/[(m²·K)/kW]
水(流速<1m/s,t<47℃)		劣质、不含油	0.09
蒸馏水	0.09	往复机排出	0.176
海水	0.09	液体	
清净的河水	0.21	处理过的盐水	0.264
未处理的凉水塔用水	0.58	有机物	0.176
已处理的凉水塔用水	0.26	燃料油	1.056
已处理的锅炉用水	0.26	焦油	1.76
硬水、井水	0.58	气体	
水蒸气		空气	0.26~0.53
优质、不含油	0.052	溶剂蒸气	0.14

【例 2-11】 一列管式换热器，原油流经管内，管外为饱和水蒸气加热，管束由 $\phi53mm \times$

1.5mm 钢管组成。已知：管外膜系数 $\alpha_2 = 10000 W/(m^2 \cdot K)$，管内膜系数 $\alpha_1 = 100 W/(m^2 \cdot K)$，钢的热导率 $\lambda = 46.5 W/(m \cdot K)$：求：（1）总传热系数 K；（2）换热器使用一段时间后管内壁形成垢层，其热阻 $R_{s1} = 0.001(m^2 \cdot K)/W$，此时的总传热系数 K。

解：（1）无垢层时的总传热系数 K

$$K = \frac{1}{\frac{1}{\alpha_i} + R_{s1} + \frac{\delta}{\lambda} + R_{s2} + \frac{1}{\alpha_o}}$$

$$= \frac{1}{\frac{1}{100} + \frac{0.0015}{46.5} + \frac{1}{10000}}$$

$$= \frac{1}{0.010132} = 98.7 [W/(m^2 \cdot K)]$$

（2）内壁生成垢层后的总传热系数 K

$$K = \frac{1}{\frac{1}{\alpha_i} + R_{s1} + \frac{\delta}{\lambda} + R_{s2} + \frac{1}{\alpha_o}}$$

$$= \frac{1}{\frac{1}{100} + 0.001 + \frac{0.0015}{46.5} + \frac{1}{10000}}$$

$$= \frac{1}{0.011132} = 89.8 [W/(m^2 \cdot K)]$$

（五）传热面积的计算

传热面积是换热器设计计算的核心内容，也是选择换热器的重要依据。根据传热方程式 $Q = KS\Delta t_m$，得

$$S = \frac{Q}{K\Delta t_m}$$

【例 2-12】 一列管式换热器，由 $\phi 25mm \times 2mm$ 的不锈钢管组成。CO_2 在管内流动，流量为 $10 kg/s$，由 $50℃$ 冷却到 $38℃$。冷却水在管外以 CO_2 呈逆流流动，流量为 $3.68 kg/s$，冷却水进口温度为 $25℃$。试求传热系数及换热面积。已知管内侧的 $\alpha_1 = 50 W/(m^2 \cdot ℃)$，管外侧的 $\alpha_2 = 5000 W/(m^2 \cdot ℃)$，$\lambda = 45 W/(m \cdot ℃)$。取 CO_2 侧污垢热阻 $R_{si} = 0.5 \times 10^{-3}$ $(m^2 \cdot ℃)/W$，水侧污垢热阻 $R_{so} = 0.2 \times 10^{-3}(m^2 \cdot ℃)/W$，忽略热损失。

解：传热系数（以外表面为计算基准）

$$K = \frac{1}{\frac{d_2}{\alpha_i d_i} + R_{si} + \frac{\delta d_2}{\lambda d_m} + R_{so} + \frac{1}{\alpha_o}}$$

$$= \frac{1}{\frac{25}{50 \times 21} + 0.5 \times 10^{-3} + \frac{0.002 \times 21}{45 \times 23} + 0.2 \times 10^{-3} + \frac{1}{5000}} = 40.50 [W/(m^2 \cdot ℃)]$$

传热面积（外表面积）

$$Q = K_2 S_2 \Delta t_m$$

$$Q = Q_{热} = Q_{冷}$$

$$Q_{热} = Q_{CO_2} = q_m c_p \Delta t = 10 \times 0.9 \times 10^3 \times (50 - 38) = 1.08 \times 10^5 (W)$$

由热量衡算式 $Q_{H_2O} = Q_{CO_2}$ 确定冷却水的出口温度。

$$1.08 \times 10^5 = 3.68 \times 4.18 \times (t_2 - 25) \times 10^3$$

解得：$t_2 = 32℃$

逆流传热：

$$50 \rightarrow 38 \quad \Delta t_1 = 18K$$
$$32 \leftarrow 25 \quad \Delta t_2 = 13K$$

$$\Delta t_m = \frac{\Delta t_1 + \Delta t_2}{2} = \frac{13+18}{2} = 15.5(K)$$

$$S_2 = \frac{Q}{K_2 \Delta t_m} = \frac{1.08 \times 10^5}{40.5 \times 15.5} = 172(m^2)$$

四、强化传热与削弱传热

增强传热效果是强化传热的过程，所谓强化传热，就是设法提高换热器的传热速率。从传热基本方程 $Q = KS\Delta t_m$ 可以看出，增大传热面积 S，提高传热推动力 Δt_m，以及提高传热系数 K 都可以达到强化传热的目的，但应从技术经济的角度进行具体分析，提高哪个因素更有利。

（一）增大传热面积

增大传热面积，可以提高换热器的传热速率。若靠简单地增大设备尺寸来实现增大传热面积是不可取的，因为这样会使设备的体积增大，金属耗用量增加，相应增加了设备的投入费用。实践证明，从改进设备的结构入手，增加单位体积的传热面积，可以使设备更加紧凑，结构更加合理。目前出现的一些新型换热器，如螺旋板式换热器等，其单位体积的传热面积便大大超过了列管式换热器。同时，还研制并成功使用了多种高效能传热面，将光滑管改为带翅片或异形表面的传热管，它们不仅使传热表面有所增加，而且强化了流体的湍动程度，提高了对流传热系数，使传热速率显著提高。

（二）提高传热平均温度差

增大传热平均温度差，即提高传热推动力，可以提高换热器的传热速率。平均传热温度差的大小取决于两流体的温度及流动形式。物料的温度由工艺条件所决定，一般不能随意变动，而加热剂或冷却剂的温度则因选择的介质不同而异。

降低冷却剂的出口温度可以提高平均传热温度差，但要增加冷却水的用量，必然使日常操作费用增加，并且在水源紧缺的地区是难以实现的。提高加热剂的进口温度可以提高平均传热温度差，但必须考虑技术上的可能性和经济上的合理性。在一般的化工企业，温度不超过180℃的加热介质比较容易提供，一般选用水蒸气；而要提供温度高于180℃的加热介质，所需投入锅炉的设备费用或选用其他加热介质带来的安全技术等问题是比较难于解决的。当两种流体在传热过程中均发生温度变化时，采用逆流操作亦可增大平均温度差。当平均温度差增大，会使有效能损失增大，从节能的角度考虑，应使平均温度差减小。综上所述，通过增大平均温度差这一手段来强化传热过程是有一定限度的。

（三）增大总传热系数

增大总传热系数，可以提高换热器的传热速率。增大总传热系数，实际上就是降低传热的热阻。因为传热的热阻是各分热阻的串联，各项分热阻所占比例不同，所以，应首先分析哪一项热阻是该过程的控制热阻，再设法使之减小，从而达到强化传热的目的。

从总传热系数计算式：

$$K=\frac{1}{\frac{1}{\alpha_i}+R_{s1}+\frac{\delta}{\lambda}+R_{s2}+\frac{1}{\alpha_o}}$$

可以看出，提高 α_i、α_o、λ，降低 R_{s1}、R_{s2}、δ 都可以使 K 值增大。一般来说，在金属换热器中，壁面较薄且热导率高，不会成为控制热阻；污垢热阻是一个可变因素，在换热器刚投入使用时，污垢热阻很小，可不予考虑，但随着使用时间的加长，污垢逐渐增加，便可能成为阻碍传热的主要因素；对流传热过程的热阻一般是传热过程的控制热阻，必须重点考虑。

提高 K 值的具体措施应从以下几个方面考虑。

1. 对流传热控制

当 $\alpha_1 \approx \alpha_2$ 时，应同时提高 α_1 和 α_2；当 $\alpha_1 \ll \alpha_2$ 时，此时的 K 值与 α_1 接近，应设法提高 α_1 的值；当 $\alpha_2 \ll \alpha_1$ 时，此时的 K 值与 α_2 接近，应设法提高 α_2 的值。提高对流传热膜系数 α 的主要途径有：

① 在管程，采用多程结构，可使流速成倍增加，流动方向不断改变，从而大大提高了 α，但当程数增加时，流动阻力会随之增大，故需全面权衡；

② 在壳程，也可采用多程，即装设纵向隔板，但限于制造、安装及维修上的困难，工程上一般不采用多程结构，而广泛采用折流挡板，这样，不仅可以局部提高流体在壳程内的流速，而且迫使流体多次改变流向，从而强化了对流传热；

③ 对于冷凝传热，除了及时排除不凝性气体外，还可以采取一些其他措施，如在管壁上开一些纵向沟槽或装金属网，以阻止液膜的形成。对于沸腾传热，实践证明，设法使表面粗糙化或在液体中加入如乙醇、丙酮等添加剂，均能有效地提高 α。

2. 污垢控制

当壁面两侧对流传热系数都很大，即两侧的对流传热热阻都很小，而污垢热阻很大时，欲提高 K 值，则必须设法减缓污垢的形成，同时及时清除污垢。减小污垢热阻的具体措施有：提高流体的流速和扰动，以减弱垢层的沉积；控制冷却水出口温度，加强水质处理，尽量采用软化水；加入阻垢剂，防止和减缓垢层形成；定期采用机械或化学的方法清除污垢。

【例 2-13】 热空气在 $\phi 25\text{mm}\times 2.5\text{mm}$ 的钢管外流过，对流传热膜系数为 $50\text{W}/(\text{m}^2\cdot\text{K})$，冷却水在管内流过，对流传热膜系数为 $1000\text{W}/(\text{m}^2\cdot\text{K})$。钢管的热导率为 $45\text{W}/(\text{m}\cdot\text{K})$。管内外污垢热阻分别为 $0.5(\text{m}^2\cdot\text{K})/\text{kW}$、$0.58(\text{m}^2\cdot\text{K})/\text{kW}$。试求：（1）传热系数；（2）若管外对流传热膜系数增大一倍，传热系数如何变化；（3）若管内对流传热膜系数增大一倍，传热系数如何变化。

解： 已知：$\alpha_1 = 1000\text{W}/(\text{m}^2\cdot\text{K})$，$\alpha_2 = 50\text{W}/(\text{m}^2\cdot\text{K})$，$R_{s1} = 0.5(\text{m}^2\cdot\text{K})/\text{kW}$，$R_{s2} = 0.58(\text{m}^2\cdot\text{K})/\text{kW}$，$\lambda = 45\text{W}/(\text{m}\cdot\text{K})$。

（1）传热系数

$$K=\frac{1}{\frac{1}{\alpha_i}+R_{s1}+\frac{\delta}{\lambda}+R_{s2}+\frac{1}{\alpha_o}}$$

$$=\frac{1}{\frac{1}{1000}+0.5\times10^{-3}+\frac{0.0025}{45}+0.58\times10^{-3}+\frac{1}{50}}=45.2[\text{W}/(\text{m}^2\cdot\text{K})]$$

（2）若管外对流传热膜系数增大一倍时的传热系数

$$K = \cfrac{1}{\cfrac{1}{\alpha_i} + R_{s1} + \cfrac{\delta}{\lambda} + R_{s2} + \cfrac{1}{\alpha_o}}$$

$$= \cfrac{1}{\cfrac{1}{1000} + 0.5 \times 10^{-3} + \cfrac{0.0025}{45} + 0.58 \times 10^{-3} + \cfrac{1}{50 \times 2}} = 82.1 \left[W/(m^2 \cdot K) \right]$$

传热系数提高了 81.6%。

（3）若管内对流传热膜系数增大一倍时的传热系数

$$K = \cfrac{1}{\cfrac{1}{\alpha_i} + R_{s1} + \cfrac{\delta}{\lambda} + R_{s2} + \cfrac{1}{\alpha_o}}$$

$$= \cfrac{1}{\cfrac{1}{1000 \times 2} + 0.5 \times 10^{-3} + \cfrac{0.0025}{45} + 0.58 \times 10^{-3} + \cfrac{1}{50}} = 46.2 \left[W/(m^2 \cdot K) \right]$$

传热系数提高了 2.2%。

以上计算表明，要有效提高 K 值，必须设法减小主要热阻，应设法提高较小一侧的对流传热膜系数。本例情况下应设法提高空气侧的对流传热膜系数。

 练习题

（一）选择题

1. 对间壁两侧流体一侧恒温、另一侧变温的传热过程，逆流和并流时 Δt_m 的大小为（　　）。

 A. $\Delta t_{m逆} > \Delta t_{m并}$　　　　B. $\Delta t_{m逆} < \Delta t_{m并}$　　　　C. $\Delta t_{m逆} = \Delta t_{m并}$　　　　D. 不确定

2. 对流传热速率等于系数×推动力，其中推动力是（　　）。

 A. 两流体的温度差　　　　　　　　　　B. 流体温度和壁温度差

 C. 同一流体的温度差　　　　　　　　　　D. 两流体的速度差

3. 流体在管内作强制湍流，若将流速增加一倍，则对流传热膜系数比原来增加（　　）倍。

 A. 1.74　　　　　　B. 2　　　　　　C. 4　　　　　　D. 0.74

4. 某并流操作的间壁式换热气中，热流体的进出口温度为 90℃ 和 50℃，冷流体的进出口温度为 20℃ 和 40℃，此时传热平均温度差 $\Delta t_m = $（　　）。

 A. 30.8℃　　　　　　B. 39.2℃　　　　　　C. 40℃

5. 某换热器中冷热流体的进出口温度分别为 $T_1 = 400K$、$T_2 = 300K$、$t_1 = 200K$、$t_2 = 230K$，逆流时，$\Delta t_m = $（　　）K。

 A. 170　　　　　　B. 100　　　　　　C. 200　　　　　　D. 132

6. 逆流换热时，冷流体出口温度的最高极限值是（　　）。

 A. 热流体出口温度　　　　　　　　　　B. 冷流体出口温度

 C. 冷流体进口温度　　　　　　　　　　D. 热流体进口温度

7. 若固体壁为金属材料，当壁厚很薄时，器壁两侧流体的对流传热膜系数相差悬殊，则要求提高传热系数以加快传热速率时，必须设法提高（　　）的膜系数才能见效

A. 最小　　　　　B. 最大　　　　　C. 两侧　　　　　D. 无法判断

8. 在空气-蒸汽间壁换热过程中采用以下哪种方法来提高传热速率最合理（　　　）。

A. 提高蒸汽流速　　　　　　　　　　B. 采用过热蒸汽以提高蒸汽温度

C. 提高空气流速　　　　　　　　　　D. 将蒸汽流速和空气流速都提高

9. 用120℃的饱和蒸汽加热原油，换热后蒸汽冷凝成同温度的冷凝水，此时两流体的平均温度差之间的关系为 $\Delta t_{m并流}$（　　　）$\Delta t_{m逆流}$。

A. 小于　　　　　B. 大于　　　　　C. 等于　　　　　D. 无法判断

10. 在管壳式换热器中，用饱和蒸汽冷凝以加热空气，下面两项判断为（　　　）。

甲：传热管壁温度接近加热蒸汽温度。乙：总传热系数接近空气侧的对流传热系数。

A. 甲、乙均合理　　　　　　　　　　B. 甲、乙均不合理

C. 甲合理、乙不合理　　　　　　　　D. 甲不合理、乙合理

（二）判断题

1. 在传热实验中用饱和水蒸气加热空气，总传热系数 K 接近于空气侧的对流传热系数，而壁温接近于饱和水蒸气侧流体的温度值。　　　　　　　　　　　　　　（　　　）

2. 在列管式换热器中，当热流体为饱和蒸汽时，流体的逆流平均温差和并流平均温差相等。　　　　　　　　　　　　　　　　　　　　　　　　　　　　　（　　　）

3. 在流体进出口温度完全相同的情况下，逆流的温度差要小于折流的温度差。　（　　　）

4. 在一定压强下操作的工业沸腾装置，为使有较高的传热系数，常采用膜状沸腾。

（　　　）

5. 为了提高传热效率，采用蒸汽加热时必须不断排除冷凝水并不断排放不凝气体。

（　　　）

6. 当换热器中热流体的质量流量、进出口温度及冷流体进出口温度一定时，采用并流操作可节省冷流体流量。　　　　　　　　　　　　　　　　　　　　　　（　　　）

7. 强化对流传热的主要途径是减薄层流内层厚度。　　　　　　　　　　　（　　　）

8. 工业上的保温材料，一般都是采用热导率较小的材料。　　　　　　　　（　　　）

9. 物质的热导率都随温度的升高而升高。　　　　　　　　　　　　　　　（　　　）

10. 当冷、热流体的对流传热系数 α 相差较大时，欲提高换热器的 K 值关键是采取措施提高较大的 α。　　　　　　　　　　　　　　　　　　　　　　　　　（　　　）

（三）计算题

1. 用一列管式换热器来加热某溶液，加热剂为热水。拟定水走管程，溶液走壳程。已知溶液的平均比热容为 3.05kJ/(kg·℃)，进出口温度分别为 35℃ 和 60℃，其流量为 600kg/h；水的进出口温度分别为 90℃ 和 70℃。若不考虑热损失，试求热水的消耗量和该换热器的热负荷。

2. 在一釜式列管式换热器中，用 280kPa 的饱和水蒸气加热并汽化某液体（水蒸气仅放出冷凝潜热）。液体的比热容为 4.0kJ/(kg·℃)。进口温度为 50℃，其沸点为 88℃，汽化潜热为 2200kJ/kg，液体的流量为 1000kg/h。忽略热损失，求加热蒸汽消耗量。

3. 用一单壳程四管程的列管式换热器来加热某溶液，使其从 30℃ 加热至 50℃，加热剂则从 120℃ 下降至 45℃，试求换热器的平均温度差。

4. 在某列管式换热器中，管子为 $\phi25mm\times2.5mm$ 的钢管，管内外的对流传热系数分别

为 200W/(m² · K) 和 2500W/(m² · K)，不计污垢热阻，试求：

(1) 此时基于外表面的传热系数；

(2) 将 α_i 提高 1 倍时（其他条件不变）的传热系数；

(3) 将 α_o 提高 1 倍时（其他条件不变）的传热系数。

5. 在一单壳程、四管程管壳式换热器中，用水冷却热油。冷水在管内流动，进口温度为 15℃，出口温度为 32℃。热油在壳方流动，进口温度为 120℃，出口温度为 40℃。热油流量为 1.25kg/s，平均比热容为 1.9kJ/(kg · ℃)。若换热器的总传热系数为 470W/(m² · K)，试求换热器的传热面积。

任务三
传热设备的认识与操作

图 2-18 所示为工厂中常见的换热器类型。它们的内部构造是怎样的？为什么要设计成这样的形状？各自有什么优缺点和操作要求呢？除了以上三种类型的换热器，还有哪些常见的换热器类型？带着这些问题将进行任务三的学习。

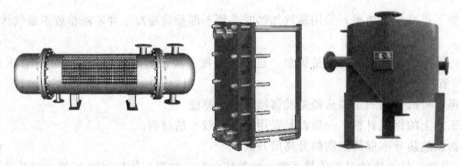

图 2-18　工厂中常见的换热器

一、认识换热器

在化工生产过程中，传热通常是在两种流体间进行的，故称换热。要实现热量的交换，必须要采用特定的设备，通常把这种用于交换热量的设备通称为换热器。

由于物料的性质、传热的要求各不相同，换热器的种类很多。了解换热器的种类及特点，根据工艺要求正确选用适当类型的换热器是非常重要的。

（一）换热器的分类

由于物料的性质和传热的要求各不相同，因此换热器种类繁多，结构形式多样。换热器可按多种方式进行分类。

1. 按换热器的用途分类

见表 2-10。

表 2-10 换热器的用途分类

名称	应用
加热器	用于把流体加热到所需的温度,被加热流体在加热过程中不发生相变
预热器	用于流体的预热,以提高整套工艺装置的效率
过热器	用于加热饱和蒸汽,使其达到过热状态
蒸发器	用于加热液体,使之蒸发汽化
再沸器	是蒸馏过程的专用设备,用于加热塔底液体,使之受热汽化
冷却器	用于冷却流体,使之达到所需的温度
冷凝器	用于冷凝饱和蒸汽,使之放出潜热而凝结液化

2. 按换热器的作用原理分类

见表 2-11。

表 2-11 换热器的作用原理分类

名称	特点	应用
间壁式换热器	两流体被固体壁面分开,互不接触,热量由热流体通过壁面传给冷流体	适用于两流体在换热过程中不允许混合的场合。应用最广,形式多样
混合式换热器	两流体直接接触,相互混合进行换热。结构简单,设备及操作费用均较低,传热效率高	适用于两流体允许混合的场合,常见的设备有凉水塔、洗涤塔、文氏管及喷射冷凝器等
蓄热式换热器	借助蓄热体将热量由热流体传给冷流体。结构简单,可耐高温,其缺点是设备体积庞大,传热效率低且不能完全避免两流体的混合	煤制气过程的气化炉、回转式空气预热器
中间载热体式换热器	将两个间壁式换热器由在其中循环的载热体(又称热媒)连接起来,载热体在高温流体换热器中从热流体吸收热量后,带至低温流体换热器传给冷流体	多用于核能工业、冷冻技术及余热利用中。热管式换热器即属此类

3. 按换热器传热面形状和结构分类

见表 2-12。

表 2-12 换热器的传热面形状和结构分类

管式	管壳式	固定管板式	刚性结构:用于管壳温差较小的情况(一般≤50℃),管间不能清洗
			带膨胀节:有一定的温度补偿能力,壳程只能承受较低压力
		浮头式	管内外均能承受高压,可用于高温高压场合
		U形管式	管内外均能承受高压,管内清洗及检修困难
		填料函式	外填料函:管间容易漏泄,不宜处理易挥发、易爆易燃及压力较高的介质
			内填料函:密封性能差,只能用于压差较小的场合
		釜式	壳体上都有个蒸发空间,用于蒸汽与液相分离
	套管式	双套管式	结构比较复杂,主要用于高温高压场合,或固定床反应器中
		套管式	能逆流操作,用于传热面较小的冷却器、冷凝器或预热器
	螺旋盘管式	浸没式	用于管内流体的冷却、冷凝,或者管外流体的加热
		喷淋式	只用于管内流体的冷却或冷凝
板式	螺旋板		可进行严格的逆流操作,有自洁作用,可回收低温热能
	板式		拆洗方便,传热面能调整,主要用于黏性较大的液体间换热
	伞板式		伞形传热板结构紧凑,拆洗方便,通道较小,易堵,要求流体干净
	板壳式		板束类似于管束,可抽出清洗检修,压力不能太高
	板翅式		结构十分紧凑,传热效率高,流体阻力大
扩展	管翅式		适用于气体和液体之间传热,传热效率高,用于化工、动力、空调、制冷工业

(二) 间壁式换热器

化工生产中绝大多数情况下不允许冷热两流体在传热的过程中发生混合，间壁式换热器的使用最为广泛。下面介绍常见的间壁式换热器。

1. 列管式换热器

列管式换热器是目前化工生产中使用最广泛的一种换热器（见图 2-19）。它的结构简单，坚固，材料范围广，处理能力大，适应性强，操作弹性较大，尤其在高压、高温和大型装置中使用更为普遍。但其传热效率、设备的紧凑性及单位传热面积的金属消耗量等不能与某些新型换热器相比。列管式换热器根据结构特点分为以下几种，见表 2-13。

表 2-13 列管式换热器的分类

名称	结构	特点	应用
固定管板式换热器	由壳体、封头、管束、管板等部件构成，管束两端固定在两管板上。如图 2-20 所示	优点是结构简单、紧凑、管内便于清洗；缺点是壳程不能进行机械清洗，且当壳体与换热管的温差较大(大于 50℃)时产生的温差应力(又叫热应力)具有破坏性，需在壳体上设置膨胀节，因而壳程压力受膨胀节强度限制不能太高	适用于壳程流体清洁且不结垢，两流体温差不大或温差较大但壳程压力不高的场合
浮头式换热器	结构如图 2-21 所示，其结构特点是一端管板不与壳体固定连接，可以在壳体内沿轴向自由伸缩，该端称为浮头	优点是当换热管与壳体有温差存在，壳体或换热管膨胀时，互不约束，消除了热应力；管束可以从壳内抽出，便于管内和管间的清洗。其缺点是结构复杂，用材量大，造价高	应用十分广泛，适用于壳体与管束温差较大或壳程流体容易结垢的场合
U 形管式换热器	结构如图 2-22 所示。其结构特点是只有一个管板，管子成 U 形，管子两端固定在同一管板上。管束可以自由伸缩，解决了热补偿问题	优点是结构简单，运行可靠，造价低；管间清洗较方便。其缺点是管内清洗较困难；管板利用率低	适用于管、壳程温差较大或壳程介质易结垢而管程介质不易结垢的场合
填料函式换热器	结构如图 2-23 所示。其结构特点是管板只有一端与壳体固定，另一端采用填料函密封。管束可以自由伸缩，不会产生热应力	优点是结构较浮头式换热器简单，造价低；管束可以从壳体内抽出，管、壳程均能进行清洗，维修方便。其缺点是填料函耐压不高，一般小于 4.0MPa；壳程介质可能通过填料函外漏	适用于管壳程温差较大或介质易结垢需要经常清洗且壳程压力不高的场合
釜式换热器	结构如图 2-24 所示。其结构特点是在壳体上部设置蒸发空间。管束可以为固定管板式、浮头式或 U 形管式。	清洗方便，并能承受高温、高压	适用于液-气式换热(其中液体沸腾汽化)，可作为简单的废热锅炉

（1）列管式换热器的结构　如图 2-19 所示，列管式换热器主要由壳体，管板、管束、封头等部件组成。壳体内装有管束，管束两端固定在管板上。管子固定在管板上的方法可用胀接法或焊接法等。冷热两种流体在列管式换热器内进行换热时，一种流体由左侧封头的接管进入器内，经封头与管板间的空间（分配室）分配至各管内，流过管束后，由另一端的封头接管流出换热器。另一流体由壳体右侧的接管进入，壳体内装有数块挡板，使流体在壳与管束之间，沿挡板作折流流动，而从另一端的壳体接管流出换热器。通常，把流体流经管束称为流经管程，将该流体称为管程（或管方）流体；把流体流经管间环隙称为流经壳程，将该流体称为壳程（或壳方）流体。如果管程流体在管束内只流过一次，则称为单程列管式换热器。

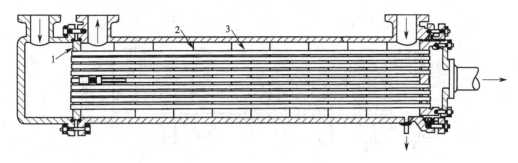

图 2-19　单程的列管式换热器

1—管板；2—挡板；3—管束

当换热器的传热面积较大时，则需要的管子数目较多，为提高管程的流体流速，可将管子分成若干组，使流体依次通过每组管子，在换热器内往返多次通过，称为多管程。如图 2-19 所示，隔板将分配室等分为二，管程流体只能先经一半管束，待流到另一分配室折回而再流经另一半管束，然后从接管流出换热器。由于管程流体在管束内流经两次，故称为双程列管式换热器。若流体在管束内来回流过多次，则称为多程（如四程、六程等）列管式换热器。管程数多有利于提高对流传热系数，但是能量损失增加，传热温度差减小，所以，程数不宜过多，以 2、4、6 程最为多见。流体每通过壳体一次称为一个壳程，为了提高壳程流体的流速，在壳体内安装横向或纵向折流挡板，可以提高壳程流体流速，从而提高壳程流体的对流传热系数。常用的横向折流挡板多为圆缺形挡板（亦称弓形挡板），也可用盘环形挡板。

由于两流体间的传热是通过管壁进行的，故管壁表面积即为传热面积。显然，传热面积愈大，传递的热量也愈多。对于特定的列管式换热器，其传热面积可按下式计算，即：

$$S = n\pi dL \qquad (2-49)$$

应予指出，管径 d 可分别用管内径 d_i、管外径 d_o 或平均直径 d_m，即 $(d_i + d_o)/2$ 来表示，则对应的传热面积分别为管内侧面积 S_i、外侧面积 S_o 和平均面积 S_m。对于一定的传热任务，确定换热器的传热面积是设计换热器的主题。在换热器中两流体间传递的热，可能是伴有流体相变化的潜热，例如冷凝或蒸发；亦可能是流体无相变化，而仅有温度变化的显热，例如加热或冷却。换热器的热衡算是传热计算的基础之一。

（2）列管式换热器的热补偿装置　列管式换热器操作时，由于冷热两流体温度不同，使壳体和管束受热不同，其热膨胀程度亦不同。若两者温差大于 50℃，就可能引起设备变形，或使管子扭弯，从管板上松脱，甚至毁坏整个换热器。因此，必须从结构上考虑消除或减少热膨胀的影响，采用的补偿办法有补偿圈补偿、浮头补偿和 U 形管补偿等。依照不同的热补偿措施，将列管式换热器分为以下三类。

① 固定管板式换热器——补偿圈补偿　如图 2-20 所示为补偿圈（或称膨胀节）补偿，当管与壳之间存在温度差时，依靠补偿圈的弹性变形，来适应外壳与管子间的不同热膨胀。这种结构通常适用于管与壳的温度差小于 60～70℃，壳程压力小于 600kPa 的情况。

② 浮头式换热器——浮头补偿　如图 2-21 所示，这种换热器两端的管板，有一端不与壳体相连，可以沿管长方向自由浮动。当壳体与管束因温度不同而引起膨胀时，管束连同浮

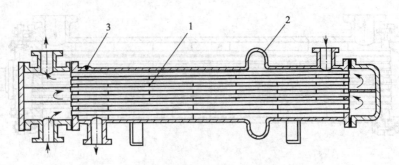

图 2-20　固定管板式换热器

1—折流板；2—膨胀圈；3—壳体

头一起在壳体内沿轴向自由伸缩，可以完全消除热应力。清洗和检修时整个管束可从壳体中拆出。这类换热器结构比较复杂，金属耗量多，造价也较高，但因其优点突出，仍是生产中应用较多的一种换热器。

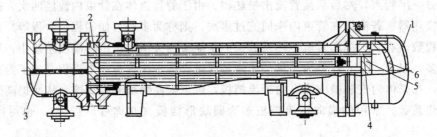

图 2-21　浮头式换热器

1—壳盖；2—固定管板；3—隔板；4—浮头钩圈法兰；5—浮头管板；6—浮头盖

　　③ U 形管式换热器——U 形管补偿　如图 2-22 所示，换热器中每根管子都弯成 U 形，两端固定在同一块管板上，每根管子都可自由伸缩，从而解决了热补偿问题。其结构较简单，质量轻，但弯管制造麻烦，为了满足管子有一定的弯曲半径，管板的利用率较差；管程不易清洗。该换热器宜于在高温，高压下使用。

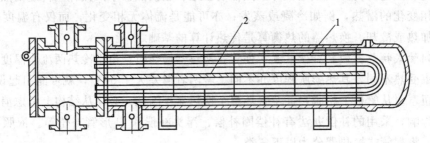

图 2-22　U 形管式换热器

1—U 形管；2—隔板

　　列管式换热器还有填料函式换热器和釜式换热器，如图 2-23、图 2-24 所示。

2. 套管换热器

　　套管换热器是由两种直径不同的直管套在一起组成同心套管，然后将若干段这样的套管连接而成，其结构如图 2-25 所示。每一段套管称为一程，程数可根据所需传热面积的多少

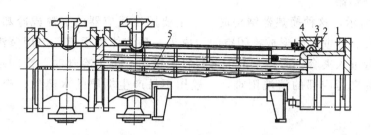

图 2-23　填料函式换热器

1—活动管板；2—填料压盖；3—填料；4—填料函；5—纵向隔板

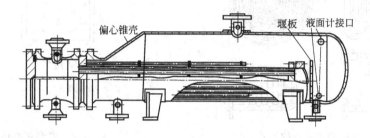

图 2-24　釜式换热器

而增减。换热时一种流体走内管，另一种流体走环隙，传热面为内管壁。

　　套管换热器的优点是结构简单，能耐高压，传热面积可根据需要增减。其缺点是单位传热面积的金属耗量大，管子接头多，检修清洗不方便。此类换热器适用于高温、高压及流量较小的场合。

3. 蛇管式换热器

　　(1) 喷淋式蛇管换热器　如图 2-26 所示，为一喷淋式冷却器，冷水由最上面管子的喷淋装置中淋下，沿管表面下流，而被冷却的流体自最下面管子流入，由最上面管子中流出，与外面的冷流体进行热交换，传热效果比沉浸式蛇管换热器好，且便于检修和清洗。其缺点是占地较大，水滴溅洒影响周围环境，喷淋不易均匀。

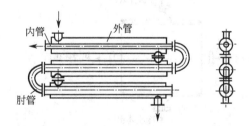

图 2-25　套管换热器

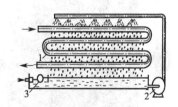

图 2-26　喷淋式蛇管换热器

1—蛇管；2—冷却水泵；3—支架

　　(2) 沉浸式蛇管换热器　蛇管指弯绕成蛇形，或制成适应容器需要形状的金属管子，沉浸在容器中，冷热流体分别在管内、外进行换热，如图 2-27 所示。此种换热器的主要优点是结构简单，便于制造、便于防腐、且能承受高压。主要缺点是管外流体的对流传热系数较小，为了提高传热效果可增设搅拌装置。

4. 夹套式换热器

如图 2-28 所示，这种换热器结构简单，主要用于反应器的加热或冷却。夹套装在容器外部，在夹套和器壁之间形成密闭空间，成为一种流体的通道。当用蒸汽进行加热时，蒸汽由上部接管进入夹套，冷凝水由下部接管中排出。用于冷却时，冷却水由下部进入，上部流出。因为夹套内部的清洗困难，一般用不易产生垢层的水蒸气、冷却水等作为载热体。

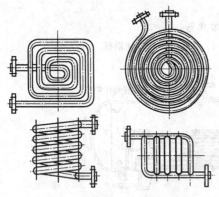

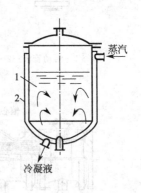

图 2-27　沉浸式蛇管的形式

图 2-28　夹套式换热器
1—容器；2—夹套

夹套式换热器的传热面积受到限制，当需要及时移走大量热量时，则应在容器内部加设蛇管冷却器，管内通入冷却水，及时取走热量以保持器内的一定温度。当夹套内通冷却水时，为提高其对流传热系数，可在夹套内加设挡板，这样既可使冷却水流向一定，又可提高流速，从而增大总传热系数。

5. 螺旋板式换热器

螺旋板式换热器由两张互相平行的钢板，卷制成互相隔开的螺旋形流道，两钢板之间的定距柱维持着流道的间距。冷、热流体分别在流道内流动，通过螺旋板进行热量的交换。如图 2-29 所示。

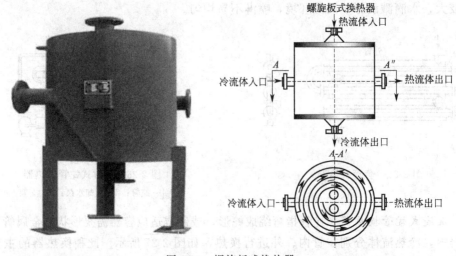

图 2-29　螺旋板式换热器

螺旋板式换热器的优点是结构紧凑；单位体积设备提供的传热面积大，约为列管式换热器的 3 倍；流体在换热器内作严格的逆流流动，可在较小的温差下操作，能充分利用低温能源；由于流向不断改变，且允许选用较高流速，故传热系数大，约为列管式换热器的 1～2 倍；又由于流速较高，同时有惯性离心力的作用，污垢不易沉积。其缺点是制造和检修都比较困难；流动阻力大，在同样物料和流速下，其流动阻力约为直管的 3～4 倍；操作压强和温度不能太高，一般在压强 2MPa 以下，温度 400℃ 以下操作。流体阻力较大，不易检修。

6. 平板式换热器

平板式换热器主要由一组长方形的薄金属板平行排列构成，用框架将板片夹紧组装于支架上，如图 2-30 所示。两相邻板片的边缘衬以垫片（橡胶或压缩石棉等）压紧，达到密封。板片四角有圆孔，形成流体的通道。冷热流体交替地在板片两侧流过，通过板片进行换热。板片通常被压制成各种槽形或波纹形的表面，这样既增强了刚度，不致受压变形，同时增强流体的湍动程度，增大传热面积，亦利于流体的均匀分布。

板式换热器的主要优点是：板面被压制成波纹或沟槽，可使流体在低流速下达到湍流，故总传热系数高，且流体阻力增加不大，污垢热阻亦较小。结构紧凑，单位体积设备提供的传热面积大；操作灵活性大，可以根据需要调节板片数目以增减传热面积。其加工制造容易、检修清洗方便、热损失小。主要缺点是：允许操作压力较低，不宜超过 2MPa，否则容易造成渗漏。操作温度不能太高，受到垫片耐热性能的限制。图 2-31 所示为板式换热器。图 2-31 所示为板式换热器。

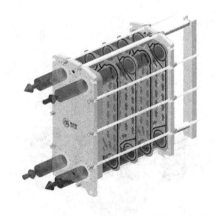

图 2-30　平板式换热器

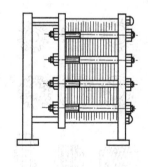

图 2-31　板式换热器

7. 板翅式换热器

板翅式换热器是由平隔板和各种形式的翅片构成板束组装而成。在两块平隔板间夹入波纹状或其他形状的翅片，两边用侧条密封，即组成一个单元体。将一定数量的单元体组合起来，并进行适当排列，然后焊在带有进出口的集流箱上，便可构成具有逆流、错流或错逆流等多种形式的换热器。如图 2-32 所示。

板翅式换热器的优点是结构紧凑，单位体积设备具有的传热面积大；一般用铝合金制造，轻巧牢固；由于翅片促进了流体的湍动，其传热系数很高；由于所用铝合金材料，在低温和超低温下仍具有较好的导热性和抗拉强度，故可在 −273～200℃ 范围内使用；因翅片对隔板有支撑作用，其允许操作压力可达 5MPa。其缺点是易堵塞，流动阻力大；清洗检修困难。板翅式换热器因其轻巧、传热效率高等许多优点，其应用已从航空、航天、电子等领域逐渐发展到化工等行业。

8. 翅片管式换热器

翅片管式换热器的换热管外或管内有许多金属翅片，翅片可用缠绕、嵌或焊接等方法固定在管材上，其类型、结构如图 2-33、图 2-34 所示。翅片管式换热器主要用于气体的加热或冷却，在换热管的气体侧增加翅片，增强了气体流动时的湍动程度，使气体的膜系数得以提高，同时又扩大了传热面积，使传热效果显著提高。

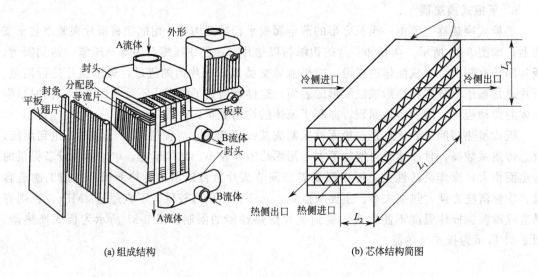

(a) 组成结构   (b) 芯体结构简图

图 2-32　板翅式换热器

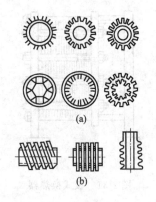

图 2-33　常用翅片的类型

图 2-34　翅片的结构

9. 热管换热器

热管换热器是用一种称为热管的新型换热元件组合而成的换热装置。热管的种类很多，但其基本结构和工作原理基本相同，如吸液芯热管主要由密封管子、吸液芯及蒸汽通道三部分组成，如图 2-35 所示。热管沿轴向可分成三段：蒸发段（热端）、冷凝段（冷端）和绝热段。蒸发段的作用是使热量从管外热源传给管内的工作液，工作液吸热后蒸发，产生的蒸气沿管子轴线流向冷凝段。冷凝段的作用是使蒸气冷凝放出的热量传给管外的冷源。绝热段的作用是当热源与冷源隔开时，使管内的载热介质不与外界交换热量。当热流体从管外流过时，热量通过管壁传给工作液，使其汽化，蒸汽沿管子轴流向冷端，向冷流体放出潜热而凝结，冷凝液在吸液芯内流回热端，再从热流体处吸收热量。如此反复循环，热量便不断地从热流体传递给冷流体。

热管换热器的传热特点是热量传递使工作液汽化、蒸气流动和冷凝三步进行，如图 2-36 所示。由于汽化和冷凝的对流强度都很大，在低温差下也能有效传热，热效率高；没有动作部件，使用寿命长；不需循环泵，不受热源类型的限制；还具有重量轻，经济耐用等特点，具有广阔的应用前景。

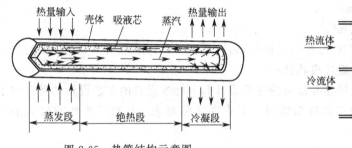

图 2-35　热管结构示意图

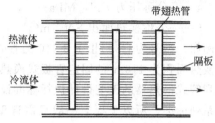

图 2-36　热管换热器

各种换热器的性能比较见表 2-14。

表 2-14　各种换热器的性能比较

形式	允许最大操作压/MPa	允许最高操作温度/℃	单位体积传热面积/(m²/m³)	传热系数/[W/(m²·K)]	结构是否可靠	传热面是否便于调整	是否具有热补偿能力	清洗是否方便	维修是否方便	是否能用脆性材料制作
固定管板式	84	1000~1500	40~164	850~1700	○	×	×	△	×	×
U 形管式	100	1000~1500	30~130	850~1700	○	×	○	△	△	△
浮头式	84	1000~1500	35~150	850~1700	△	×	○	○	○	△
板式	2.8	360	250~1500	7000	○	○	○	○	○	×
螺旋板式	4	1000	100	700~2900	○	×	○	×	△	△
板翅式	5	−269~500	250~4400	35~350	△	×	○	×	×	×
套管式	100	800	20		○	○	△	△	○	△
沉浸蛇管式	100		15		○	×	○	△	○	○
喷淋蛇管式	10		16		△	△	○	○	○	○

注：○—好；△—尚可；×—不好。

（三）列管式换热器的选型

列管式换热器的设计和选型的核心是计算换热器的传热面积，进而确定换热器的其他尺寸或选择换热器的型号。

由总传热速率方程可知，要计算换热器的传热面积，就必须知道总传热系数 K 和平均温差 Δt_m。由于总传热系数 K 值与换热器的类型、尺寸等诸多因素有关，Δt_m 与两流体在换热器中的流向、载热体的终温选择有关，因此换热器的选型要考虑许多问题，通过多次试算和比较才能设计出适宜的换热器。

1. 列管式换热器的系列标准

（1）基本参数　列管式换热器的基本参数主要有：①公称换热面积 SN；②公称直径 DN；③公称压力 PN；④换热管规格；⑤换热管长度 L；⑥管子数量 n；⑦管程数 N_p；等。

（2）**型号表示方法**　列管式换热器的型号由五部分组成。

$$\underset{1}{\underline{\times}}\quad\underset{2}{\underline{\times\times\times\times}}\quad\underset{3}{\underline{\times}}\quad\underset{4}{\underline{-\times\times}}\quad\underset{5}{\underline{-\times\times\times}}$$

其中　1——换热器代号，G 表示固定管板式，F 表示浮头式；

2——公称直径，mm；

3——管程数 N_p，用Ⅰ、Ⅱ、Ⅳ、Ⅵ表示；

4——公称压力 PN，MPa；

5——公称换热面积 SN，m^2。

例如，型号为 G800Ⅱ-1.0-110 的管壳式换热器，代表 $DN800mm$、$PN1.0MPa$ 的两管程、换热面积为 110m^2 的固定管板式换热器。

列管式换热器的工艺设计包括标准设备的选型设计和非标准设备的工艺设计两类。由于有了系列标准，所以工程上一般只需选型即可，只有在实际要求与标准系列相差较大的时候，方需要自行设计。

2. 列管式换热器选型需考虑的问题

（1）**流动路径的选择**　换热时选择哪一种流体走管程哪一种流体走壳程（即流动路径的选择），受到多方面因素的制约，通常确定原则如下：

① 不洁净或易结垢的流体走管程，因为管程较壳程易清洗。

② 腐蚀性流体走管程，以免管子和壳体同时被腐蚀，且管子便于维修和更换。

③ 压强高的流体宜走管程，以免壳体受压，节省壳程金属消耗量。

④ 饱和蒸汽宜走管间，以便于及时排除冷凝液，且蒸汽较洁净，它对清洗无要求。

⑤ 有毒流体宜走管程，使泄露的机会少。

⑥ 被冷却的流体宜走管间，可利用外壳向外的散热作用，增强冷却效果。

⑦ 高温加热剂与低温冷却剂宜走管程，以减少设备的热量或冷量损失。

⑧ 黏度大的液体或流量小的流体宜走管间，因流体在有折流挡板的壳程流动时，由于流速和流向的不断改变，在低 Re 值（$Re>100$）下即可达到湍流，以提高对流传热系数。

⑨ 对于刚性结构的换热器，若两流体的温度差较大，对流传热系数大者宜走管间，因壁面温度与 α 大的流体温度相近，可以减少热应力。

在选择流动路径时，上述各点常不能同时兼顾，应视具体情况抓住主要矛盾。例如，先考虑流体的压强、防腐蚀和清洗等的要求，然后再校核对流传热系数和压强降，以便做出合理的选择。

（2）**流速的选择**　增加流体在换热器中的流速，对流传热系数将会加大，污垢在管子表面上的沉积可能性也会减小，即降低了污垢热阻，总传热系数得以增大，这样就可以减小换热器的传热面积。但是流动阻力与流速成正比，流速增加，流动阻力也增大，动力消耗增加。因此适宜的流速要通过经济衡算才能得到。

另外，流速的选择还需要考虑换热器的结构要求。例如，高流速可以使管子的数目减少，在一定的传热面积下，就不得不增加管子的长度或增加管程数。管子过长使得清洗困难，并且管长一般都有一定的标准；而单程变为多程会使平均温差下降。这些也是选择流速时应该考虑的问题。

表 2-15 和表 2-16 列出了常用的流速，以供参考。所选的流速应尽量避免流体处于层流状态。

表 2-15 不同类型流体常用流速

流体的种类		一般液体	易结垢液体	气体
流速/(m/s)	管程	0.5~3	>1	5~30
	壳程	0.2~1.5	>0.5	3~15

表 2-16 不同黏度下流体流速的选择

液体黏度/mPa·s	>1500	>1500~500	500~100	100~35	35~1	<1
最大流速/(m/s)	0.6	0.75	1.1	1.5	1.8	2.4

（3）流体两端温度的确定方法 一般情况下，被加热或冷却的流体进、出换热器的温度由工艺条件决定，但对载热体（加热剂或冷却剂）来说，进、出口温度就需要设计者根据具体情况来定了。为了保证设计出的换热器在所有气候条件下均能满足工艺要求，加热剂进口的温度应该按所在地区的冬季气温状况来定；冷却剂的进口温度应该按所在地的夏季气温状况确定。若载热体（加热剂或冷却剂）的进口温度确定，则可以由经济衡算来确定其出口温度。例如，用冷却水冷却某热流体，冷却水的进口温度已知，如果为了节省水量，可让水的出口温度提高一些，但这样传热面积就需要加大；反之，为了减小传热面积，则需要增大冷却水的用量。采用蒸汽作为加热剂时，为了加快传热，通常宜控制为恒温冷凝过程，蒸汽入口温度的确定要考虑蒸汽的来源、锅炉的压力等因素。在用水作冷却剂时，为了便于循环操作、提高传热推动力，冷却水的进出、口温度差一般宜控制在 5~10℃ 左右。

（4）列管类型的选择 当冷、热流体的温差在 50℃ 以内时，不需要热补偿，可选用结构简单、价格便宜并且清洗溶易的固定管板式换热器。当冷、热流体的温差超过 50℃ 时，需要考虑进行热补偿。在温差校正系数 $\varphi_{\Delta t}$ 小于 0.8 的前提下，若管程流体不易起垢，U 形管式换热器是较好的选择。反之，则浮头式换热器是较好的选择。

（5）管子规格与排列方法的选择 在选择管径时，应尽可能使流速高一些，但也不宜超过前面文中介绍的流速范围。对于易结垢、黏度较大的液体宜采用较大的管径。目前国内采用列管式换热器系列标准中仅有 $\phi25mm×2.5mm$ 及 $\phi19mm×2mm$ 两种规格的管子。

管子长度的选择主要是考虑清洗的方便和管材的合理使用。管子过长清洗不方便，且易弯曲。一般出厂时的管长为 6m，而合理的换热器管长应为 1.5m、2m、3m 和 6m。列管式换热器系列标准中也采用这四种管长。另外管长应和管壳相适应，一般取 L/D 为 4~6（直径小的换热器可取得大一些）。

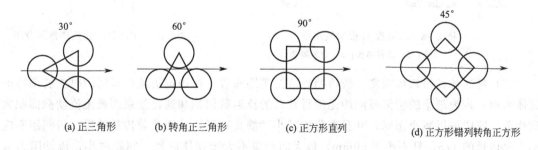

图 2-37 管子排列方式

管子在管板上的排列方法有等边三角形（正三角形）、正方形直列和正方形错列等（如图 2-37 所示）。管子采用等边三角形排列时，管板强度较高；流体走短路的机会少，并且管外流体的扰动大，能获得较高的对流传热系数；同样的壳程内可排列的管子数目也更多。管子作正方形直列排列时，清洗列管的外壁较为容易，当壳程流体易于产生污垢时可采用这种排列方式；但正方形直列排列的对流传热系数较正三角形排列时低。正方形错列排列则介于上述两者之间，与直列排列相比，其对流传热系数可适当提高。

管板上相邻两根管子的中心距 t（即管子在管壁上的排列间距），随管子与管壁的连接方法的不同而各不相同。一般，胀管法取 $t=(1.3\sim1.5)d_o$，且相邻两管外壁间距不应小于 6mm，即 $t\geqslant(d_o+6)$。焊接法取 $t=1.25\,d_o$。

（6）**管程数和壳程数的确定**　当流体的流量较小或传热面积较大而需要的管数很多时，会使管内的流速过低，造成对流传热系数较小。在这种情况下，为了提高管内流速，可采用多管程。但是管程数过多，又会导致管程流动阻力增加，增大了操作费用；同时多程会使平均温度差下降；而且多程的隔板还会使管板上可利用的面积减少。在列管式换热器的系列标准中，管程数有 1、2、4 和 6 程四种。管程数 N_p 可按下式计算

$$N_p=\frac{u}{u'} \tag{2-50}$$

式中　u——管程内流体的速度，m/s；

　　　u'——单管程时管内流体的实际速度，m/s。

当温差校正系数 $\phi_{\Delta t}$ 低于 0.8 时，可采用壳方多程。例如在壳体内安装一块与管束平行的隔板，流体在壳程内流经两次，如图 2-38 所示。但壳程隔板在制造、安装和检修等方面都有困难，所以壳方多程式的换热器一般使用得不多，实际生产中常将几个换热器串联使用，以代替壳方多程。例如当需要双壳程结构时，就将总管数分为两部分，分别安装在两个内径相同而直径较小的外壳中，然后把这两个换热器串联使用，如图 2-39 所示。

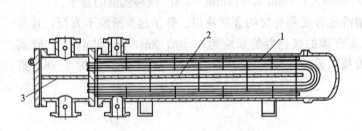

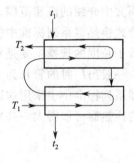

图 2-38　二壳程 U 形管换热器　　　　　图 2-39　串联管壳式换热器示意图
1—U 形管；2—壳程隔板；3—管程隔板

（7）**折流挡板间距的确定**　折流挡板应按等距布置，在确定折流挡板间距时主要是考虑流体流动，较为理想的折流板间距是使得缺口的流通截面积和通过管束的错流流动截面积大致相等。这样可以减小压降，并且避免或减小"静止"区，从而改善传热效果。板间距不应小于壳内径的 1/5，且不小于 50mm，最大间距应不大于壳体内径。间距过小，流动阻力太大；间距过大，传热系数下降。列管式换热器标准系列中采用的间距为：固定管板式有150mm、300mm、600mm 三种；浮头式有 150mm、200mm、300mm、480mm、600mm 五种。需要注意的是，当壳程流体有相变时，不应设置折流挡板。

（8）主要附件

① 封头　封头方形和圆形两种，方形用于小直径的壳体（一般小于 400mm），圆形用于直径大的壳体。

② 缓冲挡板　在进料口处设置的缓冲挡板可以减小壳程流体进入换热器时对管束的冲击。

③ 导流筒　壳程流体的进、出口和管板之间会存在有一段流体不能流动的空间（即死角），为了提高传热效果，常在管束外增设导流筒，使流体进、出壳程时必然经过这个空间。

④ 放气孔、排液孔　为了排除不凝性气体和冷凝液等，换热器的壳体上常安有放气孔和排液孔。

⑤ 接管　换热器中进、出口的接管直径按下式计算

$$d = \sqrt{\frac{4V_s}{\pi u}} \tag{2-51}$$

式中　V_s——流体的体积流量，m^3/s；

　　　u——流体在接管中的流速，m/s。

流速 u 的经验值参见表 2-17。

表 2-17　常见流体流速 u 的经验值

流体状态	流速经验值
液体	$1.5 \sim 2 m/s$
蒸气	$20 \sim 50 m/s$
气体	$(0.15 \sim 0.2)p/\rho$ （p 为压强，kPa；ρ 为气体密度，kg/m^3）

（9）材料选用　列管式换热器的材料需要更具操作压强、温度和流体的腐蚀性等来选用。在高温下一般材料的力学性能和耐蚀性能会下降。同时具有耐热性、高强度和耐蚀性的材料是很少的。目前常用的金属材料有碳钢、不锈钢、低合金钢、铜和铝等；非金属材料有石墨、聚四氟乙烯和玻璃等。不锈钢和有色金属虽然抗腐蚀性能好，但价格高且稀缺，应尽量少用。

（10）流体通过换热器的流动阻力（压力降）的计算　列管式换热器可看成是一局部阻力装置，流动阻力的大小将直接影响动力的消耗。如果流体在换热器中流动阻力过大，有可能导致系统流量不能达到工艺要求的流量。对选用合理的换热器而言，管、壳程流体的压力降一般应控制在 $10.13 \sim 101.3 kPa$ 之间。

① 管程流动阻力的计算　流体通过管程阻力包括各程的直管阻力、回弯阻力以及换热器进、出口阻力等。一般情况下，进、出口阻力较小，可以忽略不计。因此管程阻力可以按下式进行计算

$$\sum \Delta p_i = (\Delta p_1 + \Delta p_2)F_t N_s N_p \tag{2-52}$$

式中　Δp_1——因直管阻力引起的压力降，Pa；

　　　Δp_2——因回弯阻力引起的压力降，Pa；

　　　F_t——结垢校正系数，对 $\phi 25mm \times 2.5mm$ 的管子 $F_t = 1.4$；对 $\phi 19mm \times 2mm$ 的管子 $F_t = 1.5$；

　　　N_s——串联的壳程数；

　　　N_p——每壳程的管程数。

式中，Δp_1 可按直管阻力计算式进行计算；Δp_2 可由下面的经验公式进行估算

$$\Delta p_2 = 3\left(\frac{\rho u_i^2}{2}\right) \tag{2-53}$$

② 壳程阻力计算　壳程流体的流动状况比管程更复杂，计算壳程阻力的公式很多，不同公式计算的结果差别较大。当壳程采用标准圆缺形折流挡板时，流体阻力主要有流体流过管束的阻力与通过折流挡板缺口的阻力。此时，壳程压力降可采用通用的埃索公式

$$\sum \Delta p_o = (\Delta p_1' + \Delta p_2')F_s N_s \tag{2-54}$$

其中

$$\Delta p_1' = F f_o n_c (N_B + 1)\frac{\rho u_o^2}{2} \tag{2-55}$$

$$\Delta p_2' = N_B \left(3.5 - \frac{2h}{D}\right)\frac{\rho u_o^2}{2} \tag{2-56}$$

式中　$\Delta p_1'$——流体流过管束的压力降，Pa；

$\Delta p_2'$——流体流过折流挡板缺口的压力降，Pa；

F_s——壳程结构校正系数，对液体 $F_s = 1.15$；对气体或蒸气 $F_s = 1$；

F——管子排列方式对压力降的校正系数，对正三角形排列 $F = 0.5$；正方形斜转 45°排列 $F = 0.4$；正方形直列 $F = 0.3$。

f_o——流体的摩擦系数，当 $Re_o = d_o u_o \rho_o / \mu > 500$ 时，$f_o = 0.5 Re_o^{-0.228}$

N_B——折流挡板数；

h——折流挡板间距，m；

D——管壳直径，m；

n_c——通过管束中心线上的管子数；

u_o——按壳程最大流通面积 A_o 计算的流速，m/s，$A_o = h(D - n_c d_o)$。

3. 列管式换热器选型的一般步骤

① 根据换热任务，本着能量综合利用的原则选择合适的加热剂或冷却剂。

② 确定基本数据，包括两流体的流量、进出口温度、定性温度下的有关物性、操作压力等。

③ 确定流体在换热器内的流动空间。

④ 根据两流体的温度差和流动类型，以及温度差校正系数不小于 0.8 的原则，确定换热器的结构形式，并核算实际温度差。

⑤ 确定并计算热负荷。

⑥ 先按逆流（即单壳程、单管程）计算平均温度差。

⑦ 选取总传热系数，并根据传热基本方程初步计算出传热面积，以此作为选择换热器型号的依据，并确定初选换热器的实际换热面积 $S_{实}$，以及在 $S_{实}$ 下所需的总传热系数 $K_{需}$。

⑧ 压力降校核。根据初选设备的情况，计算管、壳程流体的压力差是否合理。若压力降不符合要求，则需重新选择其他型号的换热器，直至压力降满足要求为止。

⑨ 核算总传热系数。计算换热器管、壳程的流体的传热膜系数，确定污垢热阻，再计算总传热系数 $K_{计}$，由传热基本方程求出所需传热面积 $S_{需}$，再与换热器的实际换热面积比较，若 $S_{实}/S_{需} = 1.1 \sim 1.25$，则认为合理，否则需另选 $K_{选}$，重复上述计算步骤，直至符合要求为止。

该校核过程也可以在求出所选设备的实际总传热系数 $K_\text{计}$ 后，用传热基本方程计算出完成换热任务所需的总传热系数 $K_\text{需}$，即

$$K_\text{需}=\frac{Q}{S_\text{实}\ \Delta t_\text{m}}\tag{2-57}$$

二、换热器的操作及日常维护

（一）列管式换热器仿真操作

1. 流程任务简述

如图 2-40 所示，来自界外的 92℃ 冷物流（沸点：198.25℃）由泵 P101A/B 送至换热器 E101 的壳程被流经管程的热物流加热至 145℃，并有 20% 被汽化。冷物流流量由流量控制器 FIC101 控制，正常流量为 12000kg/h。来自另一设备的 225℃ 热物流经泵 P102A/B 送至换热器 E101 与流经壳程的冷物流进行热交换，热物流出口温度由 TIC101 控制（177℃）。图 2-41(a)、(b) 所示分别为列管式换热器的现场图和 DCS 图。

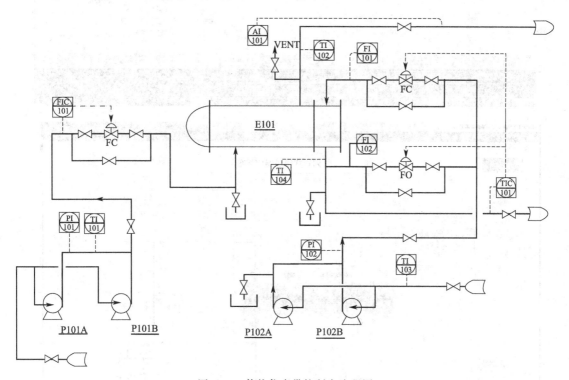

图 2-40　传热仿真带控制点流程图

为保证热物流的流量稳定，TIC101 采用分程控制，TV101A 和 TV101B 分别调节流经 E101 和副线的流量，TIC101 输出 0%～100% 分别对应 TV101A 开度 0%～100%，TV101B 开度 100%～0%。TIC101 的分程控制线如图 2-42 所示。

补充说明：本单元现场图中现场阀旁边的实心红色圆点代表高点排气和低点排液的指示标志，当完成高点排气和低点排液时实心红色圆点变为绿色。

2. 换热器操作步骤

换热器冷态开车步骤见表 2-18。

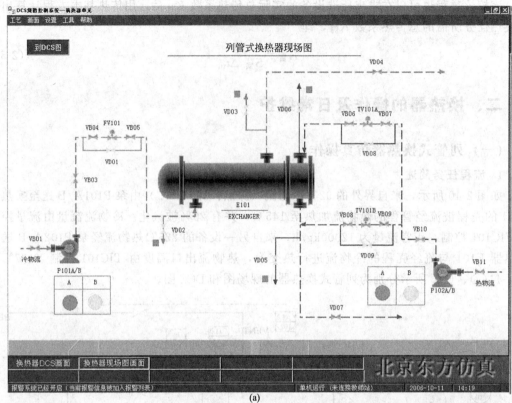

(a)

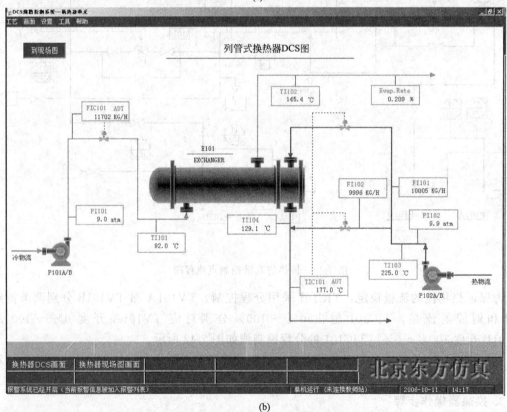

(b)

图 2-41 列管式换热器现场图及 DCS 图

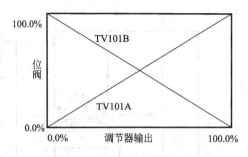

图 2-42　TIC101 分程控制示意图

表 2-18　换热器冷态开车步骤

项　目	步　骤	步骤详述
换热器的冷态开车	1. 开冷物料排气阀	排气,开 VD03
	2. 开冷物料泵	(1)开 VB01,开泵 A
		(2)待 PI101 压力达到 9atm 时,开 VB03
		(3)开 VB04、VB05,开 FIC101
		(4)待排气完毕,关闭 VD03
		(5)开 VD04
		(6)将 FIC101 投自动
	3. 开热物料排气阀	排气,开 VD06
	4. 开热物料泵	(1)开 VB11,开泵 A
		(2)待 PI102 压力达到 109atm 时,开 VB10
		(3)开 VB06、VB07、VB08、VB09
		(4)开 TIC101
		(5)待排气完毕,关闭 VD06
		(6)开 VD07
		(7)将 TIC101 投自动
	5. 操作质量	质量指标描述
		(1)FIC101 的值为 12000kg/h
		(2)TIC101 的值为 177℃

（二）实训操作

参见图 2-43。

1. 实训安全（详见附录）

2. 开车前准备

① 由相关操作人员组成装置检查小组,对本装置所有设备、管道、阀门、仪表、电气、照明、分析、保温等按工艺流程图要求和专业技术要求进行检查,工艺流程图见图 2-43。

② 进行各单体设备试车。系统开车前应对各动力设备、电加热设备进行单体试车。

a. 风机试车　分别启动冷、热风机,观察风机运行的稳定性、风机出口流量调节、出口风压变化,风机电机温升。

b. 蒸汽发生器电加热器试车　在蒸汽发生器内加入 1/2 液位的自来水,启动蒸汽发生器的电加热装置,调节合适加热功率,同时进行蒸汽发生器输出蒸汽压力控制（0.02～0.06MPa）、发生器液位低的低位报警测试。

c. 热风机电加热器试车　启动热风机,将风机出口流量调节至 15～40m³/h,调节热风机出口电加热器加热功率,控制加热器出口风温度为一稳定值。

③ 系统水压试验、气密性试验。

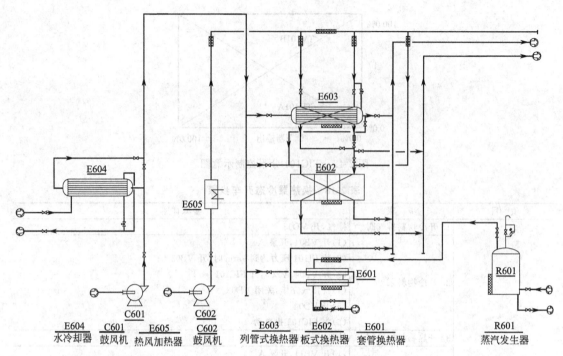

图 2-43　实训操作装置示意图

a. 套管换热器和锅炉系统水压试验、气密性试验。

打开蒸汽发生器进水阀、放空阀，关闭蒸汽发生器、套管换热器其他阀门，将蒸汽发生器安全阀拆下，其出口改为接截止阀（或在安全阀接口处加装盲板，$PN1.6$，$DN25$）。

蒸汽发生器进水口接入自来水，控制进水速度应缓慢，当蒸汽发生器、套管换热器都充满水后，关闭各设备放空阀（排气阀），系统压力逐渐升至 0.15MPa，系统保压 10min，检查各设备、管路连接处，如无泄漏，系统压力不降，则为压力试验合格；将系统压力降低至 0.1MPa，继续保压 30min，如系统压力不降，则系统气密性合格。

在系统压力试验和气密性试验过程中如发现系统有泄漏，应在泄漏处做上标记，等系统压力撤除后再进行检修。压力试验和气密性试验结束后，应打开蒸汽发生器排污阀、蒸汽汽包疏水阀组旁路阀、套管式换热器蒸汽疏水阀组旁路阀，排除系统内积水。

b. 板式换热器、列管式换热器及风机系统气密性试验。

启动冷、热风机，将风机调至最大功率运行，按换热流程顺序，单独运行列管式换热器、板式换热器和两类换热器的并联连接流程、串联连接流程，检查各设备、管路连接处是否泄漏（可目测、在连接处涂抹肥皂水的方式检查），如无泄漏，则系统气密性试验合格；如查出泄漏点，做上标记，待系统停止运行后消漏处理。

3. 列管式换热器开车操作

① 开启控制台、仪表盘电源。

② 启动冷风机，开启冷风机出口阀，开启冷风水冷却器进、出水阀，调节冷却水流量，控制冷空气温度稳定在一定值。

③ 启动热风机，开启热风机出口阀门，启动热风机出口电加热装置，控制热空气温度稳定在 90～120℃。

④ 并流操作：

a. 依次开启列管式换热器冷风进、出口阀；热风进、出口阀，关闭其他与列管式换热器相连接管路阀门；

b. 调节冷风进口流量（调节流量在 $15\sim40m^3/h$）稳定，调节冷风水冷却器冷却水量，控制冷风出口温度稳定；

c. 调节热风进口流量（调节流量在 $15\sim40m^3/h$）稳定、热风进口温度（建议调节在 $90\sim120℃$）稳定，调节热风电加热器加热功率，控制热风出口温度稳定。

⑤ 逆流操作：

a. 依次开启列管式换热器阀冷风进、出口阀；热风进、出口阀，关闭其他与列管式换热器相连接管路阀门；

b. 调节冷风进口流量（调节流量在 $15\sim40m^3/h$）稳定，调节冷风水冷却器冷却水量，控制冷风出口温度稳定；

c. 调节热风进口流量（调节流量在 $15\sim40m^3/h$）稳定、热风进口温度（调节在 $90\sim120℃$）稳定，调节热风电加热器加热功率，控制热风出口温度稳定。

4. 板式换热器开车

① 开启板式换热器冷风进口阀；热风进口阀，关闭其他与板式换热器相连接管路阀门。

② 调节冷风进口流量（调节流量在 $15\sim40m^3/h$）稳定、进口温度稳定，调节水冷却器冷却水量，控制冷风出口温度稳定。

③ 调节热风进口流量（调节流量在 $15\sim40m^3/h$）稳定、热风进口温度（调节在 $90\sim120℃$）稳定，调节热风电加热器加热功率，控制热风出口温度稳定。

5. 列管式换热器（并流）、板式换热器串联开车

① 根据实验要求开启相关阀门，关闭其他与列管式换热器、板式换热器相连接管路阀门。

② 调节冷风进口流量（调节流量在 $15\sim40m^3/h$）稳定、冷风进口温度（调节在 $30\sim50℃$）稳定，调节冷风水冷却器冷却水量、冷风电加热器加热功率，控制冷风出口温度稳定。

③ 调节热风进口流量（调节流量在 $15\sim40m^3/h$）稳定、热风进口温度（调节在 $90\sim120℃$）稳定，调节热风电加热器加热功率，控制热风出口温度稳定。

6. 列管式换热器（逆流）、板式换热器并联开车

① 根据实验要求开启相关阀门，关闭其他与列管式换热器（逆流）、板式换热器相连接管路阀门。

② 调节列管式换热器冷风进口流量（调节流量在 $15\sim40m^3/h$）稳定，冷风进口温度稳定，调节冷风水冷却器冷却水量、冷风电加热器加热功率，控制冷风出口温度稳定。

③ 调节板式换热器热风进口流量（调节流量在 $15\sim40m^3/h$）稳定、热风进口温度（调节在 $90\sim120℃$）稳定，调节热风电加热器加热功率，控制热风出口温度稳定。

7. 套管式换热器开车

① 开锅炉进水阀往蒸汽发生器内加水，控制液位在 $1/2\sim2/3$ 处，启动蒸汽发生器电加热器，控制锅炉内蒸汽压力在 $0.02\sim0.06MPa$。

② 打开套管式换热器冷风进口阀、出口阀，开蒸汽汽包出口阀，将蒸汽送入套管式换热器内，开阀时速度应缓慢，注意出口蒸汽压力表压力变化，控制套管式换热器内蒸汽压力稳定在 $0.02\sim0.06MPa$，打开套管式换热器疏水器阀组。

③ 按冷空气流量不同（流量控制在 $15\sim40m^3/h$），调节蒸汽流量，控制套管式换热器出口空气温度为指定值。

8. 停车

① 停止蒸汽发生器电加热器运行，关闭蒸汽发生器出口阀，开启蒸汽发生器放空阀，开套管式换热器疏水阀组旁路阀，将蒸汽系统压力卸除。

② 停热风机出口电加热器。

③ 继续大流量运行冷风机和热风机，当冷风机出口总管温度接近常温时，停冷风、停冷风机出口冷却器冷却水；当热风机出口总管温度低于 60℃ 时，停热风机。

④ 将套管式换热器残留水蒸气冷凝液排净。

⑤ 装置系统温度降至常温后，关闭系统所有阀门。

⑥ 清理现场，搞好设备、管道、阀门维护工作。

⑦ 切断控制台、仪表盘电源。

⑧ 做好操作记录。

9. 正常操作注意事项

① 经常检查蒸汽发生器运行状况，注意水位和蒸汽压力变化，蒸汽发生器水位不得低于 20cm，如有异常现象，应及时处理。

② 经常检查风机运行状况，注意电机温升。

③ 空气加热器不得干烧，电加热器运行时，空气流量不得低于 $10m^3/h$，电加热器停车时，温度不得超过 60℃。

④ 做好操作巡检工作。

10. 换热器的故障处理

换热器异常现象及处理方法见表 2-19。

表 2-19   换热器异常现象及处理方法

异常现象	原　　因	处理方法
水冷却器冷空气进出温差小，出口温度高	水冷却器冷却量不足	加大自来水开度
换热器换热效果下降	换热器内不凝气体集聚或冷凝液集聚 换热器管内、外严重结垢	排放不凝气体或冷凝液 对换热器进行清洗
换热器发生振动	冷流体或热流体流量过大	调节冷流体或热流体流量
蒸汽发生器系统安全阀起跳	超压 蒸汽发生器内液位不足，缺水	立即停止蒸汽发生器电加热装置，手动放空 严重缺水时（液位计上看不到液位），停止电加热器加热，打开蒸汽发生器放空阀，不得往蒸汽发生器内补水

（三）换热器的维护

1. 换热器的清洗

换热器在运行一段时间后其内部传热面上会产生污垢，由于污垢的热阻很大，因此会导致整个换热器的传热系数大大降低，而影响到传热效率。因此换热器必须进行定期的清洗。由于污垢越厚清洗的难度越大，所以清洗的时间间隔不宜太长。

常用的清洗方法有化学清洗、机械清洗和水洗等。不同的换热器有不同的适宜方法；就算是同一种换热器，其污垢的类型不同，所采取的方法也不尽相同。

（1）化学清洗（酸洗法）　化学清洗一般适用于结构较为复杂的情况，例如列管式换热器的管间、U 形管内的清洗。该方法是利用清洗剂与污垢起化学反应，将污垢溶解除去。盐酸是常用的化学清洗剂，由于金属基体也会被酸腐蚀，因此清洗时需要在清洗液中加入缓蚀剂，以减小酸对金属基体的腐蚀作用。按照清洗过程的不同，酸洗法又可分为浸泡法和循环法两种。浸泡法是将浓度为 15% 左右的酸液缓慢灌满容器，经过 20h 以上的浸泡之后，将酸液连同被清除的污垢一起倒出。浸泡法较为简单，但是所需时间长且效果不佳。

循环法则是采用酸泵将酸液强制通过换热器，并且不断进行循环，一次清洗过程一般需要 10~12h。循环过程中酸的浓度变化反应了结垢的情况，因此要经常测定循环酸的浓度。如果酸的浓度下降较快，说明结垢较为严重，这时就要补充新的酸来保持酸液的浓度；如果循环后酸液浓度下降很慢，并且酸液中的悬浮物已不见或很少时，通常认为此时清洗合格，然后再用清水冲洗至水呈中性即可。循环法使得酸液不断更新，加快了除垢的进程，清洗效果好，但是该方法由于需要酸泵、酸槽及其他配套设施，其成本相对较高。

(2) 机械清洗　对于较为坚硬的垢层、结焦或其他沉积物可以采用机械清洗的方法。机械清洗需要利用清洗工具，刮刀、竹板、钢丝刷、尼龙刷等都是常用的清洗工具。对于列管式换热器管内的清洗，通常采用钢丝刷除去坚硬的垢层、结焦或其他沉积物。通常的做法是将与列管内径相同的钢丝刷焊接到一根圆棒或圆管一端，清洗时一边旋转一边推进。从实际操作来看，圆管比圆棒效果好，因为圆管向前推进时，清洗下来的污垢可以从管中退出。需要注意的是，在清洗不锈钢管和板式换热器时，不能采用钢丝刷或刮刀，而要用尼龙刷或竹板。

(3) 高压水清洗　对于结焦严重的列管式换热器（例如催化油浆换热器），机械清洗不能完全清洗到所有地方，而化学清洗又会带来金属基体的腐蚀，这时如果采用高压泵喷出的高压水流进行清洗，则能够克服以上两种清洗方法的不足之处。实际操作中，先人工用条状薄铁板插入管间上下移动，使管子间有可进水的间隙，然后用高压泵（输出压力 10~20MPa）向管束侧面喷射高压水流，即可清除管子外壁的积垢。若管间堵塞严重、结垢较硬时，可在水中渗入细石英砂，以提高喷洗效果。该方法也可用于清洗板式换热器。在冲洗板式换热器的换热板时，要注意将板片垫平，以防变形。

(4) 海绵球清洗法　该方法是将松软并富有弹性的海绵球塞入管内，使得海绵球受到压缩而与管内壁相接触，然后用人工或机械的方法使海绵球沿管壁移动，不断摩擦管壁，达到清除结垢的目的。对于不同的垢层可选用不同硬度的海绵球，对于特殊的硬垢可采用带有"带状"金刚砂的海绵球。

2. 换热器的维护保养

(1) 换热器的日常检查　日常检查的目的是及时发现设备存在的问题和隐患，采取正确的预防和处理措施，避免设备事故发生。检查内容包括设备是否存在泄露，保温或保冷是否良好，无保温和保冷的设备局部有无明显的变形，基础或支架是否良好。观察现场仪表，温度、流量、压力等参数是否正常，设备是否超温或超压等。用听棒等设备判断设备是否存在异常声响，确认设备内换热器是否存在相互摩擦和振动。

① 温度　换热器进出口温度的变化直接反映出换热器换热能力的变化。定期测量换热器进出口流量、温度，当传热能力低到不能满足工艺要求时，则应通过机械清洗或化学清洗提高换热能力，满足和维持工艺运行的需要。用水作冷却介质时，水的出口温度最好控制在50℃，因为超过 50℃ 会使管子腐蚀，并使换热器结垢严重，影响换热能力，故出口水温不要超过 65℃。

　　② 压力　通过压力差的检查，可判断换热器是否结垢，是否存在堵塞引起的节流以及泄漏。在工艺操作中，若发现压力骤变，无论升高降低，除应检查换热器本身外，还应检查系统内其他管道、法兰以及输送流体介质的机械，从其他因素的影响系统考虑，尽快查出骤变原因。

　　③ 保温或保冷　操作温度高于或低于环境温度很多的换热器需保温或保冷，保温或保冷层的完好状态直接影响换热器传热性能。如保温或保冷层一旦破坏，在壳体外部积附水分，使壳体局部腐蚀，因此如发现破损应及时修补。

　　④ 循环冷却水的要求　对于循环冷却水，应定期检测水质，使水质符合 GB 50050—1995《工业循环冷却水处理设计规范》，当水质不能达到标准时，应按国家标准中的方法对水质进行处理。

　　(2) 换热器的检修

　　① 清洗除垢　可使用机械清理、高压水冲洗清理和化学除垢清理。

　　② 垫片更换　更换垫片时，保证将原法兰接合面的残余物清除干净，尽量使用与原垫片同质的垫片，如使用金属石墨垫片和聚四氟乙烯垫片替换时，应查明工艺流体是否适用。

　　③ 验收　组装完工后进行压力试验，可用水压或气压试验方法。

三、设备与管道的保温与节能

　　随着科学技术的进步和生产的发展，特别是对低品位能源的回收利用和新能源开发等过程，要求换热器能够在很小的传热温差和很高的传热速率条件下进行操作，同时为节能降耗，对设备及管路的保温等操作涉及传热过程的削弱。本任务旨在理解化工管道与设备的保温方法，培养节能环保意识。

　　在化工生产中，只要设备及管道与周围空气存在温度差，就会有热损失（或冷损失）出现，温度差越大，热损失也就越大。为了提高热能的利用率，节约能源，就是要设法降低换热设备与环境之间的传热速率，即削弱传热。凡是表面温度在 50℃ 以上的设备或管道以及制冷系统的设备和管道，都必须进行保温或保冷，具体方法是在设备或管道的表面上包裹热导率较小的材料（称为隔热材料），以增加传热的热阻，达到降低传热速率、削弱传热的目的。

(一) 保温的目的

　　在化工生产中，当设备、管道与外界环境存在一定温差，特别是在温差较大时，就要在其外壁上加设一层隔热材料，阻碍热量在设备与环境之间传递，这种措施叫保温，也叫绝热。进行保温的主要目的在于使物料保持化工过程所要求的适宜温度及物态；保证安全，改善劳动卫生条件；防止热损失，节能降耗。工业设备与管道的保温，采用良好的绝热措施与材料，可显著降低生产能耗和成本，改善环境，同时有较好的经济效益。如：工业设备和管道工程中，良好的保温条件，可使热量损失降低 95% 左右，通常用于保温材料的投资一年左右可以通过节约的能量收回。

(二) 保温材料

　　随着工业化的发展和人口的急剧增加，环保和节能已经成为全社会共同关注的问题。发展日益加快的现代保温材料以其良好的保温节能性能，适应了这一形势发展的需要。十分可喜的是现代保温材料不断推陈出新,并掀起了推广热潮,在石油、化工、冶炼、管道以及工业等方面得到了广泛的应用。

对保温材料的主要要求有热导率小;密度小、吸湿性小、机械强度大、膨胀系数小;化学稳定性能好;经济、耐用、施工方便。

保温材料按材料成分可分为:有机隔热保温材料,如稻草、稻壳、甘蔗纤维、软木木棉、木屑、刨花、木纤维及其制品,此类材料容重小,来源广,多数价格低廉,但吸湿性大,受潮后易腐烂,高温下易分解或燃烧;无机隔热保温材料,如矿物类有矿棉、膨胀珍珠岩、膨胀蛭石、硅藻土石膏、炉渣、玻璃纤维、岩棉、加气混凝土、泡沫混凝土、浮石混凝土等及其制品,化学合成聚酯及合成橡胶类有聚苯乙烯、聚氯乙烯、聚氨酯、聚乙烯、脲醛塑料和泡沫硬性酸酯等及其制品,此类材料不腐烂,耐高温性能好,部分吸湿性大,易燃烧,价格较贵;金属类隔热保温材料,主要是铝及其制品,如铝板、铝箔、铝箔复合轻板等,它是利用材料表面的辐射特性来获得绝热保温效能,具有这类表面特性的材料,几乎不吸收入射到它上面的热量,而且本身向外辐射热量的能力也很小,这类材料货源较少,价格较贵。

当介质在 373K 以上时,通常使用无机保温材料,如石棉制品、玻璃纤维制品、矿渣棉、硅藻土等。当介质在 373K 以下时,可优先考虑有机保温材料,如碳化软木、塑料、木质纤维等。冷保温材料主要选择泡沫塑料。目前,我国使用的保温材料主要包括以下几种。

1. 泡沫型保温材料

泡沫型保温材料主要包括两大类,聚合物发泡型保温材料和泡沫石棉保温材料。聚合物发泡型保温材料具有吸收率小,保温效果稳定,热导率低,在施工中没有粉尘飞扬,易于施工等优点,正处于推广应用时期。泡沫石棉保温材料也具有密度小、保温性能好和施工方便等特点,推广发展较为稳定,应用效果也较好,但由于存在一定的缺陷,限制了进一步的推广使用。这些缺陷主要表现在泡沫棉容易受潮,浸于水中易溶解;弹性恢复系数小;不能接触火焰和在穿墙管部位使用等。

2. 复合硅酸盐保温材料

复合硅酸盐保温材料可塑性强、热导率低、耐高温、浆料干燥收缩率小等特点。主要种类有硅酸镁、硅镁铝、稀土复合保温材料等。而近年出现的海泡石保温隔热材料作为复合硅酸盐保温材料中的佼佼者,由于其良好的保温隔热性能和应用效果,已经引起了建筑界的高度重视,显示了强大的市场竞争力和广阔的市场前景。海泡石保温隔热材料是以特种非金属矿物质——海泡石为主要原料,辅以多种变质矿物原料、添加助剂,采用新工艺经发泡复合而成。该材料无毒、无味,为灰白色静电无机膏体,干燥成型后为灰白色封闭网状结构物。其显著特点是热导率小,温度使用范围广,抗老化、耐酸碱,轻质、隔声、阻燃,施工简便,综合造价低等。主要用于常温下建筑屋面、墙面、室内顶棚的保温隔热以及石油、化工、电力、冶炼、交通、轻工和国防工业等部门的热力设备和管道的保温隔热和烟囱内壁、炉窑外壳的保温(冷)工程。这种保温隔热材料将以其独特的性能开创保温隔热节能的新局面。

3. 硅酸钙绝热制品保温材料

硅酸钙绝热制品保温材料在 20 世纪 80 年代曾被公认为块状硬质保温材料中最好的一种,其特点是密度小、耐热度高,热导率低,抗折、抗压强度较高,收缩率小。但进入90 年代以来,其推广使用出现了低潮,主要原因表现在 20 世纪 90 年代初许多厂家采用纸浆纤维，这样解决了无石棉问题，但由于纸浆纤维不耐高温，由此影响了保温材料的耐高温性和增加了破碎率；虽然这种保温材料在低温部位使用，性能不受影响，但并不经济。

4. 纤维质保温材料

纤维质保温材料在 20 世纪 80 年代初市场上占有较大的份额，是因为其优异的防火性能和保温性能，主要适用于建筑墙体和屋面的保温。但由于投资大，所以生产厂家不多，限制了它的推广使用，因而现阶段市场占有率较低

（三）保温层的结构与厚度

保温层主要由绝热层及保护层组成，如图 2-44 所示，有的保温结构中还装有伴热管，如图 2-45 所示，绝热层是保温的内层，由各种保温材料构成，是起绝热作用的主体部分。保护层是保温的外层，具有固定、防护、美观等作用；保冷时还需在保护层的内侧加防潮层。伴热管是在对保温条件要求较高时使用，在主管的管壁旁加设一至两根伴热管，在保温时将主管和伴热管一起包住。

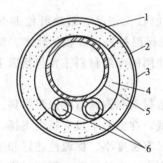
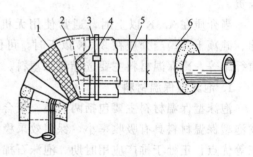

图 2-44　保温层的结构示意图　　　　　图 2-45　伴热管
1—金属丝网；2—保护层；3—金属薄板；　　1—绝热层；2—薄铝片；3—保护层
4—箍带；5—铁丝；6—绝热层　　　　　　4—间隙；5—主管道；6—蒸汽管道

设置伴热管的目的是进行必要的热量补偿，目前常用的热量补偿措施有蒸汽伴热和电伴热。蒸汽伴热是一种流体输送、储存的传统保温方式，但由于蒸汽温度要远高于流体所需保持的温度范围，一旦调温不当，便会造成局部流体过热，影响使用，而且，蒸汽伴热的凝结水处理比较困难，如果处理不好将会影响系统的正常工作，实用局限性较大。

电伴热技术可应用在输送线路复杂的管线、温控要求精确的管线、长距离输送的线路及有冻结危险管道的保温上，有性能优越、质量可靠和使用寿命长（通常 20 年）的明显优势。但一次性投资较高。电伴热使用的电热带安装在绝热层和管道外壁之间，利用电热来补充输水或储水过程中所散失的热量，以维持水温在一定的范围内，达到保温和防冻的目的。

（四）保温层的厚度

保温层越厚，热损失就越小，但费用也随之增加。确定保温层厚度时应从技术经济的角度综合考虑。

保温后的热损失不得超过表 2-20 和表 2-21 所规定的允许值，这是选择隔热材料和确定保温层厚度的基本依据。

表 2-20 常年运行设备或管道的允许热损失

设备或管道的表面温度/℃	50	100	150	200	250	300
允许热损失/(W/m²)	58	93	116	140	163	186

表 2-21 季节运行设备或管道的允许热损失

设备或管道的表面温度/℃	50	100	150	200	250	300
允许热损失/(W/m²)	116	163	203	244	279	308

练习题

(一) 选择题

1. 以下哪种换热器是蒸馏过程的专用设备，用于加热塔底液体，使之受热汽化（　　）

A. 加热器　　　　　B. 预热器　　　　　C. 过热器　　　　　D. 再沸器

2. 在工业上一般不允许换热的两种流体相互混合，因此使用最多的换热器类型是（　　）

A. 间壁式换热器　　　　　　　　B. 混合式换热器

C. 蓄热式换热器　　　　　　　　D. 中间载热体式换热器

3. 以下哪种管壳式换热器一般不能进行冷热流体温差超过 50℃ 的换热（　　）

A. 固定管板式　　　B. 浮头式　　　C. U 形管式　　　D. 填料函式

4. 型号为 F400Ⅱ-4.0-15 的管壳式换热器，以下说法错误的是（　　）

A. 该换热器为浮头式　　　　　　B. 公称直径为 400mm

C. 换热器为二壳程　　　　　　　D. 换热面积为 15m²

5. 列管式换热器中下列流体宜走壳程的是（　　）

A. 不洁净或易结垢的流体　　　　B. 腐蚀性的流体

C. 压力高的流体　　　　　　　　D. 被冷却的流体

(二) 判断题

1. 换热器开车时，先通入热流体，后通入冷流体。　　　　　　　　（　　）

2. 列管式换热器中设置补偿圈的目的主要是便于换热器的清洗和强化传热。（　　）

3. 在列管式换热器中采用多程结构，可增大换热面积。　　　　　　（　　）

4. 对夹套式换热器而言，用蒸汽加热时应使蒸汽由夹套上部进入。　（　　）

5. 板式换热器是间壁式换热器的一种形式。　　　　　　　　　　　（　　）

(三) 技能考核

见表 2-22。

表 2-22 换热器操作考核评价表

操作阶段/规定时间	考核内容	操作要求
设备功能流程说明(5min)	1. 主要设备	①蒸汽发生器；②套管换热器；③冷风机；④热风机；⑤热风加热器；⑥水冷却器；⑦列管式换热器；⑧板式换热器
	2. 套管换热器	蒸汽发生器-套管换热器-冷凝液排放 冷风机-套管换热器-放空
	3. 列管式换热器	冷风机-水冷却器-列管式换热器-放空 热风机-热风加热器-列管式换热器-放空
	4. 板式换热器	冷风机-水冷却器-板式换热器-放空 热风机-热风加热器-板式换热器-放空

操作阶段/规定时间	考核内容	操作要求
开车准备(5min)	检查水、电、仪表、阀门	1. 电脑电源控制柜的正常启动 2. 检查冷却水系统 3. 检查各阀门状态 4. 检查报警装置
正常开车及运行(20min)	工艺指标及换热方式	1. 套管式换热器 2. 列管式换热器逆流与并流 3. 板式换热器 4. 列管与板式换热器串联 5. 列管与板式换热器并联
停车		1. 停加热 2. 温度到 60℃以下停热风机、冷风机、冷却水 3. 停相应阀门 4. 正常关闭电源电脑
安全文明操作		1. 工作服、工作帽 2. 清洁卫生

项目三
吸收过程及应用技术

项目概述

　　化工生产中常常会遇到分离气体混合物的问题。为了分离混合气体中的各组分，通常将混合气体与某种液体相接触，混合气体中的一种或几种组分便溶解于液体内而形成溶液，不能溶解的组分则保留在气相中，从而达到分离气体混合物的目的。这种利用气体混合物各组分在液体中溶解度的差异而将其分离的操作称为吸收。混合气体中，能够溶解于液体的组分称为吸收质或溶质，以 A 表示；不能溶解的组分称为惰性组分，以 B 表示；吸收操作所用的液体称为吸收剂，以 S 表示；吸收得到的溶液称为吸收液，其主要成分为溶剂 S 和溶质 A；吸收排出的气体称为尾气，其主要成分是惰性组分 B 和少量溶质 A。

　　吸收过程只是使混合气体中的溶质溶解于吸收剂得到溶液，就溶质的存在形态看依然是混合物，并未得到纯度较高的气体溶质。在工业生产中，为得到较纯的溶质或者回收溶剂，还需要将吸收液进行解吸。解吸是吸收的逆过程，就是将溶质从吸收后的溶液中分离出来。

任务一
认识化工生产中的吸收

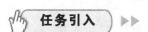

任务引入 ▶▶

你在图 3-1 中看到了些什么？它们都有什么作用？

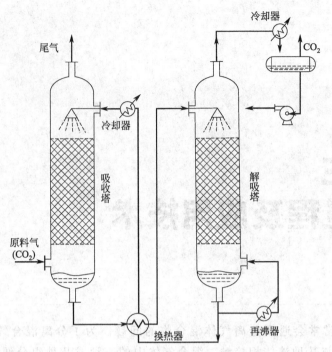

图 3-1　乙醇胺水溶液吸收 CO_2 工艺流程

任务分解 ▶▶▶

一、认识吸收的工业应用

（一）吸收的分类

1. 按过程有无显著的化学反应分类

（1）物理吸收　吸收过程中，溶质与吸收剂之间不发生明显的化学反应，如用水吸收二氧化碳。

（2）化学吸收　吸收过程中，溶质与吸收剂之间有显著的化学反应，如用硫酸吸收氨，用碱液吸收二氧化碳等。

2. 按被吸收的组分数目分类

（1）单组分吸收　混合气体中只有一个组分（溶质）进入液相，其余组分皆可认为不溶解于吸收剂，如合成氨原料中有 N_2、H_2、CO、CO_2 等几个组分，只有 CO_2 在高压水中有明显的溶解度，可视为单组分吸收。

（2）多组分吸收　混合气体中有两个或更多组分进入液相，如用洗油处理焦炉气时，气体中的苯、甲苯和二甲苯都明显溶于洗油，属于多组分吸收。

3. 按吸收过程有无温度变化分类

（1）非等温吸收　气体溶解于液体时，常常伴随着热效应，当有化学反应时，还会有反应热，其结果是随着吸收过程的进行，溶液温度会逐渐变化，则此过程为非等温吸收。

（2）等温吸收　若吸收过程的热效应较小，或者被吸收的组分在气相中浓度很低，而吸收剂用量相对较大时，温度变化不显著，则可认为是等温吸收。

4. 按混合气中溶质浓度分类

（1）高浓度吸收 通常根据生产经验，规定当混合气中溶质组分 A 的摩尔分数大于 0.1，且被吸收的数量较多时，称为高浓度吸收。

（2）低浓度吸收 如果溶质在气液两相中摩尔分数均小于 0.1，称为低浓度吸收。

本项目重点研究单组分低浓度等温物理吸收过程。

（二）吸收剂的选择

在吸收操作中，吸收剂的选择至关重要，其性能的优劣，常常是吸收效果好坏的关键。在选择吸收剂时，应考虑以下几方面的问题。

1. 溶解度

溶质在吸收剂中应有较大的溶解度，或者说，在一定温度与浓度下，溶质组分的气相平衡分压要低。从传质速率的角度讲，溶解度越大，吸收速率越快，所需吸收设备的尺寸就越小；从平衡的角度讲，溶解度越大，处理一定量的混合气体所需的吸收剂数量较少，尾气中溶质的极限残余浓度也可降低。

2. 选择性

吸收剂对溶质组分有良好吸收能力的同时，对混合气体中其他组分的溶解度要小或基本不吸收，这样才能实现较为完全的分离。

3. 挥发度

在操作温度下，吸收剂的挥发度宜小，这样可以减少吸收过程中的挥发损失，同时避免在尾气中引入新的杂质。

4. 黏度

在操作温度下，吸收剂的黏度越小，在塔内流动性越好，这样可以提高吸收速率，并且能够降低泵的输送能耗，减小传热阻力。

5. 再生性

吸收剂要易于再生。如果溶质在吸收剂中的溶解度对温度的变化比较敏感，即不仅在低温下溶解度大，而且随温度的升高，溶解度能够迅速下降，那就容易利用解吸操作使吸收剂再生。

6. 其他

所选择的吸收剂还应尽可能满足稳定性好、无毒、无腐蚀性、不易燃、价廉易得等安全和经济要求。

工业上的气体吸收操作中，很多情况下用水作吸收剂，只有对难溶于水的溶质，才采用特殊的吸收剂，如用洗油吸收苯和二甲苯。有时为了提高吸收的效果，也常采用化学吸收，例如用碳酸钾水溶液吸收二氧化碳和用醇胺溶液吸收硫化氢等。总之，吸收剂的选用，应从生产的具体要求和条件出发，全面考虑各方面的因素，做出经济、合理的选择。

（三）吸收在工业中的应用

（1）分离混合气体 例如用水或碱液脱出合成氨原料气中的二氧化碳达到精制气体的目的；用洗油吸收焦炉气中的苯、二甲苯达到回收混合气体中有用组分的目的；用硫酸钾水溶液吸收工业废气中的二氧化硫达到废气治理，保护环境的目的。

（2）制备某种气体的溶液 例如用水吸收二氧化氮制造硝酸，用水吸收氯化氢制取盐酸，用水吸收甲醛制取福尔马林溶液等。

二、吸收原理及基本计算

(一) 气液相平衡关系及其原理

1. 吸收操作相组成表示方法

（1）摩尔分数　是指在混合物中某组分的摩尔数 n_A 占混合物总摩尔数 n 的分率。对于混合物中的 A 组分有

$$气相：y_A = \frac{n_A}{n} \tag{3-1}$$

$$液相：x_A = \frac{n_A}{n} \tag{3-2}$$

式中　y_A，x_A——分别为组分 A 在气相和液相中的摩尔分数；

　　　　n_A——液相或气相中组分 A 的摩尔数；

　　　　n——液相或气相的总摩尔数。

$$y_A + y_B + \cdots + y_N = 1 \tag{3-3}$$
$$x_A + x_B + \cdots + x_N = 1 \tag{3-4}$$

（2）摩尔比　是指混合物中某组分 A 的摩尔数与惰性组分 B 的摩尔数之比，其定义式为

$$气相：Y_A = \frac{n_A}{n_B} \tag{3-5}$$

$$液相：X_A = \frac{n_A}{n_B} \tag{3-6}$$

式中　Y_A、X_A——分别为组分 A 在气相和液相中的摩尔比。

摩尔分数与摩尔比的关系为

$$x = \frac{X}{1+X} \tag{3-7}$$

$$y = \frac{Y}{1+Y} \tag{3-8}$$

$$或 \quad X = \frac{x}{1-x} \tag{3-9}$$

$$Y = \frac{y}{1-y} \tag{3-10}$$

（3）气体的总压与理想气体混合物中组分的分压　总压与某组分的分压之间的关系为

$$p_A = p y_A \tag{3-11}$$

摩尔比与分压之间的关系为

$$Y_A = \frac{p_A}{p - p_A} \tag{3-12}$$

【例 3-1】 在一 298K、常压下的吸收塔内，用水吸收混合气中的 SO_2。已知混合气中 SO_2 的体积分数为 20%，其余组分可看作惰性气体，出塔气体中含 SO_2 体积分数为 2%，试分别用摩尔分数、摩尔比表示出塔气体中 SO_2 的组成及 SO_2 的分压。

解：混合气可视为理想气体，以下标 2 表示出塔气体的状态。

$$y_2 = 0.02 \qquad Y_2 = \frac{y_2}{1-y_2} = \frac{0.02}{1-0.02} \approx 0.02$$

$$p_{A2} = py_2 = 101.3 \times 0.02 = 2.026 (\text{kPa})$$

2. 气体在液体中的溶解度

气体吸收的平衡关系指气体在液体中的溶解度。如果把氨气和水共同封存在容器中，令体系的压力和温度维持一定，由于氨易溶于水，氨的分子便穿越两相界面进入水中，但进到水中的氨分子也会有一部分返回气相，只不过刚开始的时候进多出少。随着水中溶解的氨越来越多，浓度越来越大，氨分子从溶液逸出的速率也就越大。直到最后氨分子从气相进入液相的速率等于它从液相返回气相的速率，溶液的浓度就不再变化，这种状态称为相际动态平衡，简称相平衡。此时溶液已经饱和，达到了它在一定条件下的溶解度，也就是指气体在液相中的饱和浓度，习惯上以单位质量（或体积）的液体中所含溶质的质量来表示，也表明一定条件下吸收过程可能达到的极限程度。平衡状态下气相中的溶质分压称为平衡分压或饱和分压。

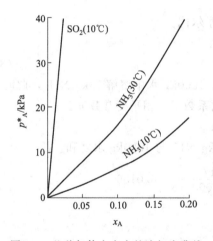

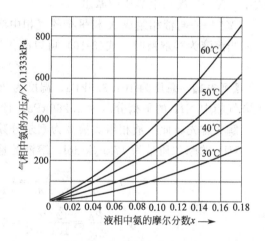

图 3-2　几种气体在水中的溶解度曲线　　　　图 3-3　氨在水中的溶解度

由图 3-2 可见，不同气体在水中的溶解度大小不同。在温度相同、气相平衡分压相同的情况下，NH_3 形成的溶液浓度远大于 SO_2 形成的溶液浓度，也就是 NH_3 的溶解度远大于 SO_2；从图 3-3 可以看出，即使同一种气体，在不同温度下溶解度差异也较大。在气相分压相同的情况下，温度越低，形成的溶液浓度越高，说明其溶解度越大，这将有利于吸收；在一定的温度下，随着气相分压的增加，溶质的溶解度也随之增加，这也将有利于吸收。

3. 亨利定律

在低浓度吸收操作中，气液相平衡（气液平衡）关系可用亨利定律描述：当总压不高（不超过 5×10^5 Pa）时，稀溶液上方气体溶质的平衡分压与溶质在液相中的平衡浓度成正比，即

$$p_A^* = Ex \tag{3-13}$$

式中　p_A^*——溶质在气相中的平衡分压，kPa；

　　　E——亨利系数，kPa；

　　　x——溶质在液相中的摩尔分数。

亨利系数 E 的值随物系而变化。当物系一定时，温度升高，E 值增大。亨利系数由实

验测定，一般易溶气体的 E 值小，难溶气体的 E 值大。

由于气、液相组成表示方法不同，亨利定律可有多种形式。

(1) 气液相组成用摩尔分数表示

$$y^* = mx \tag{3-14}$$

式中　x——液相中溶质的摩尔分数；

y^*——与液相组成 x 相平衡的气相中溶质的摩尔分数；

m——相平衡常数，无量纲。

相平衡常数 m 与亨利系数 E 的关系为：

$$m = \frac{E}{p} \tag{3-15}$$

当物系一定时，T 下降或 p 上升，则 m 下降。

(2) 气液相组成用摩尔比表示

$$Y^* = \frac{mX}{1+(1-m)X} \tag{3-16}$$

式中　X——液相中溶质的摩尔比；

Y^*——与液相组成 X 相平衡的气相中溶质的摩尔比。

当溶液为稀溶液时，式(3-16) 可以简化为：

$$Y^* \approx mX \tag{3-17}$$

【例 3-2】　总压为 101.325kPa、温度为 20℃时，1000kg 水中溶解 15kg NH_3，此时溶液上方气相中 NH_3 的平衡分压为 2.266kPa。计算亨利系数 E、相平衡常数 m。

解：首先将此气液相组成换算为摩尔分数 y 与 x。

NH_3 的摩尔质量为 17kg/kmol，溶液的量为 15kg NH_3 与 1000kg 水之和。故

$$x = \frac{n_A}{n} = \frac{n_A}{n_A + n_B} = \frac{15/17}{15/17 + 1000/18} = 0.0156$$

$$y^* = \frac{p_A^*}{p} = \frac{2.266}{101.325} = 0.0224$$

$$m = \frac{y^*}{x} = \frac{0.0224}{0.0156} = 1.436$$

$$E = pm = 101.325 \times 1.436 = 145.5(kPa)$$

4. 相平衡关系在吸收过程中的应用

(1) 判断过程的方向和推动力大小　对于尚未达到相平衡的系统，组分将由一相向另一相传递，其结果是使系统趋于平衡。所以，传质的方向是使系统向平衡状态变化。一定浓度的混合气体与某种溶液相接触，溶质是由液相向气相转移还是由气相向液相转移？可以利用相平衡关系作出判断。下面举例说明。

【例 3-3】　在 101.3kPa、20℃下，稀氨水的相平衡方程为 $y^* = 0.94x$，现将含氨摩尔分数为 0.10 的混合气体与 $x = 0.05$ 的氨水接触，试判断传质方向。若以含氨摩尔分数为 0.05 的混合气体与 $x = 0.10$ 的氨水接触，传质方向又如何？

解：实际气相摩尔分数 $y = 0.10$。根据相平衡关系，与实际 $x = 0.05$ 的溶液成平衡的气相摩尔分数 $y^* = 0.94 \times 0.05 = 0.047$

由于 $y > y^*$，故两相接触时将有部分氨自气相转入液相，即发生吸收过程。

同样，此吸收过程也可理解为实际液相摩尔分数 $x = 0.05$，与实际气相摩尔分数

$y=0.10$ 成平衡的液相摩尔分数 $x^* = \dfrac{y}{m} = 0.106$，$x^* > x$ 故两相接触时部分氨自气相转入液相。

若以含氨 $y=0.05$ 的气相与 $x=0.10$ 的氨水接触，通过计算，因 $y < y^*$ 或 $x^* < x$，部分氨将由液相转入气相，即发生解吸。

至于吸收的推动力，是用气、液接触的实际状态偏离平衡状态的程度表示。推动力通常用浓度差表示，比如 $p-p^*$、$Y-Y^*$、X^*-X 等。其他形式的推动力可以类推。

（2）指明过程的极限　将溶质摩尔分数为 y_1 混合气体通入某吸收塔的底部，溶剂从塔顶淋入进行逆流吸收。当气、液两相的流量、温度和压力一定情况下，设塔高无限（即接触时间无限长），最终溶液中溶质的极限浓度是与气相进口摩尔分数 y_1 相平衡的液相组成 x_1^*，即 $x_{1\max} = x_1^* = \dfrac{y_1}{m}$。

同理，尾气溶质含量 $y_{2\min}$ 是进塔吸收剂的溶质摩尔分数 x_2 相平衡的气相组成 y_2^*，即 $y_{2\min} = y_2^* = mx_2$。

由此可见，相平衡关系确定了吸收剂出塔时的溶质最高含量和气体混合物离塔时最低含量。

（二）吸收机理

吸收操作是溶质从气相转移到液相的传质过程，其中包括溶质由气相主体向气液相界面的传递，溶质在相界面上的溶解和由相界面向液相主体的传递过程。因此，讨论吸收过程的机理，首先要说明物质在单相（气相或液相）中的传递规律。

1. 传质的基本方式

物质在单相中的传递是扩散作用，发生在流体中的扩散有分子扩散与涡流扩散两种。

（1）分子扩散　分子扩散一般发生在静止或层流流动的流体里，凭借着流体分子的热运动而进行物质传递。其本质是物质在一相内部有浓度差的条件下，由分子的无规则热运动而引起的物质传递现象。

分子扩散速率主要取决于扩散物质和流体的某些物理性质。分子扩散速率与其在扩散方向上的浓度梯度及扩散系数成正比。

（2）涡流扩散　涡流扩散发生在湍流流体里，凭借流体质点的湍动和漩涡而进行物质传递。涡流扩散时，扩散物质不仅靠分子本身的扩散作用，并且借助湍流流体的携带作用而转移，而且后一种作用是主要的。涡流扩散速率比分子扩散速率大得多。由于涡流扩散系数难于测定和计算，常将分子扩散与涡流扩散两种传质作用结合起来予以考虑即对流扩散过程。

2. 双膜理论

吸收过程是在气液两相间进行的传质过程，关于这种相际间的传质过程的机理曾提出多种不同的理论，其中惠特曼（W. G. Whitman）在 20 世纪 20 年代提出的双膜理论一直占有重要地位。

双膜理论包含以下几点基本假设：

① 相互接触的气液两相流体间存在着稳定的分界面叫相界面。在相界面两侧附近各有一层稳定的气膜和液膜。这两层薄膜可以认为是由气液两流体的层流层组成，吸收质以分子扩散的方式通过这两个膜层。膜的厚度随流体的流速而变，流速愈大膜层厚度愈小。

② 无论气、液两相主体中吸收质的浓度是否达到平衡，但在相界面处，吸收质在两相中的浓度达到平衡，即相界面上没有阻力。

③ 在两膜层以外的气、液两相分别称为气相主体与液相主体。在气、液两相的主体中，由于流体充分湍动，物质的浓度是均匀的，即两相主体内浓度梯度皆为零。

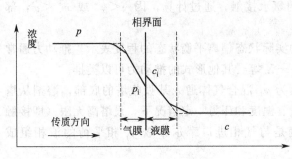

图 3-4 双膜理论示意图

双膜理论把复杂的相际传质过程归结为经由两个流体膜层的分子扩散过程，即全部浓度变化集中在气膜和液膜内，阻力集中在两膜层之中，所以双膜理论也可称为双阻力理论。

双膜理论示意图见图 3-4 所示。对于具有稳定相界面的系统以及流动速度不高的两流体间的传质，双膜理论与实际情况是大体符合的。基于这一理论的基本概念所确定的传质速率关系，至今仍是设计吸收设备的主要依据，此理论对实际生产具有重要的指导意义。但是对于不具有固定相界面的系统，尤其是高度湍动的两流体间的传质，双膜理论表现出它的局限性。

(三) 吸收速率方程和吸收系数

由吸收机理可知，吸收过程的相际传质是由气相与界面的对流传质、界面上溶质的溶解、液相与界面的对流传质三个过程构成。仿照间壁两侧对流给热过程传热速率的分析思路，分析对流传质过程的传质速率 N_A 的表达式。

1. 气体吸收速率方程式

(1) 气相与界面的传质速率

$$N_A = k_G(p - p_i) \tag{3-18}$$
$$N_A = k_y(y - y_i) \tag{3-19}$$
$$N_A = k_Y(Y - Y_i) \tag{3-20}$$

式中　N_A——单位时间内组分 A 扩散通过单位面积的物质的量，即传质速率，$kmol/(m^2 \cdot s)$；

　p、p_i——溶质 A 在气相主体与界面处的分压，kPa；

　y、y_i——溶质 A 在气相主体与界面处的摩尔分数；

　Y、Y_i——溶质 A 在气相主体与界面处的摩尔比；

　k_G——以分压差表示推动力的气相传质系数，$kmol/(s \cdot m^2 \cdot kPa)$；

　k_y——以摩尔分数差表示推动力的气相传质系数，$kmol/(s \cdot m^2)$；

　k_Y——以摩尔比差表示推动力的气相传质系数，$kmol/(s \cdot m^2)$。

(2) 液相与界面的传质速率

$$N_A = k_L(c_i - c) \tag{3-21}$$

或
$$N_A = k_x(x_i - x) \tag{3-22}$$
$$N_A = k_X(X_i - X) \tag{3-23}$$

式中　c，c_i——溶质 A 在液相主体与界面处的浓度，$kmol/m^3$；

　x，x_i——溶质 A 在液相主体与界面处的摩尔分数；

　X，X_i——溶质 A 在液相主体与界面处的摩尔比；

k_L——以摩尔浓度差表示推动力的液相传质系数，m/s；

k_x——以摩尔分数差表示推动力的液相传质系数，kmol/(s·m^2)；

k_X——以摩尔比差表示推动力的气相传质系数，kmol/(s·m^2)。

相界面上的浓度 y_i、x_i 和 Y_i、X_i，根据双膜理论成平衡关系，但是无法测取。

以上传质速率用不同的推动力表达同一个传质速率，类似于传热中牛顿冷却定律的形式，即传质速率正比于界面浓度与流体主体浓度之差，将其他所有影响对流传质的因素均包括在气相（或液相）传质系数之中。传质系数 k_G、k_y、k_L、k_x 的数据只有根据具体操作条件由实验测取，它们与流体流动状态、流体物性、扩散系数、密度、黏度和传质界面形状等因素有关，类似于传热中对流给热系数的研究方法。对流传质系数也有经验关联式，可查阅有关手册。

（3）相际传质速率方程——吸收总传质速率方程　气相和液相传质速率方程涉及相界面上的浓度（p_i、y_i、c_i、x_i），由于相界面是不断变化的，该参数很难获取。工程上常利用相际传质速率方程来表示吸收的速率方程。即

$$N_A = K_G(p - p^*) = \frac{p - p^*}{\dfrac{1}{K_G}} \tag{3-24}$$

$$N_A = K_Y(Y - Y^*) = \frac{Y - Y^*}{\dfrac{1}{K_Y}} \tag{3-25}$$

$$N_A = K_L(c^* - c) = \frac{c^* - c}{\dfrac{1}{K_L}} \tag{3-26}$$

$$N_A = K_X(X^* - X) = \frac{(X^* - X)}{\dfrac{1}{K_X}} \tag{3-27}$$

式中　c^*，X^*，p^*，Y^*——分别与液相主体或气相主体组成平衡关系的浓度；

X、Y——用摩尔比表示的液相主体与气相主体浓度；

K_L——以液相浓度差为推动力的总传质系数，m/s；

K_G——以气相浓度差为推动力的总传质系数，kmol/(m^2·s·kPa)；

K_X——以液相摩尔比浓度差为推动力的总传质系数，kmol/(m^2·s)；

K_Y——以气相摩尔比浓度差为推动力的总传质系数，kmol/(m^2·s)。

2. 吸收阻力的控制

通常传质速率可以用传质系数乘以推动力表达，也可用推动力与传质阻力之比表示。从以上总传质系数与单相传质系数关系式可以得出，总传质阻力等于两相传质阻力之和，这与两流体间壁换热时总传热热阻等于对流传热所遇到的各项热阻加和相同。

$$\frac{1}{K_Y} = \frac{m}{k_X} + \frac{1}{k_Y} \tag{3-28}$$

$$\frac{1}{K_X} = \frac{1}{k_X} + \frac{1}{mk_Y} \tag{3-29}$$

由双膜理论可知，吸收过程中溶质以对流扩散的方式从气相主体转移到气膜边界，以分子扩散的方式先后通过气膜和液膜，再以对流扩散的方式进入液相主体，整个传质过程的阻力都集中在气膜和液膜中。根据流体力学原理，流体的湍流程度越大，气膜和液膜的厚度越

薄。因此，提高流体的湍动程度，可以减少扩散阻力，提高吸收速率。

（1）气膜控制　对于易溶气体，m 值很小，当 k_X 与 k_Y 数量级相当时，$\dfrac{m}{k_X} \ll \dfrac{1}{k_Y}$，根据式（3-28），$\dfrac{1}{K_Y} \approx \dfrac{1}{k_Y}$，即传质阻力主要集中在气相，此吸收过程由气相阻力控制（气膜控制）。如用水吸收氯化氢、氨气等过程即是如此。对于气膜控制的吸收过程，要强化传质过程，提高吸收速率，在选择设备形式及确定操作条件时，应特别注意减小气膜的阻力。

（2）液膜控制　对于难溶气体，m 值很大，当 k_X 与 k_Y 数量级相当时，在式（3-29）中，$\dfrac{1}{k_X} \gg \dfrac{1}{mk_Y}$，即 $\dfrac{1}{K_X} \approx \dfrac{1}{k_X}$，即传质阻力主要集中在液相，此吸收过程由液相阻力控制（液膜控制）。如用水吸收二氧化碳、氧气等过程即是如此。对于液膜控制的吸收过程，要强化传质过程，提高吸收速率，在选择设备形式及确定操作条件时，应特别注意减小液膜阻力。

对于具有中等溶解度的气体吸收过程，气膜阻力与液膜阻力均不可忽略。要提高吸收过程速率，必须从降低气、液两膜阻力入手，才能得到满意的效果。

（四）吸收塔的物料衡算

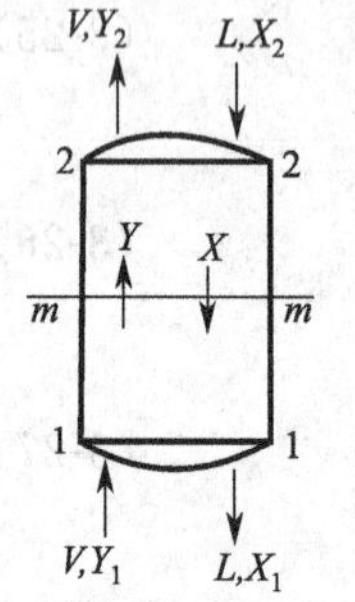

图 3-5　逆流接触吸收塔示意图

相平衡关系描述的是气、液两相接触传质的极限状态，而在吸收塔操作中，气、液两相的操作关系则需要通过物料衡算来分析。吸收过程既可采用板式塔又可采用填料塔。为了叙述方便，本项目将主要以连续操作的填料塔为例进行分析和讨论。

在填料塔内，气液两相可作逆流也可作并流流动。在两相进出口组成相同的情况下，逆流的平均推动力大于并流。逆流时下降至塔底的液体与刚刚进塔的混合气体接触，有利于提高出塔液体的浓度，可以减少吸收剂的用量；上升至塔顶的气体与刚刚进塔的新鲜吸收剂接触，有利于降低出塔气体的含量，可提高溶质的吸收率。因此，逆流操作在工业生产中较为常见。

1. 物料衡算与操作线方程

（1）物料衡算　图 3-5 所示为一个稳定操作下的逆流接触吸收塔。塔底截面用 1-1 表示，塔顶截面用 2-2 表示，塔中任一截面用 m-m 表示。图中各符号意义如下：

V——单位时间通过吸收塔的惰性气体量，kmol/s；

L——单位时间通过吸收塔的吸收剂量，kmol/s；

Y_1，Y_2——分别为进塔和出塔气体中溶质组分的摩尔比，kmol(A)/kmol(B)；

X_1，X_2——分别为出塔和进塔液体中溶质组分的摩尔比，kmol(A)/kmol(S)。

在稳定操作条件下，V 和 L 的量没有变化；气相从进塔到出塔，溶质的浓度是逐渐减小；而液相从进塔到出塔，吸收质的浓度是逐渐增大的。在不考虑物料损失的情况下，单位时间进塔物料中溶质 A 的量等于出塔物料中 A 的量，或者气相中溶质 A 减少的量等于液相中溶质 A 增加的量，即

$$VY_1 + LX_2 = VY_2 + LX_1 \tag{3-30}$$

或
$$V(Y_1 - Y_2) = L(X_1 - X_2) \tag{3-31}$$

一般在吸收操作中，进塔混合气的组成 Y_1 和惰性气体流量 V 是由吸收任务给定的。吸收剂初始浓度 X_2 和流量 L 往往根据生产工艺确定，如果溶质回收率 η 也确定，则气体离塔组成 Y_2 也是定值。

$$Y_2 = Y_1(1-\eta) \tag{3-32}$$

η 为混合气体中溶质 A 被吸收的百分率，称为吸收率或回收率。

$$\eta = \frac{VY_1 - VY_2}{VY_1} = \frac{Y_1 - Y_2}{Y_1} = 1 - \frac{Y_2}{Y_1} \tag{3-33}$$

（2）**操作线方程与操作线** 操作线方程是描述塔内任一截面上气相组成 Y 和液相组成 X 之间关系的方程。若对塔底截面与塔内任意截面 m-m 间作溶质的物料衡算，得：

$$VY_1 + LX = VY + LX_1 \tag{3-34}$$

整理得

$$Y = \frac{L}{V}X + \left(Y_1 - \frac{L}{V}X_1\right) \tag{3-35}$$

若对塔顶截面与塔内任意截面 m-m 间作溶质的物料衡算，得：

$$VY + LX_2 = VY_2 + LX \tag{3-36}$$

整理得

$$Y = \frac{L}{V}X + \left(Y_2 - \frac{L}{V}X_2\right) \tag{3-37}$$

式（3-35）和式（3-37）都是逆流吸收塔操作线方程。由此可知，塔内任一截面上气、液两相组成之间呈线性关系。根据全塔物料衡算可以看出，两方程表示的是同一条直线。该直线斜率是 L/V，通过塔底 $B(X_1, Y_1)$ 及塔顶 $T(X_2, Y_2)$ 两点。见图 3-6。

图 3-6 所示为逆流吸收塔操作线和平衡线示意图。曲线 OE 为平衡线，BT 为操作线。操作线与平衡线之间的距离为吸收操作推动力的大小，操作线离平衡线越远，推动力越大。

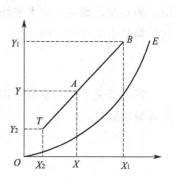

图 3-6 逆流吸收塔操作线和平衡线示意图

操作线上任意一点 A 代表塔内相应截面上的气、液相浓度 Y、X 之间的关系。在进行吸收操作时，塔内任一截面上，吸收质在气相中的浓度总是要大于与其接触的液相的气相平衡浓度，所以吸收过程操作线的位置在平衡线上方。

2. 吸收剂用量的确定

在吸收塔的操作计算中，需要处理的气体流量及气相的初浓度和终浓度均由生产任务所规定。吸收剂的入塔浓度则常由工艺条件决定或由设计者选定，但吸收剂的用量和出塔浓度尚未确定。

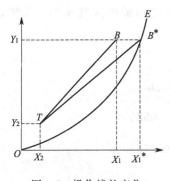

图 3-7 操作线的变化

（1）**吸收剂用量对吸收操作的影响** 如图 3-7 所示，当混合气体量 V、进口组成 Y_1、出口组成 Y_2 及液体进口浓度 X_2 一定的情况下，操作线 T 端一定，若减少吸收剂量 L，操作线斜率变小，点 B 便沿水平线 $Y = Y_1$ 向右移动，其结果是使出塔吸收液组成逐渐增大，但此时吸收推动力逐渐变小，完成同样吸收任务所需的塔高增大，设备费用增大。当吸收剂用量减少到 B^* 点与平衡线 OE 相交时，即塔底溶液组成与刚进塔的混合气组成达到平衡，这就是理论上吸收液所能达到的最高浓度，但此时吸收过程推动力为零，因而需要无限大的相际接触面积，即需要无限高的塔，这在实际生产上是无法实现的。这只能用来表示吸收的极限情况，此种状况下吸收操作线 BT 的斜率称为最小液气比，以 $(L/V)_{\min}$ 表示；相应的吸收剂用量即为最小吸收剂用量，以 L_{min} 表示。

反之，若增大吸收剂用量，则点 B 将沿水平线向左移动，使操作线远离平衡线，吸收过程推动力增大，有利于吸收操作。但超过一定限度后，使吸收剂消耗量、输送及回收等操作费用急剧增加。

由以上分析可见，吸收剂用量的大小，应综合考虑设备费用和操作费用两方面的影响，选择适宜的液气比，使两种费用之和最小。根据生产实践经验，一般情况下实际吸收剂用量为最小用量的 $1.1 \sim 2.0$ 倍是比较适宜的，即

$$\frac{L}{V} = (1.1 \sim 2)\left(\frac{L}{V}\right)_{min} \tag{3-38}$$

或

$$L = (1.1 \sim 2)L_{min} \tag{3-39}$$

（2）最小液气比 $(L/V)_{min}$　最小液气比可用图解法求得。如果平衡曲线符合如图 3-7 所示的情况，则需找到水平线 $Y = Y_1$ 与平衡线的交点 B^*，从而读出 X_1^* 的数值，然后用下式计算最小液气比，即

$$\left(\frac{L}{V}\right)_{min} = \frac{Y_1 - Y_2}{X_1^* - X_2} \tag{3-40}$$

若平衡关系符合亨利定律，平衡曲线 OE 是直线，可用 $Y^* = mX$ 表示，则直接用下式计算最小液气比，即

$$\left(\frac{L}{V}\right)_{min} = \frac{Y_1 - Y_2}{\dfrac{Y_1}{m} - X_2} \tag{3-41}$$

若用新鲜吸收剂吸收，即 $X_2 = 0$，则

$$\left(\frac{L}{V}\right)_{min} = \frac{Y_1 - Y_2}{\dfrac{Y_1}{m}} = m\eta \tag{3-42}$$

必须指出，为了保证填料表面能被液体充分润湿，还应考虑到单位塔截面上单位时间流下的液体量不得小于某一最低值。吸收剂最低用量应确保传质所需的填料层表面全部润湿。

【例 3-4】　在一填料塔中，用洗油逆流吸收混合气体中的苯。已知混合气体的流量为 $1600 \text{m}^3/\text{h}$，进塔气体中含苯 5%（摩尔分数，下同），操作温度为 $25℃$，压力为 101.3kPa，洗油进塔浓度为 0.015%，相平衡关系为 $Y^* = 26X$，操作液气比为最小液气比的 1.3 倍，要求吸收率为 90%，试求吸收剂用量及出塔洗油中苯的含量。

解： 先将摩尔分数换算为摩尔比

$$y_1 = 0.05, \quad Y_1 = \frac{y_1}{1-y_1} = \frac{0.05}{1-0.05} = 0.0526$$

根据吸收率的定义 $Y_2 = Y_1(1-\eta) = 0.0526 \times (1-0.90) = 0.00526$

$$x_2 = 0.00015, \quad X_2 = \frac{x_2}{1-x_2} = \frac{0.00015}{1-0.00015} = 0.00015$$

混合气体中惰性气体量为

$$V = \frac{1600}{22.4} \times \frac{273}{273+25} \times (1-0.05) = 62.2 (\text{kmol/h})$$

由于气液相平衡关系 $Y^* = 26X$，则

$$\left(\frac{L}{V}\right)_{\min} = \frac{Y_1 - Y_2}{\dfrac{Y_1}{m} - X_2} = \frac{0.0526 - 0.00526}{\dfrac{0.0526}{26} - 0.00015} = 25.3$$

实际液气比为

$$\frac{L}{V} = 1.3\left(\frac{L}{V}\right)_{\min} = 1.3 \times 25.3 = 32.9 \qquad L = 32.9V = 32.9 \times 62.2 = 2.05 \times 10^3 (\text{kmol/h})$$

出塔洗油中苯的含量为

$$X_1 = \frac{V(Y_1 - Y_2)}{L} + X_2 = \frac{62.2}{2.05 \times 10^3} \times (0.0526 - 0.00526) + 0.00015$$
$$= 1.59 \times 10^{-3} [\text{kmol(A)/kmol(S)}]$$

 练习题

(一) 填空题

1. 单相传质的基本方式有：（   ）和（   ）。

2. 气体的溶解度随（   ）升高而减少，随（   ）升高而增大，所以（   ）对吸收操作有利。

3. 吸收过程中，温度不变，压力增大，可使相平衡常数（   ），传质推动力（   ）。

4. 吸收混合气中苯，已知 $y_1 = 0.04$，吸收率是 80%，则 Y_1、Y_2 是（   ）和（   ）。

5. 已知常压、20℃时稀氨水的相平衡关系为 $Y^* = 0.94X$，今使含氨 6%（摩尔分数）的混合气体与 $X = 0.05$ 的氨水接触，则将发生（   ）过程。

6. 在吸收操作中，操作温度升高，其他条件不变，相平衡常数 m 将（   ）。

(二) 选择题

1. 利用气体混合物各组分在液体中溶解度的差异将其分离的操作称为（   ）。

A. 蒸馏　　　　　　B. 萃取　　　　　　C. 吸收　　　　　　D. 解吸

2. 吸收操作的目的是分离（   ）。

A. 气体混合物　　　　　　　　　　　B. 液体均相混合物

C. 气液混合物　　　　　　　　　　　D. 部分互溶的均相混合物

3. 吸收过程是溶质（   ）的传递过程。

A. 从气相向液相　　B. 气液两相之间　　C. 从液相到气相　　D. 任一相态

4. 选择吸收剂时不需要着重考虑的是（   ）。

A. 对溶质的溶解度　　B. 对溶质的选择性　　C. 挥发度　　　　　　D. 密度

5. 选择吸收剂时应重点考虑的是（   ）性能。

A. 挥发度＋再生性　　　　　　　　　B. 选择性＋再生性

C. 挥发度＋选择性　　　　　　　　　D. 溶解度＋选择性

6. 对于具有较大溶解度的气体吸收过程，要提高吸收系数，应从减小（   ）阻力入手。

A. 气膜　　　　　　B. 气膜和液膜　　　C. 液膜　　　　　　D. 相界面上

7. 当 $X^* > X$ 时，（   ）。

A. 发生吸收过程　　B. 发生解吸过程　　C. 吸收推动力为零

（三）计算题

1. 已知在 20℃ 及 1atm 下，空气与 SO_2 的混合气体中含 SO_2 10%（体积分数），某 SO_2 水溶液中含 SO_2 1.5%（质量分数），试把 SO_2 在混合气体中的浓度及在水溶液中的浓度换算为用摩尔分数及摩尔比表示的浓度。

2. 在总压 101.3kPa 及 30℃下，氨在水中的溶解度为 1.72g（NH_3）/100g（H_2O）。若氨水的气液相平衡关系符合亨利定律，相平衡常数为 0.764，试求气相组成 Y。

3. 吸收塔的某截面上，含氨 3%（体积分数）的气体与 $X_2 = 0.018$ 的氨水相遇，已知气膜吸收分系数为 $k_Y = 0.0005$kmol/（$m^2 \cdot s$），液膜吸收分系数为 $k_X = 0.00833$kmol/（$m^2 \cdot s$），平衡关系可以用亨利定律表示，平衡常数为 $m = 0.753$，求该截面处的气相总阻力和吸收速率。

4. 混合气体中含丙酮为 10%（体积分数），其余为空气。现在用清水吸收丙酮的 95%，已知进塔的空气量为 50 kmol/h，求尾气中丙酮的含量和所需设备的吸收速率。

5. 用清水吸收混合气体中的可溶组分 A。吸收塔内的操作压强为 105.7 kPa，温度为 27℃，混合气体的处理量为 1280m^3/h，其中 A 物质的摩尔分数为 0.03，要求 A 的回收率为 95%。操作条件下的平衡关系可表示为：$Y = 0.65X$。若取溶剂用量为最小用量的 1.4 倍，求每小时送入吸收塔顶的清水量 L 及吸收液组成 X_1。

6. 在总压为 3.039×10^5 Pa（绝压），温度为 20℃下用纯水吸收混合气中的 SO_2。SO_2 的初始含量为 0.05（摩尔分数），要求在处理后的气体中 SO_2 的含量不超过 1%（体积分数）。已知在常压下 20℃时的平衡关系为 $y = 13.9x$，试求逆流与并流时的最小液气比各为多少？

任务二
吸收设备的认识及操作

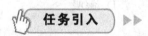

你从图 3-8 中看到了哪些吸收塔附件？它们有什么作用？

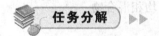

一、认识吸收设备

吸收设备以塔式最常用。吸收设备有多种形式，按气液相接触形态分为三类。第一类是气体以气泡形态分散在液相中的板式塔、鼓泡吸收塔、搅拌鼓泡吸收塔；第二类是液体以液滴状分散在气相中的喷射器、文氏管、喷雾塔；第三类为液体以膜状运动与气相进行接触的填料吸收塔和降膜吸收塔。

塔内气液两相的流动方式可以逆流也可并流。通常采用逆流操作，吸收剂以塔顶加入自上而下流动，与从下向上流动的气体接触，吸收了吸收质的液体从塔底排出，净化后的气体从塔顶排出。

另外，按气、液两相接触方式的不同可将吸收设备分为级式接触与微分接触两大类。图

3-9 所示为这两类设备中典型的吸收塔示意图。

在图 3-9 所示的板式吸收塔中，气体与液体为逐级逆流接触。气体自下而上通过板上小孔逐板上升，在每一板上与溶剂接触，其中可溶组分被部分溶解。在此类设备中，气体每上升一块塔板，其可溶组分的浓度阶跃式地降低；溶剂逐板下降，其可溶组分的浓度则阶跃式地升高。但在级式接触过程中所进行的吸收过程仍可不随时间而变，为定态连续过程。

在图 3-9 所示设备中，液体呈膜状沿壁流下，此为湿壁塔或降膜塔。更常见的是在塔内充以诸如瓷环之类的填料，液体自塔顶均匀淋下并沿填料表面下流，气体通过填料间的空隙上升与液体作连续的逆流接触。在这种设备中，气体中的可溶组分不断地被吸收，其浓度自下而上连续地降低；液体则相反，其中可溶组分的浓度则由上而下连续地增高，此乃微分接触式的吸收设备。上述两种不同接触方式的传质设备中所进行的吸收或其他传质过程可以是定态的连续过程，即设备内的过程参数都不随时间而变；也可以是非定态的，即间歇操作或脉冲式的操作。

级式与微分接触两类设备不仅用于气体吸收，同样也用于液体精馏、萃取等其他传质单元操作。

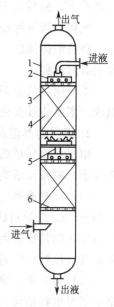

3-8 填料塔结构示意图

1—塔体；2—液体分布器；3—填料压紧装置；4—填料层；5—液体再分布器；6—填料支承装置

（一）填料塔

1. 填料塔的结构

填料塔由塔体、填料、液体分布装置、填料压紧装置、填料支承装置、液体再分布装置等构成。如图 3-8 所示。

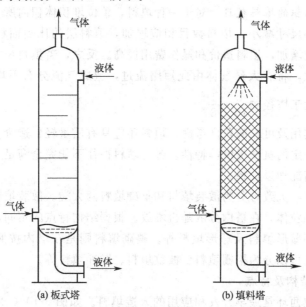

(a) 板式塔 (b) 填料塔

图 3-9　两类典型吸收塔示意图

填料塔操作时，液体自塔上部进入，通过液体分布器均匀喷洒在塔截面上并沿填料表面呈膜状下流。当塔较高时，由于液体有向塔壁面偏流的倾向，使液体分布逐渐变得不均匀，因此经过一定高度的填料层以后，需要液体再分布装置，将液体重新均匀分布到下段填料层的截面上，最后从塔底排出。

气体自塔下部经气体分布装置送入，通过填料支承装置在填料缝隙中的自由空间上升并与下降的液体接触，最后从塔顶排出。为了除去尾气中夹带的少量雾状液滴，在气体出口处常装有除沫器。

填料层内气液两相呈逆流接触，填料的润湿表面即为气液两相的主要传质表面，两相的组成沿塔高连续变化。

2. 填料的类型及性能评价

填料是填料塔的核心部分，它提供了气液两相接触传质的界面，是决定填料塔性能的主要因素。对操作影响较大的填料特性如下。

(1) 比表面积　单位体积填料层所具有的表面积称为填料的比表面积，以 δ 表示，其单位为 m^2/m^3。填料的比表面积越大，所能提供的气液接触面积越大。同一种类的填料，尺寸越小，则其比表面积越大。需要注意的是，由于填料堆积时的重叠及填料润湿不完全，实际的气液接触面积通常小于填料的总表面积。

(2) 空隙率　单位体积填料层所具有的空隙体积，称为填料的空隙率，以 ε 表示。空隙率不仅与填料结构有关，还与填料的装填方式有关。在填料塔内，气液是在填料间的空隙中通过，所以空隙率大，气液通过能力大且流动阻力小。

(3) 填料因子　将 δ 与 ε 组合成 δ/ε^3 的形式称为干填料因子，单位为 m^{-1}。填料因子表示填料的流体力学性能。当填料被喷淋的液体润湿后，填料表面覆盖了一层液膜，δ 与 ε 均发生相应变化，此时 δ/ε^3 称为湿填料因子，以 ϕ 表示。ϕ 反映了实际操作时填料的流体力学性能，其值可作为衡量各种填料通过能力和压降的依据。ϕ 值小则填料层阻力小，发生液泛时的气速提高，流体力学性能好。

(4) 单位堆积体积的填料数目　对于一种填料，单位堆积体积内所含填料的数量是由填料尺寸决定的。填料尺寸减小，填料数目相应增加，填料层的比表面积也增大而空隙率减小，气体阻力亦相应增加，填料造价和操作费用提高。反之，若填料尺寸过大，在靠近塔壁处，填料层空隙很大，将有大量气体由此短路流过，造成气流分布不均匀。为控制这种现象，填料尺寸不应大于塔径的 $\frac{1}{10} \sim \frac{1}{8}$。

此外，从经济实用及可靠的角度考虑，填料还应具有质量轻、造价低、坚固耐用、不易堵塞、耐腐蚀，有一定的机械强度等特性。各种填料往往不能完全满足上述所有条件，实际应用时，应依具体情况加以选择。

填料的种类很多，大致可分为散装填料和整砌填料两大类。散装填料是一粒粒具有一定几何形状和尺寸的颗粒体，在塔内分散随机堆放。根据结构特点的不同，散装填料分为环形填料、鞍形填料、环鞍形填料及球形填料等。整砌填料则是在塔内按照一定规则排列的填料，根据其几何结构可以分为格栅填料、波纹填料、脉冲填料等。

3. 常见填料的结构及特点

(1) 拉西环　拉西环是最早开发和应用的人造填料。如图 3-10 (a) 所示，它是外径与高度相等的环形填料，可用陶瓷、金属和塑料制成。拉西环形状简单，制造容易，但是由于拉西环为圆柱形，堆积时相邻环之间容易形成线接触，导致操作时有严重的沟流和壁流现象，气液分布较差，传质效率低。另外，由于其填料层持液量大，气体通过填料层的阻力大，通量较低，目前拉西环工业应用日趋减少。

（2）鲍尔环 鲍尔环是针对拉西环存在的缺点加以改进的开孔环形填料。如图 3-10 （b）所示，在拉西环的侧壁上开出两排长方形的窗孔，被切开的环壁一侧仍与壁面相连，另一侧向环内弯曲，形成内伸的舌叶，舌叶的侧边在环中心相搭。这种构造使得环内空间和环内表面得以有效利用。同一材质、同种规格的拉西环与鲍尔环填料相比，鲍尔环的气体通量比拉西环增大 50% 以上，传质效率增加 30% 左右。鲍尔环填料以其优良的性能得到了广泛的工业应用。

（3）阶梯环 阶梯环是 20 世纪 70 年代对鲍尔环进一步改进的填料，其形状如图 3-10（c）所示。阶梯环圆筒部分的高度约为直径的一半，圆筒一端有向外翻卷的喇叭口，其高度为全高的 1/5。阶梯环的空隙率大，填料个体之间呈点接触，使液膜不断更新，压力降小，传质效率高，是目前环形填料中性能最为良好的一种。阶梯环多用金属和塑料制造。

（4）鞍形填料 鞍形填料是敞开型填料，包括弧鞍填料与矩鞍填料，其形状如图 3-10（d）和（e）所示。与拉西环相比，鞍形填料只有外表面，表面利用率高，气流阻力小。弧鞍填料是两面对称结构，有时在填料层中形成局部叠合或架空现象，且强度较差，容易破碎影响传质效率。与弧鞍形填料相比，矩鞍形填料的均匀性和机械强度大为提高，空隙率也有所提高，阻力较低，不易堵塞，制造比较简单，性能较好。通常用陶瓷制成。

（5）金属鞍环 金属鞍环填料是一种综合了环形填料和鞍形填料优点的新型填料，如图 3-10（f）所示。金属鞍环采用极薄的金属板轧制，其结构上既有类似开孔环形填料的圆环、开孔和内伸的叶片，也有类似矩鞍填料的侧面，集环形填料通过能力大和鞍形填料流体分布好的优点于一身。

（6）球形填料 球形填料一般采用塑料材质注塑而成，其结构有许多种，如图 3-10（g）、（h）所示。球体为空心，可以允许气体、液体从内部通过。填料装填密度均匀，不易产生空穴和架桥，气液分散性能好。球形填料一般适用于某些特定场合，工程上应用较少。

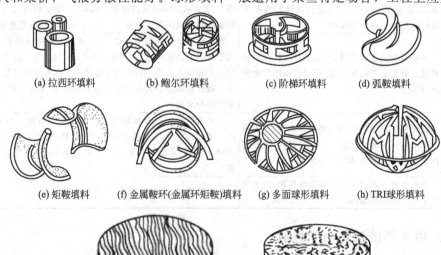

| (a) 拉西环填料 | (b) 鲍尔环填料 | (c) 阶梯环填料 | (d) 弧鞍填料 |

| (e) 矩鞍填料 | (f) 金属鞍环(金属环矩鞍)填料 | (g) 多面球形填料 | (h) TRI球形填料 |

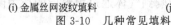

(i) 金属丝网波纹填料　　(j) 金属板波纹填料

图 3-10 几种常见填料

（7）波纹填料 以上几种填料都属于散装填料，在塔内为乱堆形式，阻力较大。在对难分离物系、热敏性物系进行精密精馏及真空精馏时，为维持一定的真空度和较低的沸点，填料塔的压降应尽可能小，波纹填料特别适用于这些情况。波纹填料是由许多波纹薄板组成的圆盘状填料，波纹与水平方向成45°倾角，相邻两波纹板反向靠叠，使波纹倾斜方向相互垂直。各盘填料垂直叠放于塔内，相邻的两盘填料间交错90°排列，如图3-10(i)、(j)所示。优点是结构紧凑，比表面积大，传质效率高，填料阻力小，处理能力提高。其缺点是不适于处理黏度大、易聚合或有悬浮物的物料，填料装卸、清理较困难，造价也较高。

无论散装填料还是整砌填料，它们的材质均可用陶瓷、金属和塑料制造。陶瓷填料应用最早，其润湿性能好，但因较厚，空隙小，阻力大，气液分布不均匀导致效率较低，而且易破碎，故仅用于高温、强腐蚀的场合。金属填料强度高，壁薄，空隙率和比表面积大，故性能良好。不锈钢较贵，碳钢便宜但耐腐蚀性差，在无腐蚀场合广泛采用。塑料填料价格低廉，不易破碎，质轻耐蚀，加工方便，但润湿性能差。

4. 填料塔的附件

填料塔的附件主要有填料支承装置、填料压紧装置、液体分布装置、液体再分布装置和除沫装置等。合理地选择和设计填料塔的附件，对保证填料塔的正常操作及良好的传质性能十分重要，见表3-1。

表 3-1 填料塔的附件

名称	作用	结构类型
填料支承装置	用于支承塔内填料及其持有的液体重量。故支承装置要有足够的强度。同时为使气液顺利通过，支承装置的自由截面积应大于填料层的自由截面积，否则当气速增大时，填料塔的液泛将首先在支承装置处发生	常用的填料支承装置有栅板型、孔管型、驼峰型等，如图3-11所示
填料压紧装置	安装于填料上方，保持操作中填料床层高度恒定，防止在高压降、瞬时负荷波动等情况下填料床层发生松动和跳动	分为填料压板和床层限制板两大类，每类又有不同的形式，如图3-12所示。填料压板适用于陶瓷、石墨制的散装填料。床层限制板用于金属散装填料、塑料散装填料及所有规整填料
液体分布装置	液体分布装置设在塔顶，为填料层提供足够数量并分布适当的喷淋点，以保证液体初始分布均匀	常用的液体分布装置如图3-13所示。莲蓬式喷洒器一般适用于处理清洁液体，且直径小于600mm的小塔。盘式分布器常用于直径较大的塔。管式分布器适用于液量小而气量大的填料塔。槽式液体分布器多用于气液负荷大及含有固体悬浮物、黏度大的分离场合
液体再分布装置	壁流将导致填料层内气液分布不均，使传质效率下降。为减小壁流现象，可间隔一定高度在填料层内设置液体再分布装置	最简单的液体再分布装置为截锥式再分布器。如图3-14所示。图(a)是将截锥筒体焊在塔壁上。图(b)是在截锥筒的上方加设支承板，截锥下面隔一段距离再装填料，以便于分段卸出填料
除沫装置	在液体分布器的上方安装除沫装置，清除气体中夹带的液体雾沫	折板除沫器、丝网除沫器、填料除沫器，见图3-15

（二）填料塔的流体力学性能

在逆流操作的填料塔内，液体从塔顶喷淋下来，依靠重力在填料表面作膜状流动，液膜与填料表面的摩擦及液膜与上升气体的摩擦构成了液膜流动的阻力。因此，液膜的膜厚取决于液体和气体的流量。液体流量越大，液膜越厚；当液体流量一定时，上升气体的流量越大，液膜也越厚。液膜的厚度直接影响到气体通过填料层的压力降、液泛气速及塔内持液量等流体力学性能。

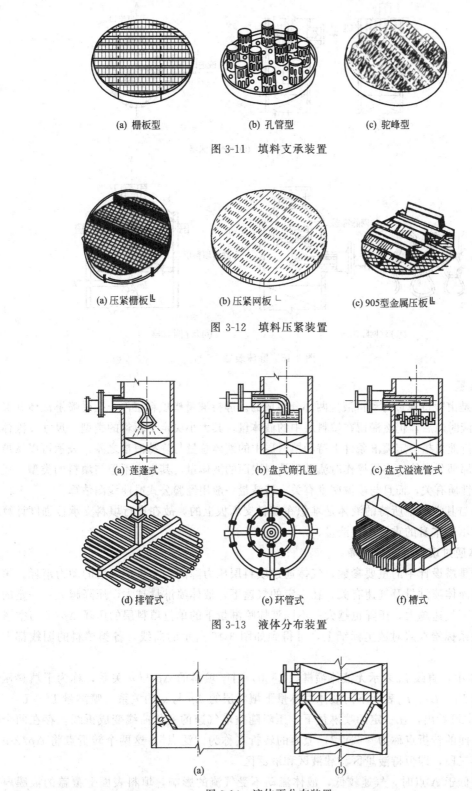

(a) 栅板型　　　　(b) 孔管型　　　　(c) 驼峰型

图 3-11　填料支承装置

(a) 压紧栅板　　(b) 压紧网板　　(c) 905型金属压板

图 3-12　填料压紧装置

(a) 莲蓬式　　(b) 盘式筛孔型　　(c) 盘式溢流管式

(d) 排管式　　(e) 环管式　　(f) 槽式

图 3-13　液体分布装置

(a)　　　　(b)

图 3-14　液体再分布装置

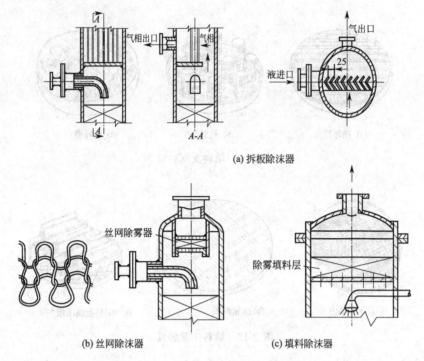

图 3-15　除沫装置

1. 持液量

持液量是由静持液量与动持液量两部分组成的。静持液量指填料层停止接受喷淋液体并经过规定的滴液时间后，仍然滞留在填料层中的液体量，其大小决定于填料的类型、尺寸及液体的性质。动持液量指一定喷淋条件下持于填料层中的液体总量与静持液量之差，表示可以从填料上滴下的那部分液体，亦指操作时流动于填料表面的液体量，其大小不但与填料的类型、尺寸及液体的性质有关，而且与喷淋密度有关。持液量一般用经验公式或曲线图估算。

因填料与其空隙中所持的液体是堆积在填料支承板上的，故在进行填料支承板强度计算时，要考虑填料本身的重量与持液量。

2. 气体通过填料层的压力降

压力降是塔设计中的重要参数，气体通过填料层压力降的大小决定了塔的动力消耗。填料层压降与液体喷淋量及气速有关，在一定的气速下，液体喷淋量越大，压降越大；一定的液体喷淋量下气速越大，压降也越大。不同液体喷淋量下的单位填料层的压降 $\Delta p/Z$ 与空塔气速 u 的关系标绘在双对数坐标纸上，可得到如图 3-16 所示的曲线，各类填料的图线都大致如此。

图 3-16 中，直线 L_0 表示无液体喷淋（$L=0$）时干填料的 Δp 与 u 关系，称为干填料压降线。曲线 L_1、L_2、L_3 表示不同液体喷淋量下填料层的 Δp 与 u 的关系（喷淋量 $L_1 < L_2 < L_3$）。从图中可看出，在一定的喷淋量下，压降随空塔气速的变化曲线变成折线，存在两个转折点，下面的转折点称为"载点"，上面的转折点称为"泛点"。这两个转折点将 $\Delta p/Z$-u 关系线分为三段，即恒持液量区、载液区和液泛区。

当气速低于 A 点时，气速较低，液体流动不受气流的影响，填料表面上覆盖的液膜厚度基本不变，因而填料层的持液量不变，故该区域称为恒持液量区。此时在对数坐标图上 Δp 与 u 近似为一直线，且基本上与干填料压降线平行。随着气速增加，超过 A 点时，上升气流与下降液体之间的摩擦力开始阻碍液体下流，使液膜增厚，填料层的持液量随气速的增加而增大，此现象称拦液。开始发生拦液现象时的空塔气速称为载点气速，曲线上的转折点 A，称为载点。这时 $\Delta p/Z$-u 关系线斜率开始增大。若气速继续增大，到达图中 B 点时，由于液体不能顺利流下，使填料层的持液量不断增大，填料层内几乎充满液体，此时压降急剧升高，$\Delta p/Z$-u 关系线斜率迅速增大。曲线上的 B 点称为泛点，达到泛点时的空塔气速称为液泛气速。

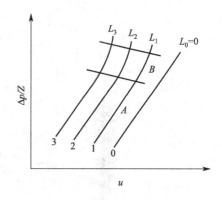

图 3-16　填料层的 $\Delta p/Z$-u 示意图

影响液泛气速的因素很多，其中包括填料的特性，流体的物理性质以及液气比等。

3. 液泛

在液泛气速下，持液量的增多使液相由分散相变为连续相，而气相则由连续相变为分散相，此时气体呈气泡形式通过液层，气流出现脉动，液体被大量带出塔顶，塔的操作极不稳定，甚至会被破坏，此种情况称为淹塔或液泛。影响液泛的因素很多，如填料的特性、流体的物性及操作的液气比等。

填料特性的影响集中体现在填料因子上。填料因子 ϕ 值在某种程度上能反映填料流体力学性能的优劣。实践表明，ϕ 值越小，液泛速度越高，即越不易发生液泛。

流体物性的影响体现在气体密度 ρ_v、液体的密度 ρ_L 和黏度 μ_L 上。气体密度越大，相同气速下对液体的阻力也越大，故均使泛点气速下降；液体靠重力流下，液体的密度越大，则泛点气速越大；液体黏度越大，则填料表面对液体摩擦力也越大，流动阻力增加，泛点气速下降。

操作的液气比愈大，则在一定气速下液体喷淋量愈大，填料层的持液量增加而空隙率减小，故泛点气速愈小。

二、操作吸收设备

（一）仿真操作

1. 吸收-解吸仿真实训流程任务简述

该单元以 C_6 油为吸收剂，分离气体混合物（其中 C_4 25.13%；CO 和 CO_2 6.26%；N_2 64.58%；H_2 3.5%；O_2 0.53%）中的 C_4 组分（吸收质）。仿真流程图及现场图如图 3-17 所示。

从界区外来的富气从底部进入吸收塔 T-101。界区外来的纯 C_6 油吸收剂储存于 C_6 油储罐 D-101 中，由 C_6 油泵 P-101A/B 送入吸收塔 T-101 的顶部。吸收剂 C_6 油在吸收塔 T-101 中自上而下与富气逆向接触，富气中 C_4 组分被溶解在 C_6 油中。不溶解的贫气自 T-101 顶部排出，经盐水冷却器 E-101 冷却进入尾气分离罐 D-102。吸收了 C_4 组分的富油从吸收塔底部排出，经贫富油换热器 E-103 预热解吸塔 T-102。吸收塔塔釜液位由 LIC101 和 FIC104 通过调节塔釜富油采出量串级控制。

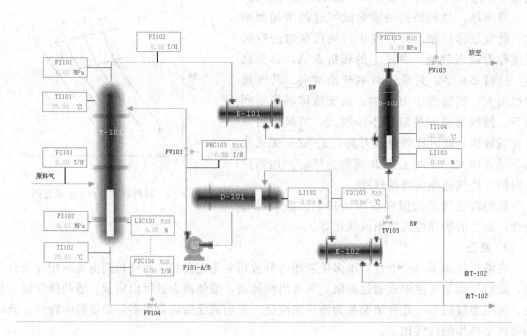

(a) 吸收系统 DCS 图

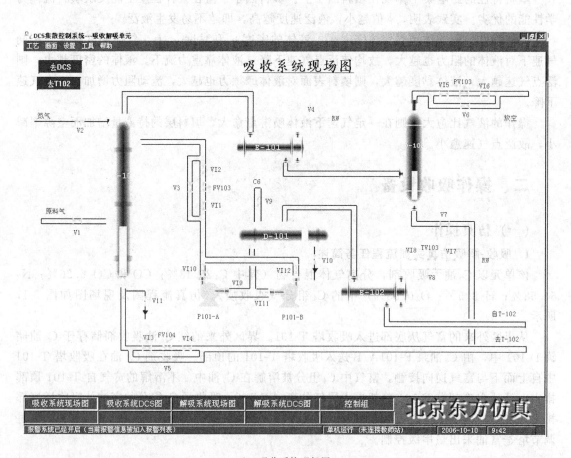

(b) 吸收系统现场图

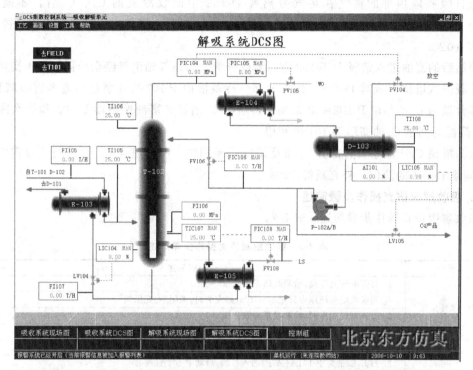

(c) 解吸系统 DCS 图

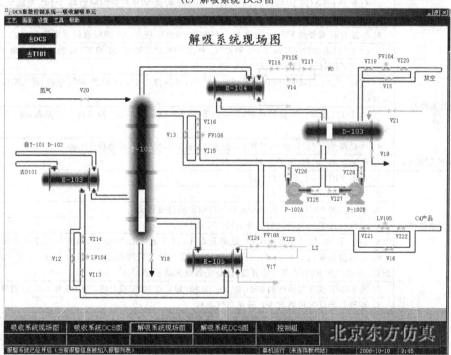

(d) 解吸系统现场图

图 3-17　吸收-解吸仿真实训 DCS 图及现场图

T-101—吸收塔；D-101—C_6 油储罐；D-102—尾气分离罐；E-101—吸收塔顶冷凝器；E-102—循环油冷却器；

P-101A/B—C_6 油供给泵；T-102—解吸塔；D-103—解吸塔顶回流罐；E-103—贫富油换热器；E-104—解吸塔顶冷凝器；

E-105—解吸塔釜再沸器；P-102A/B—解吸塔顶回流、塔顶产品采出泵来自吸收塔顶部的贫气在尾气分离罐 D-102 中回收冷凝的 C_4、C_6 后,不凝气排入放空总管进入大气。回收的冷凝液(C_4、C_6)与吸收塔釜排出的富油一起进入解吸塔 T-102。

预热后的富油进入解吸塔 T-102 进行解吸分离。塔顶气相出料经全冷器 E-104 换热降温全部冷凝进入塔顶回流罐 D-103,其中一部分冷凝液由 P-102A/B 泵打回流至解吸塔顶部,其他部分做为 C_4 产品由 P-102A/B 泵抽出。塔釜 C_6 油经贫富油换热器 E-103 和盐水冷却器 E-102 降温返回至 C_6 油储罐 D-101 再利用。

因为塔顶 C_4 产品中含有部分 C_6 油及其他 C_6 油损失,所以随着生产的进行,要定期观察 C_6 油储罐 D-101 的液位,补充新鲜 C_6 油。

2. 吸收解吸仿真操作步骤简述

吸收解吸仿真操作步骤简述见表 3-2。

表 3-2 吸收解吸仿真操作步骤简述

项目	步骤	步骤简述
吸收解吸的开车	1. 氮气充压	1. 打开氮气充压阀,给吸收塔系统充压
		2. 当吸收塔系统压力升至 1.0MPa(g)左右时,关闭 N_2 充压阀
		3. 打开氮气充压阀,给解吸塔系统充压
		4. 当吸收塔系统压力升至 0.5MPa(g)左右时,关闭 N_2 充压阀
	2. 进吸收油	1. 打开引油阀 V9 至开度 50%左右,给 C_6 油储罐 D-101 充 C_6 油至液位 70%
		2. 打开 C_6 油泵 P-101A(或 B)的入口阀,启动 P-101A(或 B)
		3. 打开 P-101A(或 B)出口阀,手动打开 FV103 阀至 30%左右给吸收塔 T-101 充液至 50%。充油过程中注意观察 D-101 液位,必要时给 D-101 补充新油
		4. 手动打开调节阀 FV104 开度至 50%左右,给解吸塔 T-102 进吸收油至液位 50%
		5. 给 T-102 进油时注意给 T-101 和 D-101 补充新油,以保证 D-101 和 T-101 的液位均不低于 50%
	3. 吸收油冷循环	1. 手动逐渐打开调节阀 LV104,向 D-101 倒油
		2. 当向 D-101 倒油时,同时逐渐调整 FV104,以保持 T-102 液位在 50%左右,将 LIC104 设定在 50%设自动
		3. 由 T-101 至 T-102 油循环时,手动调节 FV103 以保持 T-101 液位在 50%左右,将 LIC101 设定在 50%投自动
		4. 手动调节 FV103,使 FRC103 保持在 13.50t/h,投自动,冷循环 10min
	4. 回流罐灌 C_4	打开 V21 向 D-103 灌 C_4 至液位为 20%
	5. 吸收油热循环	1. 设定 TIC103 于 5℃,投自动
		2. 手动打开 PV105 至 70%
		3. 手动控制 PIC105 于 0.5MPa,待回流稳定后再投自动
		4. 手动打开 FV108 至 50%,开始给 T-102 加热
		5. 随着 T-102 塔釜温度 TIC107 逐渐升高,C_6 油开始汽化,并在 E-104 中冷凝至回流罐 D-103
		6. 当塔顶温度高于 50℃时,打开 P-102A/B 泵的出入口阀 VI25/27、VI26/28,打开 FV106 的前后阀,手动打开 FV106 至合适开度,维持塔顶温度高于 51℃
		7. 当 TIC107 温度指示达到 102℃时,将 TIC107 设定在 102℃投自动,TIC107 和 FIC108 投串级
	6. 进富气	1. 逐渐打开富气进料阀 V1,开始富气进料
		2. 随着 T-101 富气进料,塔压升高,手动调节 PIC103 使压力恒定在 1.2MPa(表压)。当富气进料达到正常值后,设定 PIC103 于 1.2MPa(表压),投自动
		3. 当吸收了 C_4 的富油进入解吸塔后,塔压将逐渐升高,手动调节 PIC105,维持 PIC105 在 0.5MPa(表压),稳定后投自动
		4. 当 T-102 温度、压力控制稳定后,手动调节 FIC106 使回流量达到正常值 8.0t/h,投自动
		5. 观察 D-103 液位,液位高于 50%时,打开 LIV105 的前后阀,手动调节 LIC105 维持液位在 50%,投自动
		6. 将所有操作指标逐渐调整到正常状态

（二）实训操作

1. 流程简介

钢瓶内的二氧化碳经减压后和风机出口空气混合后进入吸收塔下部，混合气体在塔内和吸收液体逆向接触，混合气体经水吸收由塔顶排出。出吸收塔的富液排入吸收液缓冲罐后，经富液泵进入二氧化碳解吸塔上部，和解吸塔引风机带来空气在塔内逆向接触，溶液中二氧化碳被解吸出来，随大量空气由塔顶引风机抽出，溶液由下部进入解吸液缓冲罐，解吸液经贫液泵打入吸收塔上部循环使用，继续进行二氧化碳气体吸收操作。流程见图 3-18.

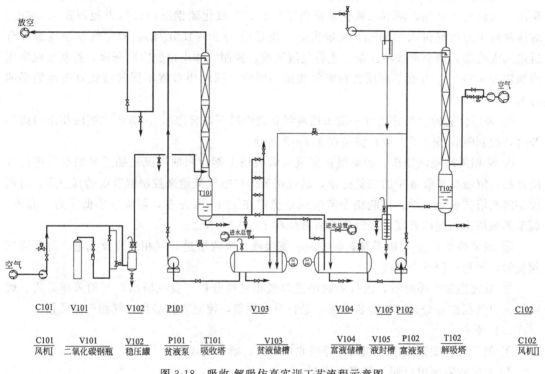

C101	V101	V102	P101	T101	V103	V104	V105	P102	T102	C102
风机Ⅰ	二氧化碳钢瓶	稳压罐	贫液泵	吸收塔	贫液储槽	富液储槽	液封槽	富液泵	解吸塔	风机Ⅱ

图 3-18　吸收-解吸仿真实训工艺流程示意图

2. 开、停车操作

（1）**开车前准备**　由相关操作人员组成装置检查小组，对本装置所有设备、管道、阀门、仪表、电气、照明、分析、保温等按工艺流程图要求和专业技术要求进行检查测试。

（2）**开车**

① 开吸收液进水阀，往吸收液储槽内加入清水，至吸收液储槽液位 1/2～2/3 处，关进水阀；开解吸液进水阀，往解吸液储槽内加入清水，至解吸液储槽液位 1/2～2/3 处，关进水阀。

② 开启吸收液储槽、解吸液储槽、吸收塔、解吸塔的放空阀，关闭各设备排污阀。

③ 开启吸收液泵进口阀、启动吸收液泵、开启吸收液泵出口阀，往吸收塔送入吸收液，调节吸收液泵出口流量为 0.5m³/h，开启吸收塔吸收液出口阀，当塔内空气流量一定时（一般控制在 4m³/h），吸收塔液位可以由不同高度的出口阀门调节，吸收塔压力可由气体出口管路的球阀开度调节，塔内压力发生变化后，塔釜液位即发生变化，须通过调节液体出口阀门调节液位至 1/2～2/3 处。

④ 开启解吸液泵进口阀，启动解吸液泵，开启解吸液泵出口阀，调节解吸液泵出口流量 $0.5m^3/h$，开解吸塔解吸液出口阀，解吸风量由空气入口处的电动调节阀门和解吸风机出口的阀门共同实现，一般控制在 $15m^3/h$，塔内真空度（一般控制在 $2\sim3kPa$）可通过调节风量来控制，解吸塔（扩大段）液位可通过调节塔内压力来调节，一般控制在 $1/2\sim2/3$ 处。

⑤ 调节解吸液泵、吸收液泵出口流量趋于相等，全开解吸塔和吸收塔出口阀门开度，控制解吸液储槽和吸收液储槽液位处于 $1/2\sim2/3$ 处，调节整个系统液位、流量稳定，可视为液相试车合格。

⑥ 系统液相试车合格后，启动吸收塔风机，开启风机出口阀，向吸收塔供气，逐渐调整出口风量为 $3m^3/h$，调节二氧化碳钢瓶减压阀，二氧化碳钢瓶出口压力控制在 $4.8MPa$，减压阀后压力控制在 $0.04MPa$，流量为空气流量的 $1/20$（$150L/h$），和空气在稳压罐混合后进入吸收塔，调节吸收液流量，进行气液吸收。控制气体出口放空阀开度，控制吸收塔压力稳定 $5\sim7kPa$，考察不同压力对吸收效果的影响，同时要考察不同气液比对吸收效果的影响。

⑦ 采用合适的液封管道（一般采用液封管道组最下端管道），调节吸收塔液相出口阀门开度，控制吸收塔（扩大段）液位在 $1/2\sim2/3$ 处。

⑧ 液相进解吸液储槽，经解吸液泵进入解吸塔上部，和抽风风机抽进来的空气进行气液接触，解吸出解吸液中的二氧化碳，通过调节入口空气流量来控制解吸塔的真空度，进而控制解吸塔的解吸效果。控制整个解吸风量稳定在 $16m^3/h$ 左右，解吸塔塔低压力 $-2kPa$。调节解吸塔出口阀门开度，控制解吸塔液位在 $1/2\sim2/3$ 处。

⑨ 调节整个吸收-解吸系统，吸收液、解吸液、吸收塔进口气相组成及流量、解吸塔气相流量，平稳运行整个系统。

⑩ 系统稳定半小时后，进行吸收塔进口气相采样分析、吸收塔出口气相采样分析、解吸塔出口气相组分分析，视分析结果，进行系统调整，控制吸收塔出口气相产品质量。

（3）停车

① 关二氧化碳钢瓶出口阀门，停吸收塔风机、解吸塔风机。

② 关吸收液泵出口阀，停吸收液泵。

③ 关解吸液泵出口阀，停解吸液泵。

④ 将塔内残夜排入污水处理系统。

⑤ 检查停车后各设备、阀门、仪表状况。

⑥ 切断装置电源，做好操作记录。

3. 正常操作注意事项

① 安全生产，控制好吸收塔和解吸塔液位，熟练进行液封操作，严防气体窜入吸收液储槽和解吸液储槽。

② 符合净化气质量指标前提下，分析有关参数变化，对吸收液、解吸液、解析空气流量进行调整，保证吸收效果。

③ 注意系统吸收液量，定时往系统补入吸收液。

④ 要注意吸收塔进气流量及压力稳定，随时调节二氧化碳流量和压力至稳定值。

⑤ 防止吸收液跑、冒、滴、漏。

⑥ 注意泵密封与泄漏。注意塔、槽液位和泵出口压力变化，避免产生汽蚀。

⑦ 经常检查设备运行情况，如发现异常现象应及时处理或通知指导教师处理。

4. 工艺操作指标

二氧化碳钢瓶出口压力	控制在 4.8MPa
减压阀后压力	控制在 0.04MPa
二氧化碳减压阀后流量	100L/h
吸收塔风机出口风量	3m³/h
吸收塔进气压力	0.02MPa
吸收液泵出口流量	0.8m³/h
解吸塔风机出口风量	16m³/h
解吸液泵出口流量	0.8m³/h
吸收液储槽液位	1/2~2/3 液位计
解吸液储槽液位	1/2~2/3 液位计
吸收塔（扩大段）液位	1/2~2/3 液位计
解吸塔（扩大段）液位	1/2~2/3 液位计

5. 事故处理

吸收-解吸实训中的异常现象及处理方法见表3-3。

表 3-3　吸收-解吸实训中的异常现象及处理方法

序号	异常现象	原因分析	处理方法
1	泵启动时不出水	检修后电机接反电源 启动前泵内未充满水 叶轮密封环间隙太大 入口法兰漏气	重新接电源线 排净泵内空气 调整密封环 消除漏气缺陷
2	吸收塔液泛	吸收液流量过大 吸收塔进气量过大	降低吸收液泵出口流量 调节风机出口风量
3	解析塔高液位	液体流量过大 解吸塔风机出口风量过大	降低吸收液泵出口流量 调节解吸塔真空度

6. 吸收-解吸实训装置实训报告

（1）吸收-解吸实训实验数据记录单　见表3-4。

表 3-4　吸收-解吸实训实验数据记录单

实验日期：　　　　　　小组成员：

记录内容	流量	开度值(MV)
吸收塔空气流量/(m³/h)		
吸收塔水流量/(m³/h)		
解吸塔空气流量/(m³/h)		
解吸塔水流量/(m³/h)		
吸收塔水温/℃		
吸收塔空气温度/℃		
吸收塔空气压力/kPa	塔顶：	塔底：
解吸塔水温/℃		
解吸塔空气压力/kPa	塔顶：	塔底：

（2）色谱分析　色谱分析记录见表3-5。

表 3-5　色谱分析记录

记录内容		空气	二氧化碳
吸收	吸收前		
	吸收后		
解吸	解吸后		

练习题

（一）填空题

1. 一般吸收塔为增大吸收推动力，通常采用（　　）操作。

2. 吸收塔内填装一定高度的料层，其作用是提供足够的气液两相（　　）。

3. 当填料吸收塔出现液泛现象时，气相为（　　）相，液相为（　　）相。

4. 吸收剂用量增加，操作线斜率（　　），吸收推动力（　　）。

（二）选择题

1. 对吸收操作影响较大的填料特性是（　　）。

A. 比表面积和自由体积　　　B. 机械强度　　　C. 对气体阻力要小

2. 填料塔的吸收面积等于（　　）。

A. 塔内填料总表面积　　　B. 塔的截面积　　C. 塔内润湿的填料表面积

3. （　　），对吸收操作有利。

A. 温度低，气体分压大时　　　B. 温度低，气体分压小时

C. 温度高，气体分压大时　　　D. 温度高，气体分压小时

4. 对于逆流操作的吸收塔，其他条件不变，当吸收剂用量趋于最小用量时，则（　　）。

A. 吸收推动力最大　　　　B. 吸收率最高

C. 出塔气浓度最低　　　　D. 吸收液浓度趋于最高

（三）技能考核

吸收-解吸仿真实训装置操作考核评分表见表3-6。

表3-6　吸收-解吸仿真实训装置操作考核评分表

学生姓名：　　　日期：　　年　月　日　操作时间起于__止于__用时__分钟　综合评定分数：__

一、操作阶段（90分）	操作要求	标准分	减分	得分
1. 工艺流程叙述	由学生讲述该装置工艺流程，介绍主要工艺物料线和主要设备	10分		
2. 开车前准备工作	1. 对本装置所有设备、管道、阀门、仪表和电气等按要求进行检查 2. 开启装置总电源，控制台开关 3. 启动电脑，开仪表控制开关，检查报警系统 4. 检查各阀门处于开车状态	共12分 每步3分		
3. 单体设备试车	1. 吸收塔送风机试车：检查风机电路系统，启动风机，进行风机出口风压和出口风量调节 2. 解吸塔抽风机试车：检查风机电路系统，启动风机，进行风机出口风压和出口风量调节 3. 贫液泵试车：将贫液槽加水至1/2~2/3液位，调节贫液泵出口管路阀门，启动贫液泵，进行泵出口压力及流量调节 4. 富液泵试车：将富液槽加水至1/2~2/3液位，调节富液泵出口管路阀门，启动富液泵，进行泵出口压力及流量调节	共12分 每步3分		
4. 液相开车操作	1. 开富液槽放空阀，开启贫液泵进口阀、启动贫液泵、开启贫液泵出口阀，往吸收塔送入贫液，调节贫液泵出口流量为 $0.8m^3/h$ 左右，开启吸收塔吸收液出口阀，通过调节液体出口阀门调节液位至1/2~2/3处 2. 开贫液槽放空阀，开启富液泵进口阀、启动富液泵、开启富液泵出口阀，往解吸塔送入富液，调节富液泵出口流量为 $0.8m^3/h$ 左右，开启解吸塔解吸液出口阀，通过调节液体出口阀门调节液位至1/2~2/3处 3. 富液槽、贫液槽、吸收塔和解吸塔液位均处于1/2~2/3处，流量稳定，可视为液相试车合格	共15分 每步5分		

续表

一、操作阶段(90分)	操 作 要 求	标准分	减分	得分
5. 气液联动开车及正常操作	1. 液相开车稳定后,启动吸收塔风机,开风机出口阀,向吸收塔供气,逐渐调整出口风量为3m³/h,调节二氧化碳钢瓶减压阀,二氧化碳钢瓶出口压力控制在4.8MPa,减压阀后压力控制在0.04MPa,流量为空气流量的1/20(150L/h),和空气在稳压罐混合后进入吸收塔,调节吸收液流量,进行气液吸收。控制气体出口放空阀开度,控制吸收塔压力稳定在5～7kPa 2. 开解吸塔电动调节阀,启动抽风机,开抽风机出口,解吸风量由空气入口处的电动调节阀门和解吸风机出口的阀门共同实现,一般控制在16m³/h左右,塔内真空度(一般控制在2～3kPa)可通过调风量来控制 3. 调节整个吸收-解吸系统,吸收液、解吸液、吸收塔进口气相组成及流量、解吸塔气相流量,平稳运行整个系统	共15分每步5分		
6. 停车操作	1. 关二氧化碳钢瓶出口阀门,关吸收塔风机出口阀,停吸收塔风机,关解吸塔抽风机出口阀,停解吸抽风机,关解吸塔电动调节阀 2. 关贫液泵出口阀,停贫液泵 3. 关富液泵出口阀,停富液泵 4. 检查停车后各设备、阀门、仪表状况 5. 切断装置电源,做好操作记录	共15分每步3分		
7. 其他	1. 着装符合职业要求,整个操作过程安全、有序、文明、礼貌 2. 打扫清洁干净	共11分第一步6分第二步5分		
二、笔答阶段(10分)	要求每名学生回答一个问题	10分		

(四) 吸收-解吸仿真实训装置简答题

1. 造成吸收塔出口尾气中二氧化碳含量升高的原因是什么? 如何处理?

2. 解吸塔出口吸收贫液中二氧化碳含量升高的原因是什么? 如何处理?

3. 液泛现象产生的原因是什么? 有何危害?

4. 若实训中解吸塔发生液泛,如何处理?

5. 填料塔中填料的作用是什么? 填料塔主要由哪些构件组成? 学院实训用的吸收塔、解吸塔各用什么填料?

项目四
蒸馏过程及应用技术

💡 项目概述

化工生产中的原料、半成品（也称中间产物）、粗产品等多数是混合物，而且大部分是均相混合物。为了进一步加工、得到纯度较高的产品或满足环保要求等目的，常常要对均相混合物进行分离提纯操作。

蒸馏是分离均液相混合物最常用的方法，是传质过程中重要的单元操作之一。蒸馏是利用液相中各组分沸点（或挥发度）的差异来实现分离提纯的单元操作。

蒸馏广泛应用于有机化工、石油化工、精细化工、医药、食品、冶金等工业。如酒精的蒸馏，石油加工生产中分离汽油、煤油和柴油，空气液化分离制取氢气和氮气等，都是利用蒸馏完成的。

图 4-1 蒸酒场景

中国是世界文明古国之一，是酒的故乡，酒渗透于整个中华民族五千年的文明史中。纵观中国历史，有关酒的趣闻和诗词众多，如"杜康造秫酒"、"李白一斗诗百篇，长安市上酒家眠，天子呼来不上船，自称臣是酒中仙。"（杜甫《饮中八仙歌》）、"红泥小火炉，绿蚁新焙酒。晚来天欲雪，能饮一杯无？"（白居易《问刘十九》）。

那么如何才能从用粮食发酵后低酒精浓度的醪液中（酒精度约 10%）提取出较高浓度（酒精度可达 70%）的蒸馏酒呢？答案就是——蒸馏，近代工匠蒸酒场景见图 4-1。

工业生产中蒸馏过程可以按不同方式分类。按蒸馏方式可分为简单蒸馏、闪蒸、精馏、特殊精馏；按原料中所含组分数目可分为双组分蒸馏、多组分蒸馏；按操作压力可分为常压蒸馏、加压蒸馏、减压（真空）蒸馏；按操作方式分为间歇蒸馏、连续蒸馏。

习惯上，将双组分混合液中沸点较低的组分称为易挥发组分或轻组分，混合液中沸点较高的组分称为重挥发组分或重组分。

本项目着重讨论低压下的双组分连续精馏过程。

任务一
认识化工生产中的蒸馏

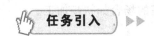

任务引入 ▶▶

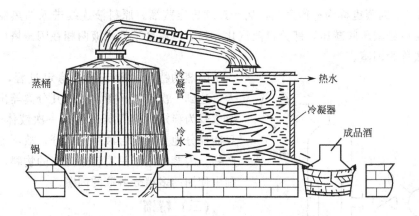

图 4-2 近代使用的传统白酒蒸馏器

问题：① 图 4-2 所示为蒸馏酒提取过程中使用的蒸馏器，它包括哪些器械？各有什么作用？

② 图 4-2 所示的这种蒸馏属于蒸馏中的哪一类？

③ 为什么通过蒸馏器就可以从醪液中（酒精度约 10%）提取出较高浓度（酒精度可达约 70%）的蒸馏酒（白酒）呢？

④ 如何才能从低酒精度的原料中提取出高浓度酒精甚至无水乙醇呢？

任务分解 ▶▶

一、认识工业上常用的蒸馏方式

工业生产中蒸馏过程按蒸馏方式可分为简单蒸馏、闪蒸（也称平衡蒸馏）、精馏、特殊精馏。

（一）简单蒸馏

如图 4-3 所示，原料液一次性加入蒸馏釜中，属于间歇（分批）操作。在恒定压力下加热至沸腾，使液体不断汽化，产生的蒸汽经冷凝后作为顶部产品（也称馏出液），馏出液可按不同组成范围分罐收集。蒸馏过程中馏出液、釜液中轻组分含量不断减少，当釜液中轻组分含量低于某规定

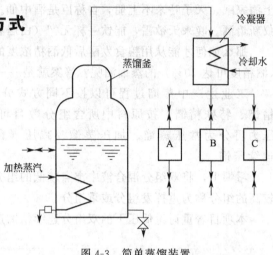

图 4-3　简单蒸馏装置
A，B，C——馏出液容器

值后蒸馏结束，将釜液一次排出，这种蒸馏方法称为简单蒸馏。例如原油或煤焦油的初馏，图 4-2 所示的蒸酒过程就属于简单蒸馏。

简单蒸馏的特点：属于间歇不稳定过程，一次汽液平衡都没有达到，只能使混合液部分分离，其适用范围为：①组分沸点相差较大的物系；②分离要求不高的场合如初步加工。

（二）闪蒸

如图 4-4，闪蒸也称为平衡蒸馏，属于连续稳定蒸馏。原料液连续进入加热器中，加热到规定温度后经减压阀减压，部分料液汽化，处于该温度下的汽液两相在闪蒸塔中分开，这种蒸馏方法称为闪蒸。

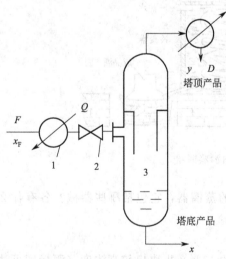

图 4-4　闪蒸（平衡蒸馏）装置
1—加热器；2—减压阀；3—闪蒸塔

闪蒸的特点：属于连续稳定过程，生产能力大，达到一次汽液平衡，故从其分离器出来的物料组成较为稳定。但闪蒸仅通过一次液体部分汽化，只能部分地分离混合液中的组分，故不能得到高纯产物。闪蒸常用于只需粗略分离的物料，如石油炼制中使用的多组分溶液的闪蒸。

（三）精馏

精馏过程可连续或间歇操作。精馏装置一般由精馏塔、塔顶冷凝器、塔底再沸器等相关设备组成，有时还要配原料预热器、产品冷却器、回流用泵等辅助设备。完成精馏操作的核心设备称为精馏塔，根据塔内汽液接触部件的结构形式，可将塔设备分为板式塔和填料塔两大类，本项目介绍板式塔。

精馏的特点：生产能力大，塔板数较多，因经

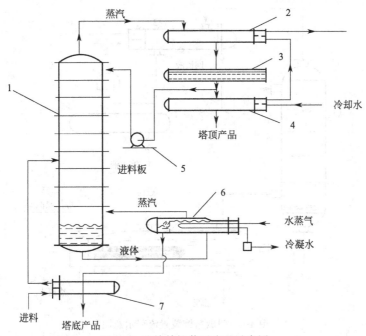

图 4-5　连续精馏装置流程示意图

1—精馏塔；2—全凝器；3—储槽；4—冷却器；5—回流液泵；6—再沸器；7—原料液预热器

过多次气体的部分冷凝和液体的部分汽化，故分离提纯的效果好，能得到高浓度的产品。

1. 连续精馏

连续精馏装置流程如图 4-5 所示。原料液预热到指定的温度后从塔的中部适当位置加入精馏塔，塔内液体逐板下流，最后流入塔底，部分液体作为塔底产品，其主要成分为难挥发组分，另一部分液体在再沸器中被加热，产生的蒸气作为汽相回流，蒸气逐板上升，最后进入塔顶冷凝器中，经冷凝器冷凝为液体，进入回流罐，一部分液体作为塔顶产品，其主要成分为易挥发组分，另一部分作为液相回流从塔顶返回塔内。

通常，将原料加入的那层塔板称为加料板（也称进料板）。加料板以上部分，起精制原料中易挥发组分的作用，称为精馏段，塔顶产品称为馏出液。加料板以下部分（含加料板），起提浓原料中难挥发组分的作用，称为提馏段，从塔釜排出的液体称为塔底产品或釜残液。

2. 间歇精馏

间歇精馏装置流程如图 4-6 所示。

间歇精馏原料液一次性加入再沸器，所以间歇精馏只有精馏段而无提馏段。同时间歇精馏釜液组成不断变化，在塔底上升气流和塔顶回流液量恒定的情况下，馏出液的组成也逐渐降低。当釜液达到规定组成后，精馏操作即停止，并排出釜残液。

二、精馏原理

（一）双组分理想溶液的汽液平衡

根据分子间作用力的差异，溶液分为理想溶液和非理想溶液，理想溶液是指溶液中不同组分分子之间的吸引力完全相同，且形成溶液时不但体积不变，而且无热效应产生。理想溶液实际上并不存在，但低压下，当互溶物质的分子化学结构及其性质相近时，由它们组成的

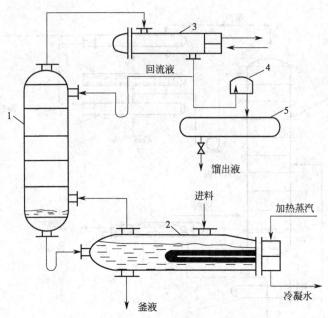

图 4-6　间歇精馏装置流程示意图
1—精馏塔；2—再沸器；3—全凝器；4—观察罩；5—储槽

溶液可以视为理想溶液，理想溶液满足拉乌尔定律及道尔顿分压定律。如苯-甲苯，甲醇-乙醇，正己烷-环己烷等。溶液的汽液平衡是精馏过程分析和计算的重要依据，汽液平衡是指当溶液与其上方蒸汽达到平衡时汽液两相各组分组成的关系。

1. 拉乌尔定律

设双组分（A，B）溶液中：

A 表示易挥发组分；

B 表示难挥发组分；

x_A、x_B 分别为液相中 A、B 的摩尔分数；

y_A、y_B 分别为汽相中 A、B 的摩尔分数；

p_A°、p_B° 分别为纯 A、B 的饱和蒸气压；

p_A、p_B 为平衡分压。

因理想溶液满足拉乌尔定律及道尔顿分压定律，根据拉乌尔定律 $p_i = p_i^\circ x_i$

对双组分溶液：$p_A = p_A^\circ x_A$，$p_B = p_B^\circ x_B = p_B^\circ (1 - x_A)$

因为双组分 $x_A + x_B = 1$，总压 $p = p_A + p_B = p_A^\circ x_A + p_B^\circ (1 - x_A)$ 则：

$$x_A = \frac{p - p_B^\circ}{p_A^\circ - p_B^\circ} \tag{4-1}$$

据道尔顿分压定律：
$$y_A = p_A / p = p_A^\circ x_A / p \tag{4-2}$$

故若已知温度 t 和总压 p，通过查手册获得此时的 p_A°，p_B° 数据，通过式(4-1)、式(4-2)即可求得此时的平衡组成 x_A、y_A。

2. 相对挥发度

精馏的依据是溶液中各组分的挥发性或沸点的差异，那什么是挥发度呢？挥发度是指当体系达到汽液平衡时，某组分在汽相中的分压与其在液相中的摩尔分率之比，即：

$$\nu_A = \frac{p_A}{x_A}, \nu_B = \frac{p_B}{x_B}$$

挥发度的大小表示组分由液相挥发到汽相的趋势，两组分的挥发度之比称为相对挥发度，以 α_{AB} 表示，则：

$$\alpha_{AB} = \frac{\nu_A}{\nu_B} = \frac{p_A/x_A}{p_B/x_B} = \frac{p_A x_B}{p_B x_A}$$

对理想溶液，物系服从拉乌尔定律，则：

$$\alpha_{AB} = \frac{\nu_A}{\nu_B} = \frac{p_A^\circ x_A/x_A}{p_B^\circ x_B/x_B} = \frac{p_A^\circ}{p_B^\circ}$$

上式说明理想溶液的相对挥发度等于同温度下纯组分 A、B 的饱和蒸气压之比。由于 p_A°、p_B° 随温度而变化，但 p_A°/p_B° 随温度变化不大，故一般可将 α_{AB} 视为常数，计算时可取其平均值。

3. 汽液平衡关系

若气体服从道尔顿压分压定律，则：

$$\alpha_{AB} = \frac{p_A/x_A}{p_B/x_B} = \frac{py_A/x_A}{py_B/x_B} = \frac{y_A x_B}{y_B x_A}$$

对双组分物系，$x_B = 1 - x_A$，$y_B = 1 - y_A$，代入上式，则：$y_A = \dfrac{\alpha_{AB} x_A}{1 + (\alpha_{AB} - 1)\ x_A}$ 略去易挥发组分下标 A、难挥发组分下标 B，则：$y = \dfrac{\alpha x}{1 + (\alpha - 1)x}$ 　　　　　(4-3)

式 (4-3) 即为用相对挥发度 α 表示的汽液平衡关系式。

讨论：① 当 $\alpha > 1$ 时，汽相中组分 A 的含量大于组分 B 的含量；

② α 愈大，表示用精馏方法将 A、B 组分分离越容易；

③ 当 $\alpha = 1$ 时，$y_A = x_A$，$y_B = x_B$，这时用一般的精馏方法无法将组分分离。

因此由 α 值的大小可以判断溶液是否能用普通精馏方法分离及分离的难易程度。

4. 双组分汽液平衡图

用相图来表达汽液相平衡关系比较直观，对于双组分精馏过程的分析和计算很方便。精馏中的相图有沸点-组成图和汽液平衡图两种。以下讨论均省略易挥发组分的下标 A。

（1）沸点-组成图（即 t-x-y 相图）　　t-x-y 相图一般通过实验得到的数据绘出。以苯-甲苯混合液为例，常压下，其 t-x-y 相图如图 4-7 所示，以温度 t 为纵坐标，液相组成 x 和汽相组成 y 为横坐标。图中有两条曲线，将整个 t-x-y 相图分成三个区域。上曲线表示平衡时汽相组成与温度的关系，称为汽相线（饱和蒸汽线或露点线），其 C 线上的各点均表示饱和蒸汽。下曲线表示平衡时液相组成与温度的关系，称为液相线（饱和液体线或泡点线），其线上的各点均表示饱和液体。汽相线以上代表过热蒸汽区，液相线以下代表尚未沸腾的液体，称为液相区或冷液区。被两曲线包围的部分为汽液共存区。

在恒定总压下，组成为 x_2 的混合液从过冷区升温至 A_2 点时，溶液开始沸腾，产生第一个气泡，相应的温度 t_2 称为泡点，其液相称饱和液体。同样，组成为 y_2 的过热蒸汽从过热蒸汽区冷却至 B_2 点时，混合气体开始冷凝产生第一滴液滴，相应的温度 t_2 就称为露点，其汽相称饱和蒸汽。A、B 两点为纯苯和纯甲苯的沸点。

如图 4-7 中的 C 点，处于汽液共存区，过 C 点作水平线分别与汽相线和液相线相交，其汽液组成 y_2、x_2 表示汽液平衡组成。该塔板称一块理论板。即：若离开某塔板的汽液两相呈相平衡，则该塔板称为理论板。

（2）汽液平衡图（即 x-y 相图）　x-y 相图可由实验数据或式（4-3）所得汽液平衡数据绘出。图 4-8 所示为常压下，苯-甲苯混合物系的 x-y 相图，图中曲线称为汽液平衡组成线，简称平衡曲线，它表示不同温度下互成平衡的汽液两相组成 y 与 x 的关系，该图为正方形，其对角线上任意一点均满足 $y=x$。图中的平衡曲线除在两个端点与对角线相交中有 $x=y$ 外，其他部分都是 $y>x$。故平衡曲线总是位于对角线左上方。平衡曲线离对角线愈远，互成平衡的汽液两相浓度差别愈大，溶液愈容易分离。

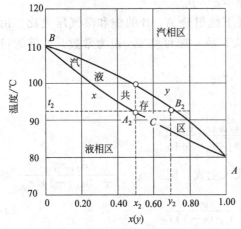

图 4-7　苯-甲苯物系的 t-x-y 相图

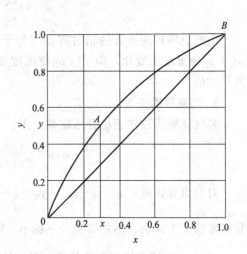

图 4-8　苯-甲苯体系的 x-y 图

（二）精馏原理

简单蒸馏、闪蒸操作中原料液只经历了一次部分汽化，所以只能部分分离，如蒸馏酒就属于简单蒸馏。只有进行多次部分汽化和多次部分冷凝才能使原料液得到几乎完全的分离，如高浓度酒精和无水乙醇的生产就分别采用了精馏和萃取精馏。

1. 多次部分汽化和多次部分冷凝

闪蒸仅通过一次部分汽化，只能部分地分离料液中的组分，若进行多次部分汽化和部分冷凝，则可使混合液中各组分分离更加完全而得到高浓度产品，其原理如下。

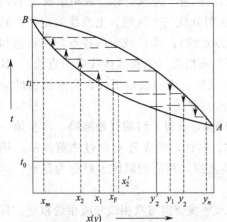

图 4-9　多次部分汽化和多次部分冷凝示意图

如图 4-9 所示，将组成为 x_F、温度为 t_0 的料液加热到温度为 t_1 的两相区，使其部分汽化并达到相平衡，将汽相和液相分开，汽相组成为 y_1，液相组成为 x_1，且 $y_1>x_F>x_1$。将组成为 y_1 的汽相混合物进行部分冷凝，则可得到汽相组成为 y_2 的汽相混合物，且 $y_2>y_1$；若再将组成为 y_2 的汽相混合物进行部分冷凝，则可得到 y_3 的汽相混合物，且 $y_3>y_2$ $>y_1$，说明经过三次部分冷凝后汽相混合物中易挥发组分的含量越来越高。

同理，若将组成为 x_1 的液体加热，则物料进入汽液共存区而部分汽化，可得到汽相组成为 y_2' 与

液相组成为 x_2 的平衡两相，且 $x_2<x_1$，再将组成为 x_2 的液体加热进行部分汽化，则可得到液相组成为 x_3 的液相混合物，且 $x_3<x_2<x_1$，说明经过三次部分汽化后液相混合物中易挥发组分的含量越来越低，即难挥发组分的含量越来越高。

通过以上讨论可以得出结论：汽相混合物经过多次部分冷凝，可以得到含易挥发组分浓度越来越高的汽相混合物。同理，液体混合物经过多次部分汽化，可以得到含难挥发组分浓度越来越高的液相混合物，上述过程若用于生产则需要解决以下问题：

① 将多次部分冷凝和多次部分汽化分开进行虽然可以得到高浓度产品，但每次部分冷凝和部分汽化都要产生中间产物而使最后得到的产品量大大减少，经济上不合理。

② 分离过程中设备庞杂、能耗高，工业上难以实现。

工业生产中采用精馏塔则一举解决了上述问题。

2. 实现精馏操作的关键设备——精馏塔

如图 4-10 所示，化工厂生产中的精馏塔是一直立圆形金属筒，塔内装有若干层塔板。由于塔顶装有冷凝器，塔底装有再沸器，则塔顶温度最低，塔底温度最高。汽液两相在塔板上的液层内传热传质，发生部分汽化和部分冷凝。以任意一块塔板 n 为例，来自 $n+1$ 块板温度较高的上升蒸汽与来自 $n-1$ 块板温度较低的下降液体在板上接触时温度、浓度具有差异，必然发生以下传热、传质现象：

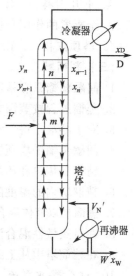

图 4-10 连续精馏塔汽液流向示意图

① 蒸汽放出热量，自身发生部分冷凝，其中更多的难挥发组分传递到液相；

② 液相吸收热量，自身发生部分汽化，其中更多的易挥发组分传递到汽相；

③ 由于塔内有多块塔板，则进行了多次部分冷凝和多次部分汽化，上升蒸汽中易挥发组分浓度越来越高，塔顶最终得到高浓度汽相产品（主要含易挥发组分），塔底最终得到高浓度液相产品（主要含难挥发组分）。

要实现上述精馏操作，则除了有若干块塔板外，精馏操作还必须具备两个必要条件：

① 塔底必须引入上升蒸汽回流（靠再沸器实现）；

② 塔顶必须引入下降液体回流（靠冷凝器实现）。

即塔底蒸汽回流和塔顶液相回流是精馏操作必不可少的两个条件。

练习题

（一）填空题

1. 对二元理想溶液，相对挥发度 α 越大，说明该物系（　　）。

2. 精馏过程是利用混合液中（　　）的差异；采用多次（　　）和多次（　　）的方法，以达到接近纯组分分离目的的过程。

3. 完成一个精馏操作的两个必要条件是塔顶（　　）和塔底（　　）。

（二）选择题

1. 蒸馏是利用各组分（　　）不同的特性实现分离的目的。

A. 溶解度　　　B. 挥发度　　　C. 浓度　　　D. 黏度

2. 在二元混合物中，沸点低的组分称为（　　）组分。

A. 可挥发　　　B. 不挥发　　　C. 易挥发　　　D. 难挥发

3. （　　）是保证精馏过程连续稳定操作的必不可少的条件。

A. 液相回流　　　B. 进料　　　C. 侧线采出　　D. 产品提纯

4. 在（　　）中溶液部分汽化而产生上升蒸汽，是精馏得以连续稳定操作的必不可少的两个条件之一。

A. 冷凝器　　　B. 蒸发器　　　C. 再沸器　　　D. 换热器

5. 再沸器的作用是提供一定量的（　　）流。

A. 上升物料　　B. 上升组分　　C. 上升产品　　D. 上升蒸汽

6. 全凝器的作用是提供（　　）产品及保证有适宜的液相回流。

A. 塔顶汽相　　B. 塔顶液相　　C. 塔底汽相　　D. 塔底液相

（三）判断题

1. 间歇精馏只有精馏段而无提馏段。　　　　　　　　　　　　　　（　　）

2. 蒸馏过程按蒸馏方式分类可分为简单蒸馏、平衡蒸馏、精馏和特殊精馏。（　　）

3. 对于溶液来讲，泡点温度等于露点温度。　　　　　　　　　　　（　　）

4. 间歇蒸馏塔塔顶馏出液中的轻组分浓度随着操作的进行逐渐增大。　（　　）

5. 精馏是传热和传质同时发生的单元操作过程。　　　　　　　　　（　　）

6. 精馏塔内的温度随易挥发组分浓度增大而降低。　　　　　　　　（　　）

7. 蒸馏是以液体混合物中各组分挥发能力不同为依据，而进行分离的一种操作。（　　）

8. 在对热敏性混合液进行精馏时必须采用加压分离。　　　　　　　（　　）

9. 在精馏塔中从上到下，液体中的轻组分逐渐增大。　　　　　　　（　　）

10. 对乙醇-水系统，用普通精馏方法进行分离，只要塔板数足够，可以得到纯度为98%（摩尔分数）以上的纯乙醇。　　　　　　　　　　　　　　　（　　）

11. 蒸馏塔总是塔顶作为产品，塔底作为残液排放。　　　　　　　（　　）

12. 系统的平均相对挥发度 α 可以表示系统的分离难易程度，$\alpha>1$，可以分离，$\alpha=1$，不能分离，$\alpha<1$ 更不能分离。　　　　　　　　　　　　　　　（　　）

任务二
认识精馏过程

任务引入 ▶▶

问题：1. 精馏流程中的核心设备是什么？

　　　2. 精馏塔内正确的塔板数如何才能知道呢？

　　　3. 你知道精馏塔的塔高和塔径是如何确定的吗？

一、双组分连续精馏

（一）全塔物料衡算

这是确定精馏塔塔板数从而确定塔直径和塔高的第一步，通过物料衡算，可以明确塔顶产品（又称馏出液）、塔底产品（又称釜残液）的量和组成。

如图 4-11 所示，并以单位时间为基准：

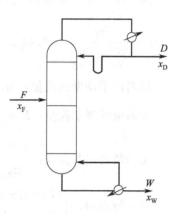

图 4-11 全塔物料衡算示意图

总物料衡算：$\qquad F = D + W \qquad$ (4-4)

易挥发组分衡算：$\qquad Fx_F = Dx_D + Wx_W \qquad$ (4-5)

式中　F，D，W——原料、塔顶产品和塔底产品的流量，kmol/h；

x_F，x_D，x_W——原料、塔顶产品和塔底产品中易挥发组分的摩尔分数。

应用全塔物料衡算式可确定产品流量及组成。

若已知分离任务 F、x_F、x_D、x_W，则联解上两式可得到塔顶 D、塔底 W 产品量。

联立式(4-4)、式(4-5) 求解可得：$\qquad \dfrac{D}{F} = \dfrac{x_F - x_W}{x_D - x_W} \qquad$ (4-6)

$$\frac{W}{F} = \frac{x_D - x_F}{x_D - x_W} \qquad (4\text{-}7)$$

上两式中称 $\dfrac{D}{F}$、$\dfrac{W}{F}$ 分别称为馏出液采出率、釜残液采出率。

在化工生产中，分离程度除用塔顶或塔底产品的摩尔分数表示外，有时还用回收率 φ 表示，即：

塔顶易挥发组分的回收：$\qquad \varphi = \dfrac{Dx_D}{Fx_F} \times 100\% \qquad$ (4-8)

塔底难挥发组分的回收：$\qquad \varphi = \dfrac{W(1 - x_W)}{F(1 - x_F)} \times 100\% \qquad$ (4-9)

【例 4-1】　每小时将 20kmol 含乙醇 40% 的酒精溶液进行精馏，要求馏出液中含乙醇 89%，残液中含乙醇不大于 3%（以上均为摩尔分数），求每小时馏出液量和残液量。

解：根据题意，列出全塔物料衡算式：

总物料衡算：$\qquad\qquad\qquad\qquad F = D + W$

易挥发组分衡算：$\qquad\qquad\qquad Fx_F = Dx_D + Wx_W$

已知 $F = 20\text{kmol/h}$、$x_F = 0.4$、$x_D = 0.89$、$x_W = 0.03$。

由，$\dfrac{D}{F} = \dfrac{x_F - x_W}{x_D - x_W}$，

则馏出液量：$D = \dfrac{x_F - x_W}{x_D - x_W} F = \dfrac{0.4 - 0.03}{0.89 - 0.03} \times 20 = 8.6$（kmol/h）

残液量：$W = F - D = 20 - 8.6 = 11.4$ （kmol/h）

【例 4-2】 每小时将 15000kg 含苯 40％和含甲苯 60％的溶液，在连续精馏塔中进行分离，要求将混合液分离为含苯 97％的馏出液和釜残液中含苯不高于 2％（以上均为质量分数）。操作压力为 101.3kPa。试求馏出液及釜残液的流量及组成，以千摩尔流量及摩尔分数表示。

解： 苯的分子量为 78；甲苯的分子量为 92。将质量分数换算成摩尔分数

$$x_F = \frac{\frac{0.4}{78}}{\frac{0.4}{78} + \frac{0.6}{92}} = 0.44 \ ; \ x_W = \frac{\frac{0.02}{78}}{\frac{0.02}{78} + \frac{0.98}{92}} = 0.0235 \ ; \ x_D = \frac{\frac{0.97}{78}}{\frac{0.97}{78} + \frac{0.03}{92}} = 0.974$$

原料液平均摩尔质量：$M_m = 0.44 \times 78 + 0.56 \times 92 = 85.8$ （kmol/h）

原料液的摩尔流量：$F = \dfrac{15000}{85.8} = 175$ （kmol/h）

由全塔物料衡算式：$\begin{cases} F = D + W \\ Fx_F = Dx_D + Wx_W \end{cases}$

代入数据得：$\begin{cases} 175 = D + W \\ 175 \times 0.44 = 0.974D + 0.0235W \end{cases}$

解出：$\begin{cases} D = 76.7 \text{ kmol/h} \\ W = 98.3 \text{ kmol/h} \end{cases}$

【例 4-3】 每小时将 175kmol 含苯为 0.44、甲苯 0.56 的溶液，在连续精馏塔中进行分离，要求釜液中含轻组分不高于 0.0235（以上均为质量分数），塔顶轻组分的回收率为 97.1％，试求馏出液和釜液的流量及组成。

解： 根据全塔物料衡算：$F = D + W$

$$Fx_F = Dx_D + Wx_W$$

$$Dx_D / Fx_F = 0.971$$

代入数据：$\quad D + W = 175 \hfill (1)$

$$175 \times 0.44 = Dx_D + 0.0235W \hfill (2)$$

$$Dx_D / 175 \times 0.44 = 0.971 \hfill (3)$$

由式（3）得：$\qquad Dx_D = 0.971 \times 175 \times 0.44$

代入式（2）：$\qquad 175 \times 0.44 = dx_D + 0.0235W = 0.971 \times 175 \times 0.44 + 0.0235W$

解得：$\qquad W = 95$ （kmol/h）

则由式（1）：$\qquad D = 80$ （kmol/h）

代入式（3）：$\qquad x_D = 0.935$

（二）操作线方程

操作关系是指精馏塔内任意板下降的液相组成与下一层板上升的蒸汽组成之间的关系。具体描述精馏塔内操作关系的方程称为操作线方程。普通精馏塔分为精馏段和提馏段，所以分别有两个操作性方程，即精馏段操作性方程和提馏段操作性方程。在分析精馏原理时提到若离开某塔板的汽液两相呈相平衡，则该塔板称为理论板，实际上由于塔板上汽液接触面积和接触时间有限，所以任何塔板上的汽液两相都难以达到平衡状态，即理论板是不存在的，理论板仅仅是作为衡量实际分离效率的依据。由于精馏过程涉及传热、传质，相互影响因素

很多，为了简化操作关系方程，通常假设精馏塔内的汽液流动为恒摩尔流。

1. 恒摩尔流假设

所谓恒摩尔流是指精馏塔塔板上汽、液两相接触时有 n kmol 的蒸汽冷凝，对应就有 n kmol 的液体汽化，因而整个精馏段和提馏段内的汽液摩尔流量分别恒定。为此，恒摩尔流假设必须满足的条件是：

① 各组分的摩尔汽化潜热相等；

② 汽液接触时因温度不同而交换的显热可以忽略；

③ 塔设备保温良好，热损失可也忽略。

恒摩尔流假设分为恒摩尔汽化和恒摩尔液流。

（1）恒摩尔汽化　是指在精馏段内，每层板的上升蒸汽摩尔流量都是相等的，在提馏段内也是如此，但两段的上升蒸汽摩尔流量却不一定相等。即：

精馏段　$V_1=V_2=V_3=\cdots=V$

提馏段　$V'_1=V'_2=V'_3=\cdots=V'$

式中　V、V'——精馏段、提馏段上升蒸汽摩尔流量，kmol/h。

（2）恒摩尔液流　是指精馏段内，每层板下降的液体摩尔流量都是相等的，在提馏段内也是如此；但两段的下降液体摩尔流量不一定相等。即：

精馏段　$L_1=L_2=L_3=\cdots=L=$常数

提馏段　$L'_1=L'_2=L'_3=\cdots=L'=$常数

式中　L、L'——精馏段、提馏段下降液体摩尔流量，kmol/h。

化工生产中很多物系，尤其是组分结构相似、性质接近的组分构成的物系，各组分的摩尔汽化潜热相近，汽相与液相之间交换的显热与潜热相比小得多，且精馏塔外壁均有隔热保温层，热损失可忽略，则视为符合恒摩尔流假设，本项目研究的对象均可按符合假设处理。

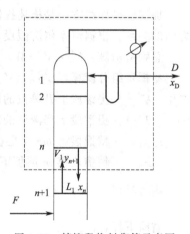

2. 精馏段操作线方程

精馏段操作线方程是描述精馏塔内任意板下降的液相组成与下一层板上升的蒸汽组成之间的关系，根据恒摩尔流假设，对图 4-12 虚线部分做物料衡算。

总物料衡算：$V=L+D$

易挥发组分衡算：$Vy_{n+1}=Lx_n+Dx_D$

图 4-12　精馏段物料衡算示意图

式中　V——精馏段上升蒸汽的摩尔流量，kmol/h；

　　　　L——精馏段下降液体的摩尔流量，kmol/h；

　　y_{n+1}——精馏段第 $n+1$ 层板上升蒸汽中易挥发组分的摩尔分数；

　　　x_n——精馏段第 n 层板下降液体中易挥发组分的摩尔分数。

则由物料衡算式可导出：$y_{n+1}=\dfrac{L}{L+D}x_n+\dfrac{D}{L+D}x_D$

令回流比 $R=L/D$ 并代入上式，得下式：$y_{n+1}=\dfrac{R}{R+1}x_n+\dfrac{x_D}{R+1}$　　　　　　　（4-10）

省略下标得：$y=\dfrac{R}{R+1}x+\dfrac{x_D}{R+1}$　　　　　　　（4-11）

式(4-10)、式(4-11) 均称精馏段操作线方程，它反映了第 n 板下降的液相组成 x_n 与下一板（第 $n+1$ 板）上升汽相组成 y_{n+1} 之间的关系。在稳定操作条件下，精馏段操作线方程为一直线，其斜率为 $\dfrac{R}{R+1}$，截距为 $\dfrac{x_D}{R+1}$，即点 $\left(0, \dfrac{x_D}{R+1}\right)$ 为图 4-13 中的 C 点。且由式 (4-8) 可知，当 $x_n = x_D$ 时，$y_{n+1} = x_D$，该点 (x_D, x_D) 即为图 4-13 对角线上的 A 点。连接 A、C 两点，该直线即为精馏段操作线。

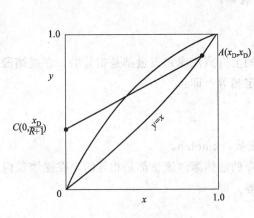

图 4-13 精馏段操作线

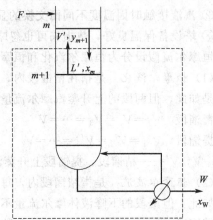

图 4-14 提馏段物料衡算示意图

3. 提馏段操作线方程

提馏段操作线方程是描述提馏段塔内任意板下降的液相组成与下一层板上升的蒸汽组成之间的关系。根据恒摩尔流假设，对图 4-14 虚线部分做物料衡算：

总物料衡算：$L' = V' + W$

易挥发组分衡算：$L'x_m = V'y_{m+1} + Wx_W$

式中　V'——提馏段上升蒸汽的摩尔流量，kmol/h；

　　　L'——提馏段下降液体的摩尔流量，kmol/h；

y_{m+1}——精馏段第 $m+1$ 层板上升蒸汽中易挥发组分的摩尔分数；

　x_m——精馏段第 m 层板下降液体中易挥发组分的摩尔分数。

则可导得：
$$y_{m+1} = \frac{L'}{V'}x_m - \frac{W}{V'}x_W \tag{4-12}$$

省略下标：
$$y = \frac{L'}{V'}x - \frac{W}{V'}x_W \tag{4-13}$$

式 (4-12)、式 (4-13) 均称提馏段操作线方程，它反映了第 m 板下降的液相组成 x_m 与下一板（第 $m+1$ 板）上升汽相组成 y_{m+1} 之间的关系。在稳定操作条件下，提馏段操作线方程也为一直线当 $x_m = x_W$ 时，$y_{m+1} = x_W$，即该点 $E(x_W, x_W)$ 位于 y-x 图的对角线上，如图 4-15 所示。但提馏段操作线截距很小，若根据点 (x_W, x_W) 和截距作出的提馏段操作线误差太大，所以要先根据进料热状态找到精馏段操作线与提馏段操作线的交点 Q，再连接 E、Q 两点就得到提馏段操作线。

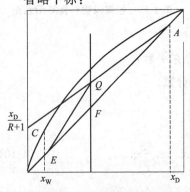

图 4-15 提馏段操作线

（三）进料线方程

前已述及，要画出提馏段操作线就必须根据进料热状态找到精馏段操作线与提馏段操作线的交点 Q，描述该交点轨迹的方程称为进料线方程。

1. 五种进料热状态

在化工生产中，加入精馏塔中的原料包括以下五种不同的热状态：

①冷液体进料 $t > t_b$；②饱和液体进料 $t = t_{b泡}$；

③汽液混合物进料 $t_b < t < t_d$；④饱和蒸汽进料 $t = t_d$；

⑤过热蒸汽进料 $t > t_{d露}$。

其中 t_b、t_d 分别表示泡点、露点温度，℃。

五种进料对精馏段、提馏段的上升蒸汽流量和下降液体流量的影响如图 4-16 所示。

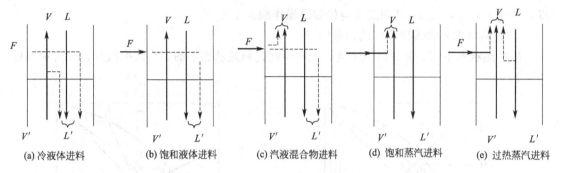

(a) 冷液体进料　　(b) 饱和液体进料　　(c) 汽液混合物进料　　(d) 饱和蒸汽进料　　(e) 过热蒸汽进料

图 4-16　进料热状况对进料板上、下汽液流量的影响

2. 进料热状态参数

如图 4-17 所示，对进料板做物料、热量衡算。

物料衡算：$F + V' + L = V + L'$

热量衡算：$FI_F + V'I_V' + LI_L = VI_V + L'I_L'$

式中　I_F——原料液的焓，kJ/kmol；

I_V、I_V'——进料板上、下饱和蒸汽的焓，kJ/kmol；

I_L、I_L'——进料板上、下饱和液体的焓，kJ/kmol。

由于进料板上、下板温度及汽、液相组成都很相近，近似取：$I_V = I_V'$，$I_L = I_L'$

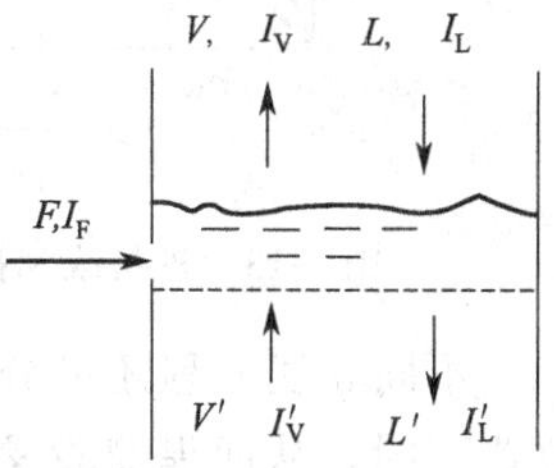

图 4-17　进料板示意图

可导出：
$$\frac{I_V - I_F}{I_V - I_L} = \frac{L' - L}{F} \tag{4-14}$$

令：$q = \dfrac{I_V - I_F}{I_V - I_L} = \dfrac{\text{1kmol 进料变为饱和蒸汽所需的热量}}{\text{原料的千摩尔汽化潜热}}$

q 称为进料热状态参数。q 值可理解为：每进料 1kmol/h 时，提馏段中的液体流量较精馏段中液体流量增大的值（kmol/h）。对于泡点、露点、混合进料，q 值相当于进料中饱和液相所占的百分率。即：

$$L' = L + qF \tag{4-15}$$

$$V = V' + (1-q)F \tag{4-16}$$

根据 q 的定义，不同进料时的 q 值如下：

① 冷液　　　　$q > 1$

② 饱和液体　　$q=1$

③ 汽液混合物　$0<q<1$

④ 饱和蒸汽　　$q=0$

⑤ 过热蒸汽　　$q<0$

3. 进料线及提馏段操作线的确定

若省略下标，联立求解两操作线方程可得到交点轨迹方程为：

$$y=\frac{q}{q-1}x-\frac{x_F}{q-1} \tag{4-17}$$

式（4-17）称进料线方程或 q 线方程。当进料热状态及进料组成固定时，q 及 x_F 为定值，进料方程为一直线方程。当 $x=x_F$，$y=x_F$，即如图 4-18 中 e 点，过 e 点作斜率为 $q/(q-1)$ 的直线 ef，即为进料线或 q 线。q 线与提馏段操作线交于 d 点，d 点即两操作线交点，连接 c（x_W，x_W）、d 两点可得提馏段操作线 cd。

4. 进料状态对提馏段操作线的影响

进料热状态不同，其 q 值也不同，五种不同进料热状态下的 q 线斜率值及其方向示意见图 4-19。

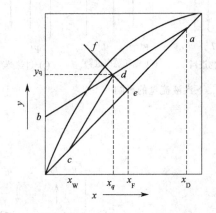

图 4-18　进料线和提馏段操作线

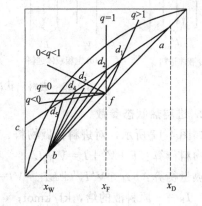

图 4-19　不同进料热状态对提馏段操作线的影响

不同 q 线方程还可分析进料热状态对精馏塔设计及操作的影响。进料热状况不同，q 线位置不同，从而提馏段操作线的位置也相应变化。

不同进料热状况对 q 线的影响归纳见表 4-1。

表 4-1　不同进料热状况对 q 线的影响

进料热状况	进料的焓 I_F	q 值	q 线在 x-y 相图上的位置
冷液	$I_F>I_L$	>1	ed_1（↗）
饱和液体	$I_F=I_L$	1	ed_2（↑）
汽液混合物	$I_L<I_F<I_V$	$0<q<1$	ed_3（↖）
饱和蒸汽	$I_F=I_V$	0	ed_4（←）
过热蒸汽	$I_F>I_V$	<0	ed_5（↙）

【例 4-4】　用某精馏塔分离丙酮-正丁醇混合液。料液含 35% 的丙酮，馏出液含 96% 的丙酮（均为摩尔分数），进料量为 14.6kmol/h，馏出液量为 5.14kmol/h。进料为沸点状态，回流比为 2。求精馏段、提馏段操作线方程。

解： 作全塔物料衡算　　$F=D+W$　　　　$14.6=5.14+W$

$$Fx_F = Dx_D + Wx_W \qquad 14.6 \times 0.35 = 0.96 \times 5.14 + x_W W$$

解得　　　　　　　　　$W = 9.46 \text{ kmol/h}$　　　　$x_W = 0.019$

则精馏段操作线方程为：$y = \dfrac{R}{R+1}x + \dfrac{x_D}{R+1} = \dfrac{2}{2+1}x + \dfrac{0.96}{2+1} = 0.67x + 0.32$

因为 $L' = L + F = RD + F = 2 \times 5.14 + 14.6 = 24.88$ （kmol/h）

$V' = L' - W = 24.88 - 9.46 = 15.42$ （kmol/h）

所以提馏段操作线方程为：

$$y = \dfrac{L'}{V'}x - \dfrac{Wx_W}{V'} = \dfrac{24.88}{15.42}x - \dfrac{0.019 \times 9.46}{15.42} = 0.67x - 0.012$$

（四）精馏段理论塔板数及适宜进料位置的确定

精馏段塔板是汽液两相传质、传热的场所，精馏操作要达到生产中所要求的分离指标，就需要有足够的塔板。在精馏塔的设计型或技改型计算中，需要根据规定的分离任务，选择合适的操作条件，设计适宜的精馏塔，包括确定塔高和塔径。这类问题一般已知原料液的处理量、组成，规定产品的质量要求或回收率，要求选择合适的操作条件如操作压力、进料状况、回流比，并求出在该操作条件下完成分离任务所需的塔板数并确定适宜进料位置。

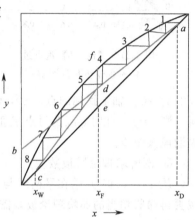

图 4-20　图解法求理论塔板数

理论塔板数的计算，需要借助汽液平衡关系和塔内汽液两相的操作关系。

常见确定精馏塔理论塔板数的方法有三种，即图解法、逐板法、捷算法。图解法只适用于双组分，逐板法和捷算法即可用于双组分精馏也可用于多组分精馏。

1. 图解梯级法求理论塔板数

图解梯级法，又称麦卡勃-蒂列（McCabe-Thiele）法，简称 M-T 法或图解法，图解法的依据是塔内汽液平衡关系和操作关系。

图解法特点：简单直观，计算精确度一般。

它是通过在 x-y 相图上作梯级的方法来求理论塔板数的。若塔顶使用全凝器时，其图解程序为：

① 在 x-y 相图上作出对角线、平衡曲线，如图 4-20 所示；

② 在 x-y 相图上作出精馏段和提馏段操作线；

③ 图解求理论塔板数。

如图 4-20 所示，若塔顶使用全凝器，$y_1 = x_D$，即点 a。自点 a 开始，在精馏段操作线与平衡线之间画水平线及垂直线组成的梯级。当梯级跨越两操作线交点 d 时，则改在提馏段操作线与平衡线之间画阶梯，直到梯级的垂线跨过点 c (x_W, x_W) 为止，梯级的个数就是理论塔板数，跨越两操作线交点 d 的那个梯级就是进料板位置。需注意的是，最后一个梯级代表塔底再沸器，因再沸器有分离作用，相当于一块理论板，所以精馏塔理论板数为梯级数减1。

如图 4-20 所示全塔梯级数为8，减去再沸器相当的那块理论板，共需7块理论板，其中精馏段4块，提馏段3块，自上往下数第5块为进料板。

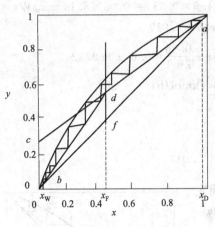

图 4-21　【例 4-5】泡点进料时理论板数的图解

每个梯级中的水平线代表液相中易挥发组分浓度经过一块理论板后的变化，而梯级中垂线代表汽相中易挥发组分浓度经过一块理论板的变化，因此每个梯级代表了该块理论板的分离程度。

【例 4-5】 欲用一常压连续精馏塔分离含苯 44%、甲苯 56%（摩尔分数，下同）的混合液，泡点进料。要求塔顶馏出液含苯 97%，釜液含苯 2%。已知泡点回流，且回流比取 3。试用图解法求全塔理论塔板数。

解： ① 查苯-甲苯相平衡数据并作出相平衡曲线，并作出对角线（见图 4-21）。

② 在 x-y 图上作出精馏段和提馏段操作线。

根据 $x_D=0.97$，$x_F=0.44$，$x_W=0.02$ 定出点 a、f、b，然后由 $x_D=0.97$，$R=3$，截距 $x_D/(R+1)=0.243$，在 y 轴上找到的点 c（0，0.243），连接 ac 则为精馏段操作线。因为进料为泡点进料，则 $q=1$，此时 q 线为过点 f 垂直于 x 轴的直线，交精馏段操作线于点 d，连接 bd 则得提馏段操作线。

③ 图解求理论塔板数。

从 $x_D=0.97$ 开始在平衡线与操作线之间画阶梯，从图 4-21 看出：全塔共 12 个梯级，减去再沸器相当的那块理论板，需理论板 11 块，进料板在第 6 块。其中精馏段 5 块，提馏段 6 块。

2. 最佳进料位置的确定

从图 4-21 可以看出：在同样的操作条件和分离要求下，跨越两操作线交点 d 进料时所画出的梯级数最少，即需要的理论塔板数最少。其原因是在该处进料时进料组成与塔内组成最为接近，平衡线与操作线之间偏离的程度最大，所画的梯级数最少。通常称跨越点 d 的进料板为最佳进料板，任何偏离该位置的进料都会使全塔理论板数增多。

对于已有的精馏装置，实际生产中，如果进料位置不当，将会使馏出液或釜残液达不到规定的分离指标。进料位置过高，将使馏出液中易挥发组分含量偏低；反之，进料位置偏低，将使釜残液中难挥发组分含量偏低，从而降低精馏塔的分离效率。

综上所述，最佳进料位置是进料组成与塔内组成接近的塔板上。

3. 逐板计算法求理论塔板数

逐板计算法简称逐板法，其特点为：计算结果精确率较高，但较为繁琐。

（1）计算依据　汽液平衡关系式（为同一块理论板汽液平衡关系）和操作线方程（为相邻两块理论板汽液操作关系）。计算时交替使用相平衡关系式和操作线方程逐板计算每一块塔板上的汽液相组成，则所用相平衡关系的次数就是理论塔板数。

（2）计算方法　如图 4-22 的精馏塔，假设为泡点进料。从塔顶开始计算，其计算示意如下：

$$y_1=x_D \xrightarrow{\text{平衡关系式}} x_1 \xrightarrow{\text{精馏段操作线方程}} y_2$$

$$\xrightarrow{\text{平衡关系式}} x_2 \xrightarrow{\text{精馏段操作线方程}} y_3 \cdots x_n \leqslant x_F \text{（泡点进料）}$$

$$\xrightarrow{\text{提馏段操作线方程}} y_{n+1} \xrightarrow{\text{平衡关系式}} x_{n+1} \cdots x_N \leqslant x_W$$

上述方法从 $y_1 = x_D$ 开始，交替使用相平衡关系式和精馏段操作线方程计算，使用相平衡关系式的次数即为理论板数。直到 $x_n \leqslant x_F$ 为止，第 n 块板即为进料板，精馏段有（$n-1$）块理论板。

当 $x_n \leqslant x_F$（泡点进料）时，表示以下计算进入提馏段，则需交替使用相平衡关系式和提馏段操作线方程计算，直到 $x_N \leqslant x_W$ 为止，使用相平衡方程的次数为 N，再沸器相当于一块理论板，故全塔理论板数为 $N_T = N - 1$。

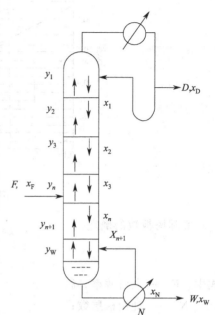

图 4-22　逐板计算法示意图

（五）精馏塔塔径与有效塔高的确定

1. 精馏塔塔径的确定

精馏塔塔径计算公式：
$$D = \sqrt{\frac{q_V}{0.785u}} \qquad (4-18)$$

式中　D——塔径，m，计算值需要按规定圆整为整数。

q_V——塔内上升气体的体积流量，m^3/s；

u——气体的空塔气速，m/s，其具体计算可参照有关书籍。

2. 精馏塔有效塔高的确定

（1）精馏塔有效塔高计算式　精馏塔塔高等于精馏塔有效段塔高加上塔顶空间、塔底空间等，具体可参照有关书籍。

若确定了实际塔板数，精馏塔有效塔高的计算公式为：
$$H = (N_P - 1)h \qquad (4-19)$$

式中　H——有效段高度，m；

N_P——实际塔板数；

h——板间距，m。

由式（4-19）看出，求有效塔高的关键在于确定实际塔板数。

（2）实际塔板数　理论板假设是一种极限情况，生产操作中的实际塔板因汽液相接触时间和接触面积有限，离开塔板的汽液两相达不到相平衡，即实际塔板的分离效果低于理论板。

工程中常用全塔效率或称总板效率 E 来表示板上传质的完善程度，它反映了整座塔的平均传质效果，目的是便于从理论板数得到实际板数，为精馏塔的设计提供依据。则：
$$E = \frac{N_T}{N_P} \times 100\% \qquad (4-20)$$

注意：上述 N_T、N_P 均不包括再沸器相当的理论板，再沸器相当的一块理论板近似视为一块实际板。全塔效率既可用于全塔，也可用于精馏段和提馏段。

目前从理论上计算全塔板效率十分困难，通常采用实测数据或经验数据，当缺乏数据时可以根据经验关系进行估算，如奥康奈尔关联法，如图 4-23 所示，该曲线也可用下式关联：
$$E = 0.49(\alpha\mu_L)^{-0.245} \qquad (4-21)$$

式中　α——塔顶与塔底平均温度下的相对挥发度；

μ_L——塔顶与塔底平均温度下的液体黏度，mPa·s。

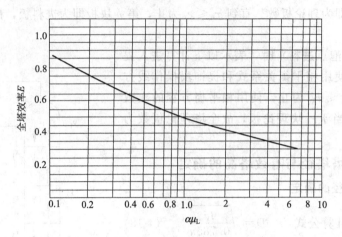

图 4-23　奥康奈尔关联

实际塔板数的确定

$$N_P = \frac{N_T}{E} \times 100\%$$
(4-22)

式中　E——全塔效率，%；

　　N_T——理论板层数；

　　N_P——实际塔板层数。

(六) 回流比对精馏的影响

前已述及，塔底蒸汽回流和塔顶液相回流是精馏操作必不可少的两个条件。特别是塔顶液相回流在操作前要确定好，即要确定适宜的回流比。回流比的大小直接影响到精馏的投资费用和操作费用，分析如下：

对设计型问题，即料液和分离要求一定时，如回流比增大，分离所需的理论塔板数将减少，塔设备费用减少。但回流比增大使塔内汽、液相流量增大，塔顶全凝器、塔底再沸器热负荷增加，即操作费用增加。

对操作型问题，即已经定型的精馏塔，增加回流比，每一块板的汽液接触更充分，分离效果更好，将提高产品质量。但回流比增大使塔内汽、液相流量增大，塔顶全凝器、塔底再沸器热负荷增加，即操作费用增加。

因此，对于一定的分离任务而言，应确定适宜的回流比。

回流比有两个极限，上限为全回流，下限为最小回流比，适宜回流比介于两极限值之间。

1. 全回流与最少理论板数

回流比的上限是全回流。全回流是指精馏塔塔顶蒸气经冷凝后液相全部回流到塔内的回流方式。即回流比 $R=\infty$，此时不向塔内进料，$F=0$，也不取出塔底产品，$D=0$，$W=0$，此时生产能力为零。如图 4-24 所示，全回流时精馏塔无精馏段和提馏段之分，两段操作线合二为一，与对角线重合，即 $y=x$。此时操作线和平衡线的距离最远，因此达到给定分离任务所需的理论塔板数为最少，称为最少理论板数，用 $N_{\min}$ 表示。

前已述及，对已有的精馏塔，增加回流比，将提高产品质量，即全回流时塔顶易挥发组分的组成和塔底难挥发组分的组成将达到最高值，且操作稳定。全回流在实际生产中主要用于精馏塔开车、调试、操作过程异常或科研过程。

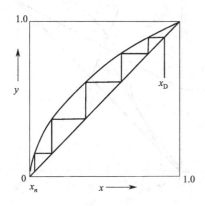

图 4-24 全回流时的最少理论板数

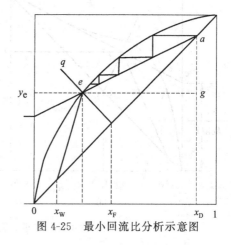

图 4-25 最小回流比分析示意图

2. 最小回流比

回流比的下限是最小回流比，即 $R_{\min}$。最小回流比是指为完成某一分离要求，需要的理论塔板数为无穷大时的回流比。

如图 4-25 所示，在某回流比 R 下操作时操作线当回流比减小时，精馏段操作线在 y 轴上的截距增大，精馏段操作线和提馏段操作线的交点将沿进料线向上移动，即操作线与相平衡线之间的距离减小，汽液两相间的传质推动力减小，达到一定分离要求所需的理论塔板数增多。当两操作线的交点落在平衡线与 q 线的交点 e 时，因交点处的汽液两相已达平衡，传质推动力为零，图解时无法越过 e 点，或者说所需的理论塔板数为无穷多，即 $N_T = \infty$。在最小回流比下，两操作线与平衡线的交点 e 称为夹紧点。进料板附近无论有多少块塔板，这里的汽、液相组成都几乎不变，称为恒浓区。

最小回流比可用图解法或解析法得到。下面介绍图解法。

如图 4-25 所示，精馏段操作线的斜率为

$$\frac{R_{\min}}{R_{\min}+1} = \frac{ag}{eg} = \frac{x_D - y_e}{x_D - x_e}$$

整理得：
$$R_{\min} = \frac{x_D - y_e}{y_e - x_e} \tag{4-23}$$

式中　x_e，y_e——相平衡线与进料线交点坐标。

对于某些非理想物系，其平衡曲线如图 4-26 所示，操作线和进料线交点在未到平衡线之前，操作线就与平衡线相切，如图 4-26 中的 g 点所示，对应的回流比就是最小回流比。对于这种情况下的 $R_{\min}$ 的求法是由点 $(x_D、x_D)$ 向平衡线作切线，再由切线的斜率求得最小回流比。如图 4-26(a) 所示情况，可按下式计算：

$$\frac{R_{\min}}{R_{\min}+1} = \frac{ah}{dh} \tag{4-24}$$

3. 适宜回流比的确定

全回流和最小回流比是精馏塔回流比的最大值和最小值，实际确定的回流比应该介于两者之间。

适宜回流比的选择主要根据经济指标来决定。精馏塔的经济指标主要有两项：一是设备

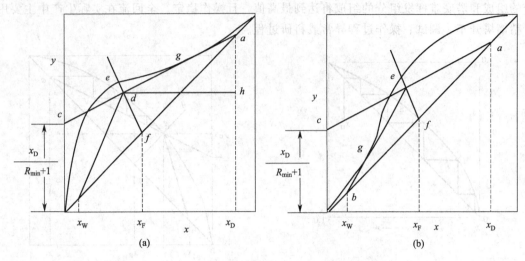

图 4-26 非理想物系最小回流比分析示意图

费；二是操作费，二者费用之和称总费用。设备费包括设备的投资费、折旧、维修，它主要与塔径、塔板数、冷凝器和再沸器的大小有关；操作费主要取决于冷凝器的冷凝水用量、再沸器的加热蒸汽消耗量以及泵的动力消耗，如图 4-27 所示。

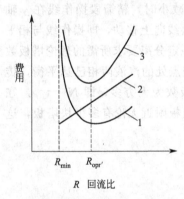

图 4-27 适宜回流比的确定
1—设备费；2—操作费；3—总费用

由图 4-27 可见，操作费随回流比的加大而上升，而回流比对设备费的影响比较复杂。如曲线 1 所示。当回流比接近最小回流比 R_{min} 时，随着 R 的增大，因所需的塔板数急剧下降，设备费急剧下降。当 R 增大到一定值后，再增大 R 值，则塔板数下降不多，但再沸器和冷凝器传热面积却要增大，设备费反而上升。

若将总费用随回流比的变化作图，得曲线 3。曲线 3 有一最低点，此点所对应的回流比就是最适宜回流比（$R_{opr'}$）。

目前在精馏塔设计中，一般并不进行详细的经济核算，而是根据经验选取，通常取回流比为最小回流比的 $1.1\sim2$ 倍，即 $R=1.1\sim2.0R_{min}$。对于难分离的物系，R 可适当取大些，对于易分离物系可取小些。

【例 4-6】 将含苯 60%（摩尔分数）的苯-甲苯混合液用精馏分离，$x_D=0.95$，$R=2.4R_{min}$，相对挥发度 $\alpha=2.52$，饱和液体进料，求精馏段操作线方程。

解：因为是饱和液体进料，q 线为垂直线，且 $x_F=0.6$，
则操作线与进料线交点 e 的横坐标 $x_e=x_F=0.6$，根据相平衡关系式则可求得：

$$y_e=\frac{\alpha x_e}{1+(\alpha-1)x_e}=\frac{\alpha x_F}{1+(\alpha-1)x_F}$$
$$=(2.52\times0.6)/(1+1.52\times0.6)=0.791$$

由式（4-23）：$R_{min}=\frac{x_D-y_e}{y_e-x_e}=\frac{x_D-y_e}{y_e-x_F}=\frac{0.95-0.791}{0.791-0.60}=0.832$

所示 $R=2.4R_{min}=2.4\times0.8324\approx2$

精馏段操作线方程为：$y=\frac{R}{R+1}x+\frac{x_D}{R+1}=\frac{2}{2+1}x+\frac{0.95}{2+1}$

即：$y = 0.67x + 0.32$

（七）热量衡算

进行精馏装置热量衡算的主要目的是求得全凝器和再沸器的热负荷以及冷凝介质和加热介质的消耗量，进而可计算传热面积，为全凝器和再沸器的设计或选型打下基础。

1. 再沸器的热量衡算

对图 4-28 所示的再沸器作热量衡算，以单位时间为基准，设：

Q_B——再沸器的热负荷，kJ/h；

Q_L——再沸器的热损失，kJ/h；

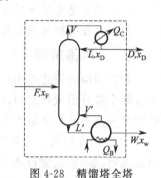

I_{VW}——再沸器中上升蒸汽的焓，kJ/kmol；

I_{LW}——釜残液带的焓，kJ/kmol；

I_m——进入再沸器液体的焓，kJ/kmol；

W_h——加热介质消耗量，kg/h；

I_1、I_2——加热介质进出再沸器的焓，kJ/kg；

r——加热蒸汽的汽化热，kJ/kg。

图 4-28 精馏塔全塔
热量衡算示意图

因为输入的热量＝输出的热量

$$Q_B + L'I_m = V'I_{VW} + WI_{LW} + Q_L$$

若取 $I_{LW} \approx I_m$，且 $V' = L' - W$，则整理得：

$$Q_B = V'(I_{VW} - I_{LW}) + Q_L \tag{4-25}$$

加热介质消耗量可用下式计算

$$W_h = \frac{Q_B}{I_1 - I_2} \tag{4-26}$$

若用饱和蒸汽加热，且冷凝液在饱和温度下排出，则加热蒸汽消耗量可按下式计算

$$W_h = \frac{Q_B}{r} \tag{4-27}$$

2. 全凝器的热量衡算

对图 4-28 所示的全凝器作热量衡算，以单位时间为基准，若忽略热损失，设：

Q_C——全凝器的热负荷，kJ/h。

I_{VD}——塔顶上升蒸汽的焓，kJ/kmol。

I_{LD}——塔顶馏出液的焓，kJ/kmol。

W_C——冷却介质消耗量，kg/h。

c_{pc}——冷却介质的恒压比热容，kJ/（kg·℃）。

t_1、t_2——冷却介质在冷凝器的进、出口处的温度，℃。

因为　　　　　　　　输入的热量＝输出的热量

所以　　　　$$Q_C + VI_{VD} = LI_{LD} + DI_{LD} \tag{4-28}$$

因 $V = L + D = (R+1)D$，代入式（4-28）并整理得：

$$Q_C = (R+1)D(I_{VD} - I_{LD}) \tag{4-29}$$

则冷却介质消耗量可按下式计算

$$W_C = \frac{Q_C}{c_{pc}(t_2 - t_1)} \tag{4-30}$$

二、特殊精馏

当原料液中组分间的挥发度接近（或沸点差小于 3℃）时，采用一般精馏所需塔板数太多，经济上不合理。此外，若物系要形成恒沸液，则在恒沸点，一般精馏无法得到两个较纯组分。如常压时乙醇-水物系具有恒沸物，用一般精馏得不到无水乙醇。

针对以上特殊情况可考虑采用特殊精馏。

目前开发的特殊精馏方法有：恒沸精馏、萃取精馏、吸收精馏、催化精馏等。

（一）恒沸精馏

若在两组分恒沸液中加入第三组分（也称恒沸剂或夹带剂），该组分能与原料液中的一个或两个组分形成新的恒沸物，从而使原料液得到分离，这种精馏操作称为恒沸精馏。恒沸精馏可分离具有最低恒沸点的溶液、具有最高恒沸点的溶液以及挥发度相近的物系。

如图 4-29 所示，对乙醇-水物系，恒沸点为 78.15℃，乙醇摩尔分数 0.894。因两者要形成恒沸物，一般精馏得不到高浓度乙醇。若采用恒沸精馏，加入苯作为为恒沸剂，通过图 4-29 所示的恒沸精馏，则最终可得纯度 99.99% 的无水乙醇。

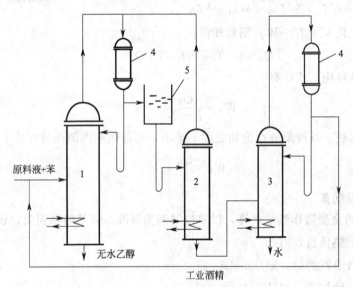

图 4-29　恒沸精馏流程示意图

1—恒沸精馏塔；2—苯回收塔；3—乙醇回收塔；4—全凝器；5—分层器

对夹带剂的要求是：

① 夹带剂应能与被分离组分形成新的最低恒沸液，最好其恒沸点比纯组分的沸点低，一般两者沸点差不小于 10℃；

② 新恒沸液所含夹带剂的量愈少愈好，以便减少夹带剂用量及汽化、回收时所需的能量；

③ 新恒沸液最好为非均相混合物，便于用分层法分离；

④ 无毒性、无腐蚀性，热稳定性好；

⑤ 来源容易，价格低廉。

（二）萃取精馏

萃取精馏和恒沸精馏相似，也是向原料液中加入第三组分（称为萃取剂或溶剂），以改变原组分的挥发度而达到分离要求的特殊精馏方法。但与恒沸精馏不同的是要求萃取剂的沸点比原料液中各组分的沸点高得多，且不与组分形成恒沸液，容易回收。

如图 4-30 所示，苯（沸点 80.1℃）-环己烷（沸点 80.7℃）物系，采用一般精馏很难分离，若加入糠醛为第三组分，通过萃取精馏，则可达到将两组分分离为纯组分的目的。

对萃取剂时的要求是：

① 萃取剂应使原组分间相对挥发度发生显著的变化；

② 萃取剂的挥发性应较低，其沸点比原混合液中纯组分的沸点高，且不与原组分形成恒沸液；

③ 无毒、无腐蚀性，热稳定性好；

④ 来源方便，价格低廉。

萃取精馏中萃取剂的加入量一般较多，以保证各层塔板上有足够的萃取剂浓度。

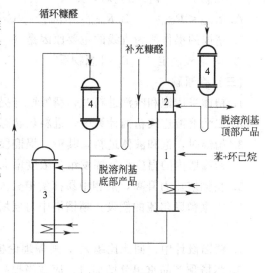

图 4-30 苯-环己烷萃取精馏流程示意图
1—萃取精馏塔；2—萃取剂回收段；
3—苯回收塔；4—冷凝器

 练习题

（一）填空题

1. 精馏操作中，当 $q=0.6$ 时，表示进料中的（　　　　）含量为 60％。

2. 某精馏塔操作时，若保持进料速率及组成、进料热状态和塔顶蒸汽量不变，增加回流比，则此时塔顶产品组成（　　　　），塔底产品组成（　　　　），塔顶产品流量（　　　　），精馏段液汽比（　　　　）。

3. 用图解法求理论板时，在 α、x_F、x_D、x_W、q、R、F 和操作压力 p 诸参数中，（　　　　）与解无关。

4. 当增大操作压强时，精馏过程中物系的相对挥发度（　　　　），塔顶温度（　　　　），塔釜温度（　　　　）。

5. 精馏塔的塔釜温度总是（　　　　）塔顶温度，塔釜压力总是（　　　　）塔顶压力。

6. 精馏塔结构不变，操作时若保持进料的组成、流量、热状况及塔顶流量一定时，若减少塔釜的热负荷，则塔顶 x_D（　　　　），塔底 x_W（　　　　）。

（二）选择题

1. 在精馏塔中，原料液进入的那层板称为（　　）。

A. 浮阀板　　　　B. 喷射板　　　　C. 加料板　　　　D. 分离板

2. 在精馏塔中，加料板以下的塔段（包括加料板）称为（　　）。

A. 精馏段　　　　B. 提馏段　　　　C. 进料段　　　　D. 混合段

3. 某二元混合物，进料量为 100kmol/h，$x_F = 0.6$，要求 x_D 不小于 0.9，则塔顶理论上最大产量为（　　）。

    A. 60kmol/h　　　　B. 66.7kmol/h　　　C. 90kmol/h　　　　D. 100kmol/h

4. 精馏分离某二元混合物，如进料分别为 x_{F1}、x_{F2} 时，其相应的最小回流比分别为 R_{min1}、R_{min2}，当 $x_{F1} > x_{F2}$ 时，则（　　）。

    A. $R_{min1} < R_{min2}$　　　B. $R_{min1} = R_{min2}$　　　C. $R_{min1} > R_{min2}$　　　D. R_{min} 的大小无法确定

5. 精馏的操作线为直线的主要原因是（　　）。

    A. 理论板假定　　　B. 理想物系　　　　C. 塔顶泡点回流　　D. 恒摩尔假设

（三）判断题

1. 精馏采用饱和蒸汽进料时，精馏段与提馏段下降液体的流量相等。　　　　　（　　）

2. 二元溶液连续精馏计算中，进料热状态的变化将引起操作线与 q 线的变化。（　　）

3. 精馏时，饱和液体进料，其精、提馏段操作线交点为（x_F，x_F）。　　　（　　）

4. 精馏塔内的温度随易挥发组分浓度增大而降低。　　　　　　　　　　　　　（　　）

5. 精馏塔压力升高，液相中易挥发组分浓度升高。　　　　　　　　　　　　　（　　）

6. 根据恒摩尔流的假设，精馏塔中每层塔板液体的摩尔流量和蒸汽的摩尔流量均相等。

                                                  （　　）

7. 精馏设计中，回流比越大，所需理论板越少，操作能耗增加。　　　　　　　（　　）

8. 当塔顶产品重组分增加时，应适当提高回流量。　　　　　　　　　　　　　（　　）

9. 采用图解法与逐板法求理论塔板数的基本原理完全相同。　　　　　　　　　（　　）

10. 决定精馏塔分离能力大小的主要因素是：相对挥发度、理论塔板数、回流比。（　　）

（四）计算题

1. 质量分数和摩尔分数的换算：

（1）甲醇-水溶液中，甲醇的摩尔分数为 0.45，求甲醇的质量分数；

（2）苯-甲苯混合液中，苯的质量分数为 0.21，求苯的摩尔分数。

2. 某精馏塔的进料成分为丙烯 40%、丙烷 60%，进料量为 1500kg/h。塔底产品中丙烯含量为 15%（以上均为质量分数），流量为 750kg/h。试求塔顶产品的流量和组成。

3. 某连续精馏操作的精馏塔，每小时蒸馏 5000kg 含甲醇 15%（质量分数，下同）的水溶液，塔底残液内含甲醇 3%，试求每小时可获得多少千克含甲醇 95% 的馏出液及残液量，甲醇的回收率为多少？

4. 在连续精馏塔中分离由二硫化碳和四氯化碳组成的混合液。已知原料液流量为 3500kg/h，组成为 0.3（二硫化碳的质量分数，下同）。若要求釜液组成不大于 0.05，塔顶回收率为 88%，试求馏出液的流量和组成（分别以摩尔流量和摩尔分数表示）。

5. 某混合液含易挥发组分 0.24（摩尔分数，下同），在泡点状态下连续送入精馏塔。塔顶馏出液组成为 0.95，釜液组成为 0.03，求：（1）塔顶产品的采出率 D/F；（2）采用回流比 $R = 2.5$ 时，精馏段的液汽比 L/V 及提馏段的汽液比 V'/L'。

6. 在连续操作的精馏塔中，每小时要求蒸馏 100kmol 含水 60%（摩尔分数，下同）的甲醇水溶液。馏出液含甲醇 91%，残液含水 98%，若操作回流比为 2.7，问回流量为多少？

7. 连续精馏塔中，已知操作线方程如下：

精馏段 $y = 0.75x + 0.205$；提馏段 $y = 1.25x - 0.02$。

求：泡点进料时原料液、馏出液、釜液组成及回流比。

8. 在常压下欲用连续操作精馏塔将含甲醇 33％、含水 67％的混合液分离，以得到含甲醇 95％的馏出液与含甲醇 4％的残液（以上均为摩尔分数），操作回流比为 2.3，饱和液体进料。（1）试用图解法求理论板数与加料板位置；（2）若精馏塔的总板效率为 67.1％，试求其实际塔板数。

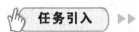

任务三
精馏设备认识及操作

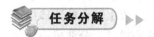

问题：前面讲了这么多有关精馏的专业知识，那精馏塔板上汽液传质传热究竟是如何进行的呢？工人师傅所说的"淹塔"又是怎么回事呢？

任务分解 ▶▶

一、认识精馏塔

塔设备是实现精馏和吸收等分离操作的汽液传质设备，为汽液两相提供接触时间、面积和空间，以达到设定的分离效果，把完成精馏操作的塔设备称为精馏塔。

塔设备广泛应用于化工、医药、食品、石油加工等行业中，根据塔内汽液接触部件的结构形式，可将塔设备分为两大类：板式塔和填料塔。板式塔塔内装有若干层塔板，相邻两板有一定的间隔距离（见图 4-31）。塔内汽、液两相在塔板上接触，进行传质传热，属于逐级接触式塔设备。填料塔塔内装有一定高度的填料，汽液两相在被润湿的填料表面进行传质传热，属于连续接触式塔设备。

本项目重点介绍板式塔。

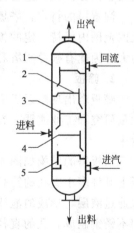

图 4-31 板式塔主要结构
1—塔壳体；2—塔板；3—溢流堰；4—受液盘；5—降液管

（一）板式塔的结构类型及特点

板式塔生产能力较大，汽、液两相接触较为充分。传质传热良好，塔板效率稳定，操作弹性大，且造价低，检修、清洗方便，故工业上应用较为广泛。板式塔主要结构如图 4-31 所示，它是由圆柱形壳体、塔板、溢流堰、受液盘、降液管等部件组成。操作时，塔内液体依靠重力作用，自上而下流经各层塔板，并在每层塔板上保持一定的液层高度，最后由塔底排出。气体则在压力差的推动下，自下而上穿过各层塔板上的液层，在液层中汽液两相进行传质传热，最后由塔顶排出。在塔中，使两相呈逆流流动，以提供最大的传质推动力。

塔板是板式塔的核心部件，其功能是提供汽、液两相保持充分接触的场所。塔板可分为有降液管式塔板（也称溢流式塔板或错流式塔板）及无降液管式塔板（也称穿流式塔板或逆流式塔板）两类，在工业生产中，以有降液管式塔板应用最为广泛，在此只讨论有降液管式塔板。板式塔有多种不同类型的塔板，下面介绍几种典型的塔板。

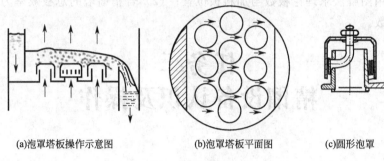

(a)泡罩塔板操作示意图   (b)泡罩塔板平面图   (c)圆形泡罩

图 4-32　泡罩塔板

1. 泡罩塔

泡罩塔是应用最早的塔板之一，如图 4-32 所示，每层塔板上有若干泡罩。泡罩塔板结构示意见图 4-33。泡罩安装在蒸气上升管 3 的上面，泡罩下缘浸没在塔板上停留的液体中形成液封。沿蒸气上升管 3 上升的蒸气，经由泡罩底缘所开的齿缝（或小槽口）分散成小气流喷出，并穿过液层到达液面，然后进入上一层塔板。溢流堰 5 有适当高度，以维持塔板上有一定高度的液层。

泡罩塔在正常操作时，由泡罩齿缝喷出的气流互相冲击，形成泡沫和雾滴随蒸气一起升至液面以上的空间。故可认为两塔板之间的空间都为雾沫和液滴所满，在这个空间里，汽、液两相充分接触，进行传质传热过程。

泡罩塔的特点：塔板效率较高，可达 80%～85%，操作稳定，能在汽、液负荷变化较大的范围内保持一定的板效率。其缺点是结构复杂，用钢材多，安装、维修不便，且气流阻力大，因此有被浮阀塔和筛板塔代替的趋势。

2. 筛板

筛板塔出现略迟于泡罩塔，早期因操作不易掌握而未被广泛使用，近年来，筛板塔经过大量研究和工业实践，在结构和设计方面得到改进，目前广泛应用于化工、石油加工等行业中。

筛板塔的结构如图 4-34 所示。它与泡罩塔的区别在于取消了泡罩和升气管，直接在塔板上开许多小直径的筛孔。经降液管从上层流下的液体进到筛板，气体（或蒸气）经筛孔分散通过液层，形成的泡沫层是进行传质的主要区域。筛孔直径是筛板的一个重要参数，筛板用不锈钢制成，孔的直径约 $\phi3mm\sim8mm$。

筛板塔的特点：结构简单，金属耗量小，造价低；气体压降小，板上液面落差也较小，其生产能力及板效率较高。但操作弹性范围较窄，汽液流量的变动会显著影响操作的稳定性和塔板效率，小孔筛板容易堵塞，不宜处理易结焦、黏度大的物料。

3. 浮阀塔板

浮阀塔是近几十年来发展起来的一种板式塔，目前广泛应用于化工和炼油生产中。

浮阀塔板上开有许多阀孔，每孔中装有一个可上下移动的浮阀，如图 4-35 所示。目前国内外使用的浮阀有多种型号。其中 F-1 型浮阀研究和推广较早，应用广泛。其阀孔直径为 39mm，如图 4-35(a) 所示，它是一个圆形阀片，阀片的周边有向下倾斜的边缘。阀片上有三个带钩的"腿"，插入阀孔后将其腿上的钩扳转 90°，可防止浮阀被吹走。另外，阀片周边有向下倾斜的边缘可在气速低阀片落下时，使阀片与塔板保持 2～3mm 的缝隙，以确保浮阀再次升起时不会黏住而平稳上升，并能防止由于锈蚀与塔板黏结而不能开启。图 4-35（b）、（c）所示分别是 V-4 型浮阀和 T 型浮阀。V-4 型浮阀其特点是阀孔冲成向下弯曲的文丘里形，以减少气体通过塔板时的压降。阀片除腿部较长外，其余结构与 F-1 型类似，V-4型浮阀适用于真空操作。T 型浮阀也称十字架型浮阀，它是利用十字架来固定阀片位置，十字架的四只"脚"固定在塔板上，结构较复杂，适用于处理含颗粒或易聚合的物料。

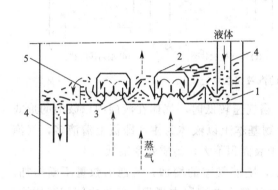

图 4-33　泡罩塔板结构示意

1—塔板；2—泡罩；3—蒸气

上升管；4—降液；5—溢流堰

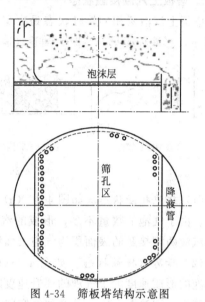

图 4-34　筛板塔结构示意图

浮阀塔操作时随着塔内上升蒸气量的改变，浮阀能自动上下浮动以调节阀片的开度，也就调节了阀孔气流速度以保持恒定。因此，当蒸气的流速有较大变动时，仍能保持良好的传质状态。

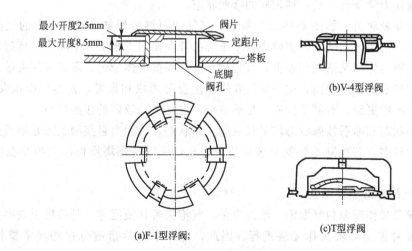

图 4-35　几种典型浮阀型式

浮阀塔的特点：塔板效率高，流体阻力小，生产能力大，操作弹性大，结构比较简单。

（二）板式塔的流体力学性能

评价塔设备性能的主要指标为：①生产能力；②塔板效率；③操作弹性；④塔板压降。这些指标与塔板结构和塔内汽液两相的接触状况密切相关，其中汽液两相的接触状态又涉及汽液流动时的流体力学问题。板式塔的流体力学性能包括：塔板压降、液泛、雾沫夹带、漏液、负荷性能图等多种性能，下面介绍其中主要的几种，具体可参照有关书籍。

1. 塔板上汽液接触状态

塔板上汽液两相的接触状态是决定板上汽液两相传质、传热好坏的重要因素。如图 4-36 所示，当液体流量一定时，随着气速的增加，可以出现四种不同的接触状态。

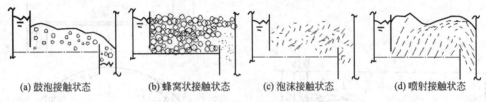

| (a) 鼓泡接触状态 | (b) 蜂窝状接触状态 | (c) 泡沫接触状态 | (d) 喷射接触状态 |

图 4-36　塔板上的汽液接触状态

（1）鼓泡接触状态　如图 4-36（a）所示，当气速较低时，气体在液层中以鼓泡的形式通过。由于气泡的数量不多，形成的汽液混合物基本上以液体为主，即板上清液多，气泡少。汽液两相接触的表面积为气泡表面积，由于表面积不大，传质效率很低。

（2）蜂窝状接触状态　如图 4-36（b）所示，随着气速的增加，气泡的数量不断增加。当气泡的形成速度大于气泡的浮升速度时，上升的气泡在液层中累积，气泡之间相互碰撞，形成气泡、泡沫混合物，是类似蜂窝状泡结构。板上为以气体为主的汽液混合物，板上清液基本消失。由于气泡不易破裂，表面得不到更新，所以此种状态不利于传质和传热。

（3）泡沫接触状态　如图 4-36（c）所示，当气速继续增加，气泡数量急剧增加，气泡不断发生碰撞和破裂，此时板上液体大部分以液膜的形式存在于气泡之间，形成一些直径较小，扰动剧烈的动态泡沫，由于泡沫接触状态的表面积大，并不断更新，为两相传质传热创造了良好的流体力学条件，是一种较好的接触状态。

（4）喷射接触状态　如图 4-36（d）所示，当气速再继续增加，动能很大的气体以喷射状态穿过液层，把塔板上的液体破碎成大小不等的液滴抛向塔板上方空间。被喷射出的直径较大的液滴受重力作用又落回到板上，直径较小的液滴被气体带走，形成液沫夹带。此时两相传质的面积是液滴的外表面，由于液滴在塔板上反复形成和聚集，使传质面积大大增加，而且液滴表面不断更新，有利于传质、传热进行，也是一种较好的接触状态。

泡沫接触状态和喷射接触状态均是优良的工作状态，因为喷射接触状态是塔板操作的极限，液沫夹带较多，若控制不好就会破坏传质过程，所以精馏塔操作时要控制在泡沫接触状态。

2. 塔板上的异常操作现象

塔板的异常操作现象包括漏液、液沫夹带、气泡夹带和液泛等，是使塔板效率降低的主要因素，严重时甚至导致操作无法进行。因此，生产中应尽量避免这些异常操作现象的出现。

（1）漏液　在正常操作的塔板上，液体横向流过塔板，然后经降液管流下。当气体通过塔板的速度较小时，不能阻止液体直接从板上开孔处落下，这种现象称为漏液。漏液量随孔速的增大与板上液层高度的降低而减小。漏液会降低传质效果，严重时将使塔板上建立不起液层而无法操作。为保证塔的正常操作，一般控制漏液量不大于液体流量的10％。

造成漏液的主要原因：一是可能气速太小，二是板面上液面落差太大所引起的气流分布不均匀。特别在塔板液体入口处，液层较厚，容易出现漏液。为此常在塔板液体入口处留出一条不开孔的区域，称为安定区。

(2) 液沫夹带和气泡夹带   当上升气体穿过塔板上的液层时，将部分液滴夹带到上层塔板，这种现象称为液沫夹带。影响液沫夹带量的因素很多，最主要的是空塔气速和塔板间距。空塔气速过大或塔板间距偏小，均可使液沫夹带量增加。

由于雾沫夹带是一种低浓度液相进入高浓度液相内，过量的液沫夹带常造成液相在塔板间的返混，进而导致传质效率下降，生产中要进行控制。为维持正常操作，液沫夹带限制在一定范围，一般允许的液沫夹带量为 $e_V < 0.1$ kg 液/kg 汽。

气泡夹带是指塔板上的液体在进入降液管时仍含有大量气泡，气泡随液体流进下一块塔板的现象。结果是气体由高浓度区进入低浓度区，降低了传质效率。

造成气泡夹带的原因是液体流量过大，导致液体在降液管中的停留时间不够而发生的，所以生产中要控制好液体流量。

(3) 液泛   液泛在工厂也叫"淹塔"，是指塔内气体或液体流量过大，导致液体不能正常流下而充满全塔的异常操作现象。

当塔板上气体流量过大时，使塔板间充满汽液混合物，液沫夹带现象严重，最终将使整个塔内都充满液体，这种由于液沫夹带量过大引起的液泛称为夹带液泛。

当液体流量过大，降液管内液体不能顺利向下流动时，管内液体上升，越过溢流堰顶部，两板间液体相连，最终导致塔内充满液体，这种由于降液管内充满液体而引起的液泛称为降液管液泛。

液泛的形成与汽液两相的流量相关。对一定的液体流量，气速过大会形成液泛；反之，对一定的气体流量，液量过大也可能发生液泛。

液泛时的气速称为液泛速度或泛点气速。正常操作气速应控制在泛点气速之下。

影响液泛的因素除汽液流量和流体性质外，塔板结构、板间距也是重要参数。若设计中采用较大的板间距，则可提高液泛速度。

3. 负荷性能图

为确保塔的正常操作，要求操作中要严格控制塔内汽液相流量在一定范围内，这个范围通常用负荷性能图表示。该图以液相流量 L 为横坐标，汽相流量 V 为纵坐标，如图4-37所示，负荷性能图由以下五条线组成。

(1) 漏液线   图中1线为漏液线，又称汽相负荷下限线。当操作的汽相流量低于此线时，将发生严重的漏液现象。此时的漏液量大于液体流量的10％。塔板的适宜操作区应在该线以上。

(2) 液沫夹带线   图中2线为液沫夹带线，又称汽相负荷上限线。如操作的汽液相负荷超过此线时，表明液沫夹带现象严重，此时液沫夹带量 $e_V > 0.1$ kg 液/kg 汽。塔板的适宜操作区应在该线以下。

(3) 液相负荷下限线   图中3线为液相负荷下限线。

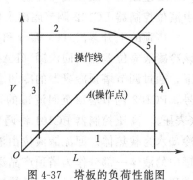

图4-37 塔板的负荷性能图

若操作的液相负荷低于此线时，表明液体流量过低，板上液流不能均匀分布，汽液接触不良，易产生干吹、偏流等现象，导致塔板效率的下降。塔板的适宜操作区应在该线右方。

（4）**液相负荷上限线** 图中4线为液相负荷上限线。若操作的液相负荷高于此线时，表明液体流量过大，此时液体在降液管内停留时间过短，进入降液管内的气泡来不及与液相分离而被带入下层塔板，使塔板效率下降。塔板的适宜操作区应在该线左方。

（5）**液泛线** 图中5线为液泛线。若操作的汽液负荷超过此线时，塔内将发生液泛现象，使塔不能正常操作。塔板的适宜操作区在该线以下。

在塔板的负荷性能图中，五条线所包围的区域称为塔板的适宜操作区，精馏塔应在此范围内进行操作。

某一操作时的汽相负荷 V 与液相负荷 L 的点称为操作点。在连续精馏塔中，操作时的汽液比 V/L 是定值，在负荷性能图上汽液两相负荷的关系为通过原点、斜率为 V/L 的直线，该直线称为操作线。操作线与负荷性能图的两个交点分别表示塔的上下操作极限，两个操作极限的气体流量之比称为塔板的操作弹性。在进行工艺设计计算时，应使操作点尽可能位于适宜操作区的中央。

二、操作精馏设备

（一）仿真操作

1. 精馏塔仿真流程任务简述

本流程是利用精馏方法，在脱丁烷塔中将丁烷从脱丙烷塔釜混合物中分离出来。精馏是将液体混合物部分汽化，利用其中各组分相对挥发度的不同，通过液相和汽相间的质量传递来实现对混合物分离。本装置中将脱丙烷塔釜混合物部分汽化，由于丁烷的沸点较低，即其挥发度较高，故丁烷易于从液相中汽化出来，再将汽化的蒸气冷凝，可得到丁烷组成高于原料的混合物，经过多次汽化冷凝，即可达到分离混合物中丁烷的目的。

原料为67.8℃脱丙烷塔的釜液（主要有 C_4、C_5、C_6、C_7 等），由脱丁烷塔（DA405）的第16块板进料（全塔共32块板），进料量由流量控制器 FIC101 控制。灵敏板温度由调节器 TC101 通过调节再沸器加热蒸汽的流量，来控制提馏段灵敏板温度，从而控制丁烷的分离质量。如图4-38所示。

脱丁烷塔塔釜液（主要为 C5 以上馏分）一部分作为产品采出，一部分经再沸器（EA408A、B）部分汽化为蒸气从塔底上升。塔釜的液位和塔釜产品采出量由 LC101 和 FC102 组成的串级控制器控制。再沸器采用低压蒸汽加热。塔釜蒸汽缓冲罐（FA414）液位由液位控制器 LC102 调节底部采出量控制。

塔顶的上升蒸汽（C_4 馏分和少量 C_5 馏分）经塔顶冷凝器（EA419）全部冷凝成液体，该冷凝液靠位差流入回流罐（FA408）。塔顶压力 PC102 采用分程控制：在正常的压力波动下，通过调节塔顶冷凝器的冷却水量来调节压力，当压力超高时，压力报警系统发出报警信号，PC102 调节塔顶至回流罐的排气量来控制塔顶压力调节汽相出料。操作压力 4.25atm（表压），高压控制器 PC101 将调节回流罐的汽相排放量，来控制塔内压力稳定。冷凝器以冷却水为载热体。回流罐液位由液位控制器 LC103 调节塔顶产品采出量来维持恒定。回流罐中的液体一部分作为塔顶产品送下一工序，另一部分液体由回流泵（GA412A、B）送回塔顶做为回流，回流量由流量控制器 FC104 控制。

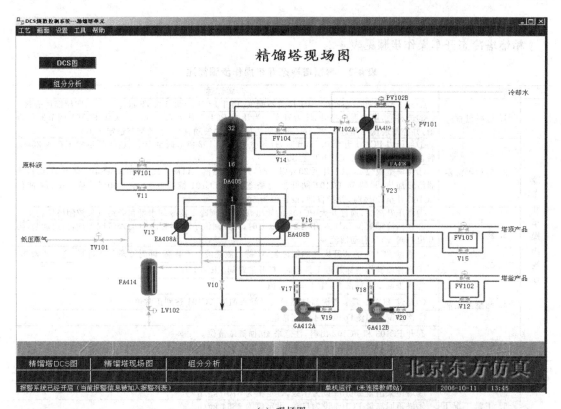

(a) 现场图

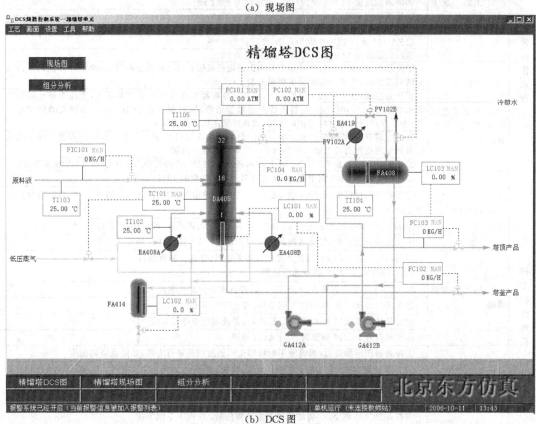

(b) DCS图

图 4-38 精馏塔仿真流程

2. 精馏塔冷态开车操作步骤简述

精馏塔冷态开车操作步骤见表 4-2。

表 4-2　精馏塔冷态开车操作步骤简述

项目	步骤	步骤详述
冷态开车操作规程	1. 进料过程	①开 FA408 顶放空阀 PC101 排放不凝气,稍开 FIC101 调节阀(不超过 20%),向精馏塔进料
		②进料后,塔内温度略升,压力升高。当压力 PC101 升至 0.5atm 时,关闭 PC101 调节阀投自动,并控制塔压不超过 4.25atm(如果塔内压力大幅波动,改回手动调节稳定压力)
	2. 启动再沸器	①当压力 PC101 升至 0.5atm 时,打开冷凝水 PC102 调节阀至 50%;塔压基本稳定在 4.25atm 后,可加大塔进料(FIC101 开至 50%左右)
		②待塔釜液位 LC101 升至 20%以上时,开加热蒸汽入口阀 V13,再稍开 TC101 调节阀,给再沸器缓慢加热,并调节 TC101 阀开度使塔釜液位 LC101 维持在 40%~60%。待 FA-414 液位 LC102 升至 50%时,并投自动,设定值为 50%
	3. 建立回流	①塔压升高时,通过开大 PC102 的输出,改变塔顶冷凝器冷却水量和旁路量来控制塔压稳定
		②当回流罐液位 LC103 升至 20%以上时,先开回流泵 GA412A/B 的入口阀 V19,再启动泵,再开出口阀 V17,启动回流泵
		③通过 FC104 的阀开度控制回流量,维持回流罐液位不超高,同时逐渐关闭进料,全回流操作
	4. 调整至正常	①当各项操作指标趋近正常值时,打开进料阀 FIC101
		②逐步调整进料量 FIC101 至正常值
		③通过 TC101 调节再沸器加热量使灵敏板温度 TC101 达到正常值。
		④逐步调整回流量 FC104 至正常值。
		⑤开 FC103 和 FC102 出料,注意塔釜、回流罐液位。
		⑥将各控制回路投自动,各参数稳定并与工艺设计值吻合后,投产品采出串级
正常操作规程	1. 正常工况下的工艺参数	①进料流量 FIC101 设为自动,设定值为 14056 kg/h
		②塔釜采出量 FC102 设为串级,设定值为 7349 kg/h,LC101 设自动,设定值为 50%
		③塔顶采出量 FC103 设为串级,设定值为 6707 kg/h
		④塔顶回流量 FC104 设为自动,设定值为 9664 kg/h
		⑤塔顶压力 PC102 设为自动,设定值为 4.25atm,PC101 设自动,设定值为 5.0atm
		⑥灵敏板温度 TC101 设为自动,设定值为 89.3℃
		⑦FA-414 液位 LC102 设为自动,设定值为 50%
		⑧回流罐液位 LC103 设为自动,设定值为 50%
	2. 主要工艺生产指标的调整方法	①质量调节:本系统的质量调节采用以提馏段灵敏板温度作为主参数,以再沸器和加热蒸汽流量的调节系统,实现对塔的分离质量控制
		②压力控制:在正常的压力情况下,由塔顶冷凝器的冷却水量来调节压力,当压力高于操作压力 4.25atm(表压)时,压力报警系统发出报警信号,同时调节器 PC101 将调节回流罐的汽相出料,为了保持同汽相出料的相对平衡,该系统采用压力分程调节
		③液位调节:塔釜液位由调节塔釜的产品采出量来维持恒定。设有高低液位报警。回流罐液位由调节塔顶产品采出量来维持恒定。设有高低液位报警
		④流量调节:进料量和回流量都采用单回路的流量控制;再沸器加热介质流量,由灵敏板温度调节
停车操作规程	1. 降负荷	①逐步关小 FIC101 调节阀,降低进料至正常进料量的 70%
		②在降负荷过程中,保持灵敏板温度 TC101 的稳定性和塔压 PC102 的稳定,使精馏塔分离出合格产品
		③在降负荷过程中,尽量通过 FC103 排出回流罐中的液体产品,至回流罐液位 LC104 在 20%左右
		④在降负荷过程中,尽量通过 FC102 排出塔釜产品,使 LC101 降至 30%左右
	2. 停进料和再沸器	在负荷降至正常的 70%,且产品已大部采出后,停进料和再沸器 ①关 FIC101 调节阀,停精馏塔进料
		②关 TC101 调节阀和 V13 或 V16 阀,停再沸器的加热蒸汽
		③关 FC102 调节阀和 FC103 调节阀,停止产品采出
		④打开塔釜泄液阀 V10,排不合格产品,并控制塔釜降低液位
		⑤手动打开 LC102 调节阀,对 FA114 泄液
	3. 停回流	①停进料和再沸器后,回流罐中的液体全部通过回流泵打入塔,以降低塔内温度
		②当回流罐液位至 0 时,关 FC104 调节阀,关泵出口阀 V17(或 V18),停泵 GA412A(或 GA412B),关入口阀 V19(或 V20),停回流
		③开泄液阀 V10 排净塔内液体
	4. 降压、降温	①打开 PC101 调节阀,将塔压降至接近常压后,关 PC101 调节阀
		②全塔温度降至 50℃左右时,关塔顶冷凝器的冷却水(PC102 的输出为 0)

（二）实训操作

1. 实训安全（详见附录）

2. 工艺操作指标

原料液（10％酒精溶液）	7kg 乙醇＋63kg 水
原料槽液位控制	2/3～3/4 液位计
原料液泵流量	100～120L/h（开车时）；20L/h（正常操作）
原料液预热温度	65～70℃（常压精馏）
再沸器液位控制	2/3～3/4 液位计
系统真空度（减压精馏）	－0.02～－0.04MPa
塔顶汽相温度	78～79℃
塔顶产品乙醇含量	＞90％
塔顶产品乙醇含量	＜3％

3. 精馏塔常压操作

精馏实训 DCS 监控画面如图 4-39 所示。

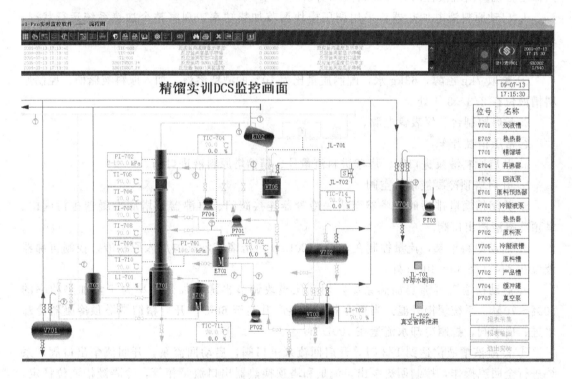

图 4-39　精馏实训 DCS 监控画面

（1）开车前准备

① 由相关操作人员组成装置检查小组，对本装置所有设备、管道、阀门、仪表、电气、照明、分析、保温等按工艺流程图要求和专业技术要求进行检查。

② 系统气密性试验。

向精馏塔系统内加水（可从精馏塔底排污阀或原料加热器后取样阀加入，加水速度应缓慢)，至精馏塔、各储槽、管路充满，查看各焊缝、设备、管路连接处，若无泄漏，则气密性试验合格，将系统内水排放干净。

③ 各单体设备试车。原料液加料泵、再沸器电加热器试车：

a. 开启原料液泵进口阀、出口阀，原料液电加热器排气阀、精馏塔原料液进口阀、塔顶换热器出口阀、塔顶冷凝液槽进口阀、塔顶冷凝液槽放空阀。

b. 关闭精馏塔排污、再沸器至塔底冷凝器连接阀门、塔顶冷凝液槽出口阀。

c. 启动原料液泵，流量控制在 100~120L/h（在 20min 内完成系统加料），控制再沸器液位在 3/4（高 35~40cm 处）。

d. 启动精馏塔再沸器加热系统，用调压模块调节再沸器加热功率，系统缓慢升温。观测整个加热系统运行状况，系统运行正常则停止加热，排放完系统内的水。

原料液加热器试车：

a. 开启原料液泵进、出口阀，精馏塔原料液进口阀、塔顶冷凝液槽放空阀。

b. 关闭精馏塔排污阀、塔釜至塔底冷凝器连接阀、塔顶冷凝液槽出口阀。

c. 启动原料液泵，流量控制在 100~120L/h（在 20min 内完成系统加料），当原料液预热器上方视筒出现液位时，停原料液加料泵。

d. 启动原料液电加热器，采用调压模块调节加热功率，观察整个加热系统运行状况，系统运行正常则停止加热，排放完系统内的水。

(2) 常压精馏操作

① 称取 7kg 乙醇，63kg 水，配制质量比为 10% 的酒精溶液，加入原料液储槽，控制原料槽液位在 2/3~3/4 处。

② 开启控制台、仪表盘电源。

③ 常压精馏开车：

a. 开启原料液泵进口阀、塔釜进料流量计、精馏塔原料液进口阀。

b. 开启塔顶冷凝液槽放空阀。

c. 关闭精馏塔排污阀、塔釜至塔底冷凝器连接阀门、再沸器至塔底冷凝器排污阀门、塔顶冷凝液槽出口阀。

d. 启动原料液泵，流量控制在 100~120L/h 向精馏塔塔釜内加入原料液，控制再沸器液位在 3/4（高 35~40cm 处）。

e. 启动精馏塔再沸器加热系统，用调压模块调节再沸器加热功率为正常加热功率的 60%~70%，系统缓慢升温，当再沸器液相温度升高至 60℃，开启精馏塔塔顶冷凝器冷却水进、出水阀，控制冷却水流量在 100L/h。

④ 冷凝液槽液位达到 1/3 时，开启回流泵进口阀，启动回流泵，开回流泵出口阀，系统进行全回流操作，控制回流泵出口流量和塔顶换热器出口流量相等，冷凝液槽液位稳定，控制系统压力、温度稳定。

⑤ 当精馏塔塔顶汽相温度稳定于 78~80℃ 时（或较长时间回流后，精馏塔塔节上部几点温度趋于相等，接近乙醇沸点温度，可视为系统全回流稳定），分析塔顶产品含量，当塔顶产品乙醇含量大于 90%，塔顶采出产品合格。

⑥ 开塔底换热器冷却水进、出口阀，开再沸器至塔底冷却器液相进口阀，将釜底液相引入塔底冷凝器内，冷却。分析塔底产品乙醇含量，当塔底乙醇含量小于 3% 时，塔底采出产品合格。

⑦ 启动原料液泵，将原料液打入原料液预热器预热，控制加热器加热功率，使原料液预热温度在 65～70℃，送入精馏塔。

⑧ 分析塔顶、塔底产品乙醇含量，调节精馏塔系统温度、压力各参数，调节塔顶回流比为 3∶1～4∶1，控制塔顶、塔底采出产品符合要求，开始连续精馏操作。

⑨ 逐渐加大原料液泵流量至 20L/h，塔顶采出量控制在 2L/h、塔底采出量控制在 18L/h，塔顶采出物料储存在回流液槽内，塔底产品排入塔底产品槽。

⑩ 精馏系统各工艺参数稳定，建立塔内平衡体系。

4. 常压塔的停车操作

① 停原料加热器，停原料液泵，关闭原料液泵进口阀。

② 停止再沸器加热器，停回流泵，关回流泵进、出口阀。

③ 当塔顶温度下降，无冷凝液馏出后，关闭塔顶冷凝器冷却水进水阀，停冷却水。

④ 当塔底物料冷却后，开精馏塔底排污阀，放出塔釜及再沸器内物料，开残液槽排污阀、产品槽排污阀，放出残液槽内残液、产品槽内产品。

⑤ 当原料加热器内原料液冷却后，将其中原料液放入原料液槽。

⑥ 停控制台、仪表盘电源。

⑦ 做好操作记录，见表 4-3。

表 4-3 精馏实训工艺记录

班级： 学生姓名： 时间：

原料罐初始液位 L_1： 原料罐终液位 L_2 $L_1 - L_2 =$

序号	时间 (10min 记录一次)	温度/℃		流量/(L/h)			塔釜液位 /cm	塔釜压力 /MPa	塔顶冷却水流量 /(L/h)	备注
		进料	塔釜	进料	塔顶	塔釜				

5. 异常现象处理

见表 4-4。

表 4-4 异常现象、原因分析及处理方法

异常现象	原因分析	处理方法
精馏塔液泛	塔负荷过大	调整负荷
	回流比过大	调节加料量，降低釜温
		减少回流,加大采出
	塔釜加热过猛	减小加热量
系统压力增大	采出量少	加大采出量
	冷凝水流量过低	加大冷凝水流量
塔压差大	负荷大	减少负荷
	回流量不稳定	调节回流比
	液泛	按液泛情况处理

练习题

（一）填空题

1. 塔板负荷性能图有（　　　　）条线，分别是（　　　　　　　　　　　　　　　）。

2. 板式塔的操作弹性指（　　　　　　　　　　　　　　　　　　　　　　）。

3. 板式塔的溢流堰的作用主要是（　　　　　　　　　　　　　　　　）。

（二）选择题

1. 在板式塔中进行汽液传质时，若液体流量一定，气速过小，容易发生（　　）现象；气速过大，容易发生（　　）或（　　）现象，所以必须控制适宜的气速。

　A. 漏液、液泛、淹塔　　　　　　　　B. 漏液、液泛、液沫夹带

　C. 漏液、液沫夹带、淹塔　　　　　　D. 液沫夹带、液泛、淹塔

2. 当气体量一定时，下列判断正确的是（　　）。

　A. 液体量过大引起漏液　　　　　　　B. 液体量过大引起气泡夹带

　C. 液体量过大引起雾沫夹带　　　　　D. 液体量过大可能造成液泛

（三）判断题

1. 精馏操作时增大回流比，其他操作条件不变，则精馏段的液汽比和馏出液的组成均不变。　　　　　　　　　　　　　　　　　　　　　　　　　　　　　　（　　）

2. 精馏操作中，塔顶馏分重组分含量增加时，常采用降低回流比来使产品质量合格。　　　　　　　　　　　　　　　　　　　　　　　　　　　　　　　　　　（　　）

3. 精馏塔操作过程中主要通过控制温度、压力、进料量和回流比来实现对汽、液负荷的控制。　　　　　　　　　　　　　　　　　　　　　　　　　　　　　　　（　　）

4. 精馏塔操作中，若馏出液质量下降，常采用增大回流比的办法使产品质量合格。　　　　　　　　　　　　　　　　　　　　　　　　　　　　　　　　　　　（　　）

5. 精馏塔的不正常操作现象有液泛、泄漏和气体的不均匀分布。　　　　（　　）

6. 精馏塔的操作弹性越大，说明保证该塔正常操作的范围越大，操作越稳定。（　　）

7. 连续精馏停车时，先停再沸器，后停进料。　　　　　　　　　　　　（　　）

8. 评价塔板结构时，塔板效率越高，塔板压降越低，则该种结构越好。　（　　）

9. 筛板塔板结构简单，造价低，但分离效率较泡罩低，因此已逐步淘汰。　（　　）

10. 实现稳定的精馏操作必须保持全塔系统的物料平衡和热量平衡。　　（　　）

11. 雾沫夹带过量是造成精馏塔液泛的原因之一。　　　　　　　　　　（　　）

12. 在精馏塔中目前是浮阀塔的构造最为简单。　　　　　　　　　　　（　　）

（四）思考题

1. 在精馏操作中，塔釜压力为什么是一个重要参数？

2. 精馏操作中增加回流比的方法是什么？能否采用减少塔顶出料量的方法？

3. 在精馏操作中，由于塔顶采出量太大而造成产品不合格，恢复正常的最快、最有效的方法是什么？

4. 塔板上汽液两相的非理想流动有哪些？形成原因是什么？对精馏操作有何影响？

5. 塔内的异常操作现象有哪些？形成原因是什么？如何避免？

6. 什么是负荷性能图？意义是什么？

（五）识图题

如附图所示为某塔板的负荷性能图，A 点为操作点。试根据该图

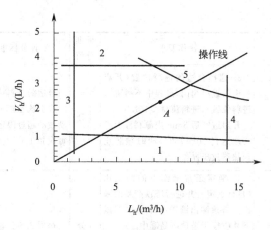

识图题附图

（1）确定塔板的汽、液负荷；

（2）判断塔板的操作上、下限各为什么控制；

（3）计算塔板的操作弹性。

（六）技能考核

精馏实训操作考核评价表见表4-5。

表4-5　精馏实训操作考核评价表

学生姓名：＿＿＿＿＿＿、＿＿＿＿＿＿、＿＿＿＿＿＿　日期：＿＿＿＿＿＿

操作时间起于＿＿＿止于＿＿＿用时＿＿＿min　综合评定分数：＿＿＿＿＿＿

操作阶段/规定时间	考核内容	操作要求	标准分值	评分标准与说明	减分	得分
设备功能物料流程说明（5min）	工艺流程、主要设备功能简介	1. 进料路线 2. 塔顶馏出液与回流液路线 3. 釜残液路线 4. 再沸器以及蒸汽路线 5. 冷却水路	10分	每项2分，共10分。少介绍一项扣2分，有补充说明的，可相应加分，总分不超过规定总分		
开车准备（5min）	检查水、电、仪、阀、泵、储罐	1. 开启总电源、仪表盘电源，查看电压表、温度显示、实时监控仪是否正常 2. 检查并确定工艺流程中各阀门状态，调整至准备开车状态 3. 记录DCS操作界面原料罐液位 4. 检查并清空回流罐、产品罐中积液 5. 查有无供水 6. 规范操作进料泵（离心泵）；将原料加入再沸器至合适液位	15分	前5项每项3分 若无检查报警系统过程扣3分 阀门处于错误状态每错一个扣1分，总扣分不超过15分 （由于考核时间的限制，第6项须在考核前准备，并将釜液加热到70℃左右）		
开车操作（30min）	操作步骤	1. 启动精馏塔再沸器加热系统；开启冷却水阀及精馏塔顶冷凝器冷却水进口阀，调节至适宜的冷却水流量	5分	开启再沸器2分，开冷却水3分 开再沸器后，塔顶已有蒸汽产生而未开冷却水扣5分		
		2. 当回流罐液位达到适当液位时，规范操作采出泵或回流泵，并进行全回流操作；控制回流罐液位及回流量，控制系统稳定性（适时排放不凝性气体），自行确定全回流时间。必要时可取样分析	5分	规范启动泵1分 排放不凝性气体1分 回流罐液位及回流量稳定2分 正确的全回流时间1分		

操作阶段/规定时间	考核内容	操作要求	标准分值	评分标准与说明	减分	得分
开车操作（30min）	操作步骤	3. 选择合适的进料位置（开启相应的进料阀门，过程中不得更改进料位置），进料流量≤16L/h 开启进料后5min内原料液温度必须达到70～75℃，同时须防止预热器过压操作	5分	合适的进料位置1分 进料流量≤16L/h（流量自动波动超过限定值30s以上，每次扣1分，此项扣分无上限		
正常运行（30min）		1. 确定正常操作下的回流比（自行确定），并进行塔顶产品的采出。塔顶馏出液需冷却至50℃以下并收集于塔顶产品罐中 2. 启动塔釜残液冷却器，将塔釜残液冷却至60℃以下后，收集塔釜残液	5分	每项2.5分，共5分		
正常停车（10min）	操作步骤	1. 正常操作结束，停进料泵，关闭相应管线上阀门 2. 规范停止预热器加热及再沸器电加热 3. 停止回流，将塔顶馏出液送入产品槽，停馏出液冷凝水，停塔顶采出（或回流泵）泵 4. 停塔釜残液采出，关闭塔釜冷却水阀 5. 各阀门恢复初始开车前的状态 6. 记录DCS操作面板原料储罐液位，收集并称量塔顶馏出液，取样分析最终产品含量	10分	按操作步骤（每步2分，共10分）。步骤或顺序错或漏扣分		
技术要求以及指标	工艺指标以及工艺条件的合理性、产品浓度、产量	1. 再沸器液位需维持稳定在初始液位±15mm 2. 塔顶压力需控制在5kPa以内 3. 塔压差需控制在5kPa以内 4. 全回流阶段以及部分回流段塔顶温度应维持在78～83℃之间，塔板上应始终有鼓泡现象 5. 测定产品罐中最终产品浓度，要求90%以上 6. 量取产品产量	25分	第1项：液位超出范围持续1min扣1分/次（共3分） 第2、3项：超出范围持续1min扣分1分/次（共2分） 第4项：温度超出范围持续1min扣2分/次；塔板上若出现无鼓泡现象持续1min扣3分/次（共10分） 第5项：90%（体积比）以上得5分 第6项：塔顶产品1L（90%）以上即得5分		
安全文明操作	安全、文明、礼貌	1. 着装符合职业要求 2. 正确操作设备、使用工具 3. 操作环境整洁、有序 4. 文明礼貌	10分	1. 着装符合职业要求（1分） 2. 正确操作设备、使用工具（6分）。错误减1分，损坏减10分 3. 操作环境整洁、有序（3分）		
回答问题（5min）	教师提问，学生笔答。	笔试回答，不得相互抄袭、讨论	10分	根据各考生的回答给分，同一组考生得分可能不同，应注意区别并记录		

项目五
干燥过程及应用技术

项目概述

　　干燥是利用热能除去固体物料中湿分（水分或其他液体）的单元操作。在化工、食品、制药、纺织、采矿、农产品加工等行业，常常需要将湿固体物料中的湿分除去，以便于运输、储藏或达到生产规定的含湿率要求。例如，聚氯乙烯的含水量须低于 0.2%，否则在以后的成形加工中会产生气泡，影响塑料制品的品质；药品的含水量太高会影响保质期等。因为干燥是利用热能去湿的操作，能量消耗较多，所以工业生产中湿物料一般都采用先沉降、过滤或离心分离等机械方法去湿，然后再用干燥法去湿而制得合格的产品。

任务一
认识干燥过程

任务引入 ▶▶

　　日常生活中把湿衣服晾干，就是简单的干燥过程，你能从晒衣服的事例中分析出干燥过程的实质吗？

　　气象员播报天气预报时，会提到空气的湿度和相对湿度，湿度和相对湿度是什么意思呢？

任务分解 ▶▶

一、去湿与干燥

（一）固体物料的去湿方法

　　去湿的方法很多，化工生产中常用的方法有：

① 机械分离法。即通过压榨、过滤和离心分离等方法去湿。耗能较少、较为经济，但除湿不完全。

② 吸附脱水法。即用干燥剂（如无水氯化钙、硅胶）等吸去湿物料中所含的水分，该方法只能除去少量水分，适用于实验室使用。

③ 干燥法。即利用热能使湿物料中的湿分汽化而去湿的方法。该方法能除去湿物料中的大部分湿分，除湿彻底。干燥法耗能较大，工业上往往将机械分离法与干燥法联合起来除湿，即先用机械方法尽可能除去湿物料中的大部分湿分，然后再利用干燥方法继续除湿而制得湿分符合规定的产品。干燥法在工业生产中应用最为广泛，如原料的干燥、中间产品的去湿及产品的去湿等。

（二）干燥操作方法的分类

（1）按操作压强　分为常压干燥和真空干燥。真空干燥主要用于处理热敏性、易氧化或要求产品中湿分含量很低的场合。

（2）按操作方式　分为连续操作和间歇操作。间歇操作适用于小批量、多品种或要求干燥时间很长的特殊场合。

（3）按传热方式　可分为传导干燥、对流干燥、辐射干燥、介电加热干燥以及由上述两种或多种组合的联合干燥。

① 传导干燥　过传热壁面以传导方式传给物料，产生的湿分蒸汽被气相（又称干燥介质）带走，或用真空泵排走。例如纸制品可以铺在热滚筒上进行干燥。该方法热能利用率高，但与传热面接触的物料易过热变质，物料温度不易控制。

② 对流干燥　干燥介质直接与湿物料接触，热能以对流方式加入物料，产生的蒸汽被干燥介质带走。干燥在这里是载热体又是载湿体。在对流干燥中干燥介质的温度易调节，湿物料不易产生过热。但是干燥介质离开干燥器时要带出大量的热量，因此对流干燥热损失大，能量消耗高。

③ 辐射干燥　由辐射器产生的辐射能以电磁波形式达到固体物料的表面，为物料吸收而转变为热能，从而使湿分汽化。例如用红外线干燥法将自行车表面涂料烘干。该法生产强度大，干燥均匀且产品洁净，但能量消耗大。

④ 介电加热干燥　将需要干燥电解质物料置于高频电场中，电能在潮湿的电介质中变为热能，可以使液体很快升温汽化。这种加热过程发生在物料内部，故干燥速率较快，例如微波干燥食品。

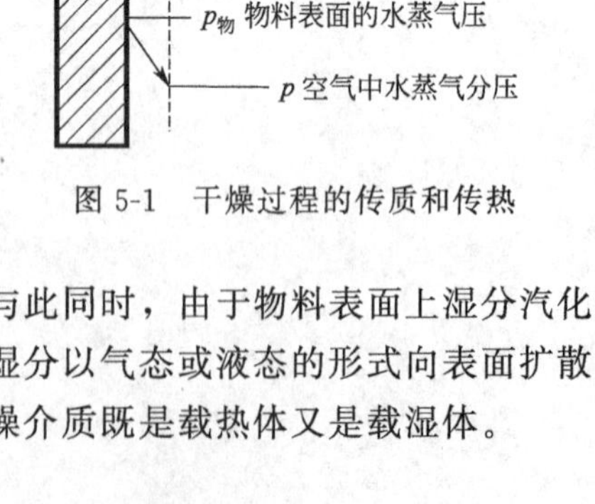

图 5-1　干燥过程的传质和传热

（三）对流干燥方法

1. 对流干燥原理

图 5-1 所示为热空气与湿物料间的传热和传质的情况。在对流干燥过程中，干燥介质（如热空气）将热量以对流方式从气相主体传递到固体表面，物料表面上的湿分即行汽化，水汽由固体表面向气相扩散；与此同时，由于物料表面上湿分汽化，使得物料内部和表面间产生湿分差，因此物料内部的湿分以气态或液态的形式向表面扩散。可见对流干燥过程是传质和传热同时进行的过程。干燥介质既是载热体又是载湿体。

2. 对流干燥的条件

干燥进行的必要条件是物料表面的水汽的压强必须大于干燥介质中水汽的分压，在其他条件相同的情况下，两者差别越大，干燥操作进行得越快。所以干燥介质应及时地将产生的水汽带走，以维持一定的传质推动力。若压差为零，则无水分传递，干燥操作即停止进行。由此可见，干燥速率由传热速率和传质速率所支配。

3. 对流干燥流程

图 5-2 所示为对流干燥流程示意图。空气经预热器加热到适当温度后，进入干燥器，与进入干燥器的湿物料相接触，干燥介质将热量以对流方式传递给湿物料，湿物料中湿分被加热汽化为蒸汽进入干燥介质中，使得干燥介质中湿分含量增加，最后以废气的形式排出。湿物料与干燥介质的接触可以是逆流、并流或其他方式。

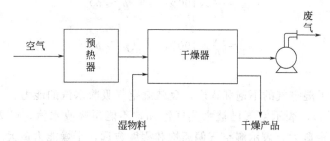

图 5-2　对流干燥流程示意图

化工生产中以连续操作的对流干燥应用最为普遍，干燥介质可以是不饱和热空气、惰性气体及烟道气，要除的湿分为水或其他化学溶剂。本章重点介绍以不饱和热空气为干燥介质，湿分为水分的对流干燥过程。

二、湿空气的性质

（一）湿度 H

湿度 H 是湿空气中所含水蒸气的质量与绝干空气质量之比。

1. 定义式

$$H=\frac{m_v}{m_g}=\frac{M_v n_v}{M_g n_g}=\frac{18 n_v}{29 n_g}=0.622\,\frac{n_v}{n_g} \tag{5-1}$$

式中　m_g，m_v——分别表示湿空气中干气及水汽的质量，kg；

　　　　n_g，n_v——分别表示湿空气中干气及水汽的物质的量，mol；

　　　　M_g，M_v——分别表示湿空气中干气及水汽的摩尔质量，kg/mol。

2. 以分压比表示

$$H=0.622\,\frac{p_v}{p-p_v} \tag{5-2}$$

式中　p_v——水蒸气分压，Pa；

　　　　p——湿空气总压，Pa。

3. 饱和湿度 H_s

若湿空气中水蒸气分压恰好等于该温度下水的饱和蒸气压 p_s，此时的湿度为在该温度下空气的最大湿度，称为饱和湿度，以 H_s 表示。

$$H_s = 0.622 \frac{p_s}{p - p_s} \tag{5-3}$$

式中 p_s——同温度下水的饱和蒸气压，Pa。

由于水的饱和蒸气压只与温度有关，故饱和湿度是湿空气总压和温度的函数。

(二) 相对湿度 φ

当总压一定时，湿空气中水蒸气分压 p_v 与一定总压下空气中水汽分压可能达到的最大值之比的百分数，称为相对湿度。

1. 定义式

$$\varphi = \frac{p_v}{p_s} \times 100\% \qquad (p_s \leqslant p) \tag{5-4a}$$

$$\varphi = \frac{p_v}{p} \times 100\% \qquad (p_s > p) \tag{5-4b}$$

2. 意义

相对湿度表明了湿空气的不饱和程度，反映湿空气吸收水汽的能力。

$\varphi = 1$（或 100%），表示空气已被水蒸气饱和，不能再吸收水汽，已无干燥能力。φ 愈小，即 p_v 与 p_s 差距愈大，表示湿空气偏离饱和程度愈远，干燥能力愈大。

3. H、φ、t 之间的函数关系

$$H = 0.622 \frac{\varphi p_s}{p - \varphi p_s} \tag{5-5}$$

可见，对水蒸气分压相同，而温度不同的湿空气，若温度愈高，则 p_s 值愈大（与温度 t 相关，参见附录），φ 值愈小，干燥能力愈大。

以上介绍的是表示湿空气中水分含量的两个性质，下面介绍是与热量衡算有关的性质。

(三) 湿空气的比热容 c_H

定义：将 1kg 干空气和其所带的 Hkg 水蒸气的温度升高 1℃所需的热量。简称湿热。

$$c_H = c_g + c_v H = 1.01 + 1.88H \tag{5-6}$$

式中 c_g——干空气比热容，其值约为 1.01kJ/(kg 干空气·℃)；

c_v——水蒸气比热容，其值约为 1.88kJ/(kg 干空气·℃)。

(四) 焓 I

湿空气的焓为单位质量干空气的焓和其所带 Hkg 水蒸气的焓之和。

计算基准：0℃时干空气与液态水的焓等于零。

$$I = c_g t + (r_0 + c_v t)H = r_0 H + (c_g + c_v H)t = 2492H + (1.01 + 1.88H)t \tag{5-7}$$

式中 r_0——0℃时水蒸气汽化潜热，其值为 2492kJ/kg。

(五) 湿空气比容 v_H

定义：每单位质量绝干空气中所具有的空气和水蒸气的总体积，亦称比体积。

$$v_H = v_g + v_w H = (0.773 + 1.244H)\frac{273 + t}{273} \times \frac{101.3 \times 10^3}{p} \tag{5-8}$$

式中 v_g——干空气比容（即 1kg 干空气的体积），m³/kg；

v_w——水汽比容（即 1kg 水汽的体积），m³/kg。

由式(5-8)可见，湿空气比容随其温度和湿度的增加而增大。

（六）露点 t_d

1. 定义

一定压力下，将不饱和空气等湿降温至饱和，出现第一滴露珠时的温度。

$$H=0.622\frac{p_d}{p-p_d} \tag{5-9a}$$

式中　p_d——露点 t_d 时的饱和蒸汽压力，也就是该空气在初始状态下的水蒸气分压 p_v。

2. 计算 t_d

$$p_d=\frac{Hp}{0.622+H} \tag{5-9b}$$

计算得到 p_d，查其相对应的饱和温度，即为该湿含量 H 和总压 p 时的露点 t_d。

同样地，由式(5-9a) 由露点 t_d 和总压 p 可确定湿含量 H。

（七）干球温度 t 和湿球温度 t_w

1. 干球温度 t

在空气流中放置一支普通温度计，所测得空气的温度为 t，相对于湿球温度而言，此温度称为空气的干球温度。

2. 湿球温度 t_w

如图 5-3 所示，用水润湿纱布包裹普通温度计的感温球，即成为一湿球温度计。将它置于一定温度和湿度的流动的空气中，达到稳态时所测得的温度称为空气的湿球温度，以 t_w 表示。

当不饱和空气流过湿球表面时，由于湿纱布表面的饱和蒸汽压力大于空气中的水蒸气分压，在湿纱布表面和气体之间存在着湿度差，这一湿度差使湿纱布表面的水分汽化被气流带走，水分汽化所需潜热，首先取自湿纱布中水分的显热，使其表面降温，于是在湿纱布表面与气流之间又形成了温度差，这一温度差将引起空气向湿纱布传递热量。

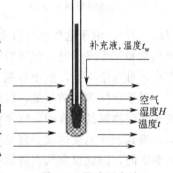

图 5-3　湿球温度计

当单位时间由空气向湿纱布传递的热量恰好等于单位时间自湿纱布表面汽化水分所需的热量时，湿纱布表面就达到稳态温度，即湿球温度。

经推导得：

$$t_w=t-\frac{k_H r_w}{\alpha}(H_w-H) \tag{5-10}$$

式中　H_w——湿空气在温度 t_w 下的饱和湿度，kg 水/kg 干空气；

H——空气的湿度，kg 水/kg 干空气；

k_H——以湿度差为推动力的传质系数，kg/(m² · s)；

r_w——水在 t_w 时的汽化潜热，kJ/kg；

α——空气至纱布的对流传热系数，W/(m² · ℃)。

实验表明：当流速足够大时，热、质传递均以对流为主，且 k_H 及 α 都与空气速度的 0.8 次幂成正比，一般在气速为 3.8～10.2m/s 的范围内，比值 α/k_H 近似为一常数（对水蒸气与空气的系统，$\alpha/k_H=0.96\sim1.005$）。此时，湿球温度 t_w 为湿空气温度 t 和湿度 H 的函数。

注意：①湿球温度不是状态函数；②在测量湿球温度时，空气速度一般需大于 5m/s，使对流传热起主要作用，相应减少热辐射和传导的影响，使测量较为精确。

（八）绝热饱和温度 t_{as}

定义：绝热饱和过程中，气、液两相最终达到的平衡温度称为绝热饱和温度。

图 5-4 表示了不饱和空气在与外界绝热的条件下和大量的水接触，若时间足够长，使传热、传质趋于平衡，则最终空气被水蒸气所饱和，空气与水温度相等，即为该空气的绝热饱和温度。

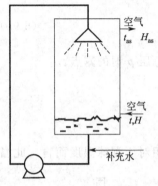

图 5-4 绝热增湿塔示意图

此时气体的湿度为 t_{as} 下的饱和湿度 H_{as}。以单位质量的干空气为基准，在稳态下对全塔作热量衡算：

$$c_H(t-t_{as})=(H_{as}-H)r_{as} \text{ 或 } t_{as}=t-\frac{r_{as}}{c_H}(H_{as}-H) \quad (5\text{-}11)$$

式中，r_{as} 是温度 t_{as} 下水的汽化潜热。上式表明，空气的绝热饱和温度 t_{as} 是空气湿度 H 和温度 t 的函数，是湿空气的状态参数，也是湿空气的性质。当 t、t_{as} 已知时，可用上式来确定空气的湿度 H。

在绝热条件下，空气放出的显热全部变为水分汽化的潜热返回气体中，对 1kg 干空气来说，水分汽化的量等于其湿度差 (H_m-H)，由于这些水分汽化时，除潜热外，还将温度为 t_{as} 的显热也带至气体中。所以，绝热饱和过程终了时，气体的焓比原来增加了 $4.187t_{as}(H_{as}-H)$。但此值和气体的焓相比很小，可忽略不计，故绝热饱和过程又可当做等过焓程处理。

对于空气和水的系统，湿球温度可视为等于绝热饱和温度。因为在绝热条件下，用湿空气干燥湿物料的过程中，气体温度的变化是趋向于绝热饱和温度 t_{as} 的。如果湿物料足够润湿，则其表面温度也就是湿空气的绝热饱和温度 t_{as}，亦即湿球温度 t_w，而湿球温度是很容易测定的，因此湿空气在等焓过程中的其他参数的确定就比较容易了。

比较干球温度 t、湿球温度 t_w、绝热饱和温度 t_{as} 及露点 t_d 可以得出：

不饱和湿空气：$t>t_w(t_{as})>t_d$

饱和湿空气：$t=t_w(t_{as})=t_d$

【例 5-1】 已知湿空气的总压为 101.3kPa，相对湿度为 50%，干球温度为 20℃。试求：(1) 湿度 H；(2) 水蒸气分压 p_v；(3) 露点 t_d；(4) 焓 I；(5) 如将 100kg/h 干空气预热至 117℃，求所需热量 Q；(6) 每小时送入预热器的湿空气体积 V。

解：$p=101.3$kPa，$\varphi=50\%$，$t=20$℃，由饱和水蒸气表查得，水在 20℃时的饱和蒸气压为 $p_s=2.34$kPa

(1) 湿度 H

$$H=0.622\frac{\varphi p_s}{p-\varphi p_s}=0.622\times\frac{0.50\times2.34}{101.3-0.5\times2.34}=0.00727(\text{kg 水/kg 干空气})$$

(2) 水蒸气分压

$$p_v=\varphi p_s=0.5\times2.34=1.17(\text{kPa})$$

(3) 露点 t_d 露点是空气在湿度 H 或水蒸气分压 p_v 不变的情况下，冷却达到饱和时的温度。所以可由 $p_v = 1.17\text{kPa}$ 查饱和水蒸气表，得到对应的饱和温度 $t_d = 9℃$。

（4）焓 I

$$I = (1.01 + 1.88H)t + 2492H$$
$$= (1.01 + 1.88 \times 0.00727) \times 20 + 2492 \times 0.00727$$
$$= 38.6(\text{kJ/kg 干空气})$$

（5）热量 Q

$$Q = 100 \times (1.01 + 1.88 \times 0.00727) \times (117 - 20)$$
$$= 9929.6(\text{kJ/h}) = 2.76(\text{kW})$$

（6）湿空气体积 V

$$V = 100v_H = 10000 \times (0.773 + 1.244H) \times \frac{t + 273}{273}$$

$$= 100 \times (0.773 + 1.244 \times 0.00727) \times \frac{20 + 273}{273} = 83.94(\text{m}^3/\text{h})$$

（九）湿空气的湿度图及应用

当总压一定时，表明湿空气性质的各项参数，只要规定其中任意两个相互独立的参数，湿空气的状态就被确定。工程上为方便起见，将各参数之间之间的关系制成湿度图。常用的湿度图有湿度-温度图（H-t）和焓湿图（I-H），下面介绍焓湿图的构成和应用。

1. I-H 焓湿图的构成

在总压力为 101.3kPa 情况下，以湿空气的焓为纵坐标，湿度为横坐标所构成的湿度图，称为湿空气的 I-H 图。为了使各种关系曲线分散开，采用两坐标轴交角为 135°的斜角坐标系。为了便于读取湿度数据，将横轴上湿度 H 的数值投影到与纵轴正交的辅助水平轴上（见图 5-5）。图中共有 5 种关系曲线，图上任何一点都代表一定温度 t 和湿度 H 的湿空气状态。

现将图中各种曲线分述如下。

（1）等湿线（即等 H 线）　等湿线是一组与纵轴平行的直线，在同一根等 H 线上不同的点都具有相同的温度值，其值在辅助水平轴上读出。

（2）等焓线（即等 I 线）　等焓线是一组与斜轴平行的直线。在同一条等 I 线上不同的点所代表的湿空气的状态不同，但都具有相同的焓值，其值可以在纵轴上读出。

（3）等温线（即等 t 线）　由式 $I = 1.01t + (1.88t + 2490)H$，当空气的干球温度 t 不变时，I 与 H 成直线关系，因此在 I-H 图中对应不同的 t，可作出许多条等 t 线。上式为线性方程，等温线的斜率为 $(1.88t + 2490)$，是温度的函数，故等温线相互之间是不平行的。

（4）等相对湿度线（即等 φ 线）　等相对湿度线是一组从原点出发的曲线。根据式 $H = 0.622\dfrac{\varphi p_s}{p - \varphi p_s}$，可知当总压 p 一定时，对于任意规定的 φ 值，上式可简化为 H 和 p_s 的关系式，而 p_s 又是温度的函数，因此对应一个温度 t，就可根据水蒸气查到相应的 p_s 值计算出相应的湿度 H，将上述各点（H, t）连接起来，就构成等相对湿度 φ 线。

$\varphi = 100\%$ 的等 φ 线为饱和空气线，此时空气完全被水气所饱和。在 $\varphi = 100\%$ 的饱和湿空气线以上（$\varphi < 100\%$）的区域为不饱和湿空气区域。当空气的湿度 H 为一定值时，其温度 t 越高，则相对湿度 φ 值就越低，其吸收水气能力就越强。故湿空气进入干燥器之前，必

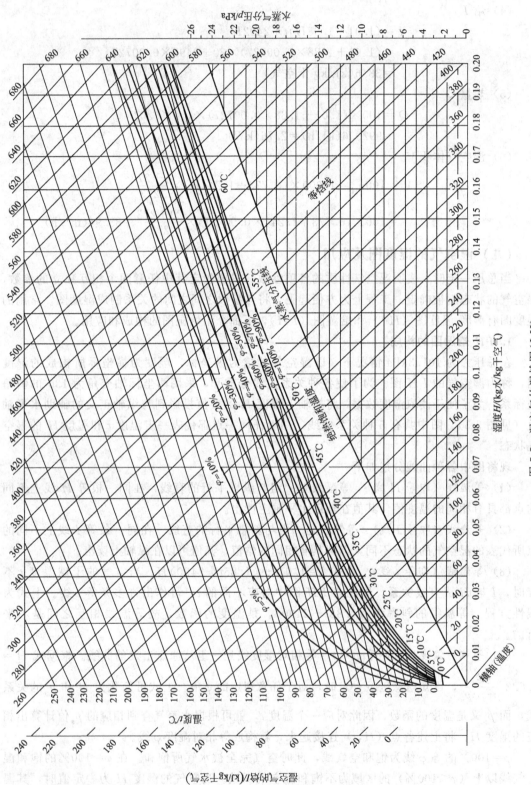

图 5-5　湿空气的湿焓图（I-H）

须先经预热以提高其温度 t。目的除了为提高湿空气的焓值，使其作为载热体外，也是为了降低其相对湿度而提高吸湿力。$\varphi=0$ 时的等 φ 线为纵坐标轴。

（5）水蒸气分压线（即等 p_v 线）　该线表示空气湿度 H 与空气中水蒸气分压 p_v 之间的关系曲线。

2. $I\text{-}H$ 图的用法

利用图 5-5 所示 $I\text{-}H$ 图查取湿空气的各项参数非常方便。只要已知湿空气性质的各项参数中任意两个在图上有交点的参数，如 $t\text{-}t_w$、$t\text{-}t_d$、$t\text{-}\varphi$ 等，就可以在 $I\text{-}H$ 图上定出一个交点，此点即为湿空气的状态点，由此点可查得其他各项参数。

若用两个彼此不是独立的参数，如 $p_v\text{-}H$、$t_d\text{-}p_v$、$t_d\text{-}H$，则不能确定状态点，因它们都在同一条等 I 线或等 H 线上。

如图 5-6 中 A 点代表一定状态的湿空气。

（1）湿度 H　由 A 点沿等湿线向下与水平辅助轴的交点 H，即可读出 A 点的湿度值。

（2）焓值 I　通过 A 点作等焓线的平行线，与纵轴交于点 I，即可读得 A 点的焓值。

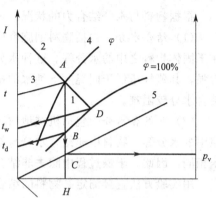

图 5-6　焓湿图使用方法

1—等湿线；2—等焓线；3—等温线；

4—等相对湿度线；5—水蒸气分压线

（3）水蒸气分压 p_v　由 A 点沿等湿度线向下交水蒸气分压线于 C，在图右端纵轴上读出水蒸气分压值。

（4）露点 t_d　由 A 点沿等湿度线向下与 $\varphi=100\%$ 饱和线相交于 B 点，再由过 B 点的等温线读出露点 t_d 值。

（5）湿球温度 t_w（绝热饱和温度 t_{as}）　由 A 点沿着等焓线与 $\varphi=100\%$ 饱和线相交于 D 点，再由过 D 点的等温线读出湿球温度 t_w（即绝热饱和温度 t_{as}）值。

已知湿空气某一状态点 A 的位置，可直接借助通过点 A 的四条参数线读出它的状态参数值。

通过查图可知，首先必须确定代表湿空气状态的点，然后才能查得各项参数。通常根据下述已知条件之一来确定湿空气的状态点：

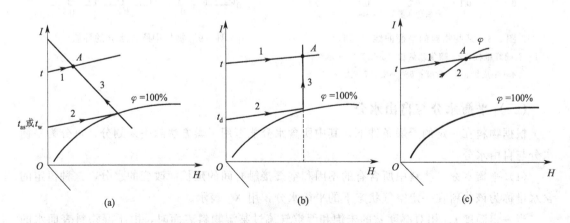

图 5-7　在 $I\text{-}H$ 图中确定湿空气的状态点

① 湿空气的干球温度 t 和湿球温度 t_w，见图 5-7(a)；

② 湿空气的干球温度 t 和露点 t_d，见图 5-7(b)；

③ 湿空气的干球温度 t 和相对湿度 φ，见图 5-7(c)。

三、物料中水分的性质

(一) 结合水分与非结合水分

根据物料与水分结合力的状况，可将物料中所含水分分为结合水分与非结合水分。

(1) 结合水分　包括物料细胞壁内的水分、物料内毛细管中的水分及以结晶水的形态存在于固体物料之中的水分等。这种水分是借化学力或物理化学力与物料相结合的，由于结合力强，其蒸气压低于同温度下纯水的饱和蒸气压，致使干燥过程的传质推动力降低，故除去结合水分较困难。

(2) 非结合水分　包括机械地附着于固体表面的水分，如物料表面的吸附水分、较大孔隙中的水分等。物料中非结合水分与物料的结合力弱，其蒸气压与同温度下纯水的饱和蒸气压相同，因此，干燥过程中除去非结合水分较容易。

用实验方法直接测定某物料的结合水分与非结合水分较困难，但根据其特点，可利用平衡关系外推得到。在一定温度下，由实验测定的某物料的平衡曲线，将该平衡曲线延长与 $\varphi=100\%$ 的纵轴相交，交点以下的水分为该物料的结合水分，因其蒸气压低于同温下纯水的饱和蒸气压。交点以上的水分为非结合水分。

物料所含结合水分或非结合水分的量仅取决于物料本身性质，而与干燥介质状况无关。

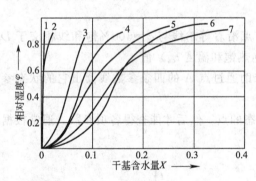

图 5-8　某些物料的平衡曲线（25℃）

1—石棉纤维板；2—聚氯乙烯粉（50℃）；3—木炭；
4—牛皮纸；5—黄麻；6—小麦；7—土豆

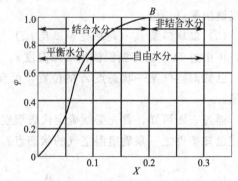

图 5-9　物料中所含水分的性质

(二) 平衡水分与自由水分

根据物料在一定的干燥条件下，其中所含水分能否用干燥方法除去来划分，可分为平衡水分与自由水分。

(1) 平衡水分　物料中所含有的不因和空气接触时间的延长而改变的水分，这种恒定的含水量称为该物料在一定空气状态下的平衡水分，用 X^* 表示。

当一定温度 t、相对湿度 φ 的未饱和湿空气流过某湿物料表面时，由于湿物料表面水的蒸气压大于空气中水蒸气分压，则湿物料的水分向空气中汽化，直到物料表面水的蒸气压与空气中水蒸气分压相等时为止，即物料中的水分与该空气中水蒸气达到平衡状态，此时物料所含水分即为该空气条件（t、φ）下物料的平衡水分。平衡水分随物料的种类及空气的状态（t，φ）不同而异，在同一温度下的某些物料的平衡曲线如图 5-8 所示。对于同一物料，当空气温度一定，改变其 φ 值，平衡水分也将改变。

（2）自由水分　物料中超过平衡水分的那一部分水分，称为该物料在一定空气状态下的自由水分。

若平衡水分用 X^* 表示，则自由水分为（$X-X^*$）（见图 5-9）。

四、干燥速率与时间

（一）干燥速率

干燥速率：单位时间内在单位干燥面积上汽化的水分量 W，如用微分式表示则为

$$U=\frac{dW}{A\,d\tau}\tag{5-12}$$

式中　U——干燥速率，$kg/(m^2 \cdot h)$；

　　　　W——汽化水分量，kg；

　　　　A——干燥面积，m^2；

　　　　τ——干燥所需时间，h。

（二）干燥曲线与干燥速率曲线

干燥过程的计算内容包括确定干燥操作条件、干燥时间及干燥器尺寸，为此，须求出干燥过程的干燥速率。但由于干燥机理及过程皆很复杂，直至目前研究得尚不够充分，所以干燥速率的数据多取自实验测定值。为了简化影响因素，测定干燥速率的实验是在恒定条件下进行。如用大量的空气干燥少量的湿物料时可以认为接近于恒定干燥情况。

图 5-10 所示为干燥过程中物料含水量 X 与干燥时间 τ 的关系曲线，此曲线称为干燥曲线。

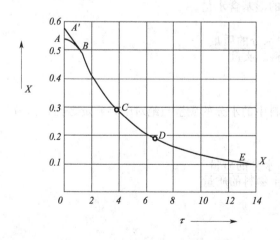

图 5-10　恒定干燥条件下的干燥曲线

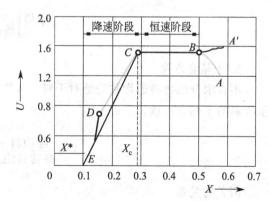

图 5-11　干燥速率曲线

图 5-11 所示为物料干燥速率 U 与物料含水量 X 关系曲线，称为干燥速率曲线。

由干燥速率曲线可以看出，干燥过程分为恒速干燥和降速干燥两个阶段。

（1）恒速干燥阶段　此阶段的干燥速率如图 5-11 中 BC 段所示。这一阶段中，物料表面充满着非结合水分，其性质与液态纯水相同。在恒定干燥条件下，物料的干燥速率保持恒定，其值不随物料含水量多少而变。

在恒定干燥阶段中，由于物料内部水分扩散速率大于表面水分汽化速率，空气传给物料的热量等于水分汽化所需的热量。物料表面的温度始终保持为空气的湿球温度，这阶段干燥速率的大小，主要取决于空气的性质，而与湿物料的性质关系很小。

图中 AB 段为物料预热段，此段所需时间很短，干燥计算中往往忽略不计。

（2）降速干燥阶段　如图 5-11 所示，干燥速率曲线的转折点（C 点）称为临界点，该点的干燥速率为 U_c，仍等于恒速阶段的干燥速率，与该点对应的物料含水量，称为临界 X_c。当物料的含水量降到临界含水量以下时，物料的干燥速率亦逐渐降低。

图 5-11 中所示 CD 段为第一降速阶段，这是因为物料内部水分扩散到表面的速率已小于表面水分在湿球温度下的汽化速率，这时物料表面不能维持全面湿润而形成"干区"，由于实际汽化面积减小，从而以物料全部外表面积计算的干燥速率下降。

图 5-11 中 DE 段称为第二降速阶段，由于水分的汽化面随着干燥过程的进行逐渐向物料内部移动，从而使热、质传递途径加长，阻力增大，造成干燥速率下降。到达 E 点后，物料的含水量已降到平衡含水量 X^*（即平衡水分），再继续干燥亦不可能降低物料的含水量。降速干燥阶段的干燥速率主要决定于物料本身的结构、形状和大小等。而与空气的性质关系很小。这时空气传给湿物料的热量大于水分汽化所需的热量，故物料表面的温度不断上升，而最后接近于空气的温度。

五、干燥的物料衡算

（一）物料中含水量的表示方法

1. 湿基含水量

湿物料中所含水分的质量分率称为湿物料的湿基含水量。

$$w = \frac{湿物料中水分的质量}{湿物料总质量}$$

2. 干基含水量

不含水分的物料通常称为绝对干料。湿物料中的水分的质量与绝对干料质量之比，称为湿物料的干基含水量。

$$X = \frac{湿物料中水分的质量}{湿物料绝干物料的质量}$$

两者的关系

$$X = \frac{w}{1-w} \tag{5-13}$$

$$w = \frac{X}{1+X} \tag{5-14}$$

（二）干燥物料衡算

1. 水分蒸发量

对如图 5-12 所示的连续干燥器作水分的物料衡算。以 1h 为基准，若不计干燥过程中物料损失量，则在干燥前后物料中绝对干料的质量不变，即

$$G_c = G_1(1-w_1) = G_2(1-w_2) \qquad (5-15)$$

式中　G_1——进干燥器的湿物料的质量，kg/h；

　　　G_2——出干燥器的湿物料的质量，kg/h。

由上式可以得出 G_1、G_2 之间的关系

$$G_1 = G_2\frac{1-w_2}{1-w_1}; \quad G_2 = G_1\frac{1-w_1}{1-w_2}$$

式中　w_1，w_2——干燥前后物料的湿基含水量，kg 水/kg 湿物料。

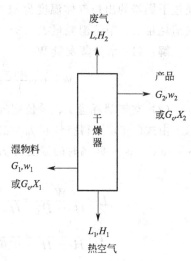

图 5-12　干燥器物料衡算

干燥器的总物料衡算为

$$G_1 = G_2 + W \qquad (5-16)$$

则蒸发的水分量为

$$W = G_1 - G_2 = G_1\frac{w_1-w_2}{1-w_2} = G_2\frac{w_1-w_2}{1-w_1}$$

式中　W——水分蒸发量，kg/h。

若以干基含水量表示，则水分蒸发量可用下式计算

$$W = G_c(X_1 - X_2) \qquad (5-17)$$

也可得出

$$W = L(H_2 - H_1) = G_c(X_1 - X_2) \qquad (5-18)$$

式中　L——干空气的质量流量，kg/h；

　　　G_c——湿物料中绝干物料的质量，kg/h；

H_1，H_2——进、出干燥器的湿物料的湿度，kg 水/kg 干空气；

X_1，X_2——干燥前后物料的干基含水量，kg 水/kg 绝干物料。

2. 干空气消耗量

由式（5-18）可得干空气的质量：

$$L = \frac{W}{(H_2-H_1)} = \frac{G_c(X_1-X_2)}{(H_2-H_1)} \qquad (5-19)$$

蒸发 1kg 水分所消耗的干空气量，称为单位空气消耗量，其单位为 kg 干空气/kg 水，用 l 表示，则

$$l = L/W = 1/(H_2-H_1) \qquad (5-20a)$$

如果以 H_0 表示空气预热前的湿度，而空气经预热器后，其湿度不变，故 $H_0 = H_1$，则有

$$l = 1/(H_2-H_0) \qquad (5-20b)$$

由上可见，单位空气消耗量仅与 H_2、H_0 有关，与路径无关。

【例 5-2】　某干燥器处理湿物料量为 500kg/h。要求物料干燥后含水量由 30% 减至 4%（均为湿基）。干燥介质为空气，初温为 15℃，相对湿度为 50%，经预热器加热至 120℃，

通过干燥器的出口气体温度为 45℃，相对湿度为 80%，试求：（1）水分蒸发量 W；（2）空气消耗量 L、单位消耗量 l；（3）如鼓风机装在进口处，求鼓风机的风量 V。

解：（1）水分蒸发量 W

$$W = G_1 \frac{w_1 - w_2}{1 - w_2} = 500 \times \frac{0.3 - 0.04}{1 - 0.04} = 135.4 (\text{kg/h})$$

（2）空气消耗量 L、单位空气消耗量

由式（5-5）可得空气在 $t_0 = 15℃$，$\varphi_0 = 50\%$ 时的湿度 $H_0 = 0.005$ kg 水/kg 干空气，在 $t_2 = 45℃$，$\varphi_2 = 80\%$ 时的湿度为 $H_2 = 0.052$ kg 水/kg 干空气，空气通过预热器湿度不变，即

$$H_0 = H_1$$

$$L = \frac{W}{H_2 - H_1} = \frac{W}{H_2 - H_0} = \frac{135.4}{0.052 - 0.005} = 2881 (\text{kg 干空气/h})$$

$$l = \frac{1}{H_2 - H_0} = \frac{1}{0.052 - 0.005} = 21.3 (\text{kg 干空气/kg 水})$$

（3）风量 V

$$v_H = (0.773 + 1.244 \times H_0) \frac{t_0 + 273}{273}$$

$$= (0.773 + 1.244 \times 0.005) \frac{15 + 273}{273}$$

$$= 0.822 (\text{m}^3/\text{kg 干空气})$$

$$V = L v_H = 2881 \times 0.822 = 2368 (\text{m}^3/\text{h})$$

六、干燥的热量衡算

通过干燥系统的热量衡算可以求得：①预热器消耗的热量；②向干燥器补充的热量；③干燥过程消耗的总热量。这些内容可作为计算预热器传热面积、加热介质用量、干燥器尺寸以及干燥系统热效应等依据。

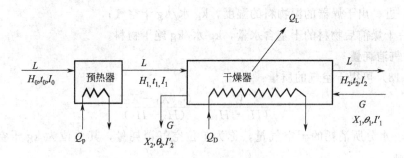

图 5-13　干燥器的热量衡算

（一）热量衡算的基本方程

若忽略预热器的热损失，对图 5-13 所示预热器列焓衡算，得：

$$LI_0 + Q_p = LI_1$$

故单位时间内预热器消耗的热量为：

$$Q_p = L(I_1 - I_0) \tag{5-21}$$

再对图 5-13 所示的干燥器列焓衡算，得：

$$LI_1 + GI_1' + Q_D = LI_2 + GI_2' + Q_L$$

式中　Q_L——为热损失，kg/s；

I_0、I_1、I_2——湿空气进、出预热器及出干燥器的焓，kJ/kg 干空气；

I_1'、I_2'——湿物料的焓，kJ/kg 绝干物料。

故单位时间内向干燥器补充的热量为：

$$Q_D = L(I_2 - I_1) + G(I_2' - I_1') + Q_L \tag{5-22}$$

联立(5-21)、式(5-22) 得：

$$Q = Q_p + Q_D = L(I_2 - I_0) + G(I_2' - I_1') + Q_L \tag{5-23}$$

式(5-21)～式(5-23) 为连续干燥系统中热量衡算的基本方程式。为了便于分析和应用，将式(5-22) 作如下处理。假设：

① 新鲜空气中水汽的焓等于离开干燥器废气中水汽的焓，即：

$$I_{v2} = I_{v0}$$

② 湿物料进出干燥器时的比热容取平均值 c_m。

根据焓的定义，可写出湿空气进出干燥系统的焓为：

$$
\begin{aligned}
I_0 &= c_g(t_0 - 0) + H_0 c_v(t_0 - 0) + H_0 r_0 \\
&= c_g t_0 + H_0 c_v t_0 + H_0 r_0 \\
&= c_g t_0 + I_{v0} H_0
\end{aligned}
$$

同理：　　　$I_2 = c_g t_2 + I_{v2} H_2$

上两式相减并将假设① $I_{v2} = I_{v0}$ 代入，为了简化起见，取湿空气的焓为 I_{v2}，故：

$$I_2 - I_0 = c_g(t_2 - t_0) + I_{v2}(H_2 - H_0)$$

或：　　　$I_2 - I_0 = c_g(t_2 - t_0) + (r_0 + c_{v2}t_2)(H_2 - H_0)$

$$= 1.01(t_2 - t_0) + (2492 + 1.88t_2)(H_2 - H_0) \tag{5-24}$$

式中　r_0——0℃水的汽化潜热，约为 2490kJ/kg；

c_g——绝干空气比热容，约为 1.01kJ/(kg 绝干空气·℃)；

c_{v2}——离开干燥系统时空气中水汽的比热容，约为 1.88kJ/(kg 水蒸气·℃)。

湿物料进出干燥器的焓分别为：

$$I_1' = c_{m1}\theta_1$$

$$I_2' = c_{m2}\theta_2 \quad (焓以 0℃ 为基准温度，物料基准状态——绝干物料)$$

式中　c_{m1}，c_{m2}——湿物料进出、出干燥器时的比热容；

θ_1，θ_2——湿物料进入和离开干燥器时的温度，℃。

将假设②代入以上两式得：

$$I_2' - I_1' = c_m(\theta_2 - \theta_1) \tag{5-25}$$

$$
\begin{aligned}
Q = Q_p + Q_D &= L(I_2 - I_0) + G(I_2' - I_1') + Q_L \\
&= L[1.01(t_2 - t_0) + (2492 + 1.88t_2)(H_2 - H_0)] + Gc_m(\theta_2 - \theta_1) + Q_L \\
&= 1.01L(t_2 - t_0) + W(2492 + 1.88t_2) + Gc_m(\theta_2 - \theta_1) + Q_L \tag{5-26}
\end{aligned}
$$

分析式(5-26) 可知，向干燥系统输入的热量用于：

①加热空气；②蒸发水分；③加热物料；④热损失。

上述各式中的湿物料比热容 c_m 可由绝干物料比热容 c_g 及纯水的比热容 c_w 求得，即：

$$c_m = c_g + X c_w$$

（二）空气通过干燥器时的状态变化

干燥过程既有热量传递又有质量传递，情况复杂，一般根据空气在干燥器内焓的变化，将干燥过程分为等焓过程与非等焓过程两大类。

1. 等焓干燥过程

等焓干燥过程又称绝热干燥过程，等焓干燥条件：

① 不向干燥器中补充热量；②忽略干燥器的热损失；③物料进出干燥器的焓值相等。

将上述假设代入式（5-26），得：

$$L(I_1-I_0)=L(I_2-I_0)$$

即：$I_1=I_2$

上式说明空气通过干燥器时焓恒定，实际操作中很难实现这种等焓过程，故称为理想干燥过程，但它能简化干燥的计算，并能在 H-I 图上迅速确定空气离开干燥器时的状态参数。

2. 非等焓干燥过程

非等焓干燥过程又称为实际干燥过程。由于实际干燥过程不具备等焓干燥条件则

$$L(I_1-I_0)\neq L(I_2-I_0)$$
$$I_1\neq I_2$$

非等焓干燥过程中空气离开干燥器时状态点可用计算法或图解法确定。

（三）干燥系统的热效率

干燥过程中，蒸发水分所消耗的热量与从外热源所获得的热量之比为干燥器的热效率。

即：

$$\eta=\frac{Q_{汽化}}{Q_T} \tag{5-27}$$

式中，蒸发水分所需的热量 $Q_{汽化}$ 可用下式计算。

$$Q_{汽化}=W(2492+1.88t_2-4.187\theta_1) \tag{5-28}$$

式中，t_2 为出干燥器废热空气温度；θ_1 为湿物料进口温度。

从外热源获得的热量 $Q_T=Q_p+Q_D$

如干燥器中空气所放出的热量全部用来汽化湿物料中的水分，即空气沿绝热冷却线变化，则：

$$Q_{汽化}=Lc_{H2}(t_1-t_2) \tag{5-29}$$

式中，t_1 为湿空气进入干燥器前的温度；c_{H2} 为湿空气出干燥器后的比热容。

且干燥器中无补充热量，$Q_D=0$，则

$$Q_T=Q_p=Lc_{H1}(t_1-t_0)$$

式中，c_{H1} 为湿空气进入干燥器前的比热容。

若忽略湿比热容的变化，则干燥过程的热效率可表示为：

$$\eta=\frac{t_1-t_2}{t_1-t_0} \tag{5-30}$$

热效率越高表示热利用率越好，若空气离开干燥器的温度较低，而湿度较高，则干燥操作的热效率高。但空气湿度增加，使物料与空气间的推动力下降。

一般来说，对于吸水性物料的干燥，空气出口温度应高些，而湿度应低些，即相对湿度要低些。在实际干燥操作中，空气离开干燥器的温度 t_2 需比进入干燥器时的绝热饱和温度高 $20\sim50℃$，这样才能保证在干燥系统后面的设备内不致析出水滴，否则可能使干燥产品返潮，且易造成管路的堵塞和设备材料的腐蚀。

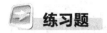 **练习题**

（一）填空题

1. 相对湿度越小，湿空气吸收水汽的能力（　　　　）。

2. 50kg 湿物料中含水 10kg，则干基含水量为（　　　）%。

3. 对于一定干球温度的空气，当其相对湿度愈低时，其湿球温度（　　　　）。

4. 干燥得以进行的必要条件是（　　　　）。

5. 将不饱和空气在恒温、等湿条件下压缩，其干燥能力将（　　　　）。

6. 湿空气达到饱和状态时，露点温度、干球温度、湿球温度三者的关系为（　　　　）。

7. 相同的湿空气以不同流速吹过同一湿物料，流速越大，物料的平衡含水量（　　　　）。

8. 在总压 101.33kPa，温度 20℃下，某空气的湿度为 0.01kg 水/kg 干空气，现维持总压不变，将空气温度升高到 50℃，则相对湿度（　　　　）。

（二）选择题

1. 下列叙述正确的是（　　　）

A. 空气的相对湿度越大，吸湿能力越强　　　B. 湿空气的比体积为 1kg 湿空气的体积

C. 湿球温度与绝热饱和温度必相等　　　　　C. 对流干燥中，空气是最常用的干燥介质

2. 50kg 湿物料中含水 10kg，则干基含水量为（　　　）%。

A. 15　　　　　　B. 20　　　　　　C. 25　　　　　　D. 40

3. 将氯化钙与湿物料放在一起，使湿物料中水分除去，这是采用哪种去湿方法？（　　　）

A. 机械去湿　　　B. 吸附去湿　　　C. 供热去湿　　　D. 无法确定

4. 用对流干燥方法干燥湿物料时，不能除去的水分为（　　　）。

A. 平衡水分　　　B. 自由水分　　　C. 非结合水分　　　D. 结合水分

5. 除了（　　　），下列都是干燥过程中使用预热器的目的。

A. 提高空气露点　　　　　　　　　B. 提高空气干球温度

C. 降低空气的相对湿度　　　　　　D. 增大空气的吸湿能力

6. 空气进入干燥器之前一般都要进行预热，其目的是提高（　　　），而降低（　　　）。

A. 温度，湿度　　　　　　　　　　B. 湿度，温度

C. 温度，相对湿度　　　　　　　　D. 压力，相对湿度

7. 某物料在干燥过程中达到临界含水量后的干燥时间过长，为提高干燥速率，下列措施中最为有效的是（　　　）

A. 提高气速　　　B. 提高气温　　　C. 提高物料温度　　　D. 减小颗粒的粒度

8. 将不饱和湿空气在总压和湿度不变的条件下冷却，当温度达到（　　　）时，空气中的水汽开始凝结成露滴。

A. 干球温度　　　B. 湿球温度　　　C. 露点　　　　　D. 绝热饱和温度

9. 对于对流干燥器，干燥介质的出口温度应（　　　）

A. 小于露点　　　B. 等于露点　　　C. 大于露点　　　D. 不能确定

（三）判断题

1. 利用浓 H_2SO_4 吸收物料中的湿分是干燥。　　　　　　　　　　　　　（　　　）

2. 当空气温度为 t、湿度为 H 时，干燥产品含水量为零是干燥的极限。　　（　　　）

3. 当湿空气的湿度 H 一定时，干球温度 t 愈低则相对湿度 φ 值愈低，因此吸水能力愈

大。　　　　　　　　　　　　　　　　　　　　　　　　　　　　　　　　　（　　）

4. 对于一定的干球温度的空气，当其相对湿度愈低时，则其湿球温度愈低。　（　　）

5. 干燥过程既是传热过程又是传质过程。　　　　　　　　　　　　　　　（　　）

6. 干燥介质干燥物料后离开干燥器其湿含量增加，温度也上升。　　　　　（　　）

7. 干燥进行的必要条件是物料表面的水汽（或其他蒸气）的压强必须大于干燥介质中水汽（或其他蒸气）的分压。　　　　　　　　　　　　　　　　　　　　（　　）

8. 恒速干燥阶段，湿物料表面的湿度也维持不变。　　　　　　　　　　　（　　）

9. 恒速干燥阶段，所除去的水分为结合水分。　　　　　　　　　　　　　（　　）

10. 空气的干、湿球温度及露点温度在任何情况下都应该是不相等的。　　（　　）

11. 临界水分是在一定空气状态下，湿物料可能达到的最大干燥限度。　　（　　）

12. 热能去湿方法即固体的干燥操作。　　　　　　　　　　　　　　　　　（　　）

13. 任何湿物料只要与一定温度的空气相接触都能被干燥为绝干物料。　　（　　）

14. 若相对湿度为零，说明空气中水汽含量为零。　　　　　　　　　　　　（　　）

15. 湿空气的干球温度和湿球温度一般相等。　　　　　　　　　　　　　　（　　）

16. 湿空气进入干燥器前预热，可降低其相对湿度。　　　　　　　　　　　（　　）

17. 湿空气温度一定时，相对湿度越低，湿球温度也越低。　　　　　　　　（　　）

18. 湿球温度计是用来测定空气温度的一种温度计。　　　　　　　　　　　（　　）

19. 所谓露点，是指将不饱和空气等湿度冷却至饱和状态时的温度。　　　（　　）

20. 同一物料，如恒速阶段的干燥速率加快，则该物料的临界含水量将增大。　（　　）

（四）计算题

1. 已知湿空气的总压为 100kPa，温度为 60℃，相对湿度为 40%，试求：（1）湿空气中水汽的分压；（2）湿度；（3）湿空气的密度。

2. 将 $t_0 = 25℃$、$\varphi = 50\%$ 的常压新鲜空气与循环废气混合，混合气加热至 90℃ 后用于干燥某湿物料。废气的循环比为 0.75，废气的状态为：$t_2 = 50℃$、$\varphi = 80\%$。流量为 1000kg/h 的湿物料，经干燥后湿基含水量由 0.2 降至 0.05。假设系统热损失可忽略，干燥操作为等焓干燥过程。试求：（1）新鲜空气耗量；（2）进入干燥器时湿空气的温度和焓；（3）预热器的加热量。

3. 将温度 $t_0 = 26℃$、焓 $I_0 = 66kJ/kg$ 干空气的新鲜空气送入预热器，预热到 $t_1 = 95℃$ 后进入连续逆流干燥器，空气离开干燥器的温度 $t_2 = 65℃$。湿物料初态为：$t_1 = 25℃$、$w_1 = 0.015$，$G_1 = 9200kg/h$。终态为：$t_2 = 34.5℃$、$w_2 = 0.002$。绝干物料比热容 $c_s = 1.84kJ/(kg \cdot ℃)$。若每汽化 1kg 水分的总热损失为 580kJ，试求：（1）干燥产品量 G_2；（2）作出干燥过程的操作线；（3）新鲜空气消耗量；（4）干燥器的热效率。

4. 对 10kg 某湿物料在恒定干燥条件下进行间歇干燥，物料平铺在 0.8m×1m 的浅盘中，常压空气以 2m/s 的速度垂直穿过物料层。空气 $t = 75℃$，$H = 0.018kg/kg$ 干空气，2.5h 后物料的含水量从 $X_1 = 0.25kg/kg$ 绝干物料降至 $X_2 = 0.15kg/kg$ 绝干物料。此干燥条件下物料的 $X_c = 0.1kg/kg$ 绝干物料、$X^* = 0$。假设降速段干燥速率与物料含水量呈线性关系。（1）求将物料干燥至含水量为 0.02kg/kg 绝干物料所需的总干燥时间；（2）空气的 t、H 不变而流速加倍，此时将物料由含水量 0.25kg/kg 绝干物料干燥至 0.02kg/kg 绝干物料需 1.4h，求此干燥条件下的 X_c。

5. 某湿物料经过 5.5h 恒定干燥后，含水量由 $G_1 = 0.35kg/kg$ 绝干物料降至 $G_2 =$

0.10kg/kg 绝干物料，若物料的临界含水量 $X_c=0.15$kg/kg 绝干物料、平衡含水量 $X^*=0.04$kg/kg 绝干物料。假设在降速阶段中干燥速率与物料的自由含水量（$X-X^*$）成正比。若在相同的干燥条件下，要求将物料含水量由 $X_1=0.35$kg/kg 绝干物料降至 $X_2'=0.05$kg/kg 绝干物料，试求所需的干燥时间。

任务二
干燥设备的认识及操作

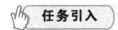 **任务引入** ▶▶

生活中，我们吃的面包是从烘干机里面拿出来的，很多全自动洗衣机带了烘干功能，想一想，它们都是属于什么干燥器呢？

你还能举例出我们身边还有那些干燥设备？

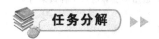 **任务分解** ▶▶

一、认识干燥器

（一）干燥设备分类

在工业生产中，由于被干燥物料的形状和性质不同，生产规模或生产能力也相差较大，对干燥产品的要求也不尽相同，因此，所采用干燥器的形式也是多种多样的。

图 5-14～图 5-19 所示为常见的几种干燥器，它们的构造、原理、性能特点及应用场合可见表 5-1。

表 5-1　干燥器的构造、原理、性能特点及应用场合

类型	构造及原理	性能特点	应用场合
厢式干燥器	多层长方形浅盘叠置在框架上，湿物料在浅盘中，厚度通常为 10～100mm，一般浅盘的面积约为 0.3～1m²。新鲜空气由风机抽入，经加热后沿挡板均匀地进入各层之间，平行流过湿物料表面，带走物料中的湿分。如图 5-14 所示	构造简单，设备投资少，适应性强，物料损失小，盘易清洗。但物料得不到分散，干燥时间长，热利用率低，产品质量不均匀，装卸物料的劳动强度大	多应用在小规模、多品种、干燥条件变动大、干燥时间长的场合。如实验室或中间试的干燥装置
洞道式干燥器	干燥器为一较长的通道（见图 5-15），被干燥物料置置在小车内、运输带上、架子上或自由地堆置在运输设备上，沿通道向前移动，并一次通过通道。空气连续地在洞道内被加热并强制流过物料	可进行连续或半连续操作；制造和操作都比较简单，能量的消耗也不大	适用于具有一定形状的比较大的物料，如皮革、木材、陶瓷等的干燥
转筒式干燥器	湿物料从干燥机一端投入后，在筒内抄板器的翻动下，物料在干燥器内均匀分布与分散，并与并流（逆流）的热空气充分接触（见图 5-16），在干燥过程中，物料在带有倾斜度的抄板和热气流的作用下，可调控地运动至干燥机另一段星形卸料阀排出成品	生产能力大，操作稳定可靠，对不同物料的适应性强，操作弹性大，机械化程度较高。但设备笨重，一次性投资大；结构复杂，传动部分需经常维修，拆卸困难；物料在干燥器内停留时间长，且物料颗粒之间的停留时间差异较大	主要用于处理散粒状物料，亦可处理含水量很高的物料或膏糊状物料，也可以干燥溶液、悬浮液、胶体溶液等流动性物料

续表

类型	构造及原理	性能特点	应用场合
气流式干燥器	直立圆筒形的干燥管,其长度一般为10～20m,热空气(或烟道气)进入干燥管底部,将加料器连续送入的湿物料吹散,并悬浮在其中。如图5-18所示,一般物料在干燥管中的停留时间约为0.5～3s,干燥后的物料随气流进入旋风分离器,产品由下部收集	干燥速率大,接触时间短,热效率高;操作稳定,成品质量稳定,结构相对简单,易于维修,成本费用低。但对除尘设备要求严格,系统流动阻力大,对厂房要求有一定的高度	适宜于干燥热敏性物料或临界含水量低的细粒或粉末物料
流化床干燥器	湿物料由床层的一侧加入,由另一侧导出。热气流由下方通过多孔分布板均匀地吹入床层,与固体颗粒充分接触后,由顶部导出,经旋风器回收其中夹带的粉尘后排出。颗粒在热气流中上下翻动,彼此碰撞和混合,气、固间进行传热、传质,以达到干燥目的。如图5-17所示	传热、传质速率高,设备简单,成本费用低,操作控制容易。但操作控制要求高。而且由于颗粒在床中高度混合,可能引起物料的反混和短路,从而造成物料干燥不充分	适用于处理粉粒状物料,而且粒径最好在30～60μm范围
喷雾干燥器	热空气与喷雾液滴都由干燥器顶部加入,气流作螺旋形流动旋转下降,液滴在接触干燥室内壁前已完成干燥过程,大颗粒收集到干燥器底部后排出,细粉随气体进入旋风器分出。如图5-19所示,废气在排空前经湿法洗涤塔(或其他除尘器)以提高回收率,并防止污染	干燥过程极快,可直接获得干燥产品,因而可省去蒸发、结晶、过滤、粉碎等工序;能得到速溶的粉末或空心细颗粒;易于连续化、自动化操作。但热效率低,设备占地面积大,设备成本费高,粉尘回收麻烦	适用于士林蓝及士林黄染料等

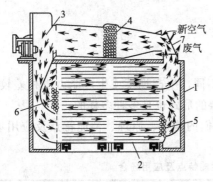

图 5-14 厢式干燥器

1—干燥室;2—小车;3—风机;
4,5,6—加热器;7—蝶形阀

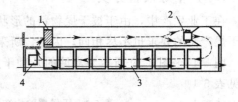

图 5-15 洞道式干燥器

1—加热器;2—风扇;3—装料车;4—排气口

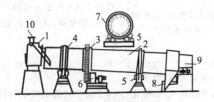

图 5-16 转筒式干燥器

1—进料口;2—转筒;3—腰齿轮;4—滚圈;5—托轮;
6—变速箱;7—抄板;8—出料口;9—干燥介质进口;
10—废气出口

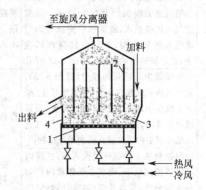

图 5-17 卧式多室流化床干燥器

1—空气分布板;2—挡板;
3—物系通道(间隙);4—溢流堰板

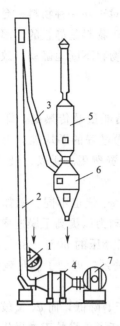 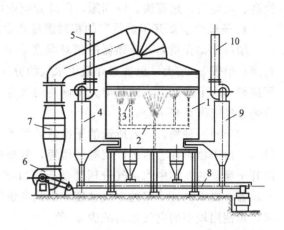

图 5-18　气流干燥器

1—加料器；2—气流管；3—物料下降管；

4—空气预热器；5—袋滤器；

6—旋风分离器；7—风机

图 5-19　喷雾干燥器

1—干燥室；2—旋转十字管；3—喷嘴；

4，9—袋滤器；5，10—废气排出管；

6—风机；7—空气预热器；8—螺旋分离器

（二）干燥设备的选择

干燥器操作条件的确定，通常需由实验测定或可按下述一般选择原则考虑。

1. 干燥介质的选择

干燥介质的选择，决定于干燥过程的工艺及可利用的热源。基本的热源有饱和水蒸气、液态或气态的燃料和电能。在对流干燥介质可采用空气、惰性气体、烟道气和过热蒸汽。

当干燥操作温度不太高、且氧气的存在不影响被干燥物料的性能时，可采用热空气作为干燥介质。对某些易氧化的物料，或从物料中蒸发出易爆的气体时，则宜采用惰性气体作为干燥介质。烟道气适用于高温干燥，但要求被干燥的物料不怕污染，而且不与烟气中的 SO_2 和 CO_2 等气体发生作用。由于烟道气温度高，故可强化干燥过程，缩短干燥时间。此外还应考虑介质的经济性及来源。

2. 流动方式的选择

在逆流操作中，物料移动方向和介质的流动方向相反，整个干燥过程中的干燥推动力较均匀，适用于：①物料含水量高时，不允许采用快速干燥的场合；②耐高温的物料；③要求干燥产品的含水量很低时。

在错流操作中，干燥介质与物料间运动方向互相垂直。各个位置上的物料都与高温、低湿的介质相接触，因此干燥推动力比较大，又可采用较高的气体速度，所以干燥速率很高，适用于：①无论在高或低的含水量时，都可以进行快速干燥的场合；②耐高温的物料；③因阻力大或干燥器构造的要求不适宜采用并流或逆流操作的场合。

3. 干燥介质进入干燥器时的温度

为了强化干燥过程和提高经济效益，干燥介质的进口温度宜保持在物料允许的最高温度范围内，但也应考虑避免物料发生变色、分解等理化变化。对于同一种物料，允许的介质进口温度随干燥器形式不同而异。例如，在厢式干燥器中，由于物料是静止的，因此应选用较低的介质进口温度；在转筒、沸腾、气流等干燥器中，由于物料不断地翻动，致使干燥温度较高、较均匀、速度快、时间短，因此介质进口温度可高些。

4. 干燥介质离开干燥器时的相对湿度和温度

增高干燥介质离开干燥器的相对湿度 φ_2，以减少空气消耗量及传热量，即可降低操作费用；但因 φ_2 增大，也就是介质中水气的分压增高，使干燥过程的平均推动力下降，为了保持相同的干燥能力，就需增大干燥器的尺寸，即加大了投资费用。所以，最适宜的 φ_2 值应通过经济衡算来决定。

对于同一种物料，若所选的干燥器的类型不同，适宜的 φ_2 值也不同。例如，对气流干燥器，由于物料在器内的停留时间很短，就要求有较大的推动力以提高干燥速率，因此一般离开干燥器的气体中水蒸气分压需低于出口物料表面水蒸气分压的 $50\% \sim 80\%$。对于某些干燥器，要求保证一定的空气速度，因此考虑气量和 φ_2 的关系，即为了满足较大气速的要求，可使用较多的空气量而减少 φ_2 值。

干燥介质离开干燥器的温度 t_2 与 φ_2 应同时予以考虑。若 t_2 降低，而 φ_2 又较高，此时湿空气可能会在干燥器后面的设备和管路中析出水滴，因此破坏了干燥的正常操作。对气流干燥器，一般要求 t_2 较物料出口温度 $10 \sim 30$℃，或 t_2 较入口气体的绝热饱和温度高 $20 \sim 50$℃。

5. 物料离开干燥器时的温度

物料出口温度 θ_2 与很多因素有关，但主要取决于物料的临界含水量 X_c 及干燥第二阶段的传质系数。X_c 值愈低，物料出口温度 θ_2 也愈低；传质系数愈高，θ_2 愈低。

二、操作流化床干燥器

1. 背景

干燥器为工业领域常见设备，各类不同的干燥在化工企业承担着重要作用。流化床干燥器在化工领域有着广泛应用，其适合大批量生产、间歇性操作，可以全封闭生产的特点可以满足医药、无机化工等生产的特殊要求。本装置考虑学校和社会实际需求状况，选用湿小米-空气组成干燥物系，选用流化床干燥器进行干燥实训装置设计。

2. 流程简介

空气由风机经孔板流量计和空气预热器进入流化床干燥器。热空气由干燥器底部鼓入，经分布板分布后，进入床层将固体颗粒流化并进行干燥。湿空气由干燥器顶部排出，经旋风分离、沉降和过滤器过滤后放空。流化床干燥工艺流程如图5-20所示。

空气的流量由变频调节，并由孔板流量计计量。热风温度由电加热控制，由数字显示出床层温度。

固体物料采用间歇及连续操作方式，由干燥器上部加入，试验完毕后，在流化状态下由下部卸料口卸出。分析用试样由采样器定时采集。

3. 干燥装置开停车及正常操作

（1）开车前准备

① 由相关操作人员组成装置检查小组，对本装置所有设备、管道、阀门、仪表、电气、照明、分析、保温等按工艺流程图要求和专业技术要求进行检查。

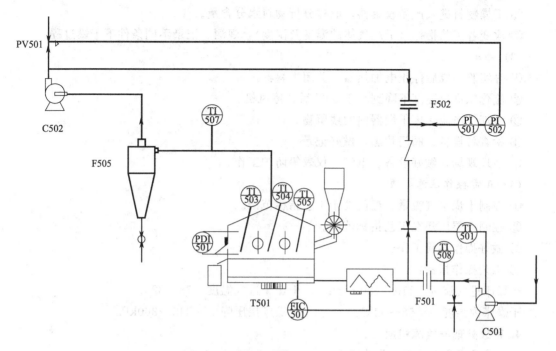

图 5-20　流化床干燥工艺流程示意图

T501—流化床干燥器；C501/2—风机；F501/2—流量计；F505—旋风分离器

② 设备吹扫。根据流程，由风机 C501 鼓入新鲜空气，经过加热器、流化床干燥器、旋风分离器、袋式分离器（袋滤器）从排空阀排出，在排空阀的出口处，设有白布或涂有白油漆的靶板检查，5min 内靶板上无铁锈、泥土或其他脏物即为合格。

③ 设备试漏。开风机 C501 鼓入新鲜空气，经加热器、流化床干燥器、旋风分离器、袋式分离器从排空阀排空，再开风机 C502 鼓入新鲜空气，经过流量计鼓入干燥器内，通过肥皂泡逐个检测各个元器件连接处是否密封。

④ 单体设备试车。启动风机（两个风机）及进料器电机，连续运转 10min，运转平稳无杂声即可，试车过程中若发现不正常的声响或其他异常情况时，应停车检查原因，并消除后再试。

⑤ 配好湿物料（小米），湿含量在 30%～40% 左右。

（2）开车

① 调节系统各设备、阀门处于正常开车状态　全开第一床层进口阀、第二床层进口阀、第三床层进口阀、循环气吸收阀、循环风机抽气阀、循环气体流量调节阀，并闭其他放空阀。

② 启动鼓风机、抽风机，调节空气流量，将空气送入流化床干燥器使整体流量能够达到实验要求。

③ 待系统气体流量稳定后启动电加热器，调节热空气温度至工艺指标要求（约 90℃）。

④ 温度稳定后，开启进料器开关，调整进料速度（根据出口差压），分析初始物料水分含量。

⑤ 湿空气从流化床顶部经旋风分离器、袋式分离器过滤后由旁路放空阀排出。

⑥ 干燥物料进入产品收集器，取样分析物料水分含量。

⑦ 改变各工艺指标（干燥气体的温度及湿度），观测、记录不同条件下干燥过程。

（3）停车

① 等实验完成后停止电加热器，关闭进料器。

② 流化床进口温度下降到小于 50℃后，停风机。

③ 清理干净流化床干燥器内的残留物。

④ 检查各设备、阀门状态，做好记录。

⑤ 清理现场，做好设备、电气、仪表等防护工作。

（4）正常操作注意事项

① 控制干燥空气流量、温度处于工艺指标范围。

② 控制床层压降在工艺指标范围。

③ 做好操作巡检工作。

④ 工艺操作指标：

干燥床进气流量 110～130m³/h	干燥床进气温度 78～82℃
干燥床内温度 58～62℃	干燥床层压降 340～360kPa

4. 事故处理与故障模拟

（1）异常现象及处理　见表 5-2。

表 5-2　流化床干燥器操作中的异常现象、原因及处理方法

异常现象	原　因	处理方法
床层温度突然升高	空气流量过大或加热过猛 系统加料量过少	调节空气流量，调低加热电流 或加大加料量
床层压降过高	流化床内加料过多	减少加料量
旋风分离器跑料	抽风量太大 旋风分离器被物料堵住	关小抽风机开启度 停车处理旋风分离器

（2）故障模拟　正常操作中的故障扰动（故障设置实训）。

在干燥正常操作中，由教师给出隐蔽指令，通过不定时改变某些阀门、风机的工作状态来扰动干燥系统正常的工作状态，分别模拟出实际生产过程中的常见故障，学生根据各参数的变化情况、设备运行异常现象，分析故障原因，找出故障并动手排除故障，以提高学生对工艺流程的认识度和实际动手能力。

① 风量波动大：在干燥正常操作中，教师给出隐蔽指令，改变风机后的工作状态（风机后空气放空），学生通过观察干燥器温度、流量和压降等参数的变化情况，分析引起系统异常的原因并作处理，使系统恢复到正常操作状态。

② 电加热器断电：在干燥正常操作中，教师给出隐蔽指令，改变空气预热器的工作状态（电加热器断电），学生通过观察干燥器温度、流量和物料干燥度等参数的变化情况，分析引起系统异常的原因并作处理，使系统恢复到正常操作状态。

③ 鼓风机出口无流量显示：在干燥正常操作中，教师给出隐蔽指令，改变鼓风机的阀门工作状态，学生通过观察干燥器温度、流量和压降等参数的变化情况，分析引起系统异常的原因并作处理，使系统恢复到正常操作状态。

练习题

技能考核

1. 认识流化床干燥实训流程中的相关设备，并完成表 5-3 的填写。

表 5-3 流体输送设备的结构认识

位号	名称	用　　途	类型
	流化床干燥器		
	风机		
	流量计		
	旋风分离器		
	袋滤器		
	加热器		
	电动阀		

2. 完成干燥实训实验记录表 5-4。

表 5-4 干燥实训实验记录表

实验记录		总重/kg			加水量/mL	送风风量/(m³/h)	循环风量/(m³/h)	床层温度			床层压差/kPa	下料转速/(r/min)	温度	
		总质量/kg	漏斗质量/kg	绝干物料/kg				第一床层温度/℃	第二床层温度/℃	第三床层温度/℃			进口/℃	出口/℃
时间记录	原始													
	第一次取样													
	第二次取样													

项目六
其他化工单元操作

项目概述

本项目包括蒸发、非均相物系分离、萃取、冷冻技术、膜分离和结晶六个小任务。这些单元操作也广泛应用于化工、石油化工、制药、制糖、造纸、深冷、海水淡化等工业领域，发挥着重要的作用。

任务一
认识蒸发过程和设备

任务引入 ▶▶

在日常生活中，熬中药、煲猪骨汤，许多人都操作过。抓中药时，医生会嘱咐，三碗水煎成一碗水。熬中药的过程，既是一个中药有效成分的溶解过程，又是一个蒸发过程。广东人煲的"老火靓汤"这一过程，也包含了蒸发过程。

什么叫蒸发？在工业生产中，把采用加热方法，将含有不挥发性溶质（通常为固体）的稀溶液在沸腾状态下，使部分溶剂汽化，以提高溶液浓度的单元操作称为蒸发。熬中药时，如果不是三碗水煎成一碗水，则三碗水中的药物浓度不高，药效就不够。如图 6-1 所示。

蒸发的方式有自然蒸发和沸腾蒸发。自然蒸发是溶液中的溶剂在低于沸点下汽化，例如海盐的晒制。沸腾蒸发是使溶液中的溶剂在沸点时汽化，在溶液各个部分都同时发生汽化现象。因此，沸腾蒸发的速率远超过自然蒸发速率。

蒸发室 —
溶液 —
加热 —

图 6-1 蒸发操作示意图

在化工生产中，NaOH 溶液增浓、稀糖液的浓缩、由海水蒸发并冷凝制备淡水等都是采用蒸发操作来实现的。

**任务分解** ▶▶

一、蒸发过程及原理

工程上，蒸发过程只是从溶液中分离出部分溶剂，而溶质仍留在溶液中，因此，蒸发操作是一个使溶液中的挥发性溶剂与不挥发性溶质的分离过程。由于溶剂的汽化速率取决于传热速率，故蒸发操作属传热过程，蒸发设备为传热设备。

蒸发操作必须具备两个条件：第一，持续不断地供给溶剂汽化所需的热量（汽化潜热），使溶液持续保持沸腾状态；第二，随时将汽化的蒸汽排除，否则，沸腾溶液上方的蒸汽压力会逐渐增大，当增大到与溶剂的饱和蒸汽压平衡时，就会使蒸发过程停止。

由于工业中被蒸发的溶液大多是水溶液，而蒸发操作大多采用水蒸气作为加热剂，为了便于区分，把作为热源的水蒸气称作加热蒸汽或一次蒸汽（或生蒸汽），把从溶液中溶剂汽化产生的蒸汽称为二次蒸汽。

（一）蒸发操作的应用

蒸发操作广泛应用于化工、轻工、食品、医药等工业领域，其主要目的有以下几个方面：

① 获得浓缩的溶液直接作为化工产品或半成品；例如电解法制烧碱溶液，最初制得的电解液，NaOH 溶液浓度只有 10% 左右，经过蒸发操作，NaOH 溶液浓度达到 42% 左右；又如食品工业中食糖水溶液的浓缩及各种果汁的浓缩等；

② 蒸发以脱除溶剂，将溶液增浓至饱和状态，随后加以冷却，析出固体产物，即采用蒸发、结晶的联合操作以获得固体溶质；例如尿素的生产中，得到尿素溶液进行蒸发操作，得到浓度为 99% 的溶液，再进行造粒得到尿素颗粒。

③ 脱除溶质，制取纯净的溶剂。例如海水淡化就是采用蒸发的方法，将海水中的不挥发性杂质分离出去制成淡水。

（二）蒸发操作的特点

蒸发操作即为一个使溶液中的挥发性溶剂与不挥发性溶质的分离过程。由于溶剂的汽化速率取决于传热速率，故蒸发操作属传热过程，蒸发设备为传热设备，但是，蒸发操作与一般传热过程比较，有以下特点。

1. 溶液沸点升高

由于溶液含有不挥发性溶质，因此，在相同温度下，溶液的蒸气压比纯溶剂的小，也就是说，在相同压力下，溶液的沸点比纯溶剂的高，溶液浓度越高，这种影响越显著。造成的这种现象必须得考虑。

2. 物料及工艺特性

物料在浓缩过程中，溶质或杂质常在加热表面沉积、析出结晶而形成垢层，会影响传热效果；有些物料是热敏性的，在高温下长时间停留容易变质；有些物料具有较大的腐蚀性或较高的黏度等等，因此，在选用蒸发器时，要认真考虑这些因素。

3. 热量回收

蒸发过程是溶剂汽化过程，由于溶剂汽化潜热很大，故蒸发过程是非常消耗热量的一个单元操作,应充分利用热量,提高蒸汽的经济性。因此,节能操作应予考虑。

(三) 蒸发操作的分类

蒸发操作一般可按操作方式、操作压力和蒸发器的效数进行分类。

(1) **按操作方式分类** 蒸发操作可分为间歇蒸发与连续蒸发。间歇蒸发为分批进料或出料的蒸发操作,排出的浓溶液即为完成液。其特点是,蒸发过程中溶液的浓度和沸点均随时间而变化,即传热温度差、传热系数等参数均随时间而变,为非稳定操作。适用于小规模、多品种的场合。连续蒸发,连续进料,完成液连续排出,为稳定操作。工业上大规模的生产过程通常采用的是连续蒸发。

(2) **按操作压力分类** 蒸发操作可分为常压、加压和减压(真空)蒸发操作,即在常压(大气压)下,高于或低于大气压下操作。常压蒸发的特点是可采用敞口设备,二次蒸汽可直接排放在大气中,但会造成环境污染,适用于临时性或小批量的生产。加压操作则可提高二次蒸汽的温度,从而提高其利用价值,但要求加热蒸汽压力相对较高,在多效蒸发中,前几效通常采用加压操作。此外对于高黏度物料也应采用加压高温热源加热(如导热油、熔盐等)进行蒸发。

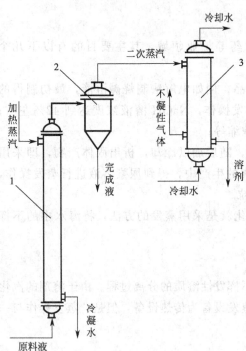

图 6-2　单效真空蒸发装置示意图
1—加热室;2—分离室;3—冷凝器

减压(真空)蒸发是指低于大气压的条件下进行的蒸发,其目的是为了降低溶液的沸点和有效利用热源。减压蒸发与常压蒸发相比具有如下优点:①在相同加热蒸汽压力下,减压蒸发溶液沸点低,传热温差大,传热量一定时,蒸发器面积(即传热面积)相应减小;②有利于热敏性物料的蒸发,如抗生素溶液、果汁等应在减压下进行;③操作温度低,蒸发器的热损失减小。但是由于减压蒸发需增加真空泵、缓冲罐等设备并消耗能量,使基建费用和操作费用相应增加,此外溶液沸点降低,黏度增大,导致总的传热系数下降。

(3) **按二次蒸汽是否被利用分类** 蒸发操作可分为单效蒸发与多效蒸发。凡溶液在蒸发器内蒸发时,其所产生的二次蒸汽不再利用,溶液也不再通入第二个蒸发器进行浓缩,即只用一台蒸发器完成蒸发操作,称为单效蒸发。如图 6-2 所示。若二次蒸汽作为下一效加热蒸汽,并将多个蒸发器串联,此蒸发过程即为多效蒸发。多效蒸发可以是二效、三效、四效等,视二次蒸汽串联利用的次数而定。

二、蒸发操作流程

(一) 单效蒸发的基本原理和流程

单效蒸发的基本原理是通过蒸发器的间壁传热,用饱和水蒸气加热料液,使料液保持沸腾状态，将溶剂连续蒸出，溶液浓度逐渐提高。蒸发过程中，料液走管内，被环隙内蒸汽加热后，汽化的溶剂称为二次蒸汽，一般从蒸发器顶部移出，浓缩的溶液，称为完成液，从底部流出。

(二) 单效蒸发的计算

1. 水分蒸发量

由于在蒸发过程中，仅溶剂汽化，溶质在蒸发前后质量不变。因此，以溶质为基准对图 6-3 所示蒸发器进行物料衡算，可得：

$$Fx_0 = (F-W)x_1 \qquad (6-1)$$

由此可得水的蒸发量：

$$W = F\left(1 - \frac{x_0}{x_1}\right) \qquad (6-2)$$

完成液的浓度：

$$x_1 = \frac{Fx_0}{F-W} \qquad (6-3)$$

式中　F——原料液量，kg/h；

　　　W——蒸发水量，kg/h；

　　　x_0——原料液中溶质的浓度，质量分数；

　　　x_1——完成液中溶质的浓度，质量分数。

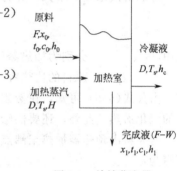

图 6-3　单效蒸发器

【例 6-1】 在烧碱生产操作中，采用一单效连续蒸发器，将 10000kg/h 的 NaOH 水溶液由 10% 浓缩至 50%（均为质量分数），试求所蒸发的水分量。

解：已知 $F=10000$kg/h，$x_0=0.1$　$x_1=0.5$，得：

$$W = F\left(1 - \frac{x_0}{x_1}\right) = 10000 \times \left(1 - \frac{0.1}{0.5}\right) = 8000(\text{kg/h})$$

答：所蒸发的水量为 8000kg/h。

【例 6-2】 今欲用一单效蒸发器将浓度为 12% 的 NaOH 溶液浓缩至 20%，已知每小时处理量 10t，求需蒸发的水分量；若每小时蒸发掉 5t 的水，而处理量和 NaOH 初始浓度 12% 不变，问经蒸发后溶液的浓度。

解：已知 $F=10t=10000$kg；$x_0=12\%$；$x_1=20\%$，由

$$W = F\left(1 - \frac{x_0}{x_1}\right)$$

代入得：$W = 10000 \times \left(1 - \frac{x_0}{x_1}\right) = 10000 \times \left(1 - \frac{0.12}{0.20}\right) = 4000(\text{kg})$

若每小时蒸发 5t 的水，即 $W=5t$；$F=10000$kg

则

$$x_1 = \frac{Fx_0}{F-W}$$

代入得

$$x_1 = \frac{10000 \times 0.12}{10000 - 5000} = 0.24$$

答：每小时处理量为 10t 时，所需蒸发水量为 4000kg；若每小时蒸发 5t 水，蒸发后溶液的浓度为 24%。

2. 加热蒸汽消耗量的计算

加热蒸汽用量可通过热量衡算求得，即对图 6-3 作热量衡算可得：

$$DH + Fh_0 = WH' + Lh_1 + Dh_c + Q_L \tag{6-4}$$

或
$$Q = D(H - h_c) = WH' + Lh_1 - Fh_0 + Q_L \tag{6-5}$$

式中 H——加热蒸汽的焓，kJ/kg；

H'——二次蒸汽的焓，kJ/kg；

h_0——原料液的焓，kJ/kg；

h_1——完成液的焓，kJ/kg；

h_c——加热室排出冷凝液的焓，kJ/kg；

Q——蒸发器的热负荷或传热速率，kJ/h；

Q_L——热损失，可取 Q 的某一百分数，kJ/h。

考虑溶液浓缩热不大，并将 H' 取 t_1 下饱和蒸汽的焓，则式(6-5) 可写成：

$$D = \frac{Fc_0(t_1 - t_0) + Wr' + Q_L}{r} \tag{6-6}$$

式中 r、r'——分别为加热蒸汽和二次蒸汽的汽化潜热，kJ/kg；

c_0——原料的比热容，$kJ/(kg \cdot ℃)$。

由公式(6-6)可知，在蒸发器中加热蒸汽所供给的热量，主要是供给产生二次蒸汽所需的汽化潜热，此外，还要供给使原料液加热至沸点及损失于外界的热量。

若原料由预热器加热至沸点后进料（沸点进料），即 $t_0 = t_1$，并不计热损失，则式(6-6) 可写为：

$$D = \frac{Wr'}{r} \tag{6-7}$$

或
$$\frac{D}{W} = \frac{r'}{r} \tag{6-8}$$

式中，D/W 称为单位蒸汽消耗量，它表示加热蒸汽的利用程度，也称蒸汽的经济性。由于蒸汽的汽化潜热随压力变化不大，故 $r = r'$。对单效蒸发而言，$D/W = 1$，即蒸发 1kg 水需要约 1kg 加热蒸汽，实际操作中由于存在热损失等原因，$D/W \approx 1.1$。在大规模化工生产过程中，每小时蒸发量常达几吨甚至几十吨的水，因此加热蒸汽的消耗量是相当大的，这项热量消耗在全厂的能量消耗中常占显著比例，可见单效蒸发的能耗很大，很不经济，必须考虑如何节约加热蒸汽消耗量的问题。

3. 蒸发器传热面积的计算

蒸发器的传热面积可通过传热速率方程求得，即：

$$Q = KA\Delta t_m \tag{6-9}$$

或
$$A = \frac{Q}{K\Delta t_m} \tag{6-10}$$

式中 A——蒸发器的传热面积，m²；

K——蒸发器的总传热系数，W/(m² · K)；

Δt_m——传热平均温度差，℃；

Q——蒸发器的热负荷，W 或 kJ/kg。

式(6-10) 中，Q 可通过对加热室作热量衡算求得。若忽略热损失，Q 即为加热蒸汽冷凝放出的热量，即：

$$Q = D(H - h_c) = Dr \tag{6-11}$$

但在确定 Δt_m 和 K 时，和一般换热器的计算方法不同。

4. 传热平均温度差 Δt_m 的确定

在蒸发操作中，蒸发器加热室一侧是蒸汽冷凝，另一侧为液体沸腾，因此其传热平均温度差应为：

$$\Delta t_m = T - t_1 \tag{6-12}$$

式中　T ——加热蒸汽的温度，℃；

　　　t_1 ——操作条件下溶液的沸点，℃。

通常加热蒸汽的温度 t 与二次蒸汽的冷凝液温度 t' 的差值称为蒸发器的理论温度差 Δt_T：

$$\Delta t_T = t - t' \tag{6-13}$$

蒸发计算中，通常将理论温度差与传热平均温度差 Δt_m 的差值称为温度差损失，用 Δ 表示。

$$\Delta = \Delta t_T - \Delta t_m \tag{6-14}$$

蒸发器的理论温度差 Δt_T 可以确定，若已知温度差损失 Δ，便可通过式(6-14)求出 Δt_m。温度差损失通常与以下几项有关系。

(1) **溶液浓度的影响**　溶液中由于有溶质存在，一定压强下溶液的沸点比纯水高，它们的差值称为溶液的沸点升高，以 Δ' 表示。例如：NaOH 水溶液的沸点为 108.5℃，纯水的沸点为 100℃，此时沸点升高 8.5℃。

(2) **液柱静压头的影响**　通常，蒸发器操作需维持一定液位，这样液面下的压力比液面上的压力（分离室中的压力）高，即液面下的沸点比液面上的高，二者之差称为液柱静压头引起的温度差损失，以 Δ'' 表示。

(3) **管道阻力的影响**　多效蒸发中二次蒸汽由前效经管路送至下效作为加热蒸汽，因管道流动阻力使二次蒸汽的压强稍有降低，温度也相应下降，一般降 1℃，这种损失就是因为管路阻力而引起的温度差损失，以 Δ''' 表示。

$$\Delta = \Delta' + \Delta'' + \Delta''' \tag{6-15}$$

蒸发计算中，通常把式(6-12)的平均温度差称为有效温度差，而把 $t - t'$ 称为理论温差，即认为是蒸发器蒸发纯水时的温差。

5. 总传热系数 K 的确定

蒸发器的总传热系数可按下式计算：

$$K = \cfrac{1}{\cfrac{1}{\alpha_i} + R_i + \cfrac{b}{\lambda} + R_o + \cfrac{1}{\alpha_o}} \tag{6-16}$$

式中　α_i ——管内溶液沸腾的对流传热系数，W/(m²·℃)；

　　　α_o ——管外蒸汽冷凝的对流传热系数，W/(m²·℃)；

　　　R_i ——管内污垢热阻，m²·℃/W；

　　　R_o ——管外污垢热阻，m²·℃/W；

　　　$\dfrac{b}{\lambda}$ ——管壁热阻，m²·℃/W。

式(6-19)中 α_o、R_o 及 b/λ 在传热一章中均已阐述，本章不再重复。工程运用上，为降低污垢热阻，常采用的措施有：加快溶液循环速度，在溶液中加入晶种和微量的阻垢剂等。设计时，污垢热阻 R_i 目前仍需根据经验数据确定。至于管内溶液沸腾对流传热系数 α_i 也是影响总传热系数的主要因素。影响 α_i 的因素很多，表 6-1 中列出了常用蒸发器总传热系数的大致范围，供设计计算参考。

表 6-1　常用蒸发器总传热系数 K 的经验值

蒸发器形式	总传热系数/[W/(m²·K)]	蒸发器形式	总传热系数/[W/(m²·K)]
中央循环管式	580～3000	升膜式	580～5800
带搅拌的中央循环管式	1200～5800	降膜式	1200～3500
悬筐式	580～3500	刮膜式(黏度 1mPa·s)	2000
自然循环式	1000～3000	刮膜式(黏度 100～10000mPa·s)	200～1200
强制循环式	1200～3000		

三、蒸发设备及节能

(一) 蒸发设备

1. 蒸发器

工业生产中蒸发器有多种结构形式，但均主要由加热室（器）、流动（或循环）管道以及分离室（器）组成。根据溶液在加热室内的流动情况，蒸发器可分为循环型和单程型两类，分述如下。

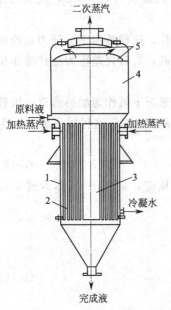

图 6-4　中央循环管式蒸发器
1—外壳；2—加热室；3—中央循环管；
4—蒸发室；5—除沫器

（1）循环型蒸发器　常用的循环型蒸发器分为自然循环蒸发器和强制循环蒸发器。其中自然循环蒸发器包括中央循环管式蒸发器、外加热式蒸发器、悬筐式蒸发器等。

① 中央循环管式蒸发器　为最常见的蒸发器，其结构如图 6-4 所示，它主要由加热室、蒸发室、中央循环管和除沫器组成。蒸发器的加热器由垂直管束构成，管束中央有一根直径较大的管子，称为中央循环管，其截面积一般为管束总截面积的 40%～100%。当加热蒸汽（介质）在管间冷凝放热时，由于加热管束内单位体积溶液的受热面积远大于中央循环管内溶液的受热面积，因此，管束中溶液的相对汽化率就大于中央循环管的汽化率，所以管束中的气液混合物的密度远小于中央循环管内气液混合物的密度。这样造成了混合液在管束中向上，在中央循环管向下的自然循环流动。混合液的循环速度与密度差和管长有关，密度差越大，加热管越长，循环速度越大。但这类蒸发器受总高限制，通常加热管为 1～2m，直径为 25～75mm，长径比为 20～40。

中央循环管式蒸发器应用广泛，设备传热面积通常达数百平方米，设备处理量大，适用于结垢不严重、有少量结晶析出和腐蚀性较小的溶液。这种形式的蒸发器广泛用于糖、盐和烧碱工业，在国内生产 30% 液碱的中小型氯碱厂普遍采用。

这种蒸发器的缺点是：溶液的循环速度较低，溶液在管内流速一般在 0.5m/s 以下；溶液在加热室中不断循环，使其浓度总是接近于完成液的浓度，这使溶液黏度较大，影响了传热效果。另一方面也使溶液的沸点较高，使有效温度差减小；清洗和检修不够方便。

② 外加热式蒸发器　如图 6-5 所示。其主要特点是把加热器与分离室分开安装，这样不仅易于清洗、更换，同时还有利于降低蒸发器的总高度。这种蒸发器的加热管较长（管长

与管径之比为 50～100），且循环管又不被加热，故溶液的循环速度可达 1.5m/s，它既利于提高传热系数，也利于减轻结垢。

中央循环管式蒸发器和外加热式蒸发器都属于自然循环蒸发器，即在循环式蒸发器中，液体根据虹吸泵原理再次上升进入过加热管。在与此相连的分离器中，液体从蒸汽中分离出来，通过循环管流回蒸发器，形成一个闭路循环。加热室和沸腾室之间的温差愈大，产生的蒸汽气泡愈多，这样可以强化虹吸泵的作用和增加流动速度，从而获得好的热量传递。由于自然循环靠加热管与循环管内溶液的密度差作为推动力，导致溶液的循环流动，因此循环速度一般较低，尤其在蒸发黏稠溶液（易结垢及有大量结晶析出）时就更低。

③ 强制循环蒸发器　为了提高循环速度，可用循环泵进行强制循环，如图 6-6 所示。这种蒸发器的循环速度可达 1.5～5m/s。其优点是，传热系数大，利于处理黏度较大、易结垢、易结晶的物料。但该蒸发器的动力消耗较大，每平方米传热面积消耗的功率约为 0.4～0.8kW。

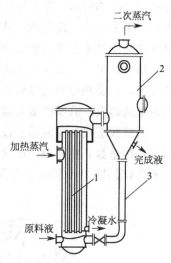

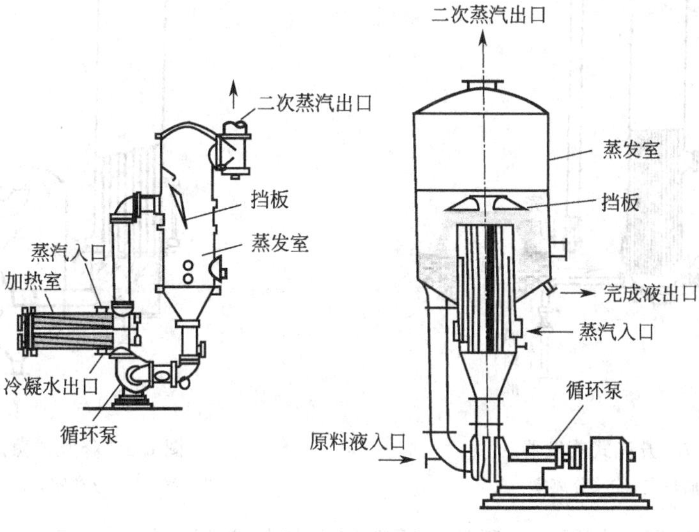

图 6-5　外加热式蒸发器
1—加热室；2—蒸发室；3—循环管

图 6-6　强制循环型蒸发器
(a)卧式　　(b)立式

（2）单程型蒸发器　循环型蒸发器有一个共同的缺点，即蒸发器内溶液的滞留量大，物料在高温下停留时间长，这对处理热敏性物料甚为不利。在单程型蒸发器中，物料沿加热管壁成膜状流动，一次通过加热器即达浓缩要求，其停留时间仅数秒或十几秒。另外，离开加热器的物料又得到及时冷却，因此特别适用于热敏性物料的蒸发。但由于溶液一次通过加热器就要达到浓缩要求，因此对设计和操作的要求较高。由于这类蒸发器的加热管上的物料成膜状流动，故又称膜式蒸发器。根据物料在蒸发器内的流动方向和成膜原因不同，它可分为下列几种类型。

① 升膜式蒸发器　如图 6-7 所示，它的加热室由一根或数根垂直长管组成。通常加热

管径为 25～50mm，管长与管径之比为 100～150。在升膜式蒸发器中，溶液在管内大量汽化，产生大量的二次蒸汽，从而使产生的二次蒸汽占据管的中心部分，以很高的速度把液体拉成膜状沿管壁上升，如果汽量不够，液体就不易成膜，所以升膜式蒸发器适用于蒸发量较大的场合。另外，高速的二次蒸汽还具有良好的破沫作用。因此升膜式蒸发器适于加工蒸发量较大，易受热分解的热敏性溶液和易发泡的溶液，但它不适用于高黏度、有结晶或易结垢的溶液的蒸发。升膜式蒸发器广泛用于牛奶浓缩。

升膜式蒸发器需要精心设计与操作，即加热管内的二次蒸汽应具有较高速度，并具有较高的传热系数，使料液一次通过加热管即达到预定的浓缩要求。通常，常压下，管上端出口处速度以保持 20～50m/s 为宜，减压操作时，速度可达 100～160m/s。

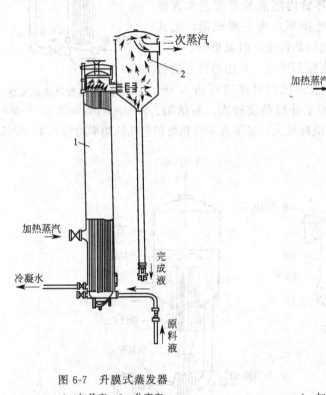

图 6-7　升膜式蒸发器

1—加热室；2—分离室

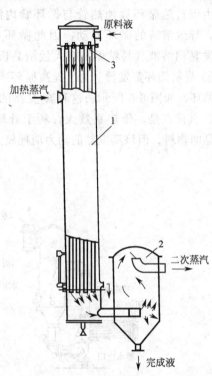

图 6-8　降膜式蒸发器

1—加热室；2—分离室；3—液体分布器

② 降膜式蒸发器　如图 6-8 所示，原料液由加热室顶端加入，经液体分布器分布后，沿管壁成膜状向下流动，气液混合物由加热管底部排出进入分离室，完成液由分离室底部排出。

设计和操作这种蒸发器的要点是：尽力使料液在加热管内壁形成均匀液膜，并且不能让二次蒸汽由管上端窜出。

降膜式蒸发器可用于蒸发黏度较大（0.05～0.45Pa·s），浓度较高的溶液，但不适于处理易结晶和易结垢的溶液，这是因为这种溶液形成均匀液膜较困难，传热系数也不高。

目前的蒸发器加热室与蒸发室可设计为完全分离式结构，二次蒸汽上升空间大，二次蒸汽上升速度相对较低，再加上高效除沫器的作用下，二次蒸汽不易夹带浓缩液，分离彻底，二次蒸汽冷凝水质量高，可作为新水回锅炉实现再利用。

③ 刮板式薄膜蒸发器　刮板式薄膜蒸发器如图 6-9 所示，它主要由加热夹套和刮板组

成，夹套内通加热蒸汽，刮板装在可旋转的轴上，刮板和加热夹套内壁保持很小间隙，通常为 0.5～1.5mm。料液经预热后由蒸发器上部沿切线方向加入，在重力和旋转刮板的作用下，分布在内壁形成下旋薄膜，并在下降过程中不断被蒸发浓缩，完成液由底部排出，二次蒸汽由顶部逸出。在某些场合下，这种蒸发器可将溶液蒸干，在底部直接得到固体产品。

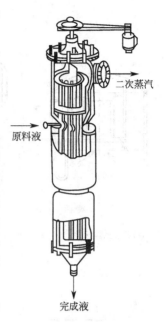

图 6-9 刮板式薄膜蒸发器

对于黏度很高的液体，依靠升膜或降膜的方法都很难成膜，而必须采用机械的方法，才能造成膜状传热。刮板式蒸发器借外力强制料液成膜状流动，特别适宜于黏度极高的热敏性溶液的蒸发。当溶液的黏度超过 1～10Pa·s 时，升膜式和降膜式蒸发器完全不能应用，这时必须采用刮板式薄膜蒸发器。刮板式薄膜蒸发器还适用于易结晶、易结垢物料的蒸发。这类蒸发器的缺点是结构复杂，制造、安装和维修工作量大，加热面积不大，且动力消耗大。

（3）蒸发器的选型　蒸发器的结构形式较多，选型时应先考虑传热系数高的形式，但被蒸发溶液的性质却常使一些传热系数高的形式在使用上受到限制，所以实际选型时常根据被蒸发液的性质，如溶液的黏度、热敏性、发泡性、腐蚀性，以及是否容易结垢或有结晶生成等方面来考虑，以使所选用的蒸发器能满足生产工艺的要求，保证产品的质量，而且具有较大的生产强度和经济的合理性。表 6-2 列出了常用蒸发器的一些重要性能。

表 6-2　常用蒸发器的性能

蒸发器形式	造价	总传热系数		溶液在管内流速/(m/s)	停留时间	完成液浓度能否恒定	浓缩比	处理量	对溶液性质的适应性					
		稀溶液	高黏度						稀溶液	高黏度	易生泡沫	易结垢	热敏性	有结晶析出
标准型	最廉	良好	低	0.1～1.5	长	能	良好	一般	适	适	适	尚适	尚适	稍适
外热式（自然循环）	廉	高	良好	0.4～1.5	较长	能	良好	较大	适	尚适	较好	尚适	尚适	稍适
列文式	高	高	良好	1.5～2.5	较长	能	良好	较大	适	尚适	较好	尚适	尚适	稍适
强制循环式	高	高	高	2.0～3.5	—	能	较大	大	适	好	好	适	尚适	适
升膜式	廉	高	良好	0.4～1.0	短	较难	高	大	适	尚适	好	尚适	良好	不适
降膜式	廉	良好	高	0.4～1.0	短	尚能	高	大	较适	好	适	不适	良好	不适
刮板式	最高	高	良好	—	短	尚能	高	较小	较适	好	较好	不适	良好	适

2. 蒸发装置的辅助设备和机械

蒸发装置的辅助设备和机械主要有除沫器、冷凝器和真空泵。

（1）除沫器（汽液分离器）　蒸发操作时产生的二次蒸汽，在分离室与液体分离后，仍夹带大量液滴，尤其是处理易产生泡沫的液体，夹带更为严重。为了防止产品损失或冷却水被污染，常在蒸发器内（或外）设除沫器。图 6-10 所示为几种除沫器的结构示意图。图中 (a)～(d) 直接安装在蒸发器顶部，(e)～(g) 安装在蒸发器外部。

（2）冷凝器　冷凝器的作用是冷凝二次蒸汽。冷凝器有间壁式和直接接触式两种，倘若二次蒸汽为需回收的有价值物料或会严重污染水源，则应采用间壁式冷凝器，否则通常采用直接接触式冷凝器。后一种冷凝器一般均在负压下操作，这时为将混合冷凝后的水排出，冷凝器必须设置得足够高。

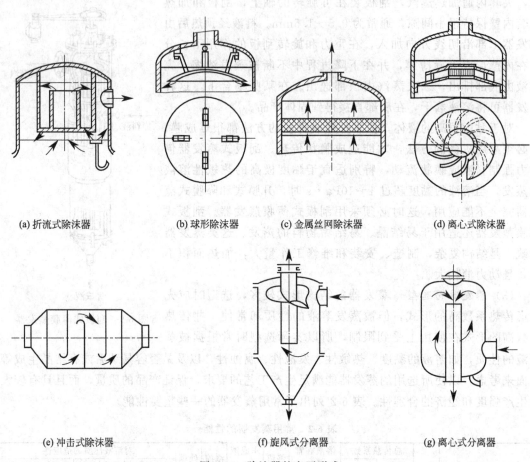

| (a) 折流式除沫器 | (b) 球形除沫器 | (c) 金属丝网除沫器 | (d) 离心式除沫器 |

| (e) 冲击式除沫器 | (f) 旋风式分离器 | (g) 离心式分离器 |

图 6-10　除沫器的主要形式

（3）真空装置　当蒸发器在负压下操作时，无论采用哪一种冷凝器，均需在冷凝器后安装真空装置。需要指出的是，蒸发器中的负压主要是由于二次蒸汽冷凝所致，而真空装置仅是抽吸蒸发系统泄漏的空气、物料及冷却水中溶解的不凝性气体和冷却水饱和温度下的水蒸气等，冷凝器后必须安真空装置才能维持蒸发操作的真空度。常用的真空装置有喷射泵、水环式真空泵、往复式或旋转式真空泵等。

3. 蒸发器的生产能力与生产强度

（1）蒸发器的生产能力　蒸发器的生产能力可用单位时间内蒸发的水分量来表示。其大小取决于通过传热面积的传热速率 Q，因此其生产能力也可表示为：

$$Q = KA(T - t_1) \tag{6-17}$$

（2）蒸发器的生产强度　蒸发器的生产强度简称蒸发强度，是指单位时间单位传热面积上所蒸发的水量，可作为衡量蒸发器性能的标准。即

$$U = \frac{W}{A} \tag{6-18}$$

式中　U——蒸发强度，$kg/(m^2 \cdot h)$。

对于一定的蒸发任务而言，若蒸发强度越大，则所需的传热面积越小，即设备的投资就越低。

若不计热损失和浓缩热，料液又为沸点进料，则：

$$U=\frac{W}{A}=\frac{K\Delta t_{\mathrm{m}}}{r} \tag{6-19}$$

由此式可知，提高蒸发强度的主要途径是提高总传热系数 K 和传热温度差 Δt_{m}。

（3）提高蒸发强度的途径

① 提高传热温度差　提高传热温度差可以提高热源的温度或降低溶液的沸点等角度考虑，工程上通常采用下列措施来实现。

a. 真空蒸发　真空蒸发可以降低溶液沸点，增大传热推动力，提高蒸发器的生产强度，同时由于沸点较低，可减少或防止热敏性物料的分解。另外，真空蒸发可降低对加热热源的要求，即可利用低温位的水蒸气作热源。但是，应该指出，溶液沸点降低，其黏度会增高，并使总传热系数 K 下降。当然，真空蒸发要增加真空设备并增加动力消耗。

b. 高温热源　提高 Δt_{m} 的另一个措施是提高加热蒸汽的压力，但这时要对蒸发器的设计和操作提出严格要求。一般加热蒸汽压力不超过 $0.6\sim0.8\mathrm{MPa}$。对于某些物料，如果加压蒸汽仍不能满足要求时，则可选用高温导热油、熔盐或改用电加热，以增大传热推动力。

② 提高总传热系数　一般来说，增大总传热系数是提高蒸发器生产强度的主要途径。总传热系数 K 值取决于对流传热系数和污垢热阻。

在蒸发操作中，加热蒸汽冷凝膜系数一般很大，若在蒸汽中含有少量不凝性气体时，则加热蒸汽冷凝膜系数下降。据测试，蒸汽中含 1% 不凝性气体，传热总系数下降 60%，所以在操作中，必须密切注意和及时排除不凝性气体。

在蒸发操作中，管内壁出现结垢现象是不可避免的，尤其当处理易结晶和腐蚀性物料时，此时传热总系数 K 变小，使传热量下降。在这些蒸发操作中，一方面应定期清洗和除垢；另一方面改进蒸发器的结构，如把蒸发器的加热管加工光滑些，使污垢不易生成，即使生成也易清洗，这就可以提高溶液循环的速度，从而可降低污垢生成的速度。此外，减小垢层热阻的措施有：选用适宜的蒸发器形式，如强制循环型蒸发器，在溶液中加入晶种或微量阻垢剂等等。

（二）蒸发节能

在单效蒸发中，加热蒸汽冷凝放出的热量通过热交换表面传给温度比它低的沸腾水溶液，溶液本身蒸发所产生的二次蒸汽直接通入冷凝器冷凝而不再利用，因此单效蒸发器的各项主要热损失可分析如下。

① 蒸发器保温不善而散热于环境中，由此有热量损失。要减少此项热损失主要靠加强保温来实现。

② 加热蒸汽冷凝水及完成液带走的热量。此项热量可以按能量逐级利用的原则，在全厂范围内寻找合理的低位能用户，也可用来预热进入蒸发器的冷的原料液等。在国内氯碱工业的多效顺流蒸发工艺中，开展了利用低位热能替代高位热能的工作，其进料液的加热是依靠各效进料液分段逐级加热的。由于充分利用各效进料液的品位较低的热能"累积"加热进料液，以取代原来加热进料液的生蒸汽，从而节约了生蒸汽用量，收到了节能效果。

③ 二次蒸汽带走的热量。蒸发操作中所加入的热量大部分作为水的汽化潜热，即蒸发操作中所产生的二次蒸汽含有大量的潜热。在单效蒸发器中，二次蒸汽直接通入冷凝器冷凝而不再利用，这部分潜热便白白浪费掉了。二次蒸汽和加热蒸汽本质的区别是能量品位的降级。蒸发操作中消耗高温位的加热蒸汽，得到温度和压强较加热蒸汽低的二次蒸汽，然而此二次蒸汽仍可设法加以利用。利用从二次蒸汽中回收热量的方法，可以大大提高热能利用的

经济程度。

为了提高加热蒸汽利用的经济程度，生产上采取了一系列措施，例如多效蒸发、额外蒸汽的引出、热泵蒸发、冷凝水自蒸发的利用等。这些措施都是为了节省能量，减少操作费用，以下将分别对它们进行介绍。

1. 多效蒸发流程

在单效蒸发中，要蒸发 1kg 的水需要多于 1kg 的加热蒸汽。为了减少热量的消耗，可以采用多效蒸发。多效蒸发是将第一效蒸发器汽化的二次蒸汽作为下一效的热源的操作。如将第一效产生的二次蒸汽通入第二效蒸发器的加热室作加热用，称为双效蒸发；再将第二效的二次蒸汽通入第三效加热室作为热源，并依次进行多个串接，则称为多效蒸发。

为了合理利用有效温差，并根据处理物料的性质，通常多效蒸发有下列三种操作流程。

(1) 并流流程　在并流加料的多效蒸发器中，新鲜的料液从第一效进入，然后与蒸汽并流到下一效。当料液温度较高或者最后浓缩液在高温下可能被破坏时，可采用这种操作方法。

如图 6-11 所示为并流加料三效蒸发的流程。并流加料的优点为：后一效蒸发室的压强比前一效的低，故溶液可以在压差的作用下自动流入下一效，不需要用泵。同时，由于前一效的沸点比后一效的高，因此当物料进入后一效时，会产生自蒸发，这可多蒸出一部分水汽。这种流程的操作也较简便，易于稳定。但其主要缺点是传热系数会下降，这是因为后序各效的浓度会逐渐增高，但沸点反而逐渐降低，导致溶液黏度逐渐增大，这种情况在后面两效中较为突出。

(2) 逆流流程　在逆流加料的多效蒸发器中，新鲜料液进入最后一效即温度最低的一效，然后连续流动直到浓缩液流出第一效。当新鲜的料液是冷料的时候，这种逆流加料的方法是很合适的，因为此时只有较少的溶液需在最后一效以前的各效被加热到比较高的温度。其优点是：溶液的浓度沿着流动方向不断提高，同时温度也逐渐上升，因此各效溶液的黏度较为接近，使各效的传热系数也大致相同。适用用于浓缩液黏度比较高的场合。但是由于溶液是从低压流向高压，每效都要用泵输送，能量消耗较大。进料也没有自蒸发。

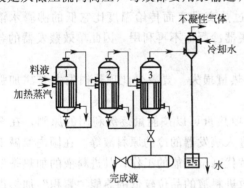

图 6-11　并流加料三效蒸发流程

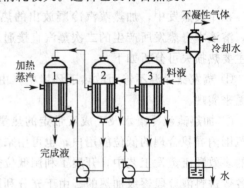

图 6-12　逆流加料三效蒸发流程

图 6-12 所示为逆流加料三效蒸发流程。一般这种流程只有在溶液黏度随温度变化较大的场合才被采用，而且不适用于处理热敏性物料。

(3) 平流流程　如图 6-13 所示为平流加料三效蒸发流程。在平流加料的多效蒸发流程中，从各效分别加入新鲜料液和排放浓缩液。各效蒸发出来的二次蒸汽仍用来作为下一效的加热介质。这种操作方法主要用于进料几乎是饱和液而产品是固体结晶的情况，例如蒸发海水制盐。某些溶液浓缩过程中有结晶析出，因此不宜采用平流加料法。

2. 多效蒸发的经济性与效数限制

（1）**多效蒸发的经济性** 蒸发过程是一个能耗较大的单元操作，通常把能耗也作为评价其优劣的另一个重要评价指标，或称为加热蒸汽的经济性，它的定义为 1kg 蒸汽可蒸发的水分量，即：

$$E = \frac{W}{D} \tag{6-20}$$

不难看出，采用多效蒸发，由于生产给定的总蒸发水量 W 分配于各个蒸发器中，而只有第一效才使用加热蒸汽，故加热蒸汽的经济性大大提高。

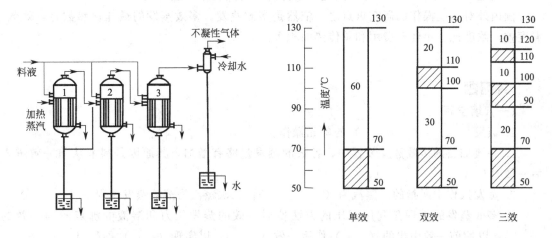

图 6-13 平流加料三效蒸发流程　　　　图 6-14 单效，双效，三效蒸发装置中温度差损失

（2）**溶液的温度差损失** 单效、双效和三效蒸发装置中温度差损失如图 6-14 所示，三个蒸发装置具有相同的操作条件。图形总高度代表加热蒸汽温度和冷凝器中蒸汽温度间的总温度差（130－50＝80），阴影部分代表由各种原因引起的温度差损失，空白部分代表有效温度差，即传热推动力。可见，多效蒸发比单效蒸发的温度差损失大，而且效数越多，温度差损失也就越大。

（3）**多效蒸发的效数限制** 采用多效蒸发可以提高蒸汽经济程度，但不能提高生产能力。多效系统的价值，在于能使水蒸气得到更好的利用。实际上，由于多效蒸发时的温度差损失较单效蒸发时大，因此多效蒸发的生产能力和生产强度均较单效蒸发小。所以，采用多效蒸发所得到的蒸汽经济性的提高是以设备投资费用的增加和生产强度的降低为代价的。同时，采用多效蒸发，其加热蒸汽的节省有限度，效数增多，生蒸汽的降低率也随之减少，故必须进行经济衡算。另外，效数越多，则温度差损失越大，在总温度差一定的条件下，则总的有效温度差减小，各效所分配到的温度差减小，所以多效蒸发的效数有一定的限制。

表 6-3 列出了不同效数蒸发的单位蒸汽消耗量。由表 6-3 并综合前述情况后可知，随着效数的增加，单位蒸汽的消耗量会减少，即操作费用降低，但是有效温度差也会减少（即温度差损失增大），使设备投资费用增大。例如：由单效增至双效，可节省生蒸汽量约为50%，而由四效增至五效，可节约的生蒸汽的量为 10%，但是随着效数的增加，生产能力和生产强度也在不断下降，且设备投资费用增加。因此必须合理选取蒸发效数，使操作费和

设备费之和为最少。

表 6-3   不同效数蒸发的单位蒸汽消耗量

项目＼效数	单效	双效	三效	四效	五效
$(D/W)_{min}$ 的理论值	1	0.5	0.33	0.25	0.2
$(D/W)_{min}$ 的实测值	1.1	0.57	0.4	0.3	0.27

目前，工业生产上的多效蒸发过程，最常用是 2～3 效，例如，对 NaOH 等水溶液的蒸发，由于其沸点升高较大，常用为 2～3 效。如果沸点升高不大，例如对糖和有机溶液的蒸发，可用至 4～5 效；只有对海水淡化等极稀溶液的蒸发才用至 6 效以上。

国内外对蒸发操作的研究重点之一依然是多效蒸发，多效蒸发的最佳化参数有：效数、温度差、浓度比、年经营费用和总传热面积等。

练习题

（一）填空题

1. 蒸发是（   ）的单元操作。

2. 并流加料的多效蒸发装置中，各效的蒸发量略有增加，其原因是料液从前一效进入后一效时有（   ）。

3. 蒸发操作中所指的生蒸汽为（   ）；二次蒸汽为溶液蒸发过程中（   ）。

4. 多效蒸发的原理是利用减压的方法使后一效的蒸发压力和溶液的沸点较前一效的（   ），以使前一效引出的（   ）作后一效（   ），以实现（   ）再利用。

5. 料液在高于沸点下进料时，其加热蒸汽消耗量（   ）于沸点进料时的蒸汽消耗量，因为此时料液进入蒸发器后有（   ）现象产生。

6. 在蒸发操作中，降低单位蒸汽消耗量的主要方法有：（   ），（   ），（   ）。

7. 蒸发器的主体由（   ）和（   ）组成。

8. 采用多效蒸发的目的是（   ）。

（二）判断题

1. 饱和蒸汽压越大的液体越难挥发。   （   ）

2. 单效蒸发操作中，二次蒸汽温度低于生蒸汽温度，这是由传热推动力和溶液沸点升高（温差损失）造成的。   （   ）

3. 多效蒸发的目的是为了节约加热蒸气。   （   ）

4. 多效蒸发与单效蒸发相比，其单位蒸汽消耗量与蒸发器的生产强度均减少。（   ）

5. 逆流加料的蒸发流程不需要用泵来输送溶液，因此能耗低，装置简单。 （   ）

6. 一般在低压下蒸发，溶液沸点较低，有利于提高蒸发的传热温差；在加压蒸发，所得到的二次蒸气温度较高，可作为下一效的加热蒸气加以利用。   （   ）

7. 在多效蒸发时，后一效的压力一定比前一效的低。   （   ）

8. 在蒸发操作中，由于溶液中含有溶质，故其沸点必然低于纯溶剂在同一压力下的沸点。   （   ）

9. 蒸发操作只有在溶液沸点下才能进行。   （   ）

10. 蒸发过程的实质是通过间壁的传热过程。   （   ）

（三）选择题

1. 单效蒸发器计算中 D/W 称为单位蒸汽消耗量，如原料液的沸点为 393K，下列哪种情况 D/W 最大（　　）。

A. 原料液在 293K 时加入蒸发器　　　　　B. 原料液在 390K 时加入蒸发器

C. 原料液在 393K 时加入蒸发器　　　　　D. 原料液在 395K 时加入蒸发器

2. 当溶液属于热敏感性物料的时候，可以采用的蒸发器是（　　）。

A. 中央循环管式　　B. 强制循环式　　　C. 外热式　　　　　D. 升膜式

3. 对黏度随浓度增加而明显增大的溶液蒸发，不宜采用（　　）加料的多效蒸发流程。

A. 并流　　　　　　B. 逆流　　　　　　C. 平流　　　　　　D. 错流

4. 减压蒸发不具有的优点是（　　）。

A. 减少传热面积　　　　　　　　　　　　B. 可蒸发不耐高温的溶液

C. 提高热能利用率　　　　　　　　　　　D. 减少基建费和操作费

5. 为了蒸发某种黏度随浓度和温度变化比较大的溶液，应采用（　　）。

A. 并流加料流程　　B. 逆流加料流程　　C. 平流加料流程　　D. 并流或平流

6. 下列不是溶液的沸点比二次蒸汽的饱和温度高的原因是（　　）。

A. 溶质的存在　　B. 液柱静压力　　　C. 导管的流体阻力　　D. 溶剂数量

7. 下列几条措施，（　　）不能提高加热蒸汽的经济程度。

A. 采用多效蒸发流程　　　　　　　　　　B. 引出额外蒸汽

C. 使用热泵蒸发器　　　　　　　　　　　D. 增大传热面积

8. 用一单效蒸发器将 2000kg/h 的 NaCl 水溶液由 11％浓缩至 25％（均为质量分数），则所需蒸发的水分量为：（　　）。

A. 280kg/h　　　　B. 1120kg/h　　　　C. 1210kg/h　　　　D. 2000kg/h

9. 有一四效蒸发装置，冷料液从第三效加入，继而经第四效、第二效后再经第一效蒸发得以完成，可断定自蒸发现象将在（　　）出现。

A. 第一效　　　　　B. 第二效　　　　　C. 第三效　　　　　D. 第四效

10. 在单效蒸发器中，将某水溶液从 14％连续浓缩至 30％，原料液沸点进料，加热蒸汽的温度为 96.2℃，有效传热温差为 11.2℃，二次蒸汽的温度为 75.4℃，则溶液的沸点升高为（　　）℃。

A. 11.2　　　　　　B. 20.8　　　　　　C. 85　　　　　　　D. 9.6

11. 在蒸发操作中，若使溶液在（　　）下沸腾蒸发，可降低溶液沸点而增大蒸发器的有效温度差。

A. 减压　　　　　　B. 常压　　　　　　C. 加压　　　　　　D. 变压

任务二
认识非均相物系分离

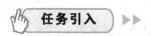 **任务引入** ▶▶

你知道什么是 PM2.5 吗？含尘气体如何净化处理（见图 6-15）？

图 6-15　含尘空气

一、非均相物系概念

（一）相的概念

在物系中物理性质完全相同而均匀的部分称为相，相与相间有明显的分界面，可以用机械方法把不同的相分开。

（二）非均相物系

1. 非均相物系的定义及分类

非均相物系是指存在两个（或两个以上）相的混合物，如雾（气相-液相）、烟尘（气相-固相）、悬浮液（液相-固相）、乳浊液（两种液相）等等。非均相物系中，有一相处于分散状态，称为分散相，如雾中的小水滴、烟尘中的尘粒、悬浮液中的固体颗粒；另一相必然处于连续状态，称为连续相（或分散介质），如雾和烟尘中的气相、悬浮液中的液相。本节将介绍非均相物系的分离，即如何将非均相物系中的分散相和连续相分离开。

根据两相运动方式的不同，机械分离可按照两种操作方式进行，即：

① 颗粒相对于流体运动的过程称为沉降分离。实现沉降分离的操作外力可以是重力，也可以是惯性离心力。

② 流体相对于固体颗粒床层运动而实现固液分离的过程称为过滤。实现过滤操作的外力可以是重力、压强差或是惯性离心力。

2. 化工生产中非均相物系分离的目的

① 满足对连续相或分散相进一步加工的需要。如从悬浮液中分离出碳酸氢铵。

② 回收有价值的物质。如由旋风分离器分离出最终产品。

③ 除去对下一工序有害的物质。如气体在进压缩机前，必须除去其中的液滴或固体颗粒，在离开压缩机后也要除去油沫或水沫。

④ 减少对环境的污染。

在化工生产中，非均相物系的分离操作常常是从属的，但却是非常重要的，有时甚至是关键的。

二、分离方法与分离设备

（一）过滤

1. 过滤的概念

过滤是利用两相对多孔介质穿透性的差异，在某种推动力的作用下，使非均相物系得以分离的操作。悬浮液的过滤是利用外力使悬浮液通过一种多孔隔层，其中的液相从隔层的小孔中流过，固体颗粒则被截留下来，从而实现液固分离。过滤过程的外力（即过滤推动力）可以是重力、惯性离心力和压差，其中尤以压差为推动力在化工生产中应用最广。在过滤操作中，所处理的悬浮液称为滤浆或料浆，被截留下来的固体颗粒称为滤渣或滤饼，透过固体隔层的液体称为滤液，所用固体隔层称为过滤介质。如图 6-16 所示。

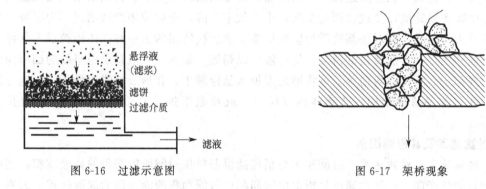

图 6-16　过滤示意图　　　　　　　图 6-17　架桥现象

2. 过滤操作分类

（1）滤饼过滤　滤饼过滤是利用滤饼本身作为过滤隔层的一种过滤方式。在过滤开始阶段，会有一部分细小颗粒从介质孔道中通过而使得滤液浑浊。但随着过滤的进行，颗粒便会在介质的孔道中和孔道上发生"架桥"现象，如图 6-17 所示。从而使得尺寸小于孔道直径的颗粒也能被拦截，随着被拦截的颗粒越来越多，在过滤介质的上游侧便形成了滤饼，同时滤液也慢慢变清。在滤饼形成后，过滤操作才真正有效，滤饼本身起到了主要过滤介质的作用。滤饼过滤要求能够迅速形成滤饼。常用于分离固体含量较高（固体体积分数>1%）的悬浮液。

（2）深层过滤　当过滤介质为很厚的床层且过滤介质直径较大时，固体颗粒通过在床层内部的架桥现象被截留或被吸附在介质的毛细孔中，在过滤介质的表面并不形成滤饼。在这种过滤方式中，起截留颗粒作用的是介质内部曲折而细长的通道。深层过滤是利用介质床层内部通道作为过滤介质的过滤操作。在深层过滤中，介质内部通道会因截留颗粒的增多逐渐减少和变小，因此，过滤介质必须定期更换或清洗再生。这种过滤适用于生产能力大而悬浮中的颗粒小、含量甚微的场合。如自来水厂饮水的净化及从合成纤维纺丝液中除去极细的固体物质就采用这种过滤方法。

在化工生产中得到广泛应用的是滤饼过滤，本节主要讨论滤饼过滤。

3. 过滤介质

工业生产中，过滤介质必须具有足够的机械强度来支撑越来越厚的滤饼。此外，还应具有适宜的孔径使液体的流动阻力尽可能小并使颗粒容易被截留，以及相应的耐热性和耐腐蚀性，以满足各种悬浮液的处理。工业上常用的过滤介质有如下几种。

（1）织物介质（滤布）　用于滤饼过滤操作，在工业上应用最广。包括由棉、毛、丝、麻等天然纤维和由各种合成纤维制成的织物，以及由玻璃丝、金属丝等织成的网。织物介质造价低、清洗、更换方便，可截留的最小颗粒粒径为 $5\sim65\mu m$。

（2）堆积介质　一般由细砂、石粒、活性炭、硅藻土、玻璃碴等细小坚硬的粒状物堆积成一定厚度的床层构成。粒状介质多用于深层过滤，如城市和工厂给水的滤池中。

（3）多孔固体介质　多孔固体介质是具有很多微细孔道的固体材料，如多孔陶瓷、多孔塑料、由纤维制成的深层多孔介质、多孔金属制成的管或板，能拦截 $1\sim65\mu m$ 的微细颗粒。此类介质具有耐腐蚀、孔隙小、过滤效率比较高等优点，常用于处理含少量微粒的腐蚀性悬浮液及其他特殊场合。

4. 助滤剂

对于可压缩滤饼，在过滤过程中会被压缩，使滤饼的孔道变窄、甚至堵塞，或因滤饼粘嵌在滤布中而不易卸渣，使过滤周期变长，生产效率下降，介质使用寿命缩短。为了减少可压缩滤饼的流动阻力，有时将某些质地坚硬而能形成疏松饼层的另一种固体颗粒混入悬浮液或涂到过滤介质上，形成疏松的饼层，使滤液得以畅流。助滤剂一般是质地坚硬的细小固体颗粒，如硅藻土、石棉、炭粉等。可将助滤剂加入悬浮液中，在形成滤饼时便能均匀地分散在滤饼中间，改善滤饼结构，使液体得以畅通，或预敷于过滤介质表面以防止介质孔道堵塞。

5. 过滤速率及其影响因素

（1）过滤速率与过滤速度　过滤速率是指过滤设备单位时间所能获得的滤液体积，表明了过滤设备的生产能力；过滤速度是指单位时间单位过滤面积所能获得的滤液体积，表明了过滤设备的生产强度，即设备性能的优劣。过滤速率与过滤推动力成正比与过滤阻力成反比。在压差过滤中，推动力就是压差，阻力则与滤饼的结构、厚度以及滤液的性质等诸多因素有关，比较复杂。

（2）恒压过滤与恒速过滤　在恒定压差下进行的过滤称为恒压过滤。此时，由于随着过滤的进行，滤饼厚度逐渐增加，阻力随之上升，过滤速率则不断下降。维持过滤速率不变的过滤称为恒速过滤。为了维持过滤速率恒定，必须相应地不断增大压差，以克服由于滤饼增厚而上升的阻力。由于压差要不断变化，因而恒速过滤较难控制，所以生产中一般采用恒压过滤，有时为避免过滤初期因压差过高引起滤布堵塞和破损，也可以采用先恒速后恒压的操作方式，过滤开始后，压差由较小值缓慢增大，过滤速率基本维持不变，当压差增大至系统允许的最大值后，维持压差不变，进行恒压过滤。

（3）影响过滤速率的因素

① 悬浮液的性质　悬浮液的黏度对过滤速率有较大影响。黏度越小，过滤速率越快。因此对热料浆不应在冷却后再过滤，有时还可将滤浆先适当预热；某些情况下也可以将滤浆加以稀释再进行过滤。

② 过滤推动力 要使过滤操作得以进行,必须保持一定的推动力,即在滤饼和介质的两侧之间保持有一定的压差。如果压差是靠悬浮液自身重力作用形成的,则称为重力过滤;如果压差是通过在介质上游加压形成的,则称为加压过滤;如果压差是在过滤介质的下游抽真空形成的,则称为减压过滤(或真空抽滤);如果压差是利用离心力的作用形成的,则称为离心过滤。一般说来,对不可压缩滤饼,增大推动力可提高过滤速率,但对可压缩滤饼,加压却不能有效地提高过程的速率。

③ 过滤介质与滤饼的性质 过滤介质的影响主要表现在对过程的阻力和过滤效率上,金属网与棉毛织品的空隙大小相差很大,生产能力和滤液的澄清度的差别也就很大。因此,要根据悬浮液中颗粒的大小来选择合适的过滤介质。滤饼的影响因素主要有颗粒的形状、大小、滤饼紧密度和厚度等,显然,颗粒越细,滤饼越紧密、越厚,其阻力越大。当滤饼厚度增大到一定程度,过滤速率会变得很慢,操作再进行下去是不经济的,这时只有将滤饼卸去,进行下一个周期的操作。

6. 过滤的操作周期

过滤操作可以连续进行,但以间歇操作更为常见,不管是连续过滤还是间歇过滤,都存在一个操作周期。过滤过程的操作周期主要包括以下几个步骤:过滤、洗涤、卸渣、清理等,对于板框过滤机等需装拆的过滤设备,还包括组装。有效操作步骤只是"过滤"这一步,其余均属辅助步骤,但却是必不可少的。例如,在过滤后,滤饼空隙中还存有滤液,为了回收这部分滤液,或者因为滤饼是有价值的产品、不允许被滤液所玷污时,都必须将这部分滤液从滤饼中分离出来,因此,就需要用水或其他溶剂对滤饼进行洗涤。对间歇操作,必须合理安排一个周期中各步骤的时间,尽量缩短辅助时间,以提高生产效率。

7. 过滤设备

(1) 板框压滤机 板框压滤机是一种古老却仍在广泛使用的过滤设备,间歇操作,其过滤推动力为外加压力。它是由多块滤板和滤框交替排列组装于机架而构成,如图 6-18 所示。滤板和滤框的数量可在机座长度内根据需要自行调整,过滤面积一般为 $2\sim80m^2$。

滤板和滤框的结构如图 6-18 所示,板和框的 4 个角端均开有圆孔,组装压紧后构成四个通道,可供滤浆、滤液和洗涤液流通。组装时将四角开孔的滤布置于板和框的交界面,再利用手动、电动或液压传动压紧板和框。板和框一般制成正方形,板和框的角端均开有圆孔,装合、压紧后即构成供滤浆、滤液或洗涤液流动的通道。框的两侧覆以滤布,空框与滤布围成了容纳滤浆及滤饼的空间。板又分为洗涤板与过滤板两种。

图 6-18 滤板和滤框

为了区别,一般在板和框的外侧铸上小钮之类的记号,例如一钮表示非洗涤板,二钮表示滤框,三钮表示洗涤板。组装时板和框的排列顺序为非洗涤板-滤框-洗涤板-滤框-非洗涤板,即 1-2-3-2-1…。

洗涤结束后,旋开压紧装置并将板框拉开,卸出滤饼,清洗滤布,重新组合,进入下一个操作循环。流动路径如图 6-19 所示。

板框压滤机结构简单、制造方便、占地面积较小而过滤面积较大,操作压强高,适应能力强,故应用颇为广泛。主要的缺点是间歇操作,生产效率低,劳动强度大,滤布损耗也较快。

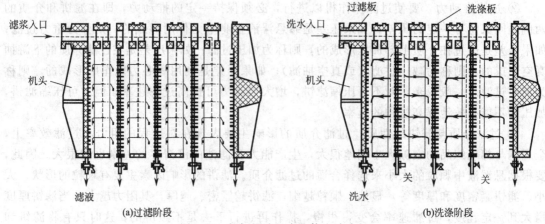

图 6-19   板框压滤机内流体流动路径

（2）**转筒真空过滤机**   转筒真空过滤机是一种工业上应用较广的连续操作吸滤型过滤机械。设备的主体是一个能转动的水平圆筒，其表面有一层金属网，网上覆盖滤布，筒的下部侵入滤浆中，如图 6-20 所示。

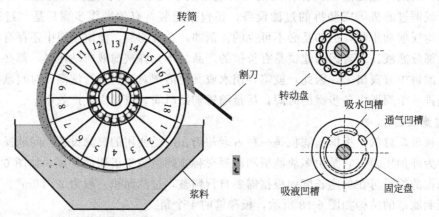

图 6-20   转筒真空过滤机

圆筒沿径向分隔成若干扇形格，每格都有孔道通至分配头上。凭借分配头的作用，圆筒转动时，这些孔道依次分别与真空管及压缩空气管相连通，从而在圆筒回转一周的过程中，每个扇形表面即可顺序进行过滤、洗涤、吸干、吹松、卸饼等操作，对圆筒的每一块表面，转筒转动一周经历一个操作循环。

分配头是转筒真空过滤机的关键部件，它由紧密贴合着的转动盘与固定盘构成，转动盘随着筒体一起旋转，固定盘不动，其内侧面各凹槽分别与各种不同作用的管道相通。如图 6-20 所示，当扇格 1 浸入料浆内时，转动盘上相应的小孔便与固定盘上的吸液凹槽相对，从而与真空管道连接，吸走滤液。图 6-20 中 1～7 格的位置称为过滤区，8～10 格的位置称为吸干区。扇形格转至 12 的位置时，洗涤水喷洒于滤饼上，此时扇形格与固定盘上的吸水凹槽相通，经过真空管道吸走洗水。扇格 12、13 所处的位置称为洗涤区。扇格 11、15 和 18 对应的区域为不工作区，当扇格转动起来时，经过 11、15 和 18 区域时，使各个操作区不至于相互串通。扇格 16、17 与固定盘凹槽相通，再与压缩空气管道相连，压缩空气从内向外穿过滤布而将滤饼吹松，随后由刮刀将滤饼卸掉。扇形格 16、17 的位置称为吹松区及卸料区，如此连续运转，整个转筒表面上便构成了连续的过滤操作。

转筒真空过滤机能连续自动操作，节省人力，生产能力大，对处理量大而容易过滤的料浆特别适宜，对难于过滤的胶体物系或细微颗粒的悬浮液，若采用预涂助滤剂措施也比较方便。但转筒真空过滤机附属设备较多，过滤面积不大。此外，由于它是真空操作，因而过滤推动力有限，尤其不能过滤温度较高（饱和蒸气压高）的滤浆，滤饼的洗涤也不充分。

（二）沉降

1. 重力沉降

在重力作用下使流体与颗粒之间发生相对运动而得以分离的操作，称为重力沉降。重力沉降既可分离含尘气体，也可分离悬浮液。

（1）重力沉降速度

① 自由沉降与自由沉降速度　根据颗粒在沉降过程中是否受到其他粒子、流体运动及器壁的影响，可将沉降分为自由沉降和干扰沉降。颗粒在沉降过程中不受周围颗粒、流体及器壁影响的沉降称为自由沉降，否则称为干扰沉降。颗粒的沉降可分为两个阶段：加速沉降阶段和恒速沉降阶段。对于细小颗粒，沉降的加速阶段很短，加速沉降阶段沉降的距离也很短。因此，加速沉降阶段可以忽略，近似认为颗粒始终以 u_t 恒速沉降，此速度称为颗粒的沉降速度，对于自由沉降，则称为自由沉降速度。

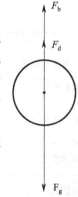

图 6-21　沉降颗粒的受力情况

将直径为 d，密度为 ρ_s 的光滑球形颗粒置于密度为 ρ 的静止流体中，由于所受重力的差异，颗粒将在流体中降落。在垂直方向上，颗粒将受到 3 个力的作用，即向下的重力 F_g，向上的浮力 F_b 和与颗粒运动方向相反的阻力 F_d。如图 6-21 所示。

重力
$$F_g = \frac{\pi}{6} d^3 \rho_s g \tag{6-21}$$

浮力
$$F_b = \frac{\pi}{6} d^3 \rho g \tag{6-22}$$

阻力
$$F_d = \zeta A \frac{\rho u^2}{2} \tag{6-23}$$

静止流体中颗粒的沉降速度一般经历加速和恒速两个阶段。颗粒开始沉降的瞬间，初速度 u 为零使得阻力 F_d 为零，因此加速度 a 为最大值；颗粒开始沉降后，阻力随速度 u 的增加而加大，加速度 a 则相应减小，当速度达到某一值 u_t 时，阻力、浮力与重力平衡，颗粒所受合力为零，使加速度为零，此后颗粒的速度不再变化，开始做速度为 u_t 的匀速沉降运动。

对于一定的颗粒与流体，重力、浮力恒定不变，阻力则随颗粒的降落速度而变。当降落速度增至某一值时，三力达到平衡，即合力为零。此时，加速度等于零，颗粒便以恒定速度 u_t 继续下降，则

$$u_t = \sqrt{\frac{4d(\rho_s - \rho)g}{3\zeta\rho}} \tag{6-24}$$

式中　u_t——颗粒自由沉降速度，m/s。

在上式中，阻力系数是颗粒与流体相对运动时的雷诺数的函数，即：$\zeta = f(Re_t)$。

$$Re_t = \frac{d u_t \rho}{\mu} \tag{6-25}$$

要计算沉降速度u_t，必须先确定沉降区域，但由于u_t待求，则Re_t未知，沉降区域无法确定。为此，需采用试差法，先假设颗粒处于某一沉降区域，按该区公式求得u_t，然后算出Re_t，如果在所设范围内，则计算结果有效；否则，需另选一区域重新计算，直至算得Re_t与所设范围相符为止。由于沉降操作中所处理的颗粒一般粒径较小，沉降过程大多属于层流区，因此，进行试差时，通常先假设在层流区。

② 实际沉降及其影响因素　颗粒在沉降过程中将受到周围颗粒、流体、器壁等因素的影响，一般来说，实际沉降速度小于自由沉降速度。实际沉降速度的主要影响因素，见表6-4。

表 6-4　实际沉降速度的主要影响因素

因　　素	对实际沉降速度的影响
颗粒体积浓度	颗粒含量较大，周围颗粒的存在和运动将改变原来单个颗粒的沉降，使颗粒的沉降速度较自由沉降时小
颗粒形状	对于同种颗粒，球形颗粒的沉降速度要大于非球形颗粒的沉降速度
颗粒大小	粒径越大，沉降速度越大，越容易分离。如果颗粒大小不一，大颗粒将对小颗粒产生撞击，其结果是大颗粒的沉降速度减小而对沉降起控制作用的小颗粒的沉降速度加快，甚至因撞击导致颗粒聚集而进一步加快沉降
流体性质	流体与颗粒的密度差越大，沉降速度越大；流体黏度越大，沉降速度越小，对于高温含尘气体的沉降，通常需先散热降温，以便获得更好的沉降效果
流体流动	对颗粒的沉降产生干扰，为了减少干扰，进行沉降时要尽可能控制流体流动处于稳定的低速
器壁效应	器壁的干扰主要有两个方面：一是摩擦干扰，使颗粒的沉降速度下降；二是吸附干扰，使颗粒的沉降距离缩短

需要指出的是，为简化计算，实际沉降可近似按自由沉降处理，由此引起的误差在工程上是可以接受的。只有当颗粒含量很大时，才需要考虑颗粒之间的相互干扰。

(2) 重力沉降设备

① 降尘室　含尘气体沿水平方向缓慢通过降尘室［见图6-22(a)］，气流中的颗粒除了与气体一样具有水平速度u外，受重力作用，还具有向下的沉降速度u_t，［见图6-22(b)］。设含尘气体的流量为q_V（m³/s），降尘室的高为H，长为L，宽为B，三者的单位均为m。若气流在整个流动截面上分布均匀，则流体在降尘室的平均停留时间θ为：

$$\theta = \frac{L}{u} = \frac{L}{(q_V/BH)} = \frac{BHL}{q_V} \tag{6-26}$$

式中　L——降尘室的长度，m；

$\quad\quad H$——降尘室的高度，m；

$\quad\quad B$——降尘室的宽度，m；

$\quad\quad u$——气体在降尘室通过的水平速度，m/s。

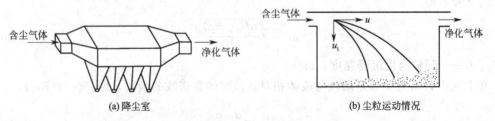

(a) 降尘室　　　　　　　　　　　　　(b) 尘粒运动情况

图 6-22　降尘室的结构

若要使气流中直径大于等于 d 的颗粒全部除去，则需在气流离开设备前，使直径为 d 的颗粒全部沉降至器底。气流中位于降尘室顶部的颗粒沉降至底部所需时间最长，因此，沉降所需时间 θ_t 应以顶部颗粒计算。

$$\theta_t = \frac{H}{u_t} \tag{6-27}$$

很显然，要达到沉降要求，停留时间必须大于至少等于沉降时间，即 $\theta \geqslant \theta_t$，亦即：

$$\frac{BLH}{q_V} \geqslant \frac{H}{u_t}$$

整理得

$$q_V \leqslant BLu_t$$

即

$$q_{V\max} = BLu_t \tag{6-28}$$

由上式可知，降尘室的生产能力（达到一定沉降要求单位时间所能处理的含尘气体量）只取决于降尘室的沉降面积（BL），而与其高度（H）无关。因此，降尘室一般都设计成扁平形状，或设置多层水平隔板（称为多层降尘室）。但必须注意控制气流的速度不能过大，一般应使气流速度 $<1.5\text{m/s}$，以免干扰颗粒的沉降或将已沉降的尘粒重新卷起。

降尘室结构简单，但体积大，分离效果不理想，即使采用多层结构可提高分离效果，也有清灰不便等问题。通常只能作为预除尘设备使用，一般只能除去直径大于 $50\mu\text{m}$ 的颗粒。

② 沉降槽 沉降槽是利用重力沉降来提高悬浮液浓度并同时得到澄清液体的设备。所以，沉降槽又称为增浓器和澄清器。沉降槽可间歇操作也可连续操作。

间歇沉降槽通常是带有锥底的圆槽。需要处理的悬浮液在槽内静置足够时间后，增浓的沉渣由槽底排出，清液则由槽上部排出管抽出。

连续沉降槽是底部略成锥状的大直径浅槽，如图 6-23 所示。悬浮液经中央进料口送到液面以下 $0.3 \sim 1.0$ 处，在尽可能减小扰动的情况下，迅速分散到整个横截面上，液体向上流动，清液经由槽顶端四周的溢流堰连续流出，称为溢流；固体颗粒下沉至底部，槽底有徐徐旋转的耙将沉渣缓慢地聚拢到底部中央的排渣口连续排出。排出的稠浆称为底流。

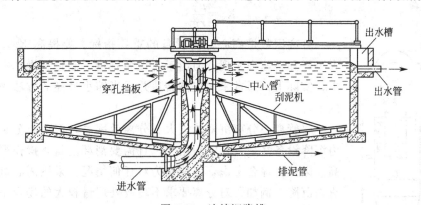

图 6-23 连续沉降槽

2. 离心沉降

当重相颗粒的直径小于 $75\mu\text{m}$ 时，在重力作用下的沉降非常缓慢。为加速分离，对此情况可采用离心分离。

离心沉降是利用连续相与分散相在离心力场中所受离心力的差异使重相颗粒迅速沉降实现分离的操作。

（1）**离心沉降速度** 是指重相颗粒相对于周围流体的运动速度。当流体环绕某一中心轴作圆周运动时，就形成了惯性离心力场。在旋转半径为 r、切向速度为 u_T 的位置上，离心加速度为 $\dfrac{u_T^2}{r}$。显然，离心加速度不是常数，随位置及切向速度而变，其方向是沿旋转半径从中心指向外周。

当颗粒随着流体旋转时，若颗粒密度大于流体的密度，则惯性离心力将会使颗粒在径向上与流体发生相对运动而飞离中心，此相对速度称为离心沉降速度 u_r。如果球形颗粒的直径为 d、密度为 ρ_s、旋转半径为 r、流体密度为 ρ，则和颗粒在重力场中受力情况相似，在惯性离心力场中颗粒在径向上也受到三个力的作用——惯性离心力、向心力及阻力。离心力沿半径方向向外，向心力和阻力均是沿半径方向指向旋转中心，与颗粒径向运动方向相反。

颗粒的离心沉降速度可通过对处于离心力场中的球形颗粒的受力分析而获得。当三个力达到平衡时，可得到颗粒在径向上相对于流体的运动速度 u_r（即颗粒在此位置上的离心沉降速度）的计算通式

$$u_r = \sqrt{\frac{4d(\rho_s - \rho)}{3\rho\zeta} \times \frac{u_T^2}{r}} \qquad (6\text{-}29)$$

式中 u_r——颗粒与流体在径向上的相对速度，m/s。

和重力沉降一样，在三力作用下，颗粒将沿径向发生沉降，其沉降速度即是颗粒与流体的相对速度 u_r。在三力平衡时，同样可导出其计算式，若沉降处于层流区，离心沉降速度的计算式为：

$$u_r = \frac{d^2/(\rho_s - \rho)}{18\mu} \times \frac{u_T^2}{r} \qquad (6\text{-}30)$$

离心沉降速度远大于重力沉降速度，其原因是离心力场强度远大于重力场强度。对于离心分离设备，通常用两者的比值来表示离心分离效果，称为离心分离因数，用 K_c 表示，即：

$$K_c = \frac{u_T^2}{rg} \qquad (6\text{-}31)$$

分离因数是离心分离设备的重要指标。要提高 K_c，可通过增大半径和转速来实现，但出于对设备强度、制造、操作等方面的考虑，实际上，通常采用提高转速并适当缩小半径的方法来获得较大的 K_c。

尽管离心分离沉降速度大、分离效率高，但离心分离设备较重力沉降设备复杂，投资费用大，且需要消耗能量，操作严格且费用高。因此，综合考虑，不能认为对任何情况，采用离心沉降都优于重力沉降，例如，对分离要求不高或处理量较大的场合采用重力沉降更为经济合理，有时，可考虑先用重力沉降再进行离心分离也不失为一种行之有效的方法。

（2）离心沉降设备

① 旋风分离器　是从气流中分离出尘粒的离心沉降设备，标准旋风分离器的基本结构如图 6-24 所示。主体上部为圆筒形，下部为圆锥形。

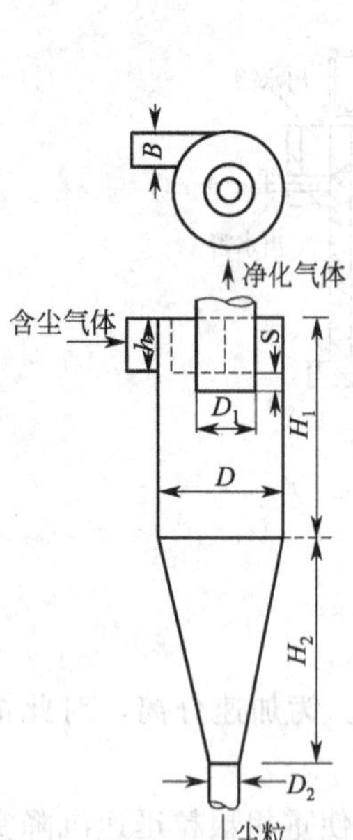

图 6-24　标准旋风分离器

含尘气体由圆筒形上部的切向长方形入口进入筒体，在器内形

成一个绕筒体中心向下作螺旋运动的外旋流，颗粒在离心力的作用下，被甩向器壁与气流分离，并沿器壁滑落至锥底排灰口，定期排放；外旋流到达器底后，变成向上的内旋流（净化气），由顶部排气管排出。

评价旋风分离器的主要指标是临界粒径和气体经过旋风分离器的压降。

临界粒径是指理论上能够完全被旋风分离器分离下来的最小颗粒直径。临界粒径随气速增大而减小，表明气速增加，分离效率提高。但气速过大会将已沉降颗粒卷起，反而降低分离效率，同时使流动阻力急剧上升。临界粒径随设备尺寸的减小而减小，尺寸越小，则 B 越小，从而临界粒径越小，分离效率越高。

旋风分离器结构简单，造价较低，没有运动部件，操作不受温度、压力的限制，因而广泛用作工业生产中的除尘分离设备。旋风分离器一般可分离 $5\mu m$ 以上的尘粒，对 $5\mu m$ 以下的细微颗粒分离效率较低。其离心分离因数在 $5\sim2500$ 之间。旋风分离器的缺点是气体在器内的流动阻力较大，对器壁的磨损比较严重，分离效率对气体流量的变化比较敏感，且不适合用于分离黏性的、湿含量高的粉尘及腐蚀性粉尘。对于直径在 $200\mu m$ 以上的粗大颗粒，最好先用重力沉降法除去，以减少颗粒对旋风分离器的磨损。

② 旋液分离器　旋液分离器是利用离心力的作用，使悬浮液中固体颗粒增稠或使粒径不同及密度不同的颗粒进行分级。其操作原理，与上面介绍的旋风分离器相似。

悬浮液从圆筒上部的切向进口进入器内，旋转向下流动。液流中的颗粒受离心力作用，沉降到器壁，并随液流下降到锥形底的出口，成为较稠的悬浮液而排出，称为底流。澄清的液体或含有较小、较轻颗粒的液体，则形成向上的内旋流，经上部中心管从顶部溢流管排出，称为溢流。

由于液体的黏度约为气体的 50 倍，相同体积条件下，液固密度差比气固密度差小，并且悬浮液的进口速度也比含尘气体的小，同样大小和密度的颗粒，悬浮液的旋液分离器中的沉降速度远小于含尘气体在旋风分离器中的沉降速度。因此，要达到同样的临界粒径要求，则旋液分离器的直径要比旋风分离器小很多。

旋液分离器的圆筒直径一般为 $75\sim300mm$。悬浮液进口速度一般为 $5\sim15m/s$。分离的颗粒直径约为 $10\sim40\mu m$。

练习题

（一）判断题

1. 降尘室的生产能力与降尘室的底面积、高度及沉降速度有关。　　　（　　）

2. 气固分离选择分离设备，依颗粒从大到小分别采用沉降室、旋风分离器、袋滤器。
　　　　　　　　　　　　　　　　　　　　　　　　　　　　　　　　　（　　）

3. 板框压滤机的整个操作过程分为过滤、洗涤、卸渣和重装四个阶段。根据经验，当板框压滤机的过滤时间等于其他辅助操作时间总和时，其生产能力最大。　　（　　）

4. 过滤操作适用于分离含固体物质的非均相物系。　　　　　　　　　　（　　）

5. 转筒真空过滤机是一种间歇性的过滤设备。　　　　　　　　　　　　（　　）

（二）选择题

1. 微粒在降尘室内能除去的条件为：停留时间（　　）它的尘降时间。

　A. 不等于　　　　　　B. 大于或等于　　　　　C. 小于　　　　　D. 大于或小于

2. 过滤操作中滤液流动遇到的阻力是（　　　）。

A. 过滤介质阻力　　　　　　　　　　　B. 滤饼阻力

C. 过滤介质和滤饼阻力之和　　　　　　D. 无法确定

3. 下列物系中，不可以用旋风分离器加以分离的是（　　　）。

A. 悬浮液　　　　　　B. 含尘气体　　　　　C. 酒精溶液　　　　　D. 乳浊液

4. 用于分离气-固非均相混合物的离心设备是（　　　）。

A. 降尘室　　　　　　　　　　　　　　B. 旋风分离器

C. 过滤式离心机　　　　　　　　　　　D. 转鼓真空过滤机

5. 在①旋风分离器、②降尘室、③袋滤器、④静电除尘器等除尘设备中，能除去气体中颗粒的直径符合由大到小的顺序的是（　　　）。

A. ①②③④　　　　B. ④③①②　　　　C. ②①③④　　　　D. ②①④③

任务三
认识萃取过程

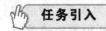

你能说出天然药物中的化学成分提取方法有哪些吗？其中最为有效的是什么方法？

一、萃取原理

利用液体混合物中各组分对溶剂溶解度的差异来分离或提纯物质的传质过程称为萃取，其目的是分离液-液混合物。萃取过程的简单流程如图 6-25 所示。

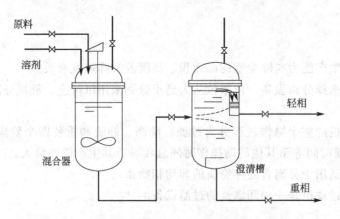

图 6-25　萃取过程的简单流程

设有一溶液内含 A、B 两组分，为将其分离可加入某溶剂 S。该溶剂 S 与原溶液不互溶或只是部分互溶，于是混合体系构成两个液相，如图 6-26 所示。为加快溶质 A 由原混合液向溶剂的传递，将物系搅拌，使一液相以小液滴形式分散于另一液相中，造成很大的相际接触表面。然后停止搅拌，两液相因密度差沉降分层。这样，溶剂 S 中出现了 A 和少量 B，称为萃取相；被分离混合液中出现

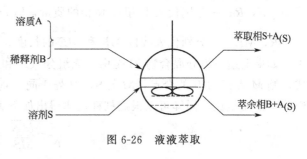

图 6-26　液液萃取

了少量溶剂 S，称为萃余相。今以 A 表示原混合物中的易溶组分，称为溶质；以 B 表示难溶组分，习称稀释剂。由此可知，所使用的溶剂 S 必须满足两个基本要求：①溶剂不能与被分离混合物完全互溶，可以部分互溶；②溶剂对 A、B 两组分有不同的溶解能力，或者说，溶剂具有选择性。选择性的最理想情况是组分 B 与溶剂 S 完全不互溶。此时如果溶剂也几乎完全不溶于被分离混合物，那么此萃取过程与吸收过程十分类似。唯一的重要差别是吸收中处理的是气液两相，萃取中则是液液两相。但就过程的数学描述和计算而言，两者并无区别，完全可按吸收章中所述的方法处理。在工业生产中经常遇到的液液两相系统中，稀释剂 B 都或多或少地溶解于溶剂 S，溶剂也少量地溶解于被分离混合物。

用等边三角形来表示三组分的组成，因液-液萃取过程中至少涉及三个组分，所以可用直角三角相图来表示，三角形的三个顶点分别表示三种纯物质，即稀释剂 A、溶质 B、萃取剂 S。

1. 溶解度曲线和平衡线

液-液萃取过程中涉及三种组分，A、B、S 中有两种物质是部分互溶的。当三种物质混合时，根据其相对量的不同，通常混合物为单相或为两相。如图 6-27 所示，曲线 *RPED* 为一分界线，该曲线称双节点曲线或称溶解度曲线，曲线以上为单相区，曲线以下为两相区。在单相区内 A、B、S 三组分形成均匀的液相，在两相区内三组分混合物分成两液层。如果用 M 表示三元混合物的组成，那么当其形成两个平衡液相层时，两液相的组成可以用 *R* 与 *E* 两点来表示，连接 *R* 与 *E* 两点所得的直线称为平衡线。R 相与 E 相为共轭相，将若干组共轭相的组成绘于三角图形内，便可绘成如图 6-27 中 *RPED* 的溶解度曲线。

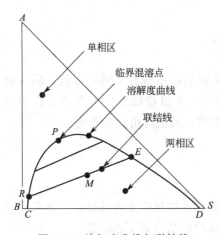

图 6-27　溶解度曲线与联结线

2. 杠杆定律

如图 6-27 所示，两相区内任一点 *M* 所代表的混合液可以分为两个液层，即互相平衡的 E 相和 R 相。反之，若将 R 相和 E 相混合则其总组成即为 *M* 点，*M* 点也称为合点，*E* 点 *R* 点称为分点（差点）。混合液 M 与两液层 E 与 R 之间的数量关系可以用杠杆定律来说明。

根据杠杆定律可知：①表示混合液组成的 *M* 点和表示共轭相组成的 *E* 与 *R* 两点应该在同一直线上；②E 相和 R 相的量与线段 $\overline{MR}$ 和 $\overline{ME}$ 的长度成比例。则 E 相和 R 相的质量比为：

$$\frac{E}{R}=\frac{\overline{MR}}{\overline{ME}}$$

(6-32)

式中　E，R——分别代表 E 相和 R 相的质量，kg；

　　$\overline{MR}$，$\overline{ME}$——分别代表线段 $\overline{MR}$ 和 $\overline{ME}$ 的长度。

如果上述三组分混合物 M 是由一双组分（A 和 B）混合物（N 点）与纯组分 S 混合而成，则 M 为 N 和 S 的合点，M 与 S、N 处于同一直线上，那么此双组分混合物 N 的质量与组分 S 的质量比，同样可以根据杠杆定律得出如下关系：

$$\frac{S}{N}=\frac{\overline{MN}}{\overline{MS}} \tag{6-33}$$

式中　S，N——分别代表纯组分和二元混合物 N 的质量，kg；

　　$\overline{MN}$，$\overline{MS}$——分别代表线段 $\overline{MN}$ 和 $\overline{MS}$ 的长度。

由此可见，随着对双组分混合物 N 中逐渐加入萃取剂 S，那么混合物总组成的 M 点将沿着直线 NS 向 S 点方向逐渐移动，而其余二组分（A 与 B）的比例则保持不变（仍为原组分 N 中的比例关系）。

3. 分配系数

分配系数是表达某一组分在两个互不相溶或部分互溶的液相中的分配关系。在一定的温度下，组分 A 或 B 溶于互不相溶的两液相中时，当达到平衡后，此组分将以一定的比例分配于两相之中，此比例关系称为分配系数，用 k 表示。其分配关系用下式表示：

$$k_A=\frac{\text{组分 A 在 E 相中的组成}}{\text{组分 A 在 R 相中的组成}}=\frac{y_A}{x_A} \tag{6-34}$$

$$k_B=\frac{\text{组分 B 在 E 相中的组成}}{\text{组分 B 在 R 相中的组成}}=\frac{y_B}{x_B} \tag{6-35}$$

式中　k_A，k_B——分配系数；

　　y_A，y_B——组分 A、B 在萃取相 E 中的质量分数；

　　x_A，x_B——组分 A、B 在萃取相 R 中的质量分数。

需要注意的是：k 值越大，萃取的分离效果越好；不同的物系具有不同的 k 值，同一物系 k 值与温度和溶质的浓度有关，且在一定的温度条件下，k 值仅随溶质浓度的变化而变化。当浓度变化不大时，k 在恒温条件下其值可以视为常数，其值可由试验确定。

二、萃取剂

萃取时萃取剂的选择是萃取操作的关键，它直接影响到萃取操作能否进行，对萃取产品的产量、质量和过程的经济性有重要的影响。因此，选择时应当注意下述问题。

（一）萃取剂的选择性

萃取剂对溶质 A 及对原溶液中其他组分溶解能力的差异，称为萃取剂的选择性，通常以选择性系数 β 来衡量萃取剂的选择性，萃取溶剂的选择应在操作范围内使选择性系数 $\beta > 1$。其定义为：

$$\beta=\frac{\text{A 在萃取相中的质量分数}}{\text{B 在萃取相中的质量分数}} \bigg/ \frac{\text{A 在萃余相中的质量分数}}{\text{B 在萃余相中的质量分数}}=\frac{y_A/x_A}{y_B/x_B} \tag{6-36}$$

式中　y_A，y_B——溶质 A、稀释剂 B 在萃取相中的浓度，质量分数；

　　x_A，x_B——溶质 A、稀释剂 B 在萃余相中的浓度，质量分数。

即
$$\beta=\frac{y_A}{x_A}\bigg/\frac{y_B}{x_B}=k_A\frac{x_B}{y_B}=\frac{k_A}{k_B}$$

式中　β——选择性系数，也称分离因数，无量纲；

　　　k——组分的分配系数。

β 值与 k_A 值有关，k_A 值愈大，β 值也愈大。

（二）萃取剂的化学性质

萃取剂应具有良好的化学稳定性，不易分解、聚合，并应有足够的热稳定性和抗氧化稳定性，而且对设备腐蚀性要小。

（三）萃取剂的物理性质

萃取剂的某些物理性质也对萃取操作产生一定的影响。

1. 密度

萃取剂必须在操作条件下能使萃取相与萃余相保持一定的密度差，以利于两液相在萃取器中以较快的相对速度逆流后分层，从而提高萃取设备的生产能力。萃取剂大多为易产生静电的有机溶剂，在相混合流动过程中要消除静电积累。

2. 界面张力

萃取物系的界面张力较大时，细小的液滴比较容易聚结，有利于两相分离，但界面张力过大，液体不易分散，难以使两相混合良好，需要较多的外加能量。界面张力小，液体易分散，但易产生乳化现象，使两相难分离，因此应从界面张力对两液相混合与分层的影响综合考虑，选择适当的界面张力，一般来说不宜选择界面张力过小的萃取剂，常用体系界面张力数值可以在文献中找到。

3. 黏度

萃取剂的黏度低，有利于两相混合与分层，也有利于流动与传质，因而黏度小对萃取有利。有的萃取剂黏度大，往往需加入其他溶剂来调节其黏度。

4. 萃取剂的回收

通常萃取相和萃余相中的萃取剂需要回收后重复使用，以减少溶剂的消耗量。回收费用取决于回收萃取剂的难易程度。有的溶剂虽然具有许多良好的性能，但往往由于回收困难而不被采用。最常用的回收方法是蒸馏，因而萃取剂与被分离组分 A 之间的相对挥发度 α 要大，如果 α 接近于 1，不宜蒸馏，可以考虑反萃取、结晶分离等方法。

5. 萃取的安全问题

毒性以及是否易燃易爆等，均为选择萃取剂需要特别考虑的问题，并应设计相应的安全措施。工业生产中常用的萃取剂可分为三类：①有机酸或它们的盐，如脂肪族的一元羧酸、磺酸、苯酚等；②有机碱的盐，如伯胺盐，仲胺盐、叔胺盐等；③中性溶剂，如水、醇类、酯、醛、酮等。

三、萃取设备

液-液萃取设备的种类很多，但目前尚不存在各种性能都比较完美的设备，萃取设备的研究还不够成熟，尚待进一步开发与改善。

萃取设备应有的主要性能是能为两液相提供充分混合与充分分离的条件，使两液体相之间具有很大的接触面积，这种界面通常是将一种液相分散在另一种液相中所形成。分散成滴状的液相称为分散相，另一个呈连续的液体相称为连续相。显然，分散的液滴越小，两相的接触面积越大，传质越快。为此，在萃取设备内装有喷嘴、筛孔板、填料或机械搅拌装置等。为使萃取过程获得较大的传质推动力，两相流体在萃取设备内以逆流流动方式进行操作。

萃取设备的分类方法有很多种，通常如下。

① 按两相接触方式，分为逐级接触式和微分接触式。

② 按外界是否输入机械能量划分。

③ 按设备结构特点和形状，分为组件式和塔式。

本节重点介绍几种常用的萃取设备。

(一) 填料萃取塔

填料萃取塔的结构与吸收和精馏使用的填料塔基本相同。在塔内装填充物，连续相充满整个塔中，分散相以滴状通过连续相。填料可以是拉西环、鲍尔环、鞍形填料、丝网填料等，材料有陶瓷、金属或塑料。填料的作用是减少连续相的纵向返混以及使液滴不断破裂而更新。为了有利于液滴的形成和液滴的稳定性，所用的填料材料应被连续相优先润湿。

填料塔结构简单，造价低廉，操作方便，适用于处理腐蚀性流体，在处理量比较小的物系中，应用较广泛。工业填料萃取塔高度一般为 20~30m，在工艺条件所需的理论级数小于 3 的情况下，可以考虑选用。对于标准的工业填料，在液-液萃取中有一个临界的填料尺寸。大多数液-液萃取系统填料的临界直径约为 12mm 或更大些，工业上一般可选用 15mm 或 25mm 直径的填料，以保证适当的传质效率和两相的流通能力。

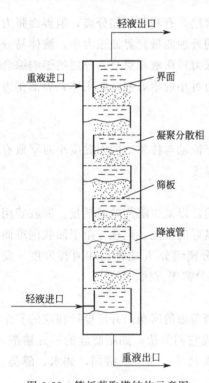

图 6-28　筛板萃取塔结构示意图

(二) 筛板萃取塔

筛板（多孔板）塔，结构如图 6-28 所示。如果选择轻液为分散相，如图 6-29(a) 所示，轻液由底部进入，经筛孔板分散成液滴，在塔板上与连续相密切接触后分层凝聚，并积聚在上一层筛板的下面，然后借助压力的推动再经孔板分散，最后由塔顶排出。重液连续地由上部进入，经降液管至筛板后通过溢流堰流入降液管进入下面一块筛板。依次反复，最后由塔底排出。如果重液是分散相，如 6-29(b) 所示，则塔板上的降液管须改为升液管，连续相（轻液）通过升液管进入上一层塔板。

因为连续相的轴向混合被限制在板与板之间范围内，而没有扩展至整个塔内，同时分散相液滴在每一块塔板上进行凝聚和再分散，使液滴的表面得以更新，因此筛板塔的萃取效率比填料塔有所提高。由于筛板塔结构简单，价格低廉，尽管级效率较低，仍在许多工业萃取过程中得到应用，尤其是在萃取过程所需理论级数少、处理量较大以及物系具有腐蚀性的场合。国内在芳烃抽提中应用筛板塔效果良好。为了提高板效率，使分散相在孔板上易于形成液滴，筛板材料必须优先为连续相所润湿，因此有

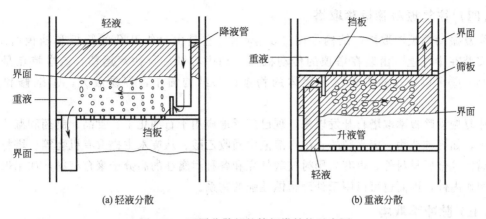

图 6-29 不同分散相的筛板塔结构示意图

时需应用塑料或将塔板涂以塑料，或者分散相板上的喷形成液滴，同时选择体积流量大的流体为分散相。

(三) 转盘萃取塔

转盘萃取塔是装有回旋搅拌圆盘的萃取设备，结构如图 6-30 所示。塔体呈圆筒形，其内壁上装有固定环，将塔分隔成许多小室，塔的中心从塔顶插入一根转轴，转盘即装在其上，转轴由塔顶的电动机带动。当转轴转动时，因剪切应力的作用，一方面使连续相产生旋涡运动，另一方面促使分散相液滴变形、破裂更新，有效增大了传质面积和提高了传质系数。转盘塔既能连续操作，又能间歇操作；既能逆流操作，又能并流操作。逆流操作时，重相从塔上部加入。并流操作时，两相从塔的同一端加入，借助输入能量在塔内流动。

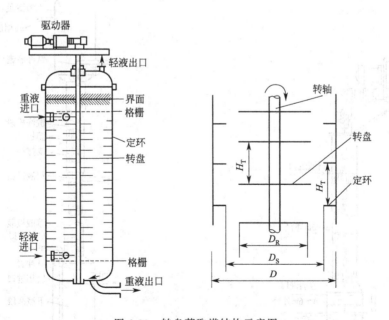

图 6-30 转盘萃取塔结构示意图

转盘塔结构简单，造价低廉，维修方便。由于它的操作弹性大，流通量大，在工业生产中应用比较广泛。除此之外，也可作为化学反应器；而且它很少会发生堵塞，因此也适用于处理含有固体物料的场合。

（四）往复振动筛板萃取塔

往复振动筛板萃取塔，结构如图 6-31 所示。它是由一组开孔的筛板和挡板所组成，筛板安装在中轴上，由装在塔顶的传动机械驱动中心轴进行往复运动。该塔特点是：①通量高；②可以处理易乳化含有固体的物系；③结构简单，容易放大；④维修和运动费低。

往复振动筛板萃取塔自开发以来，现已广泛地应用于石油化工、食品、制药和湿法冶金工业中，如提纯药物、废水脱酚、由水溶液中回收乙酸、从废水中提取有机物等。塔材料除用不锈钢等金属材料外，也有采用衬玻璃外壳和各种耐腐蚀的高分子聚合材料，如用聚四氟乙烯制作内件，因而也可以用于处理腐蚀性强的物系。

（五）脉冲萃取塔

为改善两相接触状况，增强界面湍动程度，强化传质过程，可在普通的筛板塔或填料塔内提供外加机械能来造成脉动，这种塔称为脉冲萃取塔。如图 6-32 所示即为脉冲筛板萃取塔。塔的主体部分是高径比很大的圆柱形筒体，中间装有若干带孔的不锈钢或其他材料制成的筛板，筛板可用支撑柱和固定环按一定板间距固定。塔的上、下两端分别设有上澄清段和下澄清段。在塔体的相应部位装有各液流的入口管、出口管、脉冲管，用作冲洗、放空、排空的管线以及各种参数（界面、温度等）的测量点。为使进料液分布均匀，进料管往往采用喷头或喷淋头的形式。其脉动的产生，大都依靠机械脉冲发生器（脉冲泵）在塔底造成，少数采用压缩空气来实现。脉冲筛板塔的传质效率较高，且效率与脉动的振幅和频率直接有关；其缺点是允许通过能力较小，限制了它在化工生产中的应用。

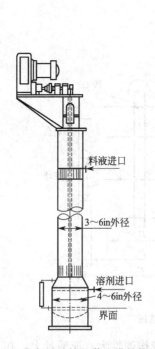

图 6-31　往复振动筛板萃取塔结构示意图

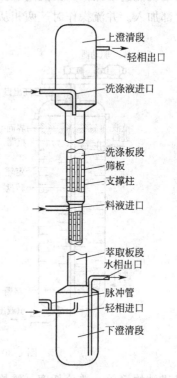

图 6-32　脉冲筛板萃取塔结构示意图

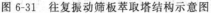

除上面介绍的塔式萃取设备外，萃取设备还有许多类型，如混合-澄清萃取器、离心萃

取机等，此处从略。

四、萃取设备的选用

萃取设备的种类是很多的，由于各种萃取设备具有不同的特性，而且萃取过程及萃取物系中各种因素的影响也是错综复杂的。因此，对于某一新的液-液萃取过程，选择适当的萃取设备是十分重要的。选择的原则主要是：满足生产的工艺要求和条件；经济上确保生产成本最低。然而目前为止，人们对各种萃取设备的性能研究得还很不充分，在选择时往往要凭经验。

（一）系统物理性质

系统物理性质是首先考虑的因素之一。如果物系界面张力小或两相密度差小，则难以分层，选用离心式萃取器适宜；如果黏度高、界面张力大，可选用有外加能量的设备；如果是腐蚀性强的物系，宜选取结构简单的填料塔，或采用由耐腐蚀金属或非金属材料如塑料、玻璃钢内衬或内涂的萃取设备。如果物系有固体悬浮物存在，为避免设备堵塞，一般可选用转盘塔或混合澄清器。对于放射性系统，应用较广的是脉冲塔。

（二）处理量

一般转盘萃取塔、筛板萃取塔、高效填料萃取塔和混合-澄清式萃取塔具有较大的处理量；处理量较小时，可选填料萃取塔、脉冲萃取塔。

（三）分离要求

当分离要求所需的理论级数为2～3级时，各种萃取设备均能满足要求；当所需的理论级数为4～5级时，一般可选择转盘萃取塔、往复振动筛板萃取塔和脉冲萃取塔；当所需的理论级数更多时，混合-澄清萃取塔是合适的选择。

（四）物系的稳定性及停留时间

在选择设备时物系的稳定性及停留时间也要考虑，例如在抗生素生产中，由于稳定性的要求，物料在萃取器中要求的停留时间短，这时离心萃取器是合适的。如果萃取物系中伴有慢的化学反应，要求有足够的停留时间，选用混合-澄清萃取塔较为有利。

（五）生产场地

通常的塔形设备占地面积小，高度大，但混合-澄清萃取塔占地面积较大，高度小。

此外，萃取设备的投资费用、维修费用和操作周期等也需要考虑。

萃取作为液体混合物的重要的分离手段之一，在工业上的应用也比较广泛。比如，液体混合物中各组分的相对挥发度接近1，采用精馏的办法不经济；混合物蒸馏时形成恒沸物；欲回收的物质为热敏性物料；混合物中含有较多的轻组分，利用精馏的方法能耗较大；提取稀溶液中有价值的物质；分离极难分离的金属。图6-33所示为单级萃取装置示意图。

萃取操作在化学和石油化学工业上得到广泛发展。如：乙酸乙酯溶剂萃取石油馏分氧化所得的稀醋酸-水溶液，以SO_2为溶剂从煤油中除去芳香烃。

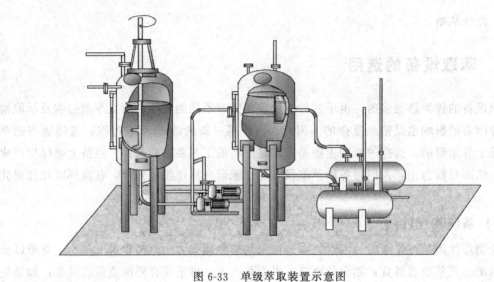

图 6-33　单级萃取装置示意图

 练习题

（一）判断题

1. 萃取是利用原料液中各组分的密度差异来进行分离液体混合物。　　　　（　　）

2. 欲分离含热敏性物质的混合物，精馏操作比萃取操作更合适。　　　　（　　）

3. 萃取操作所使用的溶剂 S 必须对 A、B 组分具有不同的溶解能力。　　（　　）

4. 萃取塔操作时，流速过大或振动频率过快易造成液泛。　　　　　　　（　　）

（二）选择题

1. 进行萃取操作时应使选择性系数（　　　）。

A. 大于 1　　　　　　B. 等于 1　　　　　　C. 小于 1

2. 萃取操作温度一般选（　　　）。

A. 高温　　　　　　B. 常温　　　　　　C. 低温　　　　　D. 不限制

3. 萃取操作应该在（　　　）内进行。

A. 单相区　　　　　　B. 两相区　　　　　　C. 溶解度曲线

4. 萃取后的萃取相与萃余相应易于分层。对此，要求萃取剂与稀释剂之间有较大（　　　）。

A. 温度差　　　　　　B. 溶解度差　　　　　　C. 密度差

任务四
认识冷冻技术

 **任务引入** ▶▶

　　冷冻（制冷）是指用人为的方法将物料的温度降到低于周围介质温度的单元操作，在工业生产中得到广泛应用。例如，在化学工业中，空气的分离、低温化学反应、均相混合物分

离、结晶、吸收、借蒸汽凝结提纯气体等生产过程；石油化工生产中，石油裂解气的分离则要求在 173K 左右的低温下进行，裂解气中分离出的液态乙烯、丙烯则要求在低温下储存、运输；食品工业中冷饮品的制造和食品的冷藏；医药工业中一些抗生素剂、疫苗血清等须在低温下储存；在化工、食品、造纸、纺织和冶金等工业生产中回收余热；室内空调等应用。

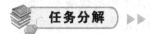

冷冻的目的有以下几个：①浓缩高浓度有机或无机废液；②从废水中制取脱盐的高品质用水；③废水消毒；④反复冷冻和融化泥渣，改善其脱水性能。

与蒸发法或其他热过程法相比，冷冻法具有以下优点。

① 冷冻操作是在水的冰点或略低于冰点以下进行，在此温度下，腐蚀问题微不足道。

② 在常压下蒸发 1kg 的水，约需输入热量 2256kJ，而冷冻 1kg 水仅需输出热量 335kJ，因此，有人认为，冷冻法是最有前途的脱盐方法之一。

冷冻法的工艺过程包括冻结、固液分离、洗涤与融化三个步骤。首先是降温冻结以形成冰晶。待到水中含固体冰晶约 35%～50% 时，进行固液分离。采用的分离设备多为滤网。分离时应尽量不使冰晶受到任何压力，因为压力能降低冰点，使冰面上出现融化和二次结晶现象，在重新结晶时能混入杂质，即使冲洗也无法去除。此外还应防止过冷却现象，因它会引起同样的不良后果。分离的冰晶表面粘有浓缩液及其他悬浮杂质，应采用净水将其洗涤掉。如果冷冻的主要目的是浓缩溶质，对冰晶的洗涤要求不严；但在制取高品质用水时，洗涤用水要很纯净，最好采用融化低温水。最后，将冰晶与温度较高的放热体接触，使其融化。冷冻法在环境保护工程中主要用于食物浓缩、油脱醋、从废水中去除无机盐、制取脱盐的高质量用水和进行消毒等。利用丁烷鼓泡冷冻废水的处理过程中产生的污泥使其解冻，可以改善污泥的脱水性能。另外，在较寒冷的气候条件下，自然冷冻可作为矾泥脱水的经济手段。

一、冷冻原理

(一) 制冷原理及循环

制冷操作是从低温物料中取出热量，并将此热量传给高温物体的过程。根据热力学第二定律，这种传热过程不可能自动进行。只有从外界补充所消耗的能量，即外界必须做功，才能将热量从低温传到高温。

液体汽化为蒸气时，要从外界吸收热量，从而使外界的温度有所降低。而任何一种物质的沸点（或冷凝点），都是随压力的变化而变化，如氨的沸点随压力变化的情况见表 6-5。

表 6-5 氨的沸点、汽化热与压力的关系

压力/kPa 项目	101.325	429.332	1220
沸点/℃	−33.4	0	30
汽化热/(kJ/kg)	1368.6	1262.4	114.51

从表 6-5 中可以看出，氨的压力越低，沸点越低；压力越高，沸点越高。利用氨的这一特性，使液氨在低压（101.325 kPa）下汽化，从被冷物质中吸取热量降低其温度，而

达到使被冷物质制冷的目的。同时将汽化后的气态氨压缩提高压力（如压缩至 1220kPa），这时气态氨的冷凝温度（30℃）高于一般冷却水的温度，因此可用常温水使气态氨冷凝为液氨。

因此，制冷是利用制冷剂的沸点随压力变化的特性，使制冷剂在低压下汽化吸收被冷物质的热量降低其温度达到被冷物质制冷目的，汽化后的制冷剂又在高压下冷凝成液态。如此循环操作，借助制冷剂在状态变化时的吸热和放热过程，达到制冷的目的。

制冷循环是借助一种工作介质——制冷剂，使它低压吸热，高压放热，而达到使被冷物质制冷的循环操作过程。

在制冷循环中的制冷剂，由低压气体必须通过压缩做功才能变成高压气体，即外界必须消耗压缩功，才能实现制冷循环。如果把上述的制冷循环，用适当的设备联系起来，使传递热量的工作介质——制冷剂（氨）连续循环使用，就形成一个基本的蒸气压缩制冷的工作过程，即图 6-34 所示的制冷循环。

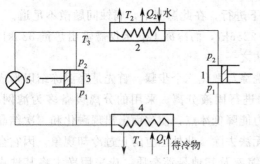

图 6-34　制冷循环
1—压缩机（又称冷冻机）；2—冷凝器；
3—膨胀机；4—蒸发器；5—节流阀

理想制冷循环（逆卡诺循环）由可逆绝热压缩过程（压缩机）、等压冷凝过程（冷凝器）、可逆绝热膨胀过程（膨胀机）、等压等温蒸发过程（蒸发器）等组成。而实际制冷循环则为：

（1）在压缩机中绝热压缩　气态氨以温度为 T_1、压力为 p_1 的干饱和蒸气进入压缩机 1 压缩后，温度升至 T_2，压力升至 p_2，变成过热蒸气。

（2）等压冷却与冷凝　过热蒸气通过冷凝器 2，被常温水冷却，放出热量 Q_2，气态氨冷凝为液态氨，温度为 T_3。

（3）节流膨胀　液态氨再通过节流阀（膨胀阀）5，减压降温使部分液氨汽化成为气、液混合物，温度下降为 T_1，压力下降为 p_1。

（4）等压等温蒸发　膨胀后的气、液混合物进入蒸发器 4，从被冷物质（冷冻盐水）中取出热量 Q_1，全部变成干饱和蒸气，回到循环开始时的状态，又开始下一轮循环过程。

在整个制冷循环过程中，氨作为工作介质（制冷剂），完成从低温的冷冻物质中吸取热量转交给高温物质（冷却水）的任务。制冷循环过程的实质是由压缩机做功，通过制冷剂从低温热源取出热量，送到高温热源。

（二）操作温度的选择

制冷装置在操作运行中重要的控制点有：蒸发温度和压力、冷凝温度和压力、压缩机的进出口温度、过冷温度及冷却温度。

1. 蒸发温度

制冷过程的蒸发温度是指制冷剂在蒸发器中的沸腾温度。实际使用中的制冷系统，由于用途各异，蒸发温度就各不相同，但制冷剂的蒸发温度必须低于被冷物料要求达到的最低温度，使蒸发器中制冷剂与被冷物料之间有一定的温度差，以保证传热所需的推动力。这样制冷剂在蒸发时，才能从冷物料中吸收热量，实现低温传热过程。

　　若蒸发温度 T_1 高时，则蒸发器中传热温差小，要保证一定的吸热量，必须加大蒸发器的传热面积，增加了设备费用；但功率消耗下降，制冷系数提高，日常操作费用减少。相反，蒸发温度低时，蒸发器的传热温差增大，传热面积减小，设备费用减少；但功率消耗增加，制冷系数下降，日常操作费用增大。所以，必须结合生产实际，进行经济核算，选择适宜的蒸发温度。蒸发器内温度的高低可通过节流阀开度的大小来调节，一般生产上取蒸发温度比被冷物料所要求的温度低 $4\sim8K$。

2. 冷凝温度

　　制冷过程的冷凝温度是指制冷剂蒸气在冷凝器中的凝结温度。影响冷凝温度的因素有冷却水温度、冷却水流量、冷凝器传热面积大小及清洁度。冷凝温度主要受冷却水温度的限制，由于使用的地区不一和季节的不同，其冷凝温度也不同，但它必须高于冷却水的温度，使冷凝器中的制冷剂与冷却水之间有一定的温度差，以保证热量传递。即使气态制冷剂冷凝成液态，实现高温放热过程。通常取制冷剂的冷凝温度比冷却水高 $8\sim10K$。

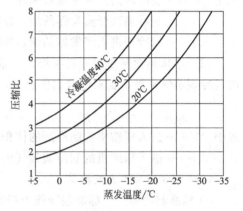

图 6-35　氨冷凝温度、蒸发温度与压缩比的关系

3. 操作温度与压缩比的关系

　　压缩比是压缩机出口压强 p_2 与入口压强 p_1 的比值。压缩比与操作温度的关系如图 6-35 所示。当冷凝温度一定时，随着蒸发温度的降低，压缩比明显加大，功率消耗先增大后下降，制冷系数总是变小，操作费用增加。当蒸发温度一定时，随着冷凝温度的升高，压缩比也明显加大，消耗功率增大，制冷系数变小，对生产也不利。因此，应该严格控制制冷剂的操作温度，蒸发温度不能太低，冷凝温度也不能太高，压缩比不至于过大，工业上单级压缩循环压缩比不超过 $6\sim8$。这样就可以提高制冷系统的经济性，发挥较大的效益。

4. 制冷剂的过冷

　　制冷剂的过冷就是在进入节流阀之前将液态制冷剂温度降低，使其低于冷凝压力下所对应的饱和温度，成为该压力下的过冷液体。若蒸发温度一定时，降低冷凝温度，可使压缩比有所下降，功率消耗减小，制冷系数增大，可获得较好的制冷效果。通常取制冷剂的过冷温度比冷凝温度低 $5K$ 或比冷却水进口温度高 $3\sim5K$。

　　工业上常采用下列措施实现制冷剂的过冷：

　　(1) 在冷凝器中过冷　使用的冷凝器面积适当大于冷凝所需的面积，当冷却水温度低于冷凝温度时，制冷剂就可得到一定程度的过冷。

　　(2) 用过冷器过冷　在冷凝器或储液器后串联一个采用低温水或深井水作冷却介质的过冷器，使制冷剂过冷。此法常用于大型制冷系统之中。

　　(3) 用直接蒸发的过冷器过冷　当需要较大的过冷温度时，可以在供液管通道上装一个直接蒸发的液体过冷器，但这要消耗一定的冷量。

　　(4) 回热器中过冷　在回气管上装一个回热器（气液热交换器），用来自蒸发器的低温蒸气冷却节流前的液体制冷剂。

　　(5) 在中间冷却器中过冷　在采用双级蒸气压缩制冷循环系统中，可采用中间冷却器内液态制冷剂汽化时放出的冷量来使进入蒸发器液态制冷剂间接冷却，实现过冷。

(三) 制冷能力

制冷能力 (制冷量) 是制冷剂在单位时间内从被冷物料中取出的热量，表示一套制冷循环装置的制冷效应，用符号 Q_1 表示，单位是 W 或 kW。

(1) 单位质量制冷剂的制冷能力　单位质量制冷剂的制冷能力是每千克制冷剂经过蒸发器时，从被冷物料中取出的热量，用符号 q_w 表示，单位为 J/kg。

$$q_w = Q_1 / G = I_1 - I_4 \tag{6-37}$$

式中　G——制冷剂的质量流量或循环量，kg/s；

　　　I_1——制冷剂离开蒸发器的焓，J/kg；

　　　I_4——制冷剂进入蒸发器的焓，J/kg。

(2) 单位体积制冷剂的制冷能力　单位体积制冷剂的制冷能力是指每立方米进入压缩机的制冷剂蒸气从被冷物料中取出的热量，用符号 q_v 表示，单位为 J/m³。

$$q_v = Q_1 / V = \rho q_w \tag{6-38}$$

式中　V——进入压缩机的制冷剂的体积流量，m³/s；

　　　ρ——进入压缩机的制冷剂蒸气的密度，kg/m³。

(3) 标准制冷能力及换算

① 标准制冷能力　标准制冷能力指在标准操作温度下的制冷能力，用符号 Q_s 表示，单位为 W。一般出厂的冷冻机所标的制冷能力即为标准制冷能力。

通过对制冷循环的分析可看出，操作温度对制冷能力有较大的影响。为了确切地说明压缩机的制冷能力，就必须指明制冷操作温度。按照国际人工制冷会议规定，当进入压缩机的制冷剂为干饱和蒸气时，任何制冷剂的标准操作温度是：

$$蒸发温度\ T_1 = 258K$$
$$冷凝温度\ T_2 = 303K$$
$$过冷温度\ T_3 = 298K$$

② 实际制冷能力与标准制冷能力之间的换算　由于生产工艺要求不同，冷冻机的实际操作温度往往不同于标准操作温度。为了选用合适的压缩机，必须将实际所要求的制冷能力换算为标准制冷能力后方能进行选型。反之，欲核算一台现有的冷冻机是否满足生产的需要，也必须将铭牌上标明的制冷能力换算为操作温度下的制冷能力。

对于同一台冷冻机实际与标准制冷能力的换算关系为

$$Q_s = Q_1 \lambda_s q_{vs} / \lambda q_v \tag{6-39}$$

式中　Q_s，Q_1——标准、实际制冷能力，W；

　　　q_{vs}，q_v——标准、实际单位体积制冷能力，J/kg；

　　　λ_s，λ——标准、实际冷冻机的送气系数。

(4) 提高制冷能力的方法。降低制冷剂的冷凝温度是提高制冷能力最有效的方法，而降低冷凝温度的关键在于降低冷却水的温度和加大冷却水的流量，保持冷凝器传热面的清洁。

(四) 制冷剂与载冷体

1. 制冷剂

制冷剂是制冷循环中将热量从低温传向高温的工作介质，制冷剂的种类和性质对冷冻机的大小、结构、材料及操作压力等有重要的影响。因此应当根据具体的操作条件慎重选用适宜的制冷剂。

(1) 制冷剂应具备的条件

① 在常压下的沸点要低，且低于蒸发温度，这是首要条件。

② 化学性质稳定，在工作压力、温度范围内不燃烧、不爆炸、高温下不分解，对机器设备无腐蚀作用，也不会与润滑油起化学变化。

③ 在蒸发温度时的气化潜热应尽可能大，单位体积制冷能力要大，可以缩小压缩机的气缸尺寸和降低动力消耗。

④ 在冷凝温度时的饱和蒸气压（冷凝压力）不宜过高，这样可以降低压缩机的压缩比和功率消耗，并避免冷凝器和管路等因受压过高而使结构复杂化。

⑤ 在蒸发温度时的蒸气压强（蒸发压力）不低于大气压力，这样可以防止空气吸入，以避免正常操作受到破坏。

⑥ 临界温度要高，能在常温下液化；凝固点要低，以获得较低的蒸发温度。

⑦ 制冷剂的黏度和密度应尽可能地小，减少其在系统中流动时的阻力。

⑧ 热导率要大，可以提高热交换器的传热系数。

⑨ 无毒、无臭不危害人体健康，不破坏生态环境。

⑩ 价格低廉，易于获得。

(2) 常用的制冷剂

① 氨　目前应用最广泛的一种制冷剂，适用于温度范围为 $-65 \sim 10℃$ 的大、中型制冷机中。由于氨的临界温度高，在常压下有较低的沸点，汽化潜热比其他制冷剂大得多，因此其单位体积制冷能力大，从而压缩机气缸尺寸较小。在蒸发器中，当蒸发温度低达 240K 时，蒸发压强也不低于大气压，空气不会渗入。而在冷凝器中，当冷却水温很高（夏季）时，其操作压强也不超过 1600kPa。另外，氨与润滑油不互溶，对钢铁无腐蚀作用，价格便宜，容易得到，泄漏时易于察觉等突出优点。其缺点是有毒，有强烈的刺激性和可燃性，与空气混合时有爆炸的危险，当氨中有水分时会降低润滑性能，会使蒸发温度提高，并对铜或铜合金有腐蚀作用。

② 二氧化碳　其主要优点是单位体积制冷能力为最大，因此，在同样制冷能力下，压缩机的尺寸最小，从而在船舶冷冻装置中广泛应用。此外，二氧化碳还具有密度大、无毒、无腐蚀、使用安全等优点。缺点是冷凝时的操作压强过高，一般为 $6000 \sim 8000kPa$，蒸气压强不能低于 530kPa，否则二氧化碳将固态化。

③ 氟利昂　它是甲烷、乙烷、丙烷与氟、氯、溴等卤族元素的衍生物。常用的有氟利昂-11（$CFCl_3$）、氟利昂-12（CF_2Cl_2）、氟利昂-13（CF_3Cl）、氟利昂-22（CHF_2Cl）和氟利昂-113（$C_2F_3Cl_3$）等。在常压下氟利昂的沸点因品种不同而不同，其中最低的是氟利昂-13，为 191K，最高的是氟利昂-113，为 320K。其优点是无毒、无味、不着火，与空气混合不爆炸，对金属无腐蚀作用等，过去一直广泛应用在电冰箱一类的制冷装置中。

近年来人们发现这类化合物对地球上空的臭氧层有破坏作用，所以对其限制使用，并寻找可替代的制冷剂取而代之。

④ 碳氢化合物　如乙烯、乙烷、丙烷、丙烯等碳氢化合物也可用作制冷剂。它们的优点是凝固点低，无毒、无臭，对金属不腐蚀，价格便宜，容易获得，且蒸发温度范围较宽。其缺点是有可燃性，与空气混合时有爆炸危险。因此，使用时，必须保持蒸发压强在大气压

强以上，防止空气漏入而引起爆炸。丙烷与异丁烷主要用于 $-30 \sim 10℃$ 制冷温度范围、冰箱等小型制冷设备，乙烯主要用于 $-120 \sim -40℃$ 的复叠式系统或裂解石油气分离等制冷装置。

2. 载冷体

载冷体是用来将制冷装置的蒸发器中所产生的冷量传递给被冷却物体的媒介物质或中间介质。

(1) 载冷体应具备的条件

① 冰点要低。在操作温度范围内保持液态不凝固，其凝固点比制冷剂的蒸发温度要低，其沸点应高于最高操作温度，即挥发性小。

② 比热容大，载冷量也大。在传送一定冷量时，其流量就小，可减少泵的功耗。

③ 密度小，黏度小。可以减小流动阻力。

④ 化学稳定性好，不腐蚀设备和管道，无毒无臭，无爆炸危险性。

⑤ 热导率大。可以减小热交换器的传热面积。

⑥ 来源充足，价格便宜。

(2) 常用的载冷体

① 水　水是一种很理想的载体，具有比热容大、腐蚀性小、不燃烧、不爆炸、化学性能稳定等优点。但由于水的凝固点为 $0℃$，因而只能用作蒸发温度 $0℃$ 以上的制冷循环，故在空调系统中被广泛应用。

② 盐水溶液（冷冻盐水）　盐水溶液是将氯化钠、氯化钙或氯化镁溶于水中形成的溶液，用作于中低温制冷系统的载冷体，其中用得最广的是氯化钙水溶液，氯化钠水溶液一般只用于食品工业的制冷操作中。盐水的一个重要性质是冻结温度取决于其浓度。在一定的浓度下有一定的冻结温度，不同浓度的冷冻盐水其冻结温度不同，浓度增大则冻结温度下降。当盐水溶液的温度达到或接近冻结温度时，制冷系统的管道、设备将发生冻结现象，严重影响设备的正常运行。为了保证操作的顺利进行，必须合理地选择浓度，以使冻结温度低于操作温度。一般使盐水冻结温度比系统中制冷剂蒸发温度低 $10 \sim 13K$。

盐水对金属有腐蚀作用，可在盐水中加入少量的铬酸钠或重铬酸钠，以减缓腐蚀作用。另外，盐水中的杂质，如硫酸钠等，其腐蚀性是很大的，使用时应尽量预先除去，这样也可大大减少盐水的腐蚀性。

③ 有机溶液　有机溶液一般无腐蚀性，无毒，化学性质比较稳定。如乙二醇、丙三醇溶液，甲醇、乙醇、三氯乙烯、二氯甲烷等均可作为载冷体。有机载冷体的凝固点都低，适用于低温装置。

二、冷冻技术分类

（一）按制冷过程分类

(1) 蒸气压缩式制冷　简称压缩制冷。制冷目前应用得最多的是蒸气压缩式制冷。它是利用压缩机做功，将气相工质压缩、冷却冷凝成液相，然后使其减压膨胀、汽化（蒸发），以从低温热源取走热量并送到高温热源的过程。此过程类似用泵将流体由低处送往高处，所以有时也称为热泵，如图 6-36 所示。

(2) 吸收式制冷　利用某种吸收剂吸收自蒸发器中所产生的制冷剂蒸气，然后用加热的方法在相当冷凝器的压强下进行脱吸。即利用吸收剂的吸收和脱吸作用将制冷剂蒸气由低压的蒸发器中取出并送至高压的冷凝器，用吸收系统代替压缩机，用热能代替机械能进行制冷操作。

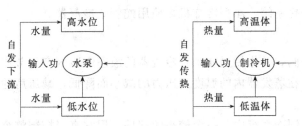

图 6-36　水泵与制冷机的类比

工业生产中常见的吸收制冷体系有：氨-水系统，以氨为制冷剂，水为吸收剂，比如应用在合成氨生产中，将氨从混合气体中的冷凝分离出来；水-溴化锂溶液系统，以水为制冷剂，溴化锂溶液为吸收剂，已被广泛应用于空调技术中。

（二）制冷程度分类

（1）普通制冷　制冷的温度范围在 173K 以内。

（2）深度制冷　制冷温度范围在 173K 以下。从理论上讲，所有气体只要将其冷却到临界温度以下，均可使之液化。因此，深度制冷技术也可以称作气体液化技术。在工业生产中，利用深冷技术有效地分离了空气中的氮、氧、氩、氖及其他稀有组分；成功地分离了石油裂解气中的甲烷、乙烯、丙烷、丙烯等多种气体。现代医学及其他高科技领域也广泛应用深冷技术。

三、制冷设备

压缩蒸气制冷装置主要由压缩机、冷凝器、膨胀阀和蒸发器等组成。此外还包括油分离器、气液分离器等辅助设备（目的是为了提高制冷系统运行的经济性、可靠性和安全性），以及用来控制与计量的仪表等。

（一）压缩机

压缩机是制冷循环系统的心脏，起着吸入、压缩、输送制冷剂蒸气的作用，通常又称为冷冻机。

在工业上采用的冷冻机有往复式和离心式两种。往复式制冷压缩机工作是靠气缸、气阀和在气缸中作往复运动的活塞构成可变的工作容积来完成工质蒸气的吸入、压缩和排出。往复式冷冻机有横卧双动式、直立单功多缸通流式以及气缸互成角度排列等不同形式。其应用比较广泛，主要用于蒸气比容比较小、单位体积制冷能力大的制冷剂制冷。但由于其结构比较复杂，可靠性相对较低，所以用量相对减少。

离心式制冷压缩机是利用叶轮高速旋转时产生的离心力来压缩和输送气体。对于蒸气比容大、单位体积制冷能力小的制冷剂，主要使用离心式冷冻机来制冷。其结构简单，可靠性较好。

（二）冷凝器

冷凝器是压缩蒸气制冷系统中的主要设备之一。它的作用是将压缩机排出的高温制冷剂蒸气冷凝成为冷凝压力下的饱和液体。在冷凝器里，制冷剂蒸气把热量传给周围介质——水或空气，因此冷凝器是一个热交换设备。冷凝器按冷却介质分为水冷冷凝器和气冷冷凝器；按结构形式分为壳管式、套管式、蛇管式等冷凝器。应用较广的是立式壳管冷凝器，目前主要用于大、中型氨制冷系统。小型冷冻机多使用蛇管式冷凝器。

（三）节流阀

节流阀又称膨胀阀，其作用是使来自冷凝器的液态制冷剂产生节流效应，以达到减压降温的目的。由于液体在蒸发器内的温度随压力的减小而降低，减压后的制冷剂便可在较低的温度下汽化。

虽然节流装置在制冷系统中是一个较小的部件，但它直接控制整个制冷系统制冷剂的循环量，因此它的容量以及正确调节是保证制冷装置正常运行的关键。节流装置的容量应与系统的主体部件相匹配。节流装置有多种形式（手动膨胀阀、毛细管、自动膨胀阀），通常根据制冷系统的特点和选用的制冷剂种类来进行选择。

目前，生产上广泛采用的自动膨胀阀的阀芯为针形，阀芯在阀孔内上下移动而改变流道截面积，阀芯位置不同，通过阀孔的流量也不同。因此，膨胀阀不仅能使制冷剂降压降温，还具有调节制冷剂循环量的作用。如膨胀阀开启过小，系统中制冷剂循环量不足，会使压缩机吸气温度过高，冷凝器中制冷剂的冷凝压力过高。此外，通过膨胀阀开度的大小来调节蒸发器内温度的高低，要想把蒸发器温度调低，可关小膨胀阀；要想把蒸发器温度调高，可开大膨胀阀。因此，在操作上要严格、准确控制，保持适当的开度，使液态制冷剂通过后，能维持稳定均匀的低压和所需的循环量。

 练习题

（一）判断题

1. 节流膨胀后，会使液氨温度下降。　　　　　　　　　　　　　　　　　（　　）

2. 压缩机铭牌上标注的生产能力，通常是指常温状态下的体积流量。　　　（　　）

3. 实际气体的压缩过程包括吸气、压缩、排气、余隙气体的膨胀四个过程。（　　）

（二）选择题

1. 与 28℃相对应的热力学温标为（　　　）。

A. −245K　　　　　　　B. 82.4K　　　　　　　C. 301K　　　　　　　D. 245K

2. 按化学结构分类，氟利昂制冷剂属于（　　　）类。

A. 无机化合物　　　　　　　　　　　　　　　　B. 饱和碳氢化合物的衍生物

C. 多元混合溶液　　　　　　　　　　　　　　　D. 碳氢化合物

任务五
认识膜分离技术

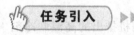 **任务引入**　▶▶

"问渠哪得清如许，为有源头活水来。"随着城市建设的加快和经济建设的发展，工业污

水排放量迅速增长，有些未经处理的污水任意排放，不仅造成水环境的污染，更加剧了水资源的紧张。而经过净化的污水作为一种再生的水资源，能够用于农业、工业和市政用水，不仅可以缓解城市水资源的供需矛盾，而且还可减少对水环境的污染。你知道污水如何净化吗（见图 6-37）？

图 6-37　污水净化处理

一、分离膜

（一）膜分离原理

膜分离法就是用天然或人工合成的膜、以外界能量或化学位差为推动力，对双组分或多组分的溶质和溶剂进行分离、分级、提纯或富集的方法，统称膜分离法。各种膜分离方法的机理不一样。

膜分离原理可用图 6-38 加以说明。将含有 A、B 两种组分的原料液置于膜的一侧，然后对该侧施加某种作用力，若 A、B 两种组分的分子大小、形状或化学结构不同，其中 A 组分可以透过膜进入到膜的另

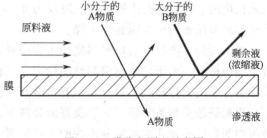

图 6-38　膜分离原理示意图

一侧，而 B 组分被膜截留于原料液中，则 A、B 两种组分即可分离开来。

（二）膜的分类

膜可以看作是一个具有选择透过性的屏障，它允许一些物质透过而阻止另一些物质透过，从而起到分离作用。膜分离与通常的过滤分离一样，被分离的混合物中至少有一种组分几乎可以无阻碍地通过膜，而其他组分则不同程度地被膜截流在原料侧。膜可以是均相的或

非均相的，对称型的（各向性质相同的膜）或非对称型的，固体的或液体的，中性的或荷电性的（带有正电荷或负电荷的膜），其厚度可以从 $0.1\mu m$ 至数毫米。膜的种类和功能繁多。膜分为合成膜和生物膜（原生质、细胞膜），合成膜包括液膜和固膜。液膜分为乳状液膜和带支撑层的液膜；固膜分为有机膜和无机膜。

膜特点：①可以是完全透过性的，也可以是半透过性的，但不应是完全不透过性的，因为如果这一薄层是完全不透过性的，就不称为膜而称做隔片或间壁等；②膜可以有很大的面积，也可以仅有微小的面积；③可以独立地存在于流体相之间，也可以附着在支撑体或载体的微孔隙中；④膜有两个界面，一般膜的相与相之间的界面域相表面是不同的，膜正是通过这两个界面分别与被膜分开于两侧的流体互相接触。

（三）膜材料

在制膜工业生产上有各种各样的膜以满足不同分离对象和分离方法的要求。根据膜的材质，从相态上可分为固态膜和液态膜；从来源上可分天然膜和合成膜，后者又可以为无机膜和有机膜。根据膜断面的物理形态，可将膜分为对称膜、不对称膜和复合膜。

依据固膜的外形，可分为平板膜、管状膜、卷状膜和中空纤维膜。按膜的功能，又可分为超滤膜、反渗透膜、渗析膜、气体渗透膜和离子交换膜。

用来制备膜的材料主要分为有机高分子材料和无机材料两大类。

1. 有机膜材料

（1）改性天然产物   如醋酸纤维素（2-醋酸纤维素、2,5-醋酸纤维素、3-醋酸纤维素）、丙酮-丁酸纤维素、硝酸纤维素等。

（2）合成产物   如聚胺（聚芳香胺、共聚酰胺、聚氨酯）、聚苯丙咪唑（PBI）、磺化聚砜、聚砜、聚氟砜、聚偏氟乙烯（PVF）、聚丙烯腈、聚丙烯醇、聚四氟乙烯、聚丙烯醇乙酯、聚丙烯酸、聚芳香醚和磺化聚苯乙烯等。

目前在工业中应用的有机膜材料主要有醋酸纤维素类、聚砜类、聚酰胺类和聚丙烯腈等。

醋酸纤维素是由纤维素与醋酸反应而制成的，是应用最早和最多的膜材料，常用于反渗透膜、超滤膜和微滤膜的制备。醋酸纤维素膜的优点是价格便宜，分离和透过性能良好。缺点是使用的 pH 值范围比较窄，一般仅为 $4\sim8$，容易被微生物分解，且在高压下长时间操作时容易被压密而引起膜通量下降。

聚砜类是一类具有高机械强度的工程塑料，具有耐酸、耐碱的优点，可用作制备超滤和微滤膜的材料。由于此类材料的性能稳定、机械强度好，因而也可作为反渗透膜、气体分离膜等复合膜的支撑材料。缺点是耐有机溶剂的性能较差。

用聚酰胺类制备的膜，具有良好的分离与透过性能，且耐高压、耐高温、耐溶剂，是制备耐溶剂超滤膜和非水溶液分离膜的首选材料。缺点是耐氯性能较差。

聚丙烯腈也是制备超滤、微滤膜的常用材料，其亲水性能使膜的水通量比聚砜膜的要大。

2. 无机膜材料

无机膜的制备多以金属、金属氧化物、陶瓷和多孔玻璃为材料。

以金属钯、银、镍等为材料可制得相应的金属膜和合金膜，如金属钯膜、金属银或钯-银合金膜。此类金属及合金膜具有透氢或透氧的功能，故常用于超纯氢的制备和氧化反应。

缺点是清洗比较困难。

多孔陶瓷膜是最具有应用前景的一类无机膜，常用的有 Al_2O_3、SiO_2、ZrO_2 和 TiO_2 膜等。此类膜具有耐高温和耐酸腐蚀的优点。玻璃膜可以很容易地加工成中空纤维，并且在 H_2-CO 或 He-CH_4 的分离过程中具有较高的选择性。

二、膜组件

将膜按一定的技术要求组装在一起即成为膜组件，它是所有膜分离装置的核心部件，其基本要素包括膜、膜的支撑体或连接物、流体通道、密封件、壳体及外接口等。将膜组件与泵、过滤器、阀、仪表及管路等按一定的技术要求装配在一起，即成为膜分离装置。常见的膜组件有板框式、卷绕式、管式和中空纤维膜组件等，见表 6-6。

表 6-6　常见的膜组件

类型	结　构　特　点
板框式膜组件	将膜张紧在一组多孔板上，用一块带槽的板来支持，进料液以较低的流速流过狭薄的沟道内，与膜接触的路程只有 150mm 左右。在乳品工业上，平板膜常用于乳清的浓缩。板框式膜组件中的流道如图 6-39 所示。优点：每两片膜之间的渗透物都被单独引出来，因而可通过关闭个别膜组件来消除操作中的故障，而不必使整个膜组件停止运行。缺点：需个别密封的数量太多，内部阻力损失较大
卷绕式膜组件	将一定数量的膜袋同时卷绕于一根中心管上而成，如图 6-40 所示。膜袋由两层膜构成，其中三个边沿被密封而粘接在一起，另一个开放的边沿与一根多孔的产品收集管即中心管相连。膜袋内填充多孔支撑材料以形成透过液流道，膜袋之间填充网状材料以形成料液流道。工作时料液平行于中心管流动，进入膜袋内的透过液，旋转着流向中心收集管。为减少透过侧的阻力，膜袋不宜太长。若需增加膜组件的面积，可增加膜袋的数量
管式膜组件	将膜牢固紧贴在支撑管的内侧而成，是一种广泛应用的膜构型。完整的组件是将管状膜装入外壳内，颇似简单的管式热交换器。管式膜可以玻璃纤维、多孔金属或其他适宜的多孔材料作为支撑体。将一定数量的管式膜安装于同一个多孔的不锈钢、陶瓷或塑料管内，即成为管式膜组件，如图 6-41 所示。管式膜组件有内压式和外压式两种安装方式。当采用内压式安装时，管式膜位于几层耐压管的内侧，料液在管内流动，而渗透液则穿过膜 并由外套环隙中流出，浓缩液从管内流出。当采用外压式安装时，管式膜位于几层耐压管的外侧，原料液在管外侧流动，而渗透液则穿过膜进入管内，并由管内流出，浓缩液则从外套环隙中流出
中空纤维膜组件	将一端封闭的中空纤维管束装入圆柱形耐压容器内，并将纤维束的开口端固定于由环氧树脂浇注的管板上，即成为中空纤维膜组件，如图 6-42 所示。工作时，加压原料液由膜件的一端当料液经纤维管壁由一端向另一端流动时，渗入管内通道，并由开口端排出。 中空纤维组件的主要特征是： ①耐压：装置内单位体积膜面积大、膜薄、液体透过速度快。 ②组件小型化：因为无支撑体，所以具有极高的膜装填密度，一般为 $16000 \sim 30000 m^2/W^3$。 ③膜面污垢不易除去：因此对进料要求严格的处理，且只能采用化学处理而不能进行机械清洗。 ④中空纤维膜是外压式的：因为膜壁承受的向内压力要比向外张力大，且万一压力过高，膜只会压扁而不会破裂，这就防止了产出水被原水污染。中空纤维膜一旦损坏是无法更换的。我国对空心纤维分离器的研制工作起步较晚，但发展较快，已经试制出芳香族聚酰胺空心纤维
螺旋平板膜组件	这是平板膜的变型，也称螺旋卷式膜。由 2 张平板膜（中间夹以多孔支撑介质）与一种塑料隔离物一起围绕中心管卷成。此管沿夹层一端与多孔材料相连接，将整个卷筒纳入圆形金属管内。管内加压的进料液进入由塑料隔离物造成的空间内，流过膜表面，透过液经多孔支承介质和中心管而排出系统。这种设计可让较小的加压密闭空间容纳很大的膜面积，从而减少了设备投资费用

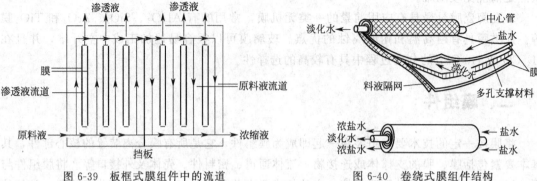

图 6-39　板框式膜组件中的流道　　　　图 6-40　卷绕式膜组件结构

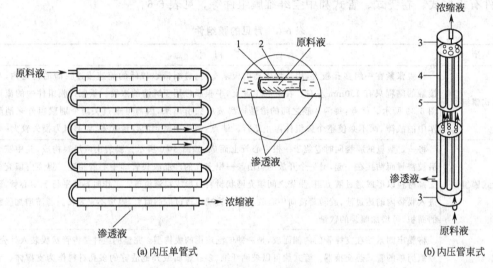

(a) 内压单管式　　　　　　　　　(b) 内压管束式

图 6-41　管式膜组件

1—多孔外衬；2—管式膜；3—耐压端套；4—玻璃钢管；5—渗透液收集外壳

三、膜分离设备

膜分离过程的种类很多，常见的有微滤、超滤、反渗透、渗析和电渗析等。

（一）反渗透

1. 反渗透原理

反渗透所用的膜为半透膜，该膜是一种只能透过水而不能透过溶质的膜。反渗透原理可用图 6-43 来说明。将纯水和一定浓度的盐溶液分别置于半透膜的两侧，开始时两边液面等高，如图 6-43(a) 所示。由于膜两侧水的化学位不等，水将自发地由纯水侧穿过半透膜向溶液侧流动，这种现象称为渗透。随着水的不断渗透，溶液侧的液位上升，使膜两侧的压力差增大。当压力差足以阻止水向溶液侧流动时，渗透过程达到平衡，此时的压力差 $\Delta\pi$ 称为该溶液的渗透

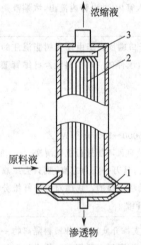

图 6-42　中空纤维膜组件

1—环氧树脂管板；2—纤维束；

3—纤维束端封

压，如图 6-43(b) 所示。若在盐溶液的液面上方施加一个大于渗透压的压力，则水将由盐溶液侧经半透膜向纯水侧流动，这种现象称为反渗透，如图 6-43(c) 所示。

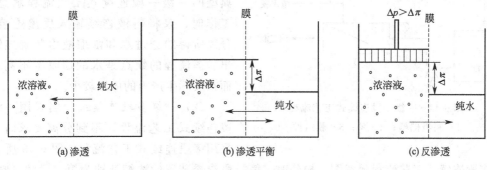

图 6-43 反渗透原理

若将浓度不同的两种盐溶液分别置于半透膜的两侧，则水将自发地由低浓度侧向高浓度侧流动。若在高浓度侧的液面上方施加一个大于渗透压的压力，则水将由高浓度侧向低浓度侧流动，从而使浓度较高的盐溶液被进一步浓缩。

反渗透过程就是利用反渗透膜选择性地只透过溶剂（通常是水）的性质，通过对溶液施加压力来克服溶剂的渗透压，使溶剂通过反渗透膜而从溶液中分离出。海水或苦咸水的淡化是反渗透的最主要应用，目前反渗透技术比较成熟，应用范围也十分广泛。显然，反渗透过程也属于压力推动过程。我国工业上用的反渗透膜多为致密膜、非对称膜和复合膜，常用醋酸纤维、聚酰胺等材料制成。

2. 影响反渗透的因素——浓差极化

由于膜的选择透过性因素，在反渗透过程中，溶剂从高压侧透过膜到低压侧，大部分溶质被截留，溶质在膜表面附近积累，造成由膜表面到溶液主体之间的具有浓度梯度的边界层，它将引起溶质从膜表面通过边界层向溶液主体扩散，这种现象称为浓差极化。

根据反渗透基本方程式可分析出浓差极化对反渗透过程产生下列不良影响。

① 由于浓差极化，膜表面处溶质浓度升高，使溶液的渗透压 $\Delta\pi$ 升高，当操作压差 Δp 一定时，反渗透过程的有效推动力（$\Delta p - \Delta\pi$）下降，导致溶剂的渗透通量下降；

② 由于浓差极化，膜表面处溶质的浓度 C_{A1} 升高，使溶质通过膜孔的传质推动力（$C_{A1} - C_{A2}$）增大，溶质的渗透通量升高，截留率降低，这说明浓差极化现象的存在对溶剂渗透通量的增加提出了限制；

③ 膜表面处溶质的浓度高于溶解度时，在膜表面上将形成沉淀，会堵塞膜孔并减少溶剂的渗透通量；

④ 会导致膜分离性能的改变；

⑤ 出现膜污染，膜污染严重时，几乎等于在膜表面又可形成一层二次薄膜，会导致反渗透膜透过性能的大幅度下降，甚至完全消失。

减轻浓差极化的有效途径是提高传质系数 A，采取的措施有：提高料液流速、增强料液湍动程度、提高操作温度、对膜面进行定期清洗和采用性能好的膜材料等。

3. 反渗透流程

反渗透装置的基本单元是反渗透膜组件，将反渗透膜组件与泵、过滤器、阀、仪表及管路等按一定的技术要求组装在一起即成为反渗透装置。根据处理对象和生产规模的不同，反渗透装置主要有连续式、部分循环式和全循环式三种流程，介绍几种常见的工艺流程。

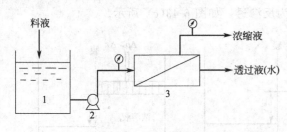

图 6-44　一级一段连续式工艺流程
1—料液储槽；2—泵；3—膜组件

（1）一级一段连续式　图 6-44 所示为典型的一级一段连续式工艺流程示意图。工作时，泵将料液连续输入反渗透装置，分离所得的透过水和浓缩液由装置连续排出。该流程的缺点是水的回收率不高，因而在实际生产中的应用较少。

（2）一级多段连续式　当采用一级一段连续式工艺流程达不到分离要求时，可采用多段连续式工艺流程。图 6-45 所示为一级多段连续式工艺流程示意图。操作时，第一段渗透装置的浓缩液即为第二段的进料液，第二段的浓缩液即为第三段的进料液，依此类推，而各段的透过液（水）经收集后连续排出。此种操作方式的优点是水的回收率及浓缩液中的溶质浓度均较高，而浓缩液的量较少。一级多段连续式流程适用于处理量较大且回收率要求较高的场合，如苦咸水的淡化以及低浓度盐水或自来水的净化等均采用该流程。

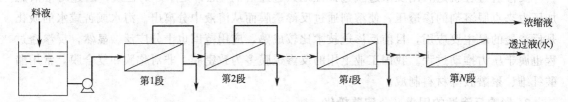

图 6-45　一级多段连续式工艺流程

（3）一级一段循环式　在反渗透操作中，将连续加入的原料液与部分浓缩液混合后作为进料液，而其余的浓缩液和透过液则连续排出，该流程即为部分循环式工艺流程，如图 6-46 所示。采用部分循环式工艺流程可提高水的回收率，但由于浓缩液中的溶质浓度要比原进料液中的高，因此透过水的水质有可能下降。部分循环式工艺流程可连续去除料液中的溶剂水，常用于废液等的浓缩处理。

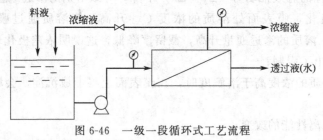

图 6-46　一级一段循环式工艺流程

（4）反渗透在工业中的应用　反渗透技术的大规模应用主要在海水和苦咸水的淡化，此外还应用于纯水制备、生活用水、含油污水、电镀污水处理以及乳品、果汁的浓缩、生化和生物制剂的分离和浓缩等。

（二）电渗析

1. 电渗析原理

电渗析是一种专门用来处理溶液中的离子或带电粒子的膜分离技术，其原理是在外加直流电场的作用下，以电位差为推动力，使溶液中的离子作定向迁移，并利用离子交换膜的选择透过性，使带电离子从水溶液中分离出来。

电渗析所用的离子交换膜可分为阳离子交换膜（简称阳膜）和阴离子交换膜（简称阴膜），其中阳膜只允许水中的阳离子通过而阻挡阴离子，阴膜只允许水中的阴离子通过而阻挡阳离子。下面以盐水溶液中 NaCl 的脱除过程为例，简要介绍电渗析过程的原理。

电渗析系统由一系列平行交错排列于两极之间的阴、阳离子交换膜所组成，这些阴、阳离子交换膜将电渗析系统分隔成若干个彼此独立的小室，其中与阳极相接触的隔离室称为阳极室，与阴极相接触的隔离室称为阴极室，操作中离子减少的隔离室称为淡水室，离子增多的隔离室称为浓水室。如图 6-47 所示，在直流电场的作用下，带负电荷的阴离子即 Cl^- 向正极移动，但它只能通过阴膜进入浓水室，而不能透过阳膜，因而被截留于浓水室中。同理，带正电荷的阳离子即 Na^+ 向负极移动，通过阳膜进入浓水室，并在阴膜的阻挡下截留于浓水室中。这样，浓水室中的 NaCl 浓度逐渐升高，出水为浓水；而淡水室中的 NaCl 浓度逐渐下降，出水为淡水，从而达到脱盐的目的。

2. 电渗析操作

在电渗析过程中，不仅存在反离子（与膜的电荷符号相反的离子）的迁移过程，而且还伴随着同名离子迁移、水的渗透和分解等次要过程，这些次要过程对反离子迁移也有一定的影响。

（1）同名离子迁移 同名离子迁移是指与膜的电荷符号相同的离子迁移。若浓水室中的溶液浓度过高，则阴离子可能会闯入阳膜中，阳离子也可能会闯入阴膜中，因此当浓水室中的溶液浓度过高时，应用原水将其浓度调至适宜值。

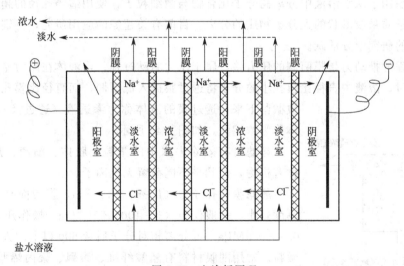

图 6-47 电渗析原理

（2）水的渗透 膜两侧溶液的浓度不同，渗透压也不同，将使水由淡水室向浓水室渗透，其渗透量随浓度及温度的升高而增加，这不利于淡水室浓度的下降。

（3）水的分解 在电渗析过程中，当电流密度超过某一极限值，以致溶液中的盐离子数量不能满足电流传输的需要时，将由水分子电离出的 H^+ 和 OH^- 来补充，从而使溶液的 pH 发生改变。

在实际操作中，可采取以下措施来减少浓差极化等因素对电渗析过程的影响。

① 尽可能提高液体流速，以强化溶液主体与膜表面之间的传质，这是减少浓差极化效应的重要措施。

② 膜的尺寸不宜过大，以使溶液在整个膜表面上能够均匀流动。一般来说，膜的尺寸越大，就越难达到均匀的流动。

③ 采取较小的膜间距，以减小电阻。

④ 采用清洗沉淀或互换电极等措施，以消除离子交换膜上的沉淀。

⑤ 适当提高操作温度，以提高扩散系数。对于大多数电解质溶液，温度每升高 1℃，黏度约下降 2.5%，扩散系数一般可增加 2%～2.5%。此外，膜表面传质边界层（存在浓度梯度的流体层）的厚度随温度的升高而减小，因而有利于减小浓差极化的影响。

⑥ 严格控制操作电流，使其低于极限电流密度。

3. 电渗析在工业中的应用

电渗析技术目前已是一种相当成熟的膜分离技术，主要用途是苦咸水淡化、生产饮用水、浓缩海水制盐、从体系中脱除电解质，还可用于重金属污水处理，食品工业牛乳的脱盐、果汁的去酸及食品添加剂的制备以及制取维生素 C 等。

（三）超滤

1. 超滤原理

应用孔径 1～20nm 或更大的超滤膜来过滤含有大分子或微细粒子的溶液，使大分子或微细粒子从溶液中分离的过程称为超滤。与反渗透相同的是：超滤的推动力也是压力差，在溶液侧加压而使溶剂透过膜。与反渗透不同的是：在超滤过程中小分子溶质与溶剂一起通过超滤膜。超滤用于从水溶液中分离高分子化合物与微细粒子，使用适当孔径的超滤膜可实现不同相对分子质量或形状的大分子物质的分离。目前有关超滤的应用研究，特别是用于生物与生化方面的研究十分活跃。

超滤过程的推动力是膜两侧的压力差，属于压力驱动过程。当液体在压力差的推动力下流过膜表面时，溶液中直径比膜孔小的分子将透过膜进入低压侧，而直径比膜孔大的分子则被截留下来，透过膜的液体称为渗透液（透过液），剩余的液体称为浓缩液，如图 6-48 所示。

超滤可有效除去水中的微粒、胶体、细菌、热原质和各种有机物，但几乎不能截留无机离子。

超滤膜的孔径为 $(1～5)×10^{-8}$ m，膜表面有效截留层的厚度较小，一般仅为 $(1～100)×10^{-7}$ m，操作压力差一般为 0.1～0.5MPa，可分离相对分子质量 500 以上的大分子和胶体微粒。常用的膜材料有醋酸纤维、聚砜、聚丙烯腈、聚酰胺、聚偏氟乙烯等。

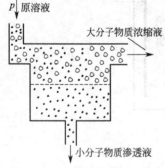

图 6-48　超滤过程原理示意图

在超滤过程中，单位时间内通过膜的溶液体积称为膜通量。由于膜不仅本身具有阻力，而且在超滤过程中还会因浓度极化、形成凝胶层、受到污染等原因而产生新的阻力。因此，随着超滤过程的进行，膜通量将逐渐下降。

2. 超滤操作

在超滤过程中，料液的性质和操作条件对膜通量均有一定的影响。为提高膜通量应采取适当的措施，尽可能减少浓差极化和膜污染等所产生的阻力。

（1）**料液流速** 提高料液流速，可有效减轻膜表面的浓差极化。但流速也不能太快，否则会产生过大的压力降，并加速膜分离性能的衰退。对于螺旋式膜组件，可在液流通道上安放湍流促进材料，或使膜支撑物产生振动，以改善料液的流动状况，抑制浓差极化，从而保证超滤装置能正常稳定地运行。

（2）**操作压力** 通常所说的操作压力是指超滤装置内料液进、出口压力的算术平均值。在一定的范围内，膜通量随操作压力的增加而增大，但当压力增加至某一临界值时，膜通量将趋于恒定。此时的膜通量称为临界膜通量。在超滤过程中，为提高膜通量，可适当提高操作压力。但操作压力不能过高，否则膜可能被压密。一般情况下，实际超滤操作可维持在临界膜通量附近进行。

（3）**操作温度** 温度越高，料液黏度越小，扩散系数则越大。因此，提高温度可提高膜通量。一般情况下，温度每升高 1℃，膜通量约提高 2.15%。因此，在膜允许的温度内，可采用相对高的操作温度，以提高膜通量。

（4）**进料浓度** 随着超滤过程的进行，料液主体的浓度逐渐增高，黏度和边界层厚度亦相应增大。研究表明，对超滤而言，料液主体浓度过高无论在技术上还是在经济上都是不利的，因此对超滤过程中料液主体的浓度应加以限制。

3. 超滤过程的工艺流程

超滤的操作方式可分为重过滤和错流过滤两大类。重过滤是靠料液的液柱压力为推动力，但这样操作浓差极化和膜污染严重，很少采用，而常采用的是错流操作。错流操作工艺流程又可分为间歇式和连续式。

（1）**间歇操作** 间歇操作适用于小规模生产，超滤工艺中工业污水处理及其溶液的浓缩过程多采用间歇工艺，间歇操作的主要特点是膜可以保持在一个最佳的浓度范围内运行，在低浓度时，可以得到最佳的膜水通量。

（2）**连续式操作** 常用于大规模生产，连续式超滤过程是指料液连续不断加入储槽和产品的不断产出。可分为单级和多级。单级连续式操作过程的效率较低，一般采用多级连续式操作。将几个循环回路串联起来，每一个回路即为一级，每一级都在一个固定的浓度下操作，从第一级到最后一级浓度逐渐增加。最后一级的浓度是最大的，即为浓缩产品。多级操作只有在最后一级的高浓度下操作，渗透通量最低，其他级操作浓度均较低，渗透通量相应也较大，因此级效率高；而且多级操作所需的总膜面积较小。它适合在大规模生产中使用，特别适用于食品工业领域。

4. 超滤的应用

超滤的技术应用可分为三种类型：浓缩；小分子溶质的分离；大分子溶质的分级。绝大部分的工业应用属于浓缩这个方面，也可以采用与大分子结合或复合的办法分离小分子溶质。在制药工业中，超滤常用作反渗透、电渗析、离子交换等装置的前处理设备。在制药生产中经常用于病毒及病毒蛋白的精制。

（四）透析

透析是利用膜两侧的浓度差从溶液中分离出小分子物质的过程。工业上曾利用透析从人造毛或合成丝厂的纤维素废液中回收 NaOH，但这方面最著名的应用例子是对慢性肾病患者的治疗。肾脏的作用是可滤过流经它的血液并将各种废物和多余的水分一起制造成尿液排出体外。尿毒症实际上是指人体不能通过肾脏产生尿液，将体内代谢产生的废物和过多的水分排出体外，引起的毒害。

血液透析的基本原理：如果把白蛋白和尿素的混合液放入透析器中，管外用水浸泡，这时透析器管内的尿素就会通过人工肾膜孔移向管外的水中，白蛋白因分子较大，不能通过膜孔。这种小分子物质能通过而大分子物质不能通过半透膜的物质移动现象称为弥散。临床上用弥散现象来分离纯化血液使之达到净化目的。

血液透析所使用的半透膜厚度为 $10\sim20\mu m$，膜上的孔径平均为 3nm，所以只允许相对分子质量为 1.5 万以下的小分子和部分中分子物质通过，而相对分子质量大于 3.5 万的大分子物质不能通过。因此，蛋白质、血细胞等都是不可透出的。

（五）微滤

利用孔径 $0.02\sim10\mu m$ 的多孔膜来过滤含有微粒的溶液而将微粒分离的过程称为微滤，微滤的原理与超滤相同。

（六）液膜技术

液膜技术是使用液膜进行分离操作的，其特点为单位体积的膜表面积可以很大。且有化学反应的参与，它能显著影响渗透物在膜相中的溶解度。液膜技术适用于废水处理。

（七）气体渗透

气体渗透是用聚合物、金属或玻璃制得的微孔膜或无孔膜分离气体，气体渗透的推动力是压强梯度，操作压强通常达到 7MPa。目前这方面的重要应用有：浓集炼油厂中的氢；在合成氨中回收氢；在合成气中浓集一氧化碳以及由天然气浓缩氢。

（八）渗透蒸发

渗透蒸发是由液相通过一个均匀的膜向蒸汽相的物质传递。蒸汽态透过物在真空条件下被吸走，并在膜装置以外冷凝，或借助一个可冷凝的载体媒介把渗透物带走，或在膜装置内进行冷凝。

在该过程中膜起到改变蒸汽-液相平衡的作用，而这一平衡正是蒸馏分离的基础。

因此，渗透蒸发适用于那些不宜使用精馏或所需精馏设备十分庞大的场合，即分离那些沸点很接近或有共沸点的混合物。例如，对二甲苯异构物、对环烷混合物及对水-乙醇共沸物的分离，渗透蒸发显示出很好的选择性。由于本法的渗透流速小，且在渗透物大体积气流的带出方面尚存在很多困难。因此，到目前为止该过程尚不具备任何工业意义。

 练习题

（一）判断题

1. 膜分离因数的大小反映该体系膜分离的难易程度，膜分离因数越大，膜的选择性越好。　　　　　　　　　　　　　　　　　　　　　　　　　　　　　　　（　　）

2. 按膜孔径的大小将膜分为对称膜、不对称膜和复合膜。　　　　　　　（　　）

3. 纤维素酯膜、聚碳酸酯膜、陶瓷膜都是有机膜材料。　　　　　　　（　　）

（二）选择题

1. 下列不是膜分离的特点的是（　　　）。

A. 易于操作　　　　B. 能耗低　　　　C. 高效　　　　D. 寿命长

2. 临床上治疗尿毒症采用的有效膜分离方法是（　　　）。

A. 电渗析　　　　B. 透析　　　　C. 渗透析化　　　　D. 反渗透

3. 下列不是以压力差作为推动力的膜分离方法有（　　　）。

A. 电渗析　　　　　　B. 微滤　　　　　　C. 超滤　　　　　　D. 反渗透

4. 下列涉及相变的膜分离技术有（　　　）。

A. 电渗析　　　　　　B. 透析　　　　　　C. 膜蒸馏　　　　　D. 反渗透

任务六
认识结晶技术

 任务引入 ▶▶

你在图 6-49 中看到了些什么？如何通过海水制盐？

图 6-49　海水制盐

 任务分解 ▶▶

　　结晶是指溶质自动从过饱和溶液中析出形成新相的过程。这一过程不仅包括溶质分子凝聚成固体，并包括这些分子有规律的排列在一定晶格中，这种有规律的排列与表面分子化学键力变化有关。因此结晶过程又是一个表面化学反应过程。

　　结晶是制备纯物质的有效方法。溶液中的溶质在一定条件下因分子有规律的排列而结合成晶体，晶体的化学成分均一，具有各种对称的晶状，其特征为离子和分子在空间晶格的结点上成有规则的排列。固体有结晶和无定形两种状态。两者的区别就是构成单位（原子、离子或分子）的排列方式不同，前者有规则，后者无规则。在条件变化缓慢时，溶质分子具有足够时间进行排列，有利于结晶形成；相反，当条件变化剧烈，强迫快速析出，溶质分子来不及排列就析出，结果形成无定形沉淀。

通常只有同类分子或离子才能排列成晶体，所以结晶过程有很好的选择性，通过结晶溶液中的大部分杂质会留在母液中，再通过过滤、洗涤等就可得到纯度高的晶体。许多抗生素、氨基酸、维生素等就是利用多次结晶的方法制取高纯度产品的。但是结晶过程是复杂的，有时会出现晶体大小不一，形状各异甚至形成晶簇等现象，因此附着在晶体表面及空隙中的母液难以完全除去，需要重结晶，否则将直接影响产品质量。

由于结晶过程成本低，设备简单，操作方便，所以目前广泛应用于微生物药物的精制。

一、晶核的生成和晶体的生长

（一）结晶过程的推动力

结晶是一个传质过程，结晶的速率与推动力成正比。

在结晶的实践中可以观察到推动力愈大，结晶速率愈大的现象，而在这种情况下往往获得的结晶颗粒数多且颗粒细微；结晶速率缓慢而推动力不很大的情况，则可以得到较少的颗粒数和较大的晶粒。将析出结晶的细微颗粒，连同母液一起放置，结果是颗粒数减少而颗粒增大。因此可以认为，在结晶析出过程中存在着晶核的生成和晶体的生长两个并存的子过程。

（二）晶核的生成

成核的过程在理论上分为两大类：一种是在溶液的过饱和之后自发形成的，称为"一次成核"，此时可以是自发成核，也可以是外界干扰（如尘粒、结晶器的粗糙内表面等）；另一种成核是加入晶种诱发的"二次成核"。

有关晶核形成的理论本书不作讨论，但在结晶过程中一定要把握好下面几点。首先要尽可能避免自发成核过程，以防止由于晶核的"泛滥"而造成晶体无法继续成长，一般可在介稳区内投放适量晶种，诱发成核，使结晶过程得以启动；第二，要避免使用机械冲击或研磨严重的循环泵，可使用气升管、隔膜泵或衬里的、叶片数很少的低转速开式叶轮泵；第三，结晶器的内壁应当光滑，要求表面光洁、少焊缝、无毛刺和粗糙面，避免对成核的诱发；最后，待结晶料液中的固体悬浮杂质要预先清除。总之，要避免自发成核的发生，以及由此而造成的晶核过多、结晶过细；结晶的推动力不宜过大，即使要在不稳区启动结晶过程，在启动后也要设法降低推动力，甚至要取出部分晶核以控制结晶颗粒的总数。

（三）晶体的成长

按照最普遍使用的扩散理论，晶体的成长大致分为三个阶段：首先是溶质分子从溶液主体向晶体表面的静止液层扩散；接着是溶质穿过静止液层后到晶体表面，晶体按晶格排列增长并产生结晶热；然后是释放出的结晶热穿过晶体表面静止液层向溶液主体扩散。实际上晶体的成长与晶核的形成在速度上存在着相互的竞争。当推动力（即过饱和程度）变得较大的时候，晶核生成速度 $u_{核}$ 急剧增加，尽管晶体成长速度 $u_{晶体}$ 也在增大，但是竞争不过晶核的生成，数量多而粒度细的晶体的析出就成为必然了。

当结晶逐渐析出，过饱和度最终下降为 0 时，随着时间的推延，晶核的数量会逐渐减少而晶体会逐渐增大。解释这种现象要用动态平衡的观点，此时作为结晶-溶解过程虽处于平衡状态，但是结晶、溶解的微观过程从来也没有停止，只不过是结晶速度和溶解速度相等而已。既然如此，大小不等的晶体都有同等的晶体成长和被溶解的机会。但是粒度小的晶体相对于粒度大的晶体有较大的比表面积，这一情况使得细微晶粒被溶解的可能性大而晶体增大的可能性要小。因此结晶时间的延长有利于晶体的成长。

二、提高晶体质量的途径

晶体的质量主要是指晶体的大小，形状和纯度三个方面。工业上通常希望得到粗大而均匀的晶体。粗大而均匀的晶体较细小不规则的晶体便于过滤与洗涤，在储存过程中不易结块。

(一) 晶体大小

结晶过程是成核及其生长是同时进行的，因此必须同时考虑这些因素对两者的影响。过饱和度增加能使成核速度和晶体生长速度增快，但成核速度增加更快，因而得到细小的晶体。尤其过饱和度很高时影响更为显著。

当溶液快速冷却时，能达到较高的过饱和度得到较细小的晶体，反之缓慢冷却常得到较大的晶体。当溶液的温度升高时，使成核速度和晶体生长速度皆增快，但对后者影响更显著。因此低温得到较细的晶体。

搅拌能促进成核和加快扩散，提高晶核长大的速度。但当搅拌强度到一定程度后，再加快搅拌效果就不显著，相反，晶体还会因搅拌剪切力过大而被打碎。

另外，晶种能够控制晶体的形状、大小和均匀度，为此要求晶种首先要有一定的形状、大小，而且比较均匀。因此，适宜的晶种的选择是一个关键问题。

(二) 晶体形状

同种物质的晶体，用不同的结晶方法产生，虽然仍属于同一晶系，但其外形可以完全不同。外形的变化是因为在一个方向生长受阻，或在另一方向生长加速所致。通过一些途径可以改变晶体外形，例如：控制晶体生长速度、过饱和度、结晶温度，选择不同的溶剂，溶液pH 的调节和有目的的加入某种能改变晶形的杂质等方法。

在结晶过程中，对于某些物质来说，过饱和度对其各晶面的生长速度影响不同，所以提高或降低过饱和度有可能使晶体外形受到显著影响。如果只在过饱和度超过亚稳区的界限后才能得到所要求的晶体外形，则需采用向溶液中加入抑制晶核生成的添加剂。

从不同溶剂中结晶常得到不同的外形，而且杂质的存在还会影响到晶形。

(三) 晶体纯度

结晶过程中，含许多杂质的母液是影响产品纯度的一个重要因素。晶体表面具有一定的物理吸附能力，因此表面上有很多母液和杂质黏附在晶体上。晶体愈细小，比表面积愈大，表面自由能愈高，吸附杂质愈多。若没有处理好必然降低产品纯度，一般把结晶和溶剂一同放在离心机或过滤机中，搅拌后再离心或抽滤，这样洗涤效果好。边洗涤边过滤的效果较差，因为易形成沟流使有些晶体不能洗到。

当结晶速度过大时（如过饱和度较高，冷却速度很快），常发生若干颗晶体聚结成为"晶簇"现象，此时易将母液等杂质包藏在内，或因晶体对溶剂亲和力大，晶格中常包含溶剂。为防止晶簇产生，在结晶过程中可以进行适度搅拌。为除去晶格中的有机溶剂只能采用重结晶的方法。

晶体粒度及粒度分布对质量有很大的影响。一般来说，粒度大、均匀一致的晶体比粒度小、参差不齐的晶体含母液少而且容易洗涤。

杂质与晶体具有相同晶形时，称为同晶现象。对于这种杂质需用特殊的物理化学方法分离除去。

（四）晶体结块

晶体结块给使用带来不便。结块原因目前公认的有结晶理论和毛细管吸附理论两种。

1. 结晶理论

由于物理或化学原因，使晶体表面溶解并重结晶，于是晶粒之间在接触点上形成了固体联结，即形成晶桥，而呈现结块现象。

物理原因是晶体与空气之间进行水分交换。如果晶体是水溶性的，则当某温度下空气中的水蒸气分压大于晶体饱和溶液在该温度下的平衡蒸汽压时，晶体就从空气中吸收水分。晶体吸水后，在晶粒表面形成饱和溶液。当空气中湿度降低时，吸水形成的饱和溶液蒸发，在晶粒相互接触点上形成晶桥而粘连在一起。

化学原因是由于晶体与其存在的杂质或空气中的氧、二氧化碳等产生化学反应，或在晶粒间的液膜中发生复分解反应。由于以上某些反应产物的溶解度较低而析出，而导致结块。

2. 毛细管吸附理论

由于细小晶粒间形成毛细管，其弯月面上的饱和蒸汽压低于外部饱和蒸汽压，这样就为水蒸气在晶粒间的扩散创造条件。另外，晶体虽经干燥，但总会存在一定湿度梯度。这种水分的扩散会造成溶解的晶体移动从而为晶粒间晶桥提供饱和溶液，导致晶体结块。

均匀整齐的粒状晶体结块倾向较小，即使发生结块，由于晶块结构疏松，单位体积的接触点少结块易弄碎如图 6-50(a) 所示。粒度不齐的粒状晶体由于大晶粒之间的空隙充填着较小晶粒，单位体积中接触点增多结块倾向较大，而且不易弄碎，如图 6-50(b) 所示。晶粒均匀整齐但为长柱形，能挤在一起而结块，如图 6-50(c) 所示。晶体呈长柱状，又不整齐，紧紧地挤在一起，很易结块形成空隙很小的晶块，如图 6-50(d) 所示。

 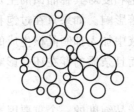  

　　(a) 大而均匀的粒状晶形　　(b) 不均匀的粒状晶体　　(c) 大而均匀的长柱状晶形　　(d) 不均匀的长柱状晶形

图 6-50　晶粒形状对结块的影响

大气湿度、温度、压力及储存时间等对结块也有影响。空气湿度高会使结块严重。温度高增大化学反应速率使结块速率加快。晶体受压，一方面使晶体紧密接触增加接触面，另一方面对其溶解度有影响，因此压力增加导致结块严重。随着储存时间增长，结块现象趋于严重，这是因为溶解及重结晶反复次数增多所致。

为避免结块，在结晶过程中应控制晶体粒度，保持较窄的粒度分布及良好的晶体外形。还应储存在干燥、密闭的容器中。

（五）重结晶

重结晶就是将晶体用合适的溶剂溶解再次结晶，能使纯度提高。因为杂质和结晶物质在不同溶剂和不同温度下的溶解度不同。

重结晶的关键是选择合适的溶剂，选择溶剂的原则：①溶质在某溶剂中的溶解度随温度升高而迅速增加，冷却时能析出大量结晶；②溶质易溶于某一溶剂而难溶于另一溶剂，且两溶剂互溶，则通过试验确定两者在混合溶剂中所占比例。其方法是将溶质溶于溶解度较大的一种溶剂中，然后将第二种溶剂加热后缓缓地加入，一直到稍成浑浊，结晶刚出现为止，接着冷却，放置一段时间使结晶完全。

三、结晶设备的结构及特点

按照生产作业方式，结晶器分成间歇和连续两大类，连续式结晶器又可分为线性的和搅拌的两种。早期的结晶装置多为间歇式，而现代结晶装置多数采用连续作业，而且逐渐发展为大型化，操作自动化。

按照形成过饱和溶液途径的不同，可将结晶设备分为冷却结晶器、蒸发结晶器、真空结晶器、盐析结晶器和其他结晶器五大类，其中前三类使用较广。

（一）冷却结晶器

冷却结晶器是采用降温来使溶液进入过饱和（自然起晶或晶种起晶），并不断降温，以维持溶液一定的过饱和浓度进行育晶，常用于温度对溶解度影响比较大的物质结晶。结晶前先将溶液升温浓缩。

1. 槽式结晶器

通常用不锈钢板制作，外部有夹套通冷却水以对溶液进行冷却降温；连续操作的槽式结晶器，往往采用长槽并设有长螺距的螺旋搅拌器，以保持物料在结晶槽的停留时间。槽的上部要有活动的顶盖，以保持槽内物料的洁净。槽式结晶器的传热面积有限，且劳动强度大，对溶液的过饱和度难以控制；但小批量、间歇操作时还比较合适。槽式结晶器的结构如图 6-51 及图 6-52 所示。

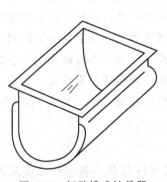

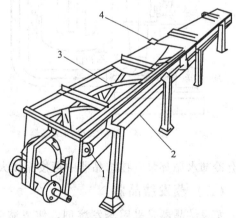

图 6-51　间歇槽式结晶器

图 6-52　长槽搅拌式连续结晶器
1—冷却水进口；2—水冷却夹套；
3—长螺距螺旋搅拌器；4—接头

2. 结晶罐

这是一类立式带有搅拌器的罐式结晶器，冷却采用夹层，也可用装于罐内的鼠笼冷却管（图 6-53）。在结晶罐中冷却速度可以控制得比较缓慢。因为是间歇操作，结晶时间可以任意调节，因此可得到较大的结晶颗粒，特别适合于有结晶水的物料的晶析过程。但是生产能力较低，过饱和度不能精确控制。结晶罐的搅拌转速要根据对产品晶粒的大小要求来定：对抗生素工业，在需要获得微粒晶体时采用高转速，即 1000～3000r/min，一般结晶过程的转速为 50～500r/min。

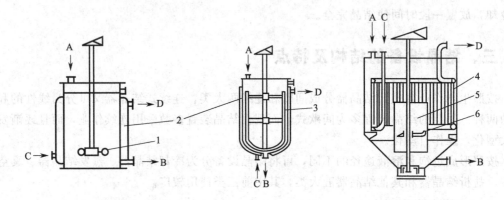

图 6-53　结晶罐

1—桨式搅拌器；2—夹套；3—刮垢器；4—鼠笼冷却器；5—导液管；6—尖底搅拌耙

A—液料进口；B—晶浆出口；C—冷却剂入口；D—冷却剂出口

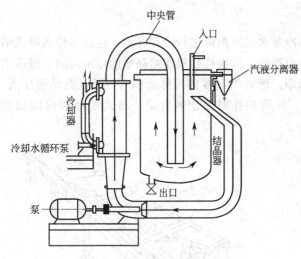

图 6-54　粒析式冷却结晶器

3. 粒析式冷却结晶器

这是一种能够严格控制晶体大小的结晶器，如图 6-54 所示，料液沿入口管进入器内，经循环管于冷却器室中达到过饱和（呈介稳态），此过饱和溶液经循环泵沿中央管路进入结晶器室的底部，由此向上流动，通过一层晶体悬浮体层，进行结晶。不同大小的晶体因沉降速度不同，大的颗粒在下，小的颗粒在上进行粒析。晶体长大的沉降速度大于循环液上升速度后而沉降到器底，连续或定期从出口管处排出。小的晶体与溶液一同循环，直到长大为止。极细的晶粒浮在液面上，用分离器使之分离，设有冷却水循环泵，在结晶器中可按晶体大小予以分类。

（二）蒸发结晶器

蒸发结晶器是采用蒸发溶剂，使浓缩溶液进入过饱和区起晶（自然起晶或晶种起晶），并不断蒸发，以维持溶液在一定的过饱和度进行育晶。结晶过程与蒸发过程同时进行，故一般称为煮晶设备。

对于溶质的溶解度随温度变化不大、或者单靠温度变化进行结晶时结晶率较低的场合，需要蒸除部分溶剂以取得结晶操作必要的过饱和度，这时可用蒸发式结晶器。

蒸发操作的目的就是达到溶液的过饱和度，便于进一步的结晶操作。传统的蒸发器较少考虑结晶过程的规律，往往对结晶的析出考虑较多而对结晶的成长极少考虑。随着人们对结晶操作认识的逐步深化，才开始重视在蒸发操作及设备中对结晶过程的控制作相应的研究。

蒸发式结晶器是一类蒸发-结晶装置。为了达到结晶的目的，使用蒸发溶剂的手段产生并严格控制溶液的过饱和度，以保证产品达到一定的粒度标准。或者讲，这是一类以结晶为主、蒸发为辅的设备。

图 6-55 所示为奥斯陆蒸发式结晶器，料液经循环泵送入加热器加热，加热器采用单程管壳式换热器，料液走管程。在蒸发室内部分溶剂被蒸发，二次蒸汽经捕沫器排出，浓缩的料液经中央管下行至结晶成长段，析出的晶粒在液体中悬浮作流态化运动，大晶粒集中在下部，而细微晶粒随液体从成长段上部排出，经管道吸入循环泵，再次进入加热器。对加热器传热速率的控制可用来调节溶液过饱和程度，浓缩的料液从结晶成长段的下部上升，不断接触流化的晶粒，过饱和度逐渐消失而晶体也逐渐长大。蒸发式结晶器的结构远比一般蒸发器复杂，

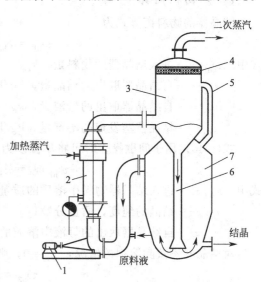

图 6-55　奥斯陆蒸发式结晶器
1—循环泵；2—加热器；3—蒸发室；4—捕沫器；
5—通气管；6—中央管；7—结晶成长段；

因此对涉及结晶过程的结晶蒸发器在设计、选用时要与单纯的蒸发器相区别。

（三）真空结晶器

真空结晶器比蒸发式结晶器要求有更高的操作真空度。另外真空结晶器一般没有加热器或冷却器，料液在结晶器内闪蒸浓缩并同时降低了温度，因此在产生过饱和度的机制上兼有蒸除溶剂和降低温度两种作用。由于不存在传热面积，从根本上避免了在复杂的传热表面上析出并积结晶体。真空结晶器由于省去了换热器，其结构简单、投资较低的优势使它在大多数情况下成为首选的结晶器。只有溶质溶解度随温度变化不明显的场合才选用蒸发式结晶器；而冷却式结晶器几乎都可为真空结晶器所代替。

图 6-56 所示为一台间歇式真空结晶器。原料液在结晶室被闪蒸，蒸除部分溶剂并降低温度，以浓度的增加和温度的下降程度来调节过饱和度。二次蒸汽先经过一个直接水冷凝器，然后再接到一台双级蒸汽喷射泵，以造成较高的真空度。

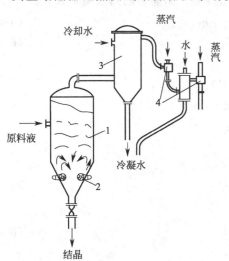

图 6-56　间歇式真空结晶器
1—结晶室；2—搅拌器；
3—直接水冷器；4—二级蒸汽喷射泵

四、结晶设备的设计计算

（一）物料衡算

结晶器的物料衡算式为

$$w_{h1} = w_{h2} + w_{h3} + w_h \tag{6-40}$$

式中　w_{h1}——进入结晶器的物料量，kg/h；

　　　w_{h2}——自结晶器取出的结晶量，kg/h；

　　　w_{h3}——自结晶器取出的母液量，kg/h；

　　　w_h——结晶器蒸发走的溶剂量，kg/h。

式（6-40）用于间歇操作时可将单位改为 kg/批。对溶质进行衡算的方程是

$$w_{h1} x_{w1} = w_{h2} x_{w2} + w_{h3} x_{w3} \tag{6-41}$$

式中　x_{w1}——进入结晶器物料中溶质的质量分数；

　　　x_{w2}——结晶的纯度，质量分数；

　　　x_{w3}——自结晶器取出的母液中溶质的质量分数。

对结晶器不蒸除溶剂的情况，$w_h = 0$，则

$$w_{h2} = w_{h1} - w_{h3} \tag{6-42}$$

由式（6-41）和式（6-42）联立，求得结晶产量为

$$w_{h2} = \frac{w_{h1}(x_{w1} - x_{w3})}{x_{w2} - x_{w3}} \tag{6-43}$$

（二）热量衡算

热量衡算的目的是计算冷却水用量。出入结晶器的热流有五股：待结晶溶液带入的热量速率 q_1，结晶带出的热流速率 q_2，母液带出的热流速率 q_3，蒸发的溶剂蒸气带走的热流速率 q_4 和冷却水带走的热流速率 q，热流速率的单位是 kW。结晶器的热量衡算式为：

$$q_1 = q_2 + q_3 + q_4 + q \tag{6-44}$$

　　　其中　　　　　　　　　$q_1 = w_{h1} c_1 T_1 \tag{6-45}$

式中　T_1——待结晶溶液的温度，K；

　　　c_1——待结晶溶液的平均比热容，kJ/(kg·K)。

　　　也有　　　　　　　　　$q_2 = w_{h2}(c_{晶} T_2 + \Delta H_{结晶}) \tag{6-46}$

式中　T_2——晶体与母液离开结晶器时的温度，K；

　　　$c_{晶}$——晶体的平均比热容，kJ/(kg·K)；

　　　$H_{结晶}$——晶体的结晶热，kJ/kg。

　　　而　　　　　　　　　　$q_3 = w_{h3} c_3 T_2 \tag{6-47}$

式中　c_3——母液的平均比热容，

　　　还有　　　　　　　　　$q_4 = w_h i_T \tag{6-48}$

式中　i_T——温度为 T 的溶剂蒸气的热焓量；

　　　T——离开结晶器的溶剂蒸汽温度，K。

（三）结晶设备容积和尺寸计算

设备的生产能力：

$$G = \frac{V\rho\varphi\omega}{t} \quad (\text{kg/h}) \qquad (6\text{-}49)$$

式中 V——结晶设备总体积，m^3；

  ρ——浓液的密度，kg/m^3；

  φ——结晶设备最终时充填系数，对于煮晶锅一般为 $0.4 \sim 0.5$；

  ω——结晶溶液中晶体的质量分数比；

  t——每批结晶操作总时间，h。

所以 $$V = \frac{Gt}{\rho\varphi\omega} \quad (\text{m}^3) \qquad (6\text{-}50)$$

计算出整个设备体积后，即可根据选定设备的形式来确定设备的其他尺寸，如采用球形底的煮晶锅，则：

$$V = \frac{Gt}{\rho\varphi B} = \frac{2Gt}{\rho B} = V_1 + V_2 = \frac{1}{12}\pi D^3 + \pi D^2 H \qquad (6\text{-}51)$$

一般 $H/D = 2 \sim 3$，取 2.5 时：

$$D = \sqrt[3]{\frac{24GT}{8.5\pi\rho B}} \qquad (6\text{-}52)$$

计算出直径 D 后，要验算蒸发时器内二次蒸汽流速是否为 $1 \sim 3\text{m/s}$ 范围，过大会造成雾沫夹带严重，需要修正。

（四）结晶设备传热面积

使用冷凝结晶设备时，通常是将经过浓缩但还未能自然起晶（在该温度下）的热溶液送进结晶器，在设备内迅速冷却，使溶液进入不稳定的过饱和区而起晶，或到达介稳区的过饱和浓度时加入晶种育种。在育种过程中，溶液中溶质的含量随着不断析出晶体而减少，因此，要求保持较大的结晶速度，则要维持溶液较高的过饱和浓度，采用降温的办法来改变溶液的溶解度。随着溶液中结晶的增加，结晶速度的下降，降温速度也应逐渐减慢。在整个结晶过程中，最终迅速冷却阶段的传热量为最大，传热面积是以最大的传热量进行计算的。若冷却结晶设备的传热面积以最佳条件（即送入的溶液都已到达育晶条件）计算，这时需要的传热面积比较小，可以用结晶速度与维持溶液一定过饱和度的降温速度相等的联立方程进行计算。热交换面应平整光滑，避免因晶体积聚而影响育晶阶段的传热效果。

间歇式蒸发结晶设备通常是在蒸发过程中连续不断补充溶液，以维持设备内溶液一定容积和一定过饱和浓度的条件下进行育晶，这样可取得较快的结晶速度和较大的晶体。浓缩最初阶段是把溶液从进料的不饱和浓度快速浓缩到育晶过程所需要的过饱和浓度，同时不断进入溶液，以保持设备内最大的容积系数，此时所需要的传热面积最大。当溶液达到一定的过饱和浓度以后，加入晶种育晶，此时的蒸发量是所补充的原料溶液浓缩到育晶过饱和浓度所蒸发的溶剂量，随着晶体不断增加，补充溶液量和蒸发量也不断减少。通常加热面积的确定是以最大蒸发量进行计算。若溶液以介稳区育晶浓度进料，则所需要的传热面积较小，这时的传热面积可用结晶速度和进料溶液所需要的蒸发速度相等的联立方程来计算。

练习题

（一）填空题

1. 把食盐水放在敞口容器里，让水分慢慢蒸发，溶液首先达到（ ），继续蒸发就会有（　　）析出。对溶解度受温度影响变化不大的固体物质，一般就采用（　　）的方法得到固体。

2. 多数物质热的饱和溶液降温后，就会有（　　）析出，对溶解度受温度影响变化大的固体物质，欲获得晶体一般就采用（　　）的方法。

3. 某溶液析出晶体的母液，当温度不变时是（　　）溶液（饱和或不饱和）。

4. 过滤装置中，滤纸应（　　）漏斗内壁，滤纸的边缘应比漏斗口（　　），漏斗下端的管口（　　）烧杯内壁，倾倒液体时用（　　）将液体引入过滤器，过滤器里的液面要（　　）滤纸过缘。

5. 除去铜粉中混有的少量铁粉的方法是先入（　　），反应完全后进行（　　）。反应的化学方程式为（　　）。

6. 从混有少量泥砂的食盐中提取氯化钠的主要操作步骤是①（　　）；②（　　）；③（　　）。实验中使用次数最多的仪器是：（　　）。

(二) 选择题

1. 提纯含有少量泥沙的粗盐，下列操作顺序正确的是（　　）。

A. 过滤、蒸发、结晶、溶解　　　　B. 溶解、蒸发、过滤、结晶

C. 溶解、蒸发、结晶、过滤　　　　D. 溶解、过滤、蒸发、结晶

2. 下列叙述中正确的是（　　）。

A. 海水一经降温，就会有大量食盐晶体析出

B. 加热蒸发硝酸钾溶液，开始时就会有大量硝酸钾晶体析出

C. 硝酸钾的饱和溶液还可以溶解硝酸钾

D. 将析出硝酸钾晶体后的溶液再冷却，仍然有硝酸钾晶体析出

3. 粗盐提纯实验必须使用的一组仪器是（　　）。

A. 烧杯、玻璃棒、漏斗、蒸发皿、酒精灯

B. 量筒、烧杯、试管夹、蒸发皿、铁架台

C. 漏斗、玻璃棒、镊子、蒸发皿、铁架台

D. 试管、量筒、药匙、玻璃棒、酒精灯

4. 把 t℃时的硫酸铜饱和溶液冷却到室温时，观察到的现象是（　　）。

A. 溶液变为无色　　　　　　　　B. 有白色沉淀析出

C. 有蓝色晶体析出　　　　　　　D. 无变化

5. t℃时某溶液200g，蒸发掉20g水后，析出8g晶体，又蒸发20g水后析出晶体12g，则 t℃时某物质的溶解度为（　　）

A. 40g　　　　B. 50g　　　　　C. 60g　　　　　D. 100g

6. 20℃时，有二杯饱和的A溶液：甲杯盛100g，乙杯盛150g，在下列条件下，两杯溶液中析出晶体质量相同的是（　　）。

A. 两杯溶液都降温至10℃

B. 同温下，甲杯蒸发掉10g水，乙杯蒸发掉60g水

C. 甲杯加25g A溶液，乙杯减少25g A溶液

D. 同温下，两杯都蒸发掉30g水

参考答案

项目一

任务一

（一）选择题

1. D；2 . A；3. B；4. A；5. A

（二）判断题

1. √；2. √；3. √；4. √

任务二

（一）填空题

1. 升高；2. 抛物线，2，$64/Re$；3. 阻力系数法，当量长度法

（二）选择题

1. B；2. D；3. C；4. C；5. D；6. A；7. A；8. D；9. D；10. B

（三）判断题

1. √；2. ×；3. √；4. ×；5. √；6. ×；7. √；8. ×；9. ×；10. √

（四）计算题

1. $1.186kg/m^3$；2. 698.07kPa、403.86kPa；3. 331.9kPa、33.83m；4. 0.5m/s、2m/s；

5. 湍流；6. 4560J/kg、5750kPa；

7. 1.2m；8. 3.46m

任务三

（一）填空题

1. 泵壳、叶轮、轴封装置；

2. 叶轮式、容积式；

3. 流量-扬程、流量-功率、流量-效率

（二）选择题

1. B；2. D；3. B；4. C；5. C；6. D；7. B；8. B；9. B；10. C

（三）判断题

1. √；2. ×；3. √；4. ×；5. ×；6. ×；7. ×；8. √；9. ×；10. ×

项目二

任务一

（一）填空题

1. 热传导、热对流、热辐射；2. 自然对流、强制对流；

3. 能量形式的转换；4. 间壁式换热、直接混合式换热、蓄热式换热；5. 载热体

（二）选择题

1. C；2. B；3. B；4. A；5. D

任务二

（一）选择题

1. C；2. B；3. A；4. A；5. D；6. D；7. A；8. C；9. A；10. A

（二）判断题

1. √；2. √；3. ×；4. ×；5. √；6. ×；7. √；8. √；9. ×；10. ×

（三）计算题

1. 热水消耗量 545kg/h，热负荷 12.7kW；

2. 1084.62 kg/h；

3. 约 32℃；

4. (1) $160W/(m^2 \cdot K)$，(2) $320W/(m^2 \cdot K)$，(3) $160W/(m^2 \cdot K)$；

5. 约 $9.1m^2$

任务三

（一）选择题

1. D；2. A；3. A；4. C；5. D

（二）判断题

1. ×；2. ×；3. ×；4. √；5. √

项目三

任务一

（一）填空题

1. 分子扩散、涡流扩散；

2. 温度、压力、降温加压；

3. 减小、增大；

4. 0.042、0.0084；

5. 吸收；

6. 增大

（二）选择题

1. C；2. A；3. A；4. D；5. D；6. A；7. A

（三）计算题

1. $y=0.10$，$Y=0.111$，$x=0.0072$，$X=0.0073$；

2. $Y=0.014$；

3. 2090.4，$0.03kmol/(m^2 \cdot h)$；

4. $Y_2=0.0056$，$N_A=5.22kmol/h$；

5. 清水用量 $L = 45.5\text{kmol/h}$，吸收液组成 $X_1 = 0.03398$；

6. 逆流操作时，最小液气比为 3.82；并流操作时，最小液气比为 19.4

任务二

（一）填空

1. 逆流；2. 接触面积；3. 分散、连续；4. 增大、增大

（二）选择

1. A；2. C；3. A；4. D

项目四

任务一

（一）填空题

1. 越容易分离；2. 沸点或挥发度，部分汽化，部分冷凝；3. 液相回流，汽相回流

（二）选择题

1. B；2. C；3. A；4. C；5. B；6. B

（三）判断题

1. √；2. √；3. ×；4. ×；5. √；6. √；7. √；8. ×；9. ×；10. ×；11. ×；12. ×

任务二

（一）填空题

1. 液相；2. 变大，变大，变小，变大；3. F；4. 变小，变大，变大；5. 大于，大于；

6. 变小，变大

（二）选择题

1. C；2. B；3. B；4. A；5. D

（三）判断题

1. √；2. √；3. ×；4. √；5. √；6. ×；7. √；8. √；9. √；10. √

（四）计算题

1. （1）甲醇的质量分数为 0.5926，（2）苯的摩尔分数为 0.2387；

2. $D = 750\text{kg/h}$，$x_D = 0.65$；

3. $D = 652\text{kg/h}$，$W = 4348\text{kg/h}$，回收率为 82.6%；

4. $D = 12.5\text{kmol/h}$，$x_D = 0.972$；

5. （1）塔顶产品的采出率 $D/F = 0.228$；（2）$L/V = 0.714$，$V'/L' = 508$；

6. 回流量 $L = 61.6\text{kmol/h}$；7. $R = 3$，$x_D = 0.82$，$x_F = 0.45$，$x_W = 0.08$；

8. （1）理论板数为 7 块理论板（不含再沸器），加料版位置为从上往下数第 5 块理论板；

（2）实际塔板数为 9 块，加料为从上往下数第 7 块板

任务三

（一）填空题

1. 五，漏液线、液沫夹带线、液相负荷下限线、液相负荷上限线、液泛线；2. 两个操作极限的气体流量之比；3. 维持塔板上有一定高度的液层

（二）选择题

1. A；2. D

（三）判断题

1. ×；2. ×；3. √；4. √；5. ×；6. √；7. ×；8. √；9. ×；10. √；11. √；12. ×

（四）思考题

（略）

（五）识图题

（1）汽相负荷 2.25m³/h，液相负荷 8.5m³/h；

（2）操作上限受液泛控制，此时汽相负荷为 3m³/h，操作下限受漏液控制，此时汽相负荷 1m³/h；

（3）操作弹性＝3/1＝3

项目五

任务一

（一）填空题

1. 越大；2. 25；3. 愈低；4. 物料表面水蒸气压力必须大于空气中的水蒸气压力；

5. 减弱；6. $T=T_露=T_湿$；7. 不变；8. 减小

（二）选择题

1. D；2. C；3. B；4. A；5. A；6. C，C；7. D；8. C；9. C

（三）判断题

1. ×；2. ×；3. ×；4. √；5. √；6. ×；7. √；8. ×；9. ×；10. ×；

11. ×；12. √；13. ×；14. √；15. ×；16. √；17. ×；18. ×；19. √；20. √

（四）计算题

1.（1）7.97Pa，（2）0.05387kg/kg 绝干气，（3）1.016 kg/m³ 湿空气；

2.（1）2782kg 新鲜空气/h，（2）$t_1=83.26℃$，$I_1=224.1$kJ/kg 绝干气，（3）$Q_P=132.8$kW；

3.（1）9080kg/h，（2）略，（3）17403kg 新鲜空气/h，（4）24.18%；

4.（1）1.625h，（2）0.121kg/kg 绝干料；

5. 9.57h

任务二

（略）

项目六

任务一

（一）填空题

1. 传热；2. 自蒸发；3. 作热源用的加热蒸汽，汽化出来的水蒸气；4. 为低、二次蒸汽、加热用、二次蒸汽；5. 少，自蒸发；6. 采用多效蒸发，真空蒸发，加强设备保温；7. 加热室，蒸发室；8. 提高加热蒸汽经济程度（或：减少加热蒸汽耗量）

（二）判断题

1. ×；2. √；3. √；4. √；5. ×；6. √；7. ×；8. ×；9. ×；10. √

（三）选择题

1. A；2. D；3. A；4. D；5. B；6. D；7. D；8. B；9. D；10. D；11. A

任务二

（一）判断题

1. ×；2. √；3. ×；4. √；5. ×

（二）选择题

1. B；2. C；3. C；4. B；5. C

任务三

（一）判断题

1. ×；2. ×；3. √；4. √

（二）选择题

1. A；2. B；3. B；4. B

任务四

（一）判断题

1. √；2. ×；3. √

（二）选择题

1. C；2. A

任务五

（一）判断题

1. √；2. ×；3. ×

（二）选择题

1. A；2. C；3. A；4. C

任务六

（一）填空题

1. 饱和，食盐晶体，蒸发溶剂；2. 晶体，冷却热饱和溶液；3. 饱和；

4. 紧贴，稍低，紧靠，玻璃棒，低于；

5. 足量稀盐酸或稀硫酸，过滤，$Fe+2HCl \Longrightarrow FeCl_2+H_2$ 或 $Fe+H_2SO_4 \Longrightarrow FeSO_4+H_2$；

6. 溶解，过滤，蒸发，玻璃棒

（二）选择题

1. D；2. D；3. A；4. C；5. C；6. D

附　录

1. 单位换算表

（1）长度

cm 厘米	m 米	ft 英尺	in 英寸
1	10^{-2}	0.0328	0.3937
100	1	3.281	39.37
30.48	0.3048	1	12
2.504	0.0254	0.08333	1

（2）面积

cm² 厘米²	m² 米²	ft² 英尺²	in² 英寸²
1	10^{-4}	0.001076	0.1550
10^4	1	10.76	1550
929.0	0.0929	1	144.0
6.452	0.0006452	0.006944	1

（3）体积

cm³ 厘米³	m³ 米³	L 升	ft³ 英尺³	Imperial gal 英加仑	US gal 美加仑
1	10^{-6}	10^{-3}	3.531×10^{-5}	2.2×10^{-4}	2.642×10^{-4}
10^6	1		35.31	220.0	264.2
10^3	10^{-3}	1	0.03531	0.2200	0.2642
28320	0.02832	28.32	1	6.228	7.481
4546	0.004546	4.546	0.1605	1	1.201
3785	0.003785	3.785	0.1337	0.8327	1

（4）质量

g 克	kg 千克	t 吨	lb 磅
1	10^{-3}	10^{-6}	0.002205
1000	1	10^{-3}	2.205
10^6	10^3	1	2204.62
453.6	0.4536	$4.536\,10^{-4}$	1

2. 水的物理性质

温度 $t/℃$	密度 $\rho/(kg/m^3)$	压强 $p\times10^{-5}$ $/Pa$	黏度 $\mu\times10^5$ $/Pa\cdot s$	热导率 $\lambda\times10^2$ $/[W/(m\cdot K)]$	比热容 $c_p\times10^{-3}$ $/[J/(kg\cdot K)]$	膨胀系数 $\beta\times10^4$ $/(1/K)$	表面张力 $\sigma\times10^3$ $/(N/m^2)$	普朗特数 Pr
0	999.9	1.013	178.78	55.08	4.212	−0.63	75.61	13.66
10	999.7	1.013	130.53	57.41	4.191	+0.70	74.14	9.52
20	998.2	1.013	100.42	59.85	4.183	1.82	72.67	7.01
30	995.7	1.013	80.12	61.71	4.174	3.21	71.20	5.42
40	992.2	1.013	65.32	63.33	4.174	3.87	69.63	4.30
50	988.1	1.013	54.92	64.73	4.174	4.49	67.67	3.54
60	983.2	1.013	46.98	65.89	4.178	5.11	66.20	2.98
70	977.8	1.013	40.60	66.70	4.187	5.70	64.33	2.53
80	971.8	1.013	35.50	67.40	4.195	6.32	62.57	2.21
90	965.3	1.013	31.48	67.98	4.208	6.59	60.71	1.95
100	958.4	1.013	28.24	68.12	4.220	7.52	58.84	1.75
110	951.0	1.433	25.89	68.44	4.233	8.08	56.88	1.60
120	943.1	1.986	23.73	68.56	4.250	8.64	54.82	1.47
130	934.8	2.702	21.77	68.56	4.266	9.17	52.86	1.35
140	926.1	3.62	20.10	68.44	4.287	9.72	50.70	1.26
150	917.0	4.761	18.63	68.33	4.312	10.3	48.64	1.18
160	907.4	6.18	17.36	68.21	4.346	10.7	46.58	1.11
170	897.3	7.92	16.28	67.86	4.379	11.3	44.33	1.05
180	886.9	10.03	15.30	67.40	4.417	11.9	42.27	1.00
190	876.0	12.55	14.42	66.93	4.460	12.6	40.01	0.96
200	863.0	15.55	13.63	66.24	4.505	13.3	37.66	0.93
250	799.0	39.78	10.98	62.71	4.844	18.1	26.19	0.86
300	712.5	85.92	9.12	53.92	5.736	29.2	14.42	0.97
350	574.4	165.38	7.26	43.00	9.504	66.8	3.82	1.60
370	450.5	210.54	5.69	33.70	40.319	264	0.47	6.80

3. 水在不同温度下的黏度

温度 /℃	黏度 /mPa·s	温度 /℃	黏度 /mPa·s	温度 /℃	黏度 /mPa·s	温度 /℃	黏度 /mPa·s	温度 /℃	黏度 /mPa·s
0	1.792								
1	1.731	16	1.111	31	0.7840	46	0.5833	61	0.4618
2	1.673	17	1.083	32	0.7679	47	0.5782	62	0.4550
3	1.619	18	1.056	33	0.7523	48	0.5683	63	0.4483
4	1.567	19	1.030	34	0.7371	49	0.5588	64	0.4418
5	1.519	20	1.005	35	0.7225	50	0.5494	65	0.4355
6	1.473	21	0.9810	36	0.7085	51	0.5404	66	0.4293
7	1.428	22	0.9579	37	0.6947	52	0.5315	67	0.4233
8	1.386	23	0.9358	38	0.6814	53	0.5229	68	0.4174
9	1.346	24	0.9142	39	0.0685	54	0.5146	69	0.4117
10	1.308	25	0.8937	40	0.6560	55	0.5064	70	0.4061
11	1.271	26	0.8737	41	0.6439	56	0.4985	71	0.4006
12	1.236	27	0.8545	42	0.6321	57	0.4907	72	0.3952
13	1.203	28	0.8360	43	0.6207	58	0.4832	73	0.3900
14	1.171	29	0.8180	44	0.6097	59	0.4759	74	0.3849
15	1.140	30	0.8007	45	0.5988	60	0.4688	75	0.3799

续表

温度/℃	黏度/mPa·s	温度/℃	黏度/mPa·s	温度/℃	黏度/mPa·s	温度/℃	黏度/mPa·s	温度/℃	黏度/mPa·s
76	0.3750	81	0.3521	86	0.3315	91	0.3130	96	0.2962
77	0.3702	82	0.3478	87	0.3276	92	0.3095	97	0.2930
78	0.3655	83	0.3436	88	0.3239	93	0.3060	98	0.2899
79	0.3610	84	0.3395	89	0.3202	94	0.3027	99	0.2868
80	0.3565	85	0.3355	90	0.3165	95	0.299496	100	0.2838

4. 干空气的物理性质（$p=101.3\text{kPa}$）

温度 $t/℃$	密度 $\rho/(\text{kg/m}^3)$	黏度 $\mu\times10^5$ /Pa·s	热导率 $\lambda\times10^2$ /[W/(m·K)]	比热容 $c_p\times10^{-3}$ /[J/(kg·K)]	普朗特数 Pr
−50	1.584	1.46	2.034	1.013	0.727
−40	1.515	1.52	2.115	1.013	0.728
−30	1.453	1.57	2.196	1.013	0.724
−20	1.395	1.62	2.278	1.009	0.717
−10	1.342	1.67	2.359	1.009	0.714
0	1.293	1.72	2.440	1.005	0.708
10	1.247	1.77	2.510	1.005	0.708
20	1.205	1.81	2.591	1.005	0.686
30	1.165	1.86	2.673	1.005	0.701
40	1.128	1.91	2.754	1.005	0.696
50	1.093	1.96	2.824	1.005	0.697
60	1.060	2.01	2.893	1.005	0.698
70	1.029	2.06	2.963	1.009	0.701
80	1.000	2.11	3.044	1.009	0.699
90	0.972	2.15	3.126	1.009	0.693
100	1.946	2.19	3.207	1.009	0.695
120	1.898	2.29	3.335	1.009	0.692
140	0.854	2.37	3.486	1.013	0.688
160	0.815	2.45	3.637	1.017	0.685
180	0.779	2.53	3.777	1.022	0.684
200	0.746	2.60	3.928	1.026	0.679
250	0.674	2.74	4.265	1.038	0.667
300	0.615	2.97	4.602	1.047	0.675
350	0.556	3.14	4.904	1.059	0.678
400	0.524	3.31	5.206	1.068	0.679
500	0.456	3.62	5.740	1.093	0.689
600	0.404	3.91	6.217	1.114	0.701
700	0.362	4.18	6.711	1.135	0.707
800	0.329	4.43	7.170	1.156	0.714
900	0.301	4.67	7.623	1.172	0.718
1000	0.277	4.90	8.064	1.185	0.720

5. 饱和水与干饱和蒸汽表（按温度排列）

温度	压力	比容 v/(m³/kg)		密度 ρ/(kg/m³)		焓 H/(kJ/kg)		汽化潜热
t/℃	p/10⁵Pa	液体	蒸汽	液体	蒸汽	液体	蒸汽	r/(kJ/kg)
0.01	0.006112	0.0010002	206.3	999.80	0.004847	0.00	2501	2501
1	0.006566	0.0010001	192.6	999.90	0.005192	4.22	2502	2498
2	0.007054	0.0010001	179.9	999.90	0.005559	8.42	2504	2496
3	0.007575	0.0010001	168.2	999.90	0.005945	12.63	2506	2493
4	0.008129	0.0010001	157.3	999.90	0.006357	16.84	2508	2491
5	0.008719	0.0010001	147.2	999.90	0.006793	21.05	2510	2489
6	0.009347	0.0010001	137.8	999.90	0.007257	25.25	2512	2487
7	0.010013	0.0010001	129.1	999.90	0.007746	29.45	2514	2485
8	0.010721	0.0010002	121.0	999.80	0.008264	33.55	2516	2482
9	0.011473	0.0010003	113.4	999.70	0.008818	37.85	2517	2479
10	0.012277	0.0010004	106.42	999.60	0.009398	42.04	2519	2477
11	0.013118	0.0010005	99.91	999.50	0.01001	46.22	2521	2475
12	0.014016	0.0010006	93.84	999.40	0.01066	50.41	2523	2473
13	0.014967	0.0010007	88.18	999.30	0.01134	54.60	2525	2470
14	0.015974	0.0010008	82.90	999.20	0.01206	58.78	2527	2468
15	0.017041	0.0010010	77.97	999.00	0.01282	62.97	2528	2465
16	0.018170	0.0010011	73.39	998.90	0.01363	67.16	2530	2463
17	0.019364	0.0010013	69.10	998.70	0.01447	71.34	2532	2461
18	0.02062	0.0010015	65.09	998.50	0.01536	75.53	2534	2458
19	0.02196	0.0010016	61.34	998.40	0.01630	79.72	2536	2456
20	0.02337	0.0010018	57.84	998.20	0.01729	83.90	2537	2451
22	0.02643	0.0010023	51.50	997.71	0.01942	92.27	2541	2449
24	0.02982	0.0010028	45.93	997.21	0.02177	100.63	2545	2444
26	0.03360	0.0010033	41.04	996.71	0.02437	108.99	2548	2440
28	0.03779	0.0010038	36.73	996.21	0.02723	117.35	2552	2435
30	0.04241	0.0010044	32.93	995.62	0.03037	125.71	2556	2430
35	0.05622	0.0010061	25.24	993.94	0.03962	146.60	2565	2418
40	0.07375	0.0010079	19.55	992.16	0.05115	167.50	2574	2406
45	0.09584	0.0010099	15.28	990.20	0.06544	188.40	2582	2394
50	0.12335	0.0010121	12.04	988.04	0.08306	209.3	2592	2383
55	0.15740	0.0010145	9.578	985.71	0.1044	230.2	2600	2370
60	0.19917	0.0010171	7.678	983.19	0.1302	251.1	2609	2358
65	0.2501	0.0010199	6.201	980.49	0.1613	272.1	2617	2345
70	0.3117	0.0010228	5.045	977.71	0.1982	293.0	2626	2333
75	0.3855	0.0010258	4.133	974.85	0.2420	314.0	2635	2321

续表

温度	压力	比容 v/(m³/kg)		密度 ρ/(kg/m³)		焓 H/(kJ/kg)		汽化潜热
t/℃	p/10⁵Pa	液体	蒸汽	液体	蒸汽	液体	蒸汽	r/(kJ/kg)
80	0.4736	0.0010290	3.048	971.82	0.2934	334.9	2643	2308
85	0.5781	0.0010324	2.828	968.62	0.3536	355.9	2651	2295
90	0.7011	0.0010359	2.361	965.34	0.4235	377.0	2659	2282
100	1.01325	0.0010435	1.673	958.31	0.5977	419.1	2676	2257
110	1.4326	0.0010515	1.210	951.02	0.8264	461.3	2691	2230
120	1.9854	0.0010603	0.8917	943.13	1.121	503.7	2706	2202
130	2.7011	0.0010697	0.6683	934.84	1.496	546.3	2721	2174
140	3.614	0.0010798	0.5087	926.10	1.966	589.0	2734	2145
150	4.760	0.0010906	0.3926	916.93	2.547	632.2	2746	2114
160	6.180	0.0011021	0.3068	907.36	3.253	675.6	2758	2082
170	7.920	0.0011144	0.2426	897.34	4.122	719.2	2769	2050
180	10.027	0.0011275	0.1939	886.92	5.157	763.1	2778	2015
190	12.553	0.0011415	0.1564	876.04	6.394	807.5	2786	1979
200	15.551	0.0011565	0.1272	864.68	7.862	852.4	2793	1941
210	19.080	0.0011726	0.1043	852.81	9.588	897.7	2798	1900
220	23.201	0.0011990	0.08606	840.34	11.62	943.7	2802	1858
230	27.979	0.0012087	0.07147	827.34	13.99	990.4	2803	1813
240	33.480	0.0012291	0.05967	813.60	16.76	1037.5	2803	1766
250	39.776	0.0012512	0.05006	799.23	19.28	1085.7	2801	1715
260	46.94	0.0012755	0.04215	784.01	23.72	1135.1	2796	1661
270	55.05	0.0013023	0.03560	767.87	28.09	1185.3	2790	1605
280	64.19	0.0013321	0.03013	750.69	33.19	1236.9	2780	1542.9
290	74.45	0.0013655	0.02554	732.33	39.15	1290.0	2766	1476.3
300	85.92	0.0014036	0.02164	712.45	46.21	1344.9	2749	1404.3
310	98.70	0.001447	0.01832	691.09	54.58	1402.1	2727	1325.2
320	112.90	0.001499	0.01545	667.11	64.72	1462.1	2700	1237.8
330	128.65	0.001562	0.01297	640.20	77.10	1526.1	2666	1139.6
340	146.08	0.001639	0.01078	610.13	92.76	1594.7	2622	1027.0
350	165.37	0.001741	0.008803	574.38	113.6	1671	2565	893.5
360	186.74	0.001894	0.006943	527.98	144.0	1762	2481	719.3
370	210.53	0.00222	0.00493	450.45	203	1893	2321	438.4
374	220.87	0.00280	0.00347	357.14	288	2032	2147	114.7
374.1	221.297	0.00326	0.00326	306.75	306.75	2100	2100	0.0

6. 有机液体相对密度（液体密度与 4℃水的密度之比）共线图

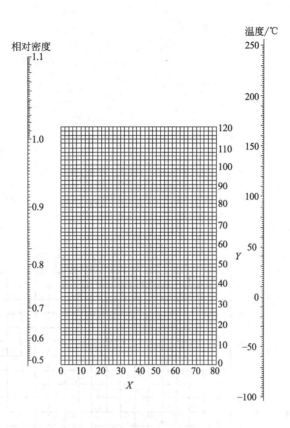

有机液体相对密度共线图的坐标

有机液体	X	Y	有机液体	X	Y	有机液体	X	Y	有机液体	X	Y
乙炔	20.8	10.1	十一烷	14.4	39.2	甲酸乙酯	37.6	68.4	氟苯	41.9	86.7
乙烷	10.3	4.4	十二烷	14.3	41.4	甲酸丙酯	33.8	66.7	癸烷	16.0	38.2
乙烯	17.0	3.5	十三烷	15.3	42.4	丙烷	14.2	12.2	氨	22.4	24.6
乙醇	24.2	48.6	十四烷	15.8	43.3	丙酮	26.1	47.8	氯乙烷	42.7	62.4
乙醚	22.6	35.8	三乙胺	17.9	37.0	丙醇	23.8	50.8	氯甲烷	52.3	62.9
乙丙醚	20.0	37.0	三氯化磷	28.0	22.1	丙酸	35.0	83.5	氯苯	41.7	105.0
乙硫醇	32.0	55.5	己烷	13.5	27.0	丙酸甲酯	36.5	68.3	氰丙烷	20.1	44.6
乙硫醚	25.7	55.3	壬烷	16.2	36.5	丙酸乙酯	32.1	63.9	氰甲烷	21.8	44.9
二乙胺	17.8	33.5	六氢吡啶	27.0	60.0	戊烷	12.6	22.6	环己烷	19.6	44.0
二氧化碳	78.6	45.4	甲乙醚	25.0	34.4	异戊烷	13.5	22.5	醋酸	40.6	93.5
异丁烷	13.7	16.5	甲醇	25.8	49.1	辛烷	12.7	32.7	醋酸甲酯	40.1	70.3
丁酸	31.3	78.7	甲硫醇	37.3	59.6	庚烷	12.6	29.8	醋酸乙酯	35.0	65.0
丁酸甲酯	31.5	65.5	甲硫醚	31.9	57.4	苯	32.7	63.0	醋酸丙酯	33.0	65.5
异丁酸	31.5	75.9	甲醚	27.2	30.1	苯酚	35.7	103.8	甲苯	27.0	61.0
丁酸(异)甲酯	33.0	64.1	甲酸甲酯	46.4	74.6	苯胺	33.5	92.5	异戊醇	20.5	52.0

7. 液体黏度共线图

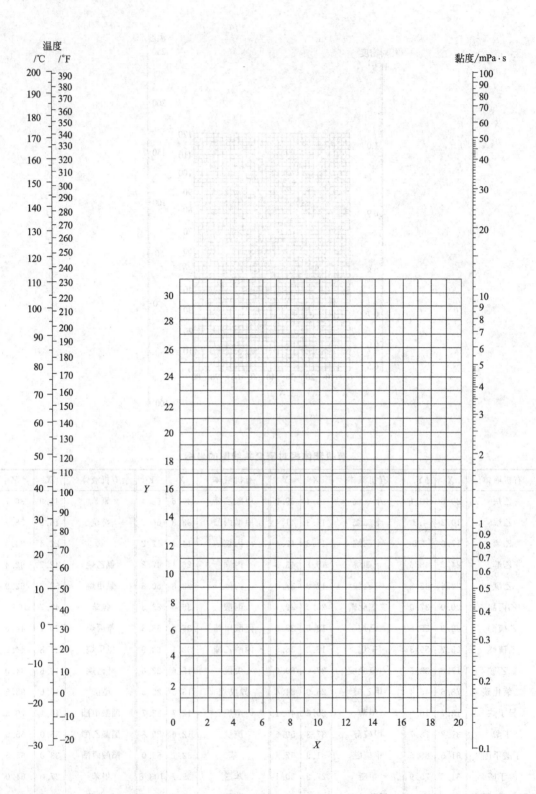

液体黏度共线图坐标值

序　号	名　　称	X	Y	序　号	名　　称	X	Y
1	水	10.2	13.0	31	乙苯	13.2	11.5
2	盐水(25%NaCl)	10.2	16.6	32	氯苯	12.3	12.4
3	盐水(25%CaCl₂)	6.6	15.9	33	硝基苯	10.6	16.2
4	氨	12.6	2.0	34	苯胺	8.1	18.7
5	氨水(26%)	10.1	13.9	35	酚	6.9	20.8
6	二氧化碳	11.6	0.3	36	联苯	12.0	18.3
7	二氧化硫	15.2	7.1	37	萘	7.9	18.1
8	二硫化碳	16.1	7.5	38	甲醇(100%)	12.4	10.5
9	溴	14.2	18.2	39	甲醇(90%)	12.3	11.8
10	汞	18.4	16.4	40	甲醇(40%)	7.8	15.5
11	硫酸(110%)	7.2	27.4	41	乙醇(100%)	10.5	13.8
12	硫酸(100%)	8.0	25.1	42	乙醇(95%)	9.8	14.3
13	硫酸(98%)	7.0	24.8	43	乙醇(40%)	6.5	16.6
14	硫酸(60%)	10.2	21.3	44	乙二醇	6.0	23.6
15	硝酸(95%)	12.8	13.8	45	甘油(100%)	2.0	30.0
16	硝酸(60%)	10.8	17.0	46	甘油(50%)	6.9	19.6
17	盐酸(31.5%)	13.0	16.6	47	乙醚	14.5	5.3
18	氢氧化钠(50%)	3.2	25.8	48	乙醛	15.2	14.8
19	戊烷	14.9	5.2	49	丙酮	14.5	7.2
20	己烷	14.7	7.0	50	甲酸	10.7	15.8
21	庚烷	14.1	8.4	51	醋酸(100%)	12.1	14.2
22	辛烷	13.7	10.0	52	醋酸(70%)	9.5	17.0
23	三氯甲烷	14.4	10.2	53	醋酸酐	12.7	12.8
24	四氯化碳	12.7	13.1	54	醋酸乙酯	13.7	9.1
25	二氯乙烷	13.2	12.2	55	醋酸戊酯	11.8	12.5
26	苯	12.5	10.9	56	氟利昂-11	14.4	9.0
27	甲苯	13.7	10.4	57	氟利昂-12	16.8	5.6
28	邻二甲苯	13.5	12.1	58	氟利昂-21	15.7	7.5
29	间二甲苯	13.9	10.6	59	氟利昂-22	17.2	4.7
30	对二甲苯	13.9	10.9	60	煤油	10.2	16.9

注:用法举例,求苯在50℃时的黏度,从本表序号26查得苯的 $X=12.5$,$Y=10.9$,把这两个数值标在前页共线图的 X-Y 坐标上的一点,把这点与图中左方温度标尺上50℃的点连成一直线,延长,与右边黏度标尺相交,由此交点定出50℃苯的黏度。

8. 液体比热容共线图

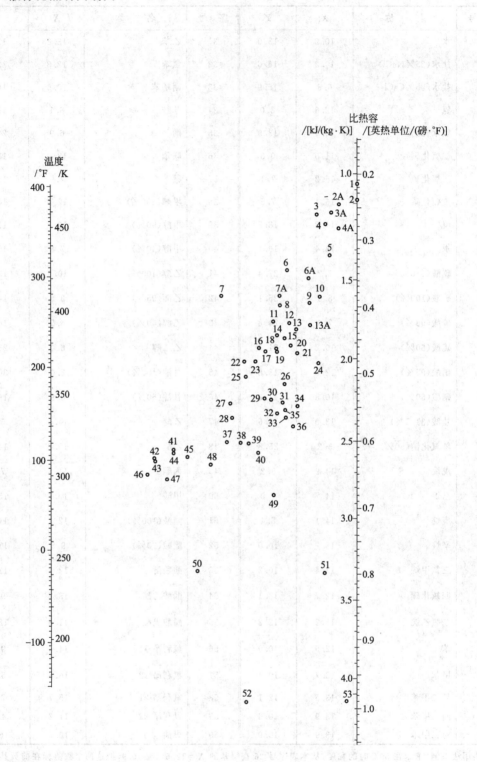

液体比热容共线图中的编号

编号	名称	温度范围/℃	编号	名称	温度范围/℃
53	水	10～200	10	苯甲基氯	−30～30
51	盐水(25%NaCl)	−40～20	25	乙苯	0～100
49	盐水(25%CaCl₂)	−40～20	15	联苯	80～120
52	氨	−70～50	16	联苯醚	0～200
11	二氧化硫	−20～100	16	联苯-联苯醚	0～200
2	二氧化碳	−100～25	14	萘	90～200
9	硫酸(98%)	10～45	40	甲醇	−40～20
48	盐酸(30%)	20～100	42	乙醇(100%)	30～80
35	己烷	−80～20	46	乙醇(95%)	20～80
28	庚烷	0～60	50	乙醇(50%)	20～80
33	辛烷	−50～25	45	丙醇	−20～100
34	壬烷	−50～25	47	异丙醇	20～50
21	癸烷	−80～25	44	丁醇	0～100
13A	氯甲烷	−80～20	43	异丁醇	0～100
5	二氯甲苯	−40～50	37	戊醇	−50～25
4	三氯甲烷	0～50	41	异戊醇	10～100
22	二苯基甲烷	30～100	39	乙二醇	−40～200
3	四氯化碳	10～60	38	甘油	−40～20
13	氯乙烷	−30～40	27	苯甲醇	−20～30
1	溴乙烷	5～25	36	乙醚	−100～25
7	碘乙烷	0～100	31	异丙醇	−80～200
6A	二氯乙烷	−30～60	32	丙酮	20～50
3	过氯乙烯	−30～40	29	醋酸	0～80
23	苯	10～80	24	醋酸乙酯	−50～25
23	甲苯	0～60	26	醋酸戊酯	0～100
17	对二甲苯	0～100	20	吡啶	−50～25
18	间二甲苯	0～100	2A	氟利昂-11	−20～70
19	邻二甲苯	0～100	6	氟利昂-12	−40～15
8	氯苯	0～100	4A	氟利昂-21	−20～70
12	硝基苯	0～100	7A	氟利昂-22	−20～60
30	苯胺	0～130	3A	氟利昂-113	−20～70

9. 液体蒸发潜热（汽化热）共线图

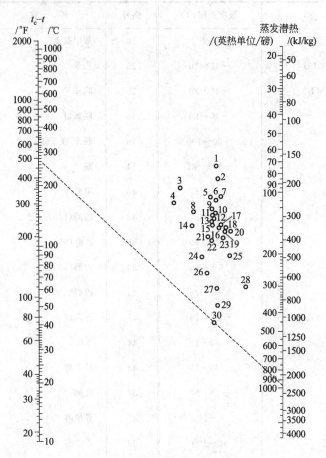

液体蒸发潜热共线图中的编号

编号	化合物	范围 $(t_c-t)/℃$	临界温度 $t_c/℃$	编号	化合物	范围 $(t_c-t)/℃$	临界温度 $t_c/℃$
18	醋酸	100～225	321	2	氟利昂-12(CCl_2F_2)	40～200	111
22	丙酮	120～210	235	5	氟利昂-21($CHCl_2F$)	70～250	178
29	氨	50～200	133	6	氟利昂-22($CHClF_2$)	50～170	96
13	苯	10～400	289	1	氟利昂-113 ($CCl_2F-CClF_2$)	90～250	214
16	丁烷	90～200	153	10	庚烷	20～300	267
21	二氧化碳	10～100	31	11	己烷	50～225	235
4	二硫化碳	140～275	273	15	异丁烷	80～200	134
2	四氯化碳	30～250	283	27	氯化钾	40～250	240
7	三氯甲烷	140～275	263	20	甲醇	0～250	143
8	二氯甲烷	150～250	516	19	一氧化二氮	25～150	35
3	联苯	175～400	5	9	辛烷	30～300	296
25	乙烷	25～150	32	12	戊烷	20～200	197
26	乙醇	20～140	243	23	丙烷	40～200	96
28	乙醇	140～300	243	24	丙醇	20～200	264
17	氯乙烷	100～250	187	14	二氧化硫	90～160	157
13	乙醚	10～400	194	30	水	150～500	374
2	氟利昂-11(CCl_3F)	70～250	198				

10. 气体黏度共线图（常压下）

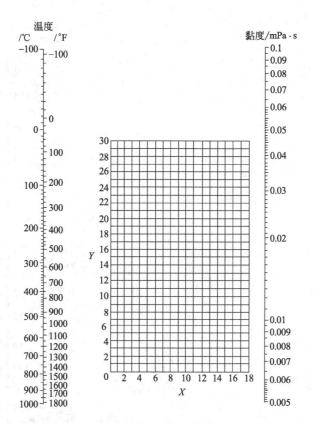

气体黏度共线图坐标值

序号	名称	X	Y	序号	名称	X	Y	序号	名称	X	Y
1	空气	11.0	20.0	15	氟	7.3	23.8	29	甲苯	8.6	12.4
2	氧	11.0	21.3	16	氯	9.0	18.4	30	甲醇	8.5	15.6
3	氮	10.6	20.0	17	氯化氢	8.8	18.7	31	乙醇	9.2	14.2
4	氢	11.2	12.4	18	甲烷	9.9	15.5	32	丙醇	8.4	13.4
5	$3H_2+N_2$	11.2	17.2	19	乙烷	9.1	14.5	33	醋酸	7.7	14.3
6	水蒸气	8.0	16.0	20	乙烯	9.5	15.1	34	丙酮	8.9	13.0
7	二氧化碳	9.5	18.7	21	乙炔	9.8	14.9	35	乙醚	8.9	13.0
8	一氧化碳	11.0	20.0	22	丙烷	9.7	12.9	36	醋酸乙酯	8.5	13.2
9	氨	8.4	16.6	23	丙烯	9.7	13.8	37	氟利昂-11	10.6	15.1
10	硫化氢	8.6	18.0	24	丁烯	9.2	13.7	38	氟利昂-12	11.1	16.0
11	二氧化硫	9.6	17.0	25	戊烷	7.0	12.8	39	氟利昂-21	10.8	15.3
12	二硫化碳	8.0	16.0	26	己烷	8.6	11.8	40	氟利昂-22	10.1	17.0
13	一氧化二氮	8.8	19.0	27	三氯甲烷	8.9	15.7				
14	一氧化氮	10.9	20.5	28	苯	8.5	13.2				

11. 101.3kPa 压强下气体的比热容共线图

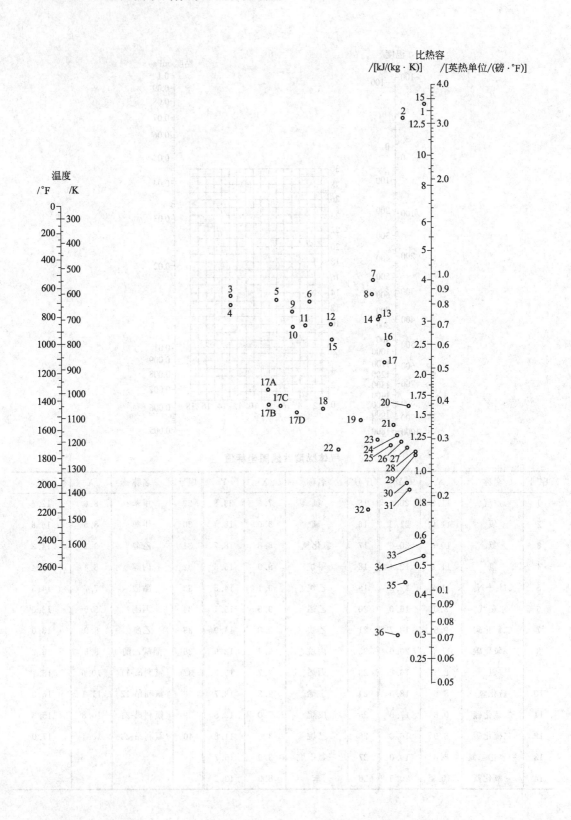

气体比热容共线图中的编号

编号	气体	范围/K	编号	气体	范围/K
10	乙炔	273~473	1	氢	273~873
15	乙炔	473~673	2	氢	873~1673
16	乙炔	673~1673	35	溴化氢	273~1673
27	空气	273~1673	30	氯化氢	273~1673
12	氨	273~873	20	氟化氢	273~1673
14	氨	873~1673	36	碘化氢	273~1673
18	二氧化碳	273~673	19	硫化氢	273~973
24	二氧化碳	673~1673	21	硫化氢	973~1673
26	一氧化碳	273~1673	5	甲烷	273~573
32	氯	273~473	6	甲烷	573~973
34	氯	473~1673	7	甲烷	973~1673
3	乙烷	273~473	25	一氧化氮	273~973
9	乙烷	473~873	28	一氧化氮	973~1673
8	乙烷	873~1673	26	氮	273~1673
4	乙烯	273~473	23	氧	273~773
11	乙烯	473~873	29	氧	773~1673
13	乙烯	873~1673	33	硫	573~1673
17B	氟利昂-11(CCl_3F)	273~423	22	二氧化硫	273~673
17C	氟利昂-21($CHCl_2F$)	273~423	31	二氧化硫	673~1673
17A	氟利昂-22($CHClF_2$)	273~423	17	水	273~1673
17D	氟利昂-113(CCl_2F—$CClF_2$)	273~423			

12. 某些液体的热导率 λ

单位：W/(m·K)

液体名称	温度/℃						
	0	25	50	75	100	125	150
丁醇	0.156	0.152	0.1483	0.144			
异丙醇	0.154	0.150	0.1460	0.142			
甲醇	0.214	0.2107	0.2070	0.205			
乙醇	0.189	0.1832	0.1774	0.1715			
醋酸	0.177	0.1715	0.1663	0.162			
蚁酸	0.2065	0.256	0.2518	0.2471			
丙酮	0.1745	0.169	0.163	0.1576	0.151		
硝基苯	0.1541	0.150	0.147	0.143	0.140	0.136	
二甲苯	0.1367	0.131	0.127	0.1215	0.117	0.111	
甲苯	0.1413	0.136	0.129	0.123	0.119	0.112	
苯	0.151	0.1448	0.138	0.132	0.126	0.1204	
苯胺	0.186	0.181	0.177	0.172	0.1681	0.1634	0.159
甘油	0.277	0.2797	0.2832	0.286	0.289	0.292	0.295
凡士林	0.125	0.1204	0.122	0.121	0.119	0.117	0.1157
蓖麻油	0.184	0.1808	0.1774	0.174	0.171	0.1680	0.165

13. 常用气体的热导率图

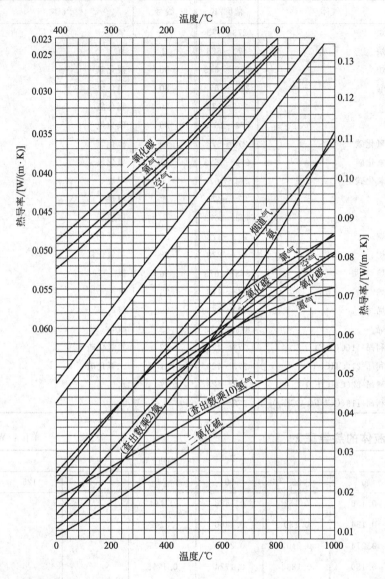

14. 常见固体的热导率

（1）常见金属的热导率λ   单位：W/(m·K)

材料	温度/℃				
	0	100	200	300	400
铝	227.95	227.95	229.95	227.95	227.95
铜	383.79	379.14	372.16	367.51	362.86
铁	73.27	67.45	61.64	54.66	48.85
铅	35.12	33.38	31.40	29.77	—
镁	172.12	167.47	162.82	158.17	—
镍	93.04	82.57	73.27	63.97	59.31
银	414.03	409.38	373.32	361.69	359.37
锌	112.81	109.90	105.83	101.18	93.04
碳钢	52.34	48.85	44.19	41.87	34.89
不锈钢	16.28	17.45	17.45	18.49	—

（2）常见非金属材料的热导率

材料	温度/℃	热导率/[W/(m·K)]	材料	温度/℃	热导率/[W/(m·K)]
软木	30	0.0430	矿渣棉	30	0.058
超细玻璃棉	36	0.030	玻璃棉毡	28	0.043
保温灰	—	0.07	泡沫塑料	—	0.0465
硅藻土	—	0.114	玻璃	30	1.093
膨胀蛭石	20	0.052～0.07	混凝土	—	1.28
石棉板	50	0.146	耐火砖	—	1.05
石棉绳	—	0.105～0.209	普通砖	—	0.8
水泥珍珠岩制品	—	0.07～0.113	绝热砖		0.116～0.21

15. 某些双组分混合物在 101.3kPa 压力下的汽液平衡数据

（1）甲醇-水

温度 t/℃	甲醇的摩尔分数		温度 t/℃	甲醇的摩尔分数	
	x	y		x	y
100.0	0.0	0.0	75.3	0.40	0.729
96.4	0.02	0.134	73.1	0.50	0.779
93.5	0.04	0.234	71.2	0.60	0.825
91.2	0.06	0.304	69.3	0.70	0.870
89.3	0.08	0.365	67.6	0.80	0.915
87.7	0.10	0.418	66.0	0.90	0.958
84.4	0.15	0.517	65.0	0.95	0.979
81.7	0.20	0.579	64.5	1.00	1.00
78.0	0.30	0.665			

（2）苯-甲苯

温度 t/℃	苯的摩尔分数		温度 t/℃	苯的摩尔分数	
	x	y		x	y
110.4	0.0	0.0	92.0	0.508	0.720
108.0	0.058	0.128	88.0	0.659	0.830
104.0	0.155	0.304	84.0	0.83	0.932
100.0	0.256	0.453	80.02	1.00	1.00
96.0	0.376	0.596			

（3）正己烷-正庚烷

温度 T/K	正己烷的摩尔分数		温度 T/K	正己烷的摩尔分数	
	x	y		x	y
303	1.00	1.00	323	0.214	0.449
309	0.715	0.856	329	0.091	0.228
313	0.524	0.770	331	0.0	0.0
319	0.347	0.625			

（4）乙醇-水

温度 t/℃	乙醇的摩尔分数		温度 t/℃	乙醇的摩尔分数	
	x	y		x	y
100.0	0	0	81.5	0.3273	0.5826
95.5	0.0190	0.1700	80.7	0.3965	0.6122
89.0	0.0721	0.3891	79.8	0.5079	0.6564
86.7	0.0966	0.4375	79.7	0.5198	0.6599
85.3	0.1238	0.4704	79.3	0.5732	0.6841
84.1	0.1661	0.5089	78.74	0.6763	0.7385
82.7	0.2337	0.5445	78.41	0.7472	0.7815
82.3	0.2608	0.5580	78.15	0.8943	0.8943

16. 某些气体在溶于水中的亨利系数

气体	温度 t/℃															
	0	5	10	15	20	25	30	35	40	45	50	60	70	80	90	100
	$E\times10^{-6}$/kPa															
H_2	5.87	6.16	6.44	6.70	6.92	7.16	7.39	7.52	7.61	7.70	7.75	7.75	7.71	7.65	7.61	7.55
N_2	5.35	6.05	6.77	7.48	8.15	8.76	9.36	9.98	10.5	11.0	11.4	12.2	12.7	12.8	12.8	12.8
空气	4.38	4.94	5.56	6.15	6.73	7.30	7.81	8.34	8.82	9.23	9.59	10.2	10.6	10.8	10.9	10.8
CO	3.57	4.01	4.48	4.95	5.43	5.88	6.28	6.68	7.05	7.39	7.71	8.32	8.57	8.57	8.57	8.57
O_2	2.58	2.95	3.31	3.69	4.06	4.44	4.81	5.14	5.42	5.70	5.96	6.37	6.72	6.96	7.08	7.10
CH_4	2.27	2.62	3.01	3.41	3.81	4.18	4.55	4.92	5.27	5.58	5.85	6.34	6.75	6.91	7.01	7.10
NO	1.71	1.96	2.21	2.45	2.67	2.91	3.14	3.35	3.57	3.77	3.95	4.24	4.44	4.54	4.58	4.60
C_2H_6	1.28	1.57	1.92	2.90	2.66	3.06	3.47	3.88	4.29	4.69	5.07	5.72	6.31	6.70	6.96	7.01
	$E\times10^{-5}$/kPa															
C_2H_4	5.59	6.62	7.78	9.07	10.3	110.6	12.9	—	—	—	—	—	—	—	—	—
N_2O		1.19	1.43	1.68	2.01	2.28	2.62	3.06	—	—	—	—	—	—	—	—
CO_2	0.738	0.888	1.05	1.24	1.44	1.66	1.88	2.12	2.36	2.60	2.87	3.46	—	—	—	—
C_2H_2	0.73	0.35	0.97	1.09	1.23	1.35	1.48	—	—	—	—	—	—	—	—	—
Cl_2	0.272	0.334	0.399	0.461	0.537	0.604	0.669	0.74	0.80	0.86	0.90	0.97	0.99	0.97	0.96	
H_4S	0.272	0.319	0.372	0.418	0.489	0.552	0.317	0.686	0.755	0.825	0.869	1.04	1.21	1.37	1.46	1.50
	$E\times10^{-4}$/kPa															
SO_2	0.167	0.203	0.245	0.294	0.355	0.413	0.485	0.567	0.661	0.763	0.871	1.11	1.39	1.70	2.01	—

17. 管子规格

普通钢管的外径和壁厚及单位长度理论质量（摘自 GB/T 17395—2008）

外径/mm	壁厚/mm								
	2.0	2.2(2.3)	2.5(2.6)	2.8	3.0(2.9)	3.2	3.5(3.6)	4.0	4.5
系列 1	单位长度理质量/(kg/m)								
10(10.2)	0.395	0.423	0.462	0.497	0.518	0.537	0.561		
13.5	0.567	0.613	0.678	0.793	0.777	0.813	0.863	0.937	
17(17.2)	0.740	0.803	0.894	0.981	1.04	1.09	1.17	1.28	1.39
21(21.3)	0.937	1.02	1.14	1.26	1.33	1.4	1.51	1.68	1.83
27(26.9)	1.23	1.35	1.51	1.67	1.78	1.88	2.03	2.27	2.5
34(33.7)	1.58	1.73	1.94	2.15	2.29	2.43	2.63	2.96	3.27
42(42.4)	1.97	2.16	2.44	2.71	2.89	3.06	3.32	3.75	4.16
48(48.3)	2.27	2.48	2.81	3.12	3.33	3.54	3.84	4.34	4.83

18. 几种常用填料的特性数据（摘录）

填料名称	尺寸/mm	比表面积 $\sigma/\text{m}^2 \cdot \text{m}^{-3}$	空隙率 $\varepsilon/\text{m}^3 \cdot \text{m}^{-3}$	堆积密度 $\rho_p/\text{kg} \cdot \text{m}^{-3}$	每立方米填料个数	填料因子 ϕ/m^{-1}
陶瓷拉西环（乱堆）	10×10×1.5	440	0.7	700	720×10³	1500
	25×25×2.5	190	0.78	505	49×10³	450
	50×50×4.5	93	0.81	457	6×10³	205
	80×80×9.5	76	0.68	714	19.1×10³	280
陶瓷拉西环（整砌）	50×50×4.5	124	0.72	673	8.83×10³	
	80×80×9.5	102	0.57	962	2.58×10³	
	100×100×13	65	0.72	930	1.06×10³	
	125×125×14	51	0.68	825	0.53×10³	
金属拉西环（乱堆）	10×10×0.5	500	0.88	960	800×10³	1000
	25×25×0.8	220	0.92	640	55×10³	260
	50×50×1	110	0.95	430	7×10³	175
	76×76×1.5	68	0.95	400	1.87×10³	105
金属鲍尔环（乱堆）	16×16×0.4	364	0.94	467	235×10³	230
	25×25×0.6	209	0.94	480	51×10³	160
	38×38×0.8	130	0.95	379	13.4×10³	92
	50×50×0.9	103	0.95	355	6.2×10³	66
塑料鲍尔环（乱堆）	（直径）16	364	0.88	72.6	235×10³	320
	25	20.9	0.90	72.6	51.1×10³	170
	38	130	0.91	67.7	13.4×10³	105
	50	103	0.91	67.7	6.38×10³	82
塑料阶梯环（乱堆）	25×12.5×1.4	223	0.9	97.8	81.5×10³	172
	33.5×19×1.0	132.5	0.91	57.5	27.2×10³	115
金属弧鞍填料	25	280	0.83	1400	88.5×10³	
	50	106	0.72	645	8.87×10³	148
陶瓷弧鞍填料	25	252	0.69	725	78.1×10³	360
陶瓷矩鞍填料	8	630	0.78	548	735×10³	870
	19×2	338	0.77	563	231×10³	480
	25×3.3	258	0.775	548	84×10³	320
	38×5	197	0.81	483	25.2×10³	170
	50×7	120	0.79	532	9.4×10³	130
θ网环	8×8	1030	0.936	490	2.12×10⁶	
鞍形网	10	1100	0.91	340	4.56×10⁶	
压延孔环（镀锌铁丝网）	6×6	1300	0.96	355	10.2×10⁶	

19. 化工实训安全注意事项

（1）工作准备

化工单元实训基地的老师和学生进入化工单元实训基地后必须穿戴工作服，在指定区域正确戴上安全帽。

（2）行为规范

① 保持实训环境的整洁。

② 不准吸烟，不得靠在实训装置上。

③ 在实训场地以及教室里不得打骂嬉闹。

（3）用电安全

① 进行实训之前必须了解室内总电源开关与分电源开关的位置，以便出现用电事故时及时切断电源。

② 在启动仪表柜电源前，必须清楚每个开关的作用。

③ 启动电动机，上电前先用手转动一下电机的轴，通电后立即查看电机是否已转动，若不转动，应立即断电，否则电机很容易被烧毁。

④ 在实训过程中，如果发生停电现象，必须切断电闸。以防操作人员离开现场后，因突然供电而导致电器在无人监视下运行。

⑤ 不要打开仪表控制柜的后盖和强电桥架盖，出现问题应请专业人员进行维修。

（4）环保

不得随意丢弃化学品/乱扔垃圾，避免水、能源和其他资源的浪费，保持实训基地的 环境卫生。本实训装置无三废产生。在实训过程中，要注意不能发生物料的跑、冒、滴、漏。

参　考　文　献

[1]　张新战. 化工单元过程及操作. 北京：化学工业出版社，2008.

[2]　王纬武. 化工工艺基础. 北京：化学工业出版社，2008.

[3]　冷士良. 化工单元操作. 北京：化学工业出版社，2002.

[4]　贺新，刘媛. 化工总控工职业技能鉴定应知试题集. 北京：化学工业出版社，2010.

[5]　黄少烈，邹华生. 化工原理. 北京：高等教育出版社，2002.

[6]　柴诚敬，张国量. 化工流体流动与传热. 北京：化学工业出版社，2000.

[7]　杨祖荣，刘丽英，刘伟. 化工原理. 北京：化学工业出版社，2004.

[8]　陈东，谢继红. 热泵技术及其应用. 北京：化学工业出版社，2006.

[9]　戴干策，陈敏恒. 化工流体力学. 第2版. 北京：化学工业出版社，2005.

[10]　姚玉英等. 化工原理：上、下册. 第2版. 天津：天津大学出版社，1999.

[11]　刘爱民等. 化工单元操作技术. 北京：高等教育出版社，2007.

[12]　李居参等. 化工单元操作实用技术. 北京：高等教育出版社，2008.

[13]　吴红等. 化工单元过程及操作. 北京：化学工业出版社，2008.

[14]　汪镇安等. 化工工艺设计手册. 北京：化学工业出版社，2003.

[15]　徐宝东. 化工管路设计手册. 北京：化学工业出版社，2010.

[16]　王壮坤. 流体输送与传热技术. 北京：化学工业出版社，2008.

[17]　赵刚. 化工仿真实训指导. 北京：化学工业出版社，2008

参 考 文 献